2013—2025年国家辞书编纂出版规划项目

英汉信息技术系列辞书

总主编 白英彩

AN ENGLISH-CHINESE DICTIONARY OF INTELLIGENT ROBOTICS

英汉智能机器人技术辞典

主　编　陈卫东
主　审　蔡鹤皋　俞　涛
副主编　王贺升　王景川
　　　　卢俊国　刘丽兰

上海交通大学出版社
SHANGHAI JIAO TONG UNIVERSITY PRESS

内容提要

本辞典为“英汉信息技术系列辞书”之一，收录了智能机器人技术及其产业的理论研究、开发应用、工程管理等方面的词条 3 800 余条，并按英文词汇首字母顺序排列；对所收录的词条进行审定、规范和精确解释。

本辞典可供智能系统与智能机器人相关领域进行研究、开发和应用的人员、信息技术书刊编辑和文献译摘人员使用，也适合上述专业的高等院校师生参考。

图书在版编目(CIP)数据

英汉智能机器人技术辞典／陈卫东主编. —上海：上海交通大学出版社，2021.12

ISBN 978-7-313-24481-9

Ⅰ.①英… Ⅱ.①陈… Ⅲ.①智能机器人—机器人技术—词典—英、汉 Ⅳ.①TP242.6-61

中国版本图书馆 CIP 数据核字(2020)第 265062 号

英汉智能机器人技术辞典

YINGHAN ZHINENG JIQIREN JISHU CIDIAN

主　　编：陈卫东
出版发行：上海交通大学出版社　　地　　址：上海市番禺路 951 号
邮政编码：200030　　电　　话：021-64071208
印　　制：苏州市越洋印刷有限公司　　经　　销：全国新华书店
开　　本：880 mm×1230 mm　1/32　　印　　张：12.75
字　　数：480 千字
版　　次：2021 年 12 月第 1 版　　印　　次：2021 年 12 月第 1 次印刷
书　　号：ISBN 978-7-313-24481-9
定　　价：228.00 元

英汉信息技术系列辞书顾问委员会

英汉信息技术系列辞书编纂委员会

《英汉智能机器人技术辞典》

编 委 会

序

信息技术(IT)这个词如今已广为人们知晓,它通常涵盖计算机技术、通信(含移动通信)技术、广播电视技术、以集成电路(IC)为核心的微电子技术和自动化领域中的人工智能(AI)、神经网络、模糊控制和智能机器人,以及信息论和信息安全等技术。

近20多年来,信息技术及其产业的发展十分迅猛。20世纪90年代初,由信息高速公路掀起的IT浪潮以来,信息技术及其产业的发展一浪高过一浪,因特网(互联网)得到了广泛的应用。如今,移动互联网的发展势头已经超过前者。这期间还涌现出了电子商务、商务智能(BI)、对等网络(P2P)、无线传感网(WSN)、社交网络、网格计算、云计算、物联网和语义网等新技术。与此同时,开源软件、开放数据、普适计算、数字地球和智慧地球等新概念又一个接踵一个而至,令人应接不暇。正是由于信息技术如此高速的发展,我们的社会开始迈入"新信息时代",迎接"大数据"的曙光和严峻挑战。

如今信息技术,特别是"互联网+"已经渗透到国民经济的各个领域,也贯穿到我们日常生活之中,可以说信息技术无处不在。不管是发达国家还是发展中国家,人们之间都要互相交流,互相促进,缩小数字鸿沟。

上述情形映射到信息技术领域是:每年都涌现出数千个新名词、术语,且多源于英语。编纂委认为对这些新的英文名词、术语及时地给出恰当的译名并加以确切、精准的理解和诠释是很有意义的。这项工作关系到IT界的国际交流和大陆与港、澳、台之间的沟通。这种交流不限于学术界,更广泛地涉及IT产业界及其相关的商贸活动。更重要的是,这项工作还是IT技术及其产业标准化的基础。

编纂委正是基于这种认识,特组织众多专家、学者编写《英汉信息技术大辞典》《英汉计算机网络辞典》《英汉计算机通信辞典》《英汉信息安全技术辞典》《英汉三网融合技术辞典》《英汉人工智能辞典》《英汉建筑智能化技术辞典》《英汉智能机器人技术辞典》《英汉智能交通技术辞典》《英汉云计算·物联网·大数据辞典》《英汉多媒体技术辞典》和《英汉微电子技术辞典》，以及与这些《辞典》（每个词汇均带有释文）相对应的《简明词典》（每个词汇仅有中译名而不带有释文）共24册，陆续付梓。我们希望这些书的出版对促进IT的发展有所裨益。

这里应当说明的是编写这套书籍的队伍从2004年着手，历时10年完成，与时俱进的辛勤耕耘，终得硕果。他们早在20世纪80年代中期就关注这方面的工作并先后出版了《英汉计算机技术大辞典》（获得中国第十一届图书奖）及其类似的书籍，参编人数一直持续逾百人。虽然参编人数众多，又有些经验积累，但面对IT技术及其产业化如此高速发展，相应出现的新名词、术语之多，尤令人感到来不及收集、斟酌、理解和编纂之虞。如今推出的这套辞书不免有疏漏和欠妥之处，请读者不吝指正。

这里，编纂委尤其要对众多老专家的执着与辛勤耕耘表示由衷的敬意，没有他们对事业的热爱，没有他们默默奉献的精神，没有他们追求卓越的努力，是不可能成就这一丰硕成果的。

在“英汉信息技术系列辞书”编辑、印刷、发行各个环节都得到上海交通大学出版社大力支持。尤其值得我们欣慰的是由上海交通大学和编纂委共同聘请的15位院士和多位专家所组成的顾问委员会对这项工作自始至终给予高度关注、亲切鼓励和具体指导，在此也向各位资深专家表示诚挚谢意！

编纂委真诚希望对这项工作有兴趣的专业人士给予支持、帮助并欢迎加盟，共同推动该工程早日竣工，更臻完善。

英汉信息技术系列辞书编纂委员会

名誉主任：吴启迪

2015年5月18日

前　　言

机器人学是一门涉及控制、机械、电子、材料、能源、仿生、计算机、人工智能等多个领域的交叉学科，而智能机器人技术作为机器人技术的第三代技术，代表着机器人技术的最新发展方向。智能机器人具有高度的自主性和适应性，具有多种环境感知功能，可以进行复杂的逻辑思维、判断决策、规划学习、合作协作、人机交互，并且可以在物理世界中完成各种复杂困难的任务。2015 年 5 月 19 日，国务院正式颁布《中国制造 2025》计划，文件中指出，“围绕汽车、机械、电子、危险品制造、国防军工、化工、轻工等工业机器人、特种机器人，以及医疗健康、家庭服务、教育娱乐等服务机器人应用需求，积极研发新产品，促进机器人标准化、模块化发展，扩大市场应用。突破机器人本体、减速器、伺服电机、控制器、传感器与驱动器等关键零部件及系统集成设计制造等技术瓶颈”。为了适应智能机器人技术发展的实际需求，我们编纂出版了《英汉智能机器人技术辞典》。

在学习、研究和解决智能机器人技术的关键问题时，我们经常会遇到大量缩略语、术语、专有名词等。它们一般由专业技术词汇、工程词汇、协议名词等组成，不利于理解和记忆，这些问题会给技术人员的国内外交流和文章的写作带来不便，也给大家的学习和工作造成困难，而通过这本辞典可以有效解决这些问题。

本辞典编入了智能机器人领域等相关的规范化名词术语 3 800 余条，内容涵盖了智能机器人领域科研、应用和管理等方面的内容。

参与本辞典编写的人员有 60 余人，除了已署名者以外，还包括以下人员：王怡文、王韵清、方宇凡、田伟、付向宇、朱佳伟、朱航炜、刘成志、刘雨霆、刘哲、沈逸、张钟元、张香利、陈思恒、郃若晨、郑刘坡、郑栋梁、赵文锐、赵明、赵亮、胡辰、胡晓伟、顾景琛、倪杭、徐昊、徐璠、曹瑾、崔磊磊、章闻曦、梁佳欣、彭伟、蒋舵凡、蓝功文、魏之暄、解杨敏、宋韬、张泉、贾文川、李龙、鲍晟、刘颖、唐律邦、吴国经、廖业国、刘怡伶、胥敬文、赵小文、赵为、刘汐、刘卫平、宋博文、尚天祥、于翔宇、胡寒江、王立赛、王昱欣、周坤、顾晨岚、沈成洋、吴锐凯、张旭、郝天、谢洪乐、王光明。特别感谢席裕庚、黄迪山、郭帅、李朝东四位教授对本书初稿的审读意见和修订建议。

初稿形成后，由蔡鹤皋院士和俞涛教授主审，他们一丝不苟，精益求精，逐条审核了全书。英汉信息技术系列辞书总主编白英彩教授对本辞典的编纂给予了细致而具体的指导。这里谨向各位同仁、专家致以诚挚的谢意！

由于机器人技术、人工智能技术及其产业发展迅速，新的名词、术语不断涌现，书中存在的疏漏之处，恳请各位同仁与读者不吝指教。

感谢深圳市普联技术公司董事长赵建军先生对本书出版给予的鼎力资助。

陈卫东　谨识

2021 年 9 月

凡　例

1. 本辞典按英文字母顺序排列，不考虑字母大小写。数字和希腊字母另排。专用符号(圆点、连字符等)不参与排序。
2. 英文词汇及其对应的中文译名用粗体。一个英文词汇有几个译名时，可根据彼此意义的远近用分号或者逗号隔开。
3. 圆括号“(　)”内的内容表示解释或者可以略去。如“connecting hardware 连接(硬)件[连接器(硬)件]”；也可表示某个词汇的缩略语，如 above ground structure(AGS)。
4. 方括号“[　]”内的内容表示可以替换紧挨方括号的字词。如“cabling 布线[缆]”。
5. 单页码上的书眉为本页最后一个英文词汇的第一个单词；双页码上的书眉为本页英文词汇的第一个单词。
6. 英文名词术语的译名以全国科学技术委员会名词审定委员会发布的为主要依据，对于已经习惯的名词也作了适当反映，如“disk”采用“光碟”为第一译名，“光盘”为第二译名。
7. 本辞典中出现的计量单位大部分采用我国法定计量单位，但考虑到读者查阅英文技术资料的方便，保留了少量英制单位。

目　　录

A∗ algorithm　A 星算法　是一种最佳优先搜索算法，也可以看作迪杰斯特拉算法的拓展。与最佳优先算法不同的是，它考虑了已探索节点的代价，能取得最优解；而与迪杰斯特拉算法比较，它通过启发式方法获得了更高的搜索效率。A 星算法被广泛应用于在图中两个节点间寻找最优路径的问题，在机器人导航里是最常用的路径规划算法之一。参见 best-first search（最佳优先搜索）、Dijkstra's algorithm（迪杰斯特拉算法）。

AAL　居家协助　ambient assisted living 的缩写。

AAV　自主水中载具，自主水下航行器　autonomous aquatic vehicle 的缩写。

ABA　铰接体算法　articulated-body algorithm 的缩写。

absolute delay　绝对时延　指信号从发送到接收的时间间隔，它可以用任何适当的单位表示，例如时间单位或相位单位。

absolute encoder　绝对(式)编码器　是编码器的一种，与增量(式)编码器相对。绝对式编码器的每一个位置对应一个确定的数字码，无须记忆，无须找参考点，而且不用一直计数，抗干扰特性、数据的可靠性较高。参见 encoder（编码器），比较 incremental encoder[增量(式)编码器]。

absolute location　绝对位置　指在一个绝对坐标系上对确切位置的描述。机器人学中一般指在世界坐标系中的位置。

absolute rotary encoder　绝对式旋转编码器　同 absolute encoder（绝对式编码器）。

absolute velocity　绝对速度　是运动物体相对于静止参考系的运动速度，一般静止系选为地球或地面。

AC　交流　alternating current 的缩写。

ACA　蚁群算法　ant colony algorithm 的缩写。

ACC　自适应巡航控制　adaptive cruise control的缩写。

acceleration　加速度，加速　指速度矢量对于时间的变化率，描述速度变化的大小和方向。

acceleration of gravity　重力加速度　是一个物体受重力作用的情况下所具有的加速度。也叫自由落体加速度，用 g 表示。方向竖直向下，其大小近似取为 9.8 m/s 的二次方。

acceleration transducer　加速度传感器　同 accelerometer（加速度计）。

accelerometer　加速度计，加速度传感器　是测量线加速度的仪表。其种类多样，常用的作用原理有压电效应、压阻效应、电容式感应等。加速度计常与陀螺仪一同使用于惯性导航系统中。

accessibility 可达性 (1) 在机器人学中,指机器人操作主体处于特定位置时其操作的可达范围。(2) 获得计算机系统或资源使用的可能性、存储数据、提取数据或和系统通信的可能性及所需的方法。采用标准协议和接口技术设计的系统能方便地与现有的网络相连接。(3) 由硬件或软件构成的一种系统质量,标明便于用户选择使用或维护的程度。有时特指带有一种或多种残疾的人(如活动不便者、盲人或聋哑人)可使用的系统。(4) 在图论中,指在图中从一个顶点到另一个顶点的容易程度。在无向图中,可以通过识别图的连接分量来确定所有顶点对之间的可达性。

accommodation-assimilation 顺应-同化 指内化外部世界的两种不同方式,顺应指在内化时改变了自身,而同化指将外部世界直接吸收成为自身的一部分。

accommodation limit 适应范围,调节极限 物体图像可以清晰地聚焦在观察者的眼睛视网膜的条件下,物体离观察者最远和最近的距离,该两个距离之间的范围。

accumulated error 累积误差 在进行多个步骤所组成的计算中,初始计算步骤的输入误差和舍入误差带进下一个计算步骤,因而又产生新的误差,而这个误差又成为再下一个计算步骤的输入误差。如此下去,误差将不断地积累。由多个计算步骤的误差积累起来的误差,称为累积误差。

accumulative error 累积误差 同 accumulated error(累积误差)。

accuracy 准确度 是测量结果中系统误差与随机误差的综合,表示测量结果与真值的一致程度。测试结果的准确度由正确度(trueness)和精密度(precision)组成。准确度常用误差来表示,当用于一组测试结果时,由随机误差分量(精密度)和系统误差分量(正确度)组成。

ACFV 自主战斗飞行器 autonomous combat flying vehicle 的缩写。

ACO 蚁群优化 ant colony optimization 的缩写。

acoustic baseline 声学基线 指在水下定位系统中,各个换能器(水听器)单元之间的空间距离。

acoustic communication 声学通信 指信息传输的一种方式,依据生物界的听觉机理,模仿发声器官、听觉器官的构造和机理实现的电子通信机制,涉及声学通信设备和传输信道、人对信号的感知和理解、听觉的虚拟环境、心理声学等相关领域和工程技术。

acoustic holography 声全息影像技术 指将全息照相原理引入声学领域而形成的声成像技术,又称声全息术。常指利用干涉原理来获得被观察物体声场全部信息(振幅分布和相位分布),并利用衍射原理再现物体的像,一般包括获得声全息图和由声全息图重建物体可见影像等技术。

acoustic imaging 声学成像 是基于传声器阵列测量技术,通过测量一定空间内的声波到达各传声器的信号相位差异，依据相控阵原理确定声源的位置，测量声源的幅值，并以图像的方式显示声源在空间的分布来取得空间声场分布云图——声像图，其中以图像的颜色和亮度代表声音的强弱。

acoustic model　声学模型　指在自动语音识别中，用来代表音频信号和音位或组成语音的其他语言单位的关系的数学模型。该模型是通过音频记录及其对应的声学传播副本之间的对应关系建立起来的。

acoustic modem　声频调制解调器　指一种声讯遥测调制解调器，是为声频数据通信的数字信号在具有有限带宽的模拟信道上进行远距离传输而设计的，它一般由基带处理、调制解调、声频信号放大和滤波、均衡等几部分组成。

acoustic navigation positioning system　声波导航定位系统　指用水声方法根据事先布置好的水声信标进行导航定位的一种定位系统，是深海探索和开发的必要装备，它能够为海底勘查设备如 ROV、AUV 等提供重要的定位、导航和通信支撑。水下声学导航定位系统是目前应用效果最好的海底检波器定位技术，已成为海上勘探的标配设备。

acoustic positioning　声波定位　指利用环境中的声波信号，依据声波的空间传播特性，确定声源方向和距离的定位技术。

acoustic positioning system　声波定位系统　指利用声波的空间传播特性，来确定目标的具体位置的空间定位系统，在水下与海洋探索领域广泛使用。

acoustic sensor　声传感器　指能够接收和感知声波信号的传感器。常见的声传感器一般会内置一个对声音敏感的电容式驻极体话筒，声波使话筒内的驻极体薄膜振动，导致电容的变化，从而产生与之对应变化的微小电压，这一电压随后被转化成电压信号，经过 A/D 转换后被数据采集器接收，并传送给计算机，用于信号处理。能够执行以上功能的设备，称为声传感器。

acquisition of signal　信号采集，信号获取　指通过传感器从其他待测设备等模拟和数字被测单元中自动采集非电量或者电量信号，送到上位机中进行分析和处理的过程。

acquisition time　采集时间　指采样保持电路采集输入信号至规定的准确度所需要的时间。其中，在到达信号输出稳定之前，信号已经能够被完成采集，此时的等待时间是冗余的，因此在某些比较保守的规范中，采集时间还应包括输出放大器的稳定时间。

ACS　蚁群系统　ant colony system 的缩写。

action　动作　指具有一定动机和目的的运动和操作集合。在机器人领域中，机器人的动作一般指一个完整的、有目标和时序的运动集合。例如，工业机械臂的抓取动作、物流机器人的搬运动作、人形机器人的越障动作等。

action cycle　动作周期　指执行完一个

完整动作所需要经过的时间。

action description language (ADL) 动作描述语言 在机器人领域中,指给机器人设计的用于动作描述、轨迹规划与行程安排等任务的计算机编程语言,或者机器人能够理解的自然语言。

action execution 动作执行 指机器人依据设置的程序和算法,完成一系列操作任务的动作执行过程。

action representation 动作表示,动作表征 指通过相关的计算机编程语言、数据、图表等方式,准确、形象地描述动作的过程。

action selection 动作选择 指在多个可选动作集合中,选择一个动作进行执行的过程。例如,机械臂在动作搜索空间中,选择一个或一组合适的动作执行操作任务的过程。

activation function 激活函数 是在人工神经网络的神经元上运行的函数,负责将神经元的输入映射到输出端。常见的激活函数,如 sigmod 函数、tanh 函数、ReLU 函数等。

active guidance 主动制导 是一种由飞行器自身向目标发射能量,并接收从目标反射回来的回波能量,自动控制和引导飞行器按照预定弹道或飞行路线准确到达目标的制导。这种系统在锁定目标之后便自动地、完全独立地去攻击目标,因此以这种方式制导的导弹具有"发射后不管"的能力。但这种系统加重了武器的重量,而且价格昂贵。因此,主动制导一般只适用于作末段制导。

active interaction control 主动交互控制 在主动交互控制中,机器人系统的柔顺性主要是由一个专门设计的控制系统来保证的。这种方法通常需要测量接触力和力矩,然后将接触力和力矩反馈给控制器,用于修改甚至在线生成机器人末端执行器的期望轨迹。

active learning 主动学习 指在某些情况下,没有类标签的数据相当丰富而有类标签的数据相当稀少,并且人工对数据进行标记的成本又相当高昂,此时我们可以让学习算法主动地提出要对哪些数据进行标注,之后我们将这些数据送到专家那里让他们进行标注,再将这些数据加入训练样本集中对算法进行训练,这一过程叫作主动学习。主动学习方法一般可以分为两部分:学习引擎和选择引擎。学习引擎维护一个基准分类器,并使用监督学习算法对系统提供的已标注样例进行学习,从而使该分类器的性能提高;而选择引擎负责运行样例选择算法,选择一个未标注的样例并将其交由人类专家进行标注,再将标注后的样例加入已标注样例集中。学习引擎和选择引擎交替工作,经过多次循环,基准分类器的性能逐渐提高,当满足预设条件时,过程终止。

active manipulation for perception 为感知而主动操作,主动感知操作 指用于感知的主动操作,也涵盖了操作是感知的一部分的感知方法。在用于感知的主动操作过程中以及包含操作的感知方法中,感知-操作是一个复杂且高度交织的过程,在这个过程中，感知结果用于操作，操作用于收集额外数据作为感知的一部分，使操作不仅在采用视觉等方法进行感知时是有利的。例如，操作可用于不良可见条件下进行感测，并且还可用于确定那些需要物理交互才可以得到的属性。

active sensing　主动感知　指机器人可以根据先验信息主动地进行环境感知。对于配备了环境感知传感器的机器人，在机器人执行任务时，机器人首先需要知道"我现在在哪里"，再决定"下一步做什么"。机器人通过传感信息来加权未来的信息增益和成本，指导下一步如何进行进一步感知的决策。这种为感知而进行的决策过程被称为主动感知。

active sensor　主动式传感器，有源传感器　(1) 是将能量释放到环境中，并根据响应来测量环境特性的传感器。与之相对的是被动传感器。主动传感器通常比被动传感器更具有鲁棒性，因为它们可以对测量信号施加一定的控制。例如，结构光系统作为一种主动传感器，将待识别的模式投射到场景上，因此对场景特征不那么敏感；而被动双目相机系统在进行三角测量的特征匹配时，必须依赖于被观察表面的外观。即便如此，发射信号的吸收、散射或干扰也会影响主动传感器的性能。(2) 是将非电能量转化为电能量，且只转化能量本身，并不转化能量信号的传感器，称为有源传感器。也称为能量转换性传感器或换能器。对比 passive sensor（被动式传感器）。

active sensor network (ASN)　主动传感器网络　指将分散传感器之间的信息融合与决策算法结合到一个统一而灵活的框架中，适用于各种传感任务的传感网络。ASN 的显著特征是它致力于分散化、模块化和严格的局部交互：分散化意味着没有任何组件是系统运行的核心，每个传感器均具有收发功能，形成点对点通信，没有中心设施或中心服务，这些特性使得主动传感器网络是一个可扩展的、容错性强的并且可重构的系统；模块化使得系统具有从接口协议派生的互操作性、可重构性和容错性，即使系统产生了故障也可能仅限于单个模块；局部交互意味着通信链路的数量不随网络大小变化而变化，相邻传感器之间消息的数量也应该保持不变。这使得系统具有可伸缩性和可重构性。参见 active sensor（主动式传感器）。

active SLAM　主动同时定位与建图，主动 SLAM　指的是机器人主动探索环境以获得更准确的地图和定位，通常是实时规划机器人的最优运动轨迹，以实现最佳定位准确度和最低的地图构建不确定性。参见 SLAM（同时定位与建图，又称即时定位与地图构建，同步定位与地图构建）。

active steerable wheel　主动可转向轮　指轮式机器人中用于引导机器人行进方向，并且可以通过伺服机构改变方向的车轮。

active vision　主动视觉　指视觉系统可以根据已有的分析结果和视觉的当前要求，决定相机的运动，并且从合适的视角获取相应的图像。主动视觉理论强调视觉系统对人眼的主动适应性的模拟，即模拟人的“头眼”功能，使视觉系统能够自主地选择和跟踪所注视的目标物体。主动视觉在许多领域有着重要的应用，如智能机器人导航、智能监控、人机交互、虚拟现实等。

actor-critic method　演员-评论家方法，AC 方法　一种强化学习算法，其合并了以值为基础和以动作概率为基础的两类强化学习算法。“演员”的前身是策略梯度法，该方法可以在连续动作中选取合适的动作；“评论家”的前身是 Q-学习或者其他以值为基础的学习法，能进行单步更新，但并不能处理连续动作，而传统的策略梯度法则是回合更新。在 AC 方法中，“演员”网络输入状态，输出动作；“评论家”网络输入为状态和动作，输出为 Q 值，这两者组成了 AC 方法。

actuating element　执行元件[单元]，驱动元件[单元]　同 actuator(驱动器，致动器，执行器)。

actuation　驱动，执行，致动　根据来自控制器的控制信息完成对受控对象的控制作用。参见 actuator(驱动器，致动器，执行器)。

actuation architecture　驱动架构　指机器人驱动元件的种类以及驱动元件的数量、布置方式的形式。

actuator　驱动器，致动器，执行器　根据来自控制器的控制信息完成对受控对象的控制作用的元件。它将电能或流体能量转换成机械能或其他能量形式，按照控制要求改变受控对象的机械运动状态或其他状态(如温度、压力等)。其按所用驱动能源分为气动、电动和液压执行器三类。

actuator dynamics　驱动器动力学　它描述了驱动器所接受的控制指令与其产生的运动及力的关系。

actuator redundancy　驱动器冗余性　指的是在必要的驱动之外再增加驱动。一般来说机器人需要完成几个自由度的运动就只需要几个驱动器，在此基础上具有额外的驱动就称为驱动器冗余性。

acutance　锐度　是反映图像平面清晰度和图像边缘锐利程度的一个指标，有时也叫清晰度。

AdaBoost　自适应增强算法　是一种用于分类的迭代算法，其核心思想是用同一个训练集训练不同的分类器(弱分类器)，然后把这些弱分类器集合起来，构成一个更强的最终分类器(强分类器)。其算法本身是通过改变数据分布来实现的，它根据每次训练集之中每个样本的分类是否正确，以及上次的总体分类的准确率，来确定每个样本的权值。将修改过权值的新数据集送给下层分类器进行训练，最后将每次训练得到的分类器最后融合起来，作为最后的决策分类器。使用自适应增强分类器可以排除一些不必要的训练数据特征，并放在关键的训练数据上面。

adaptability　适应性，适应能力　指系统能监测环境的某些指标，并能通过修改参数，使自身适应于改变了的环境的特性。

adaptable　可适应的　指具有根据环境

变化自动调节自身特性的能力，以使系统能按照一些设定的标准工作在满意状态。

adaptable system　自适应系统　指能够按照环境的变化，调整其自身使得其行为在新的或者已经改变了的环境下达到最好的或者至少是容许的特性和功能的系统。参见 adaptable(可适应的)。

adaptation　适应，自适应　(1) 指交互系统基于获取的关于其用户及其环境的信息使自身行为适应于个体用户的过程。(2) 指生物的形态结构和生理机能与其赖以生存的一定环境条件相适合的现象。适应一方面指生物各层次的结构都与功能相适应；另一方面，这种结构与相关的功能(包括行为、习性等)适合于该生物在一定环境条件下的生存和延续。

adaptive　自适应的　指在给定时间内按照特定要求调整自身的功能。

adaptive artificial hand　自适应人工手，自适应假手　指能根据目标而调整处理方式的机器人手，如根据目标尺寸调整闭合程度的机器人夹爪。参见 adaptive(自适应的)。

adaptive clustering　自适应聚类　指使用外部反馈来提高聚类质量；使用之前的经验加快执行时间，通过记忆过去运行良好的内容来支持聚类重用的聚类算法。参见 adaptive(自适应的)。

adaptive control　自适应控制　也称为适应控制，是一种对系统参数的变化具有适应能力的控制方法。在一些系统中，系统的参数具有较大的不确定性，并可能在系统运行期间发生较大改变。比如说，客机在作越洋飞行时，随着时间的流逝，其重量和重心会由于燃油的消耗而发生改变。虽然传统控制方法(即基于时不变假设 non-time-variant assumption 的控制方法)具有一定的对抗系统参数变化的能力，但是当系统参数发生较大变化时，传统控制方法的性能就会出现显著的下降，甚至产生发散。自适应控制通常可以分为两种类型，一种叫作直接自适应控制(direct adptive control)，另一种叫作间接自适应控制(indirect adaptive control)。

adaptive control system　自适应控制系统　一种能连续测量输入信号和系统特性的变化，自动地改变系统的结构与参数，使系统具有适应环境变化并始终保持优良品质的自动控制系统。按适应功能与系统结构特点的不同，自适应系统可分为很多种，如输入信号的适应系统，参数与特性的适应系统，被动适应系统，自整定、自学习、自组织系统等。自适应控制系统能自行调整参数或者产生控制作用，使系统仍能按照某一性能指标运行在最佳状态。参见 adaptive(自适应的)。

adaptive cruise control (ACC)　自适应巡航控制　是在巡航控制技术的基础上发展而来的控制方法。在车辆行驶过程中，安装在车辆前部的车距传感器(雷达)持续扫描车辆前方道路，同时轮速传感器采集车速信号。当与前车之间的距离过小时，可以通过与制动防抱死系统、发动机控制系统协调动作，使车轮适当制动，并使发动机的输出功率下降，以使车辆与前方车辆始终保持安全距离。

adaptive expert system　自适应专家系统　指能够自动调节参数的基于专家知识的计算机系统。它能模拟专门领域中专家求解问题的能力，根据环境的变化，对所面临的问题作出专家水平的结论。

adaptive fuzzy logic control　自适应模糊逻辑控制　指结合自适应控制算法的模糊逻辑控制方法，其依靠数据信息自适应的调整模糊逻辑系统的参数。自适应模糊逻辑控制有两种不同的形式：① 直接自适应模糊逻辑控制，根据实际系统性能与理想性能之间的偏差，通过一定的方法来直接调整控制器的参数；② 间接自适应模糊逻辑控制，通过在线辨识获得控制对象的模型，然后根据所得模型在线设计模糊控制器。

adaptive grasping　自适应抓取　指在机器人抓取作业时，机器人根据物体的形状和位姿信息调整自身的运动从而在抓取过程中能够适应不同物体形状和位姿变化的抓取策略。

adaptive identifier　自适应辨识器　指能根据一系列自适应算法调整系统参数，从而适应输入数据的辨识器。

adaptive learning　自适应学习　通常指给学习中提供相应的学习的环境、实例或场域，通过学习者自身在学习中发现总结，最终形成理论并能自主解决问题的学习方式。又可以分为：① 发现学习。提供的学习材料是一些未经分类的事例或未经整理的经验数据，学习者的任务是从这些事例或数据中发现概念或规律。② 解释学习。提供的学习材料是一个概念、该概念的一个例子和有关规则，学习者的任务是首先构造一个解释，说明给出的例子为什么能满足概念，然后将解释总结为概念。③ 例中学。即通过考察实例进行学习。根据学习任务的不同，这种学习有两种情况：一是提供某个概念的一系列正例和反例，学习者的任务是通过归纳推理，产生覆盖所有正例并排除所有反例的概念的一般描述；二是提供一个或几个有详细解题步骤的例题，学习者的任务是考察并理解这些例题，并通过类比学会解决其他类似问题。④ 做中学。即通过解决具体的问题进行学习。在这种学习方式中，提供的学习材料是一系列的问题，学习者的任务是利用已经学会的知识解决这些问题，从而学会解决其他类似问题的方法。

adaptive learning system　自适应学习系统　指能够为学习者提供一种个性化学习服务，实现系统根据学习者的多种特点和行为倾向，如学习目标、偏好、认知水平等，采用相应的教学策略，推荐个性化的学习路径和学习资源。

adaptive measurement　自适应测量　指能够自适应选择最佳测量方案的测量策略。自适应测量环节可归结为自适应测量器件、自适应测量装置、自适应测量系统等几类。第一类是纯硬件结构，它们是基于器件本身的理化特性（电特性、机械特性、热工特性、化学特性等）而实现自适应测量功能，类似于自动控制系统，这是较简单的一类。第二类大多是硬件同软件结合，且以硬件为主的结构，已具备一定的逻辑功能。第三类也是硬件同软件相结合的结构，但以软件，特别是高度智能化的软件为主，具备了仿专家智慧的功能，实际上已能在一定程度上模拟人脑的功能。

adaptive resonance theory (ART)　自适应共振理论　是美国东北大学的 Gail Carpenter、波士顿大学的 Stephen Grossberg 于 1978—1986 年共同开发的神经网络。主要用于模式识别，特别是复杂模式或对人本来不熟悉的模式（如雷达、声呐信号、声控打印等），其缺点是受平移、歪斜和缩放的影响大。自适应共振模型是一种无监督学习模型，它不需要告诉机器每个样本属于何类，就能把类似的样本归为一类。自适应共振理论认为只有当新的输入向量与已存入记忆中的某个旧向量足够相似时，两者才能融合，即对有关的权值系数进行调整，从而使长期记忆得以改变。这种模型对任何输入观察向量可以进行实时学习，且可以适应非平稳的环境。通过注意子系统对已学习过的对象具有稳定的快速识别能力，通过定位子系统能迅速适应未学习的对象。

adaptive search approach　自适应搜索方法　一种通过根据搜索过程与当前状态，自动改变搜索策略来求得最优解或更精确的优选解的方法。

adaptive system　自适应系统　指能够修正自己的特性以适应对象和扰动的动特性的变化的系统。

adaptive telemetry system　自适应遥测系统　能自动调整本身的参数，以适应外界的需要或使系统尽量工作在最优状态的遥测系统。又称适应遥测系统。这种遥测系统广泛采用自动增益控制（AGC）、自动频率微调（AFC）及根据有无信号使发射机断续工作等自适应技术。随着大规模集成芯片和计算机技术的发展，遥测系统自适应技术又向任务的多变性、数据流的多样性、环境的适应性、体制的可选性、功能的灵活性等方面发展。参见 remote metering system（遥测系统）。

ADAS　先进驾驶员辅助系统　advanced driver assistance system 的缩写。

additional load　附加负载　是机器人能承载的附加于额定负载上的负载，它并不作用在机器人的机械接口，而作用在机器人的其他部分。

additive manufacturing　增材制造，增量制造，累积制造（3D 打印的另一种说法）　同 3 - D printing（3D 打印）。

add-one smoothing　加一平滑（算法）　是最简单的一种平滑。加一平滑的原理是给每个项目增加 $\lambda(1 \geqslant \lambda \geqslant 0)$，然后再除以总数作为项目新的概率。由数学家拉普拉斯首先提出用加一的方法估计没有出现过的现象的概率，所以加一平滑也叫作拉普拉斯平滑。

ADF　自动测向器，自动航向检测器，自动探向器　automatic direction finder 的缩写。

adjacent node　相邻节点　在图论中，指与某一结点有边相连的其他节点，在多机器人系统、多智能体系统或多传感器网络中，可以用来描述机器人或智能体的相邻机器人或智能体。参见 graph theory（图论）。

adjoint action　伴随作用　在数学中，指李群在其自身的李代数上的自然表示，这个表示是群在自身上共轭作用的线性化形式。

adjoint matrix　伴随矩阵　指线性代数中由原矩阵的各个元素的代数余子式按序排列所构成的矩阵，常用于求逆矩阵的运算中。

adjustable pattern generator（APG）　可调模式生成器　指能生成具有可调节强度和持续时间的模式输出的模式生成器。参见 central pattern generator（中枢模式发生器）。

ADL　动作描述语言　action description language 的缩写。

admissible function　容许函数，可取函数　是一种特殊函数，指变分积分 $J(u)$ 中满足一定条件的函数 u。容许函数的集合称为容许函数类。

admissible heuristics　容许启发式方法　指计算机科学，尤其是在与路径规划有关的算法中，如果一个启发函数不过度估计达到目的的代价，则它是可接受的。也就是说，它估计要达到目的的代价不高于在路径中的当前点出发的最低可能的代价。参见 heuristic method（启发式方法）。

admittance　导纳　（1）控制理论中，指一种基于广义惯量、阻尼和刚度的等效网络思想。通过将实际的物理系统比拟成为一个具有导纳特性的简单输入输出系统，构建起作用力与响应速度之间的联系。（2）在电子电路中，指电导和电纳的统称。导纳是电导和电纳的向量组合形式。电导的符号为 G，用以描述负载电荷通过导体的流畅程度。电荷通过得越容易，电导值就越高。电导值既可以用于交流电，也可以用于直流电。电纳的符号为 B，用来描述电子组件、电子电路的就绪状态，或者指当电压改变时系统释放的能量大小。用虚数表示电纳，单位为西门子。电纳只用于描述交流电。比较 electrical impedance（电阻抗）。

admittance control　导纳控制　其思想可表述为，对于某一特定的力输入，通过施加额外的驱动控制去修改被控对象的输出响应，使整个系统的输入输出相应符合期望设计。简而言之，导纳控制就是用设计好的导纳参数屏蔽系统原有的导纳特性。例如：机械臂通过测量末端受力情况来调整末端速度。比较 impedance control（阻抗控制）。

admittance matrix　导纳矩阵　（1）在控制理论中，指描述导纳控制模型的相应矩阵。（2）在电子电路中，指描述总线节点导纳的矩阵。

ADT　交替决策树　alternating decision tree 的缩写。

advanced driver assistance system（ADAS）　先进驾驶员辅助系统　是利用安装在汽车上的辅助驾驶系统，一般具备多种不同的传感器，在汽车行驶过程中随时感应周围的环境，收集数据，进行静态、动态物体的辨识、侦测与追踪,并结合导航仪地图数据,进行系统的运算与分析,从而预先让驾驶者察觉到可能发生的危险,并且能够规划出最佳的参考驾驶策略的一套辅助驾驶系统,能够有效增加汽车驾驶的舒适性和安全性。

advanced manufacturing technology **先进制造技术** 是集机械工程技术、电子技术、自动化技术、信息技术等多种技术为一体所产生的技术、设备和系统的总称。主要包括:计算机辅助设计、计算机辅助制造、集成制造系统等。

adversarial environment **对抗性环境** 是一种机器人的运行环境,在对抗性环境中,机器人不仅要了解自己的状态,还要获取对手的状态,进行对手建模,对抗规划。

adversarial search **对抗搜索,敌对搜索** 在竞争的环境中,每个智能体的目标是冲突的,每个智能体要在每一步选择最优决策,即对抗搜索问题。对抗搜索就是要对博弈决策树进行深度优先遍历,来选择最优决策。

aerial robot **空中机器人** 指具有环境感知和自主决策能力的飞行器,在整个飞行过程中不需要人工干预。现在泛指无人机(unmanned aerial vehicle, UAV)。根据AIAA定义,UAV指一种不搭载飞行员,完全由自身的控制系统自主决策的飞行器。目前常见的空中机器人有固定翼无人机(FW - UAV)和旋转翼无人机(RW - UAV)。

aerial vehicle **飞行器** 是在大气层内或大气层外空间(太空)飞行的载具,靠空气的静浮力或空气相对运动产生的空气动力升空飞行。机器人领域常指空中机器人或无人机等。

aerodynamic center **气动中心,空气动力中心** 在一定雷诺数下,当翼型迎角改变时,翼型所受到的空气动力相对于此点的合力矩不变,那么这一点就称为该翼型在当前雷诺数下的气动中心,又称作焦点。在航空领域中,气动中心的相关理论对于飞机俯仰稳定性设计有一定帮助。

aerodynamic decelerator **气动减速器** 是利用空气压力使机械中的运动件停止或减速的执行元件。具有结构简单,安装方便,不易损坏,抗压抗摔抗敲,使用寿命长的特点。

aerodynamic force **气动力** 指飞行器与空气相对运动时,作用在飞行器表面上的压力、切向力的合力。与飞行速度、飞行高度、飞行状态、飞行器几何外形和尺寸大小等因素有关。可分解为升力、阻力、侧力3个分力。

aerodynamic stability **气动稳定性** 指从气体动力学出发,不考虑飞行器结构强度等因素,飞行器的工作状态相对于干扰的保持能力。

aerodynamics **空气动力学,气体动力学** 是力学的一个分支,研究飞行器或其他物体在同空气或其他气体做相对运动情况下的受力特性、气体的流动规律和伴随发生的物理化学变化。它是在流体力学的基础上,随着航空工业和喷气推进技术的发展而成长起来的一个学科。航空要解决的首要问题是如何获得飞行器所需要的

A

升力、减小飞行器的阻力和提高它的飞行速度。这就要从理论和实践上研究飞行器与空气相对运动时作用力的产生及其规律。

aeronavigation **领航学,空中导航** 利用导航设备接收和处理导航信息,确定飞机的位置、航向和飞行时间,引导飞机沿着预定航线从地球表面一点准确、准时、安全地飞往地球表面上预定点的过程。

aerophare **航空用信标** 为便于无线电测向,发射可识别信号的无方向性无线电台。

affine camera **仿射相机** 指利用仿射变换修正了透视投影模型中深度引起的非线性影响的相机模型。

affine coordinate system **仿射坐标系** 在常见的三维空间中,指由一个定点和三个不共面的向量组成的坐标系。该坐标系和笛卡尔坐标系的区别在于,笛卡尔坐标系三个不共面向量是单位向量,而且两两正交。参见 Cartesian coordinate frame(笛卡尔坐标系)。

affine fundamental matrix **仿射基本矩阵** 是由生成仿射变换的一个旋转矩阵和平移矩阵组成,矩阵构成方式与机器人学中用于坐标变换的齐次变换矩阵相同,利用仿射基本矩阵可以得到一个点对应的仿射变化。

affine geometry **仿射几何** 是研究在仿射群下不变性质与不变量的几何。是几何学的一个分支,属于高等几何的一种。在仿射几何中,图形的相对位置关系保持不变,比如平行关系、线共点、点共线等等,但图形中线段长度,线的夹角会发生变化。

affine group **仿射群** 是一类基本的变换群,即由仿射空间中全体仿射变换所构成的变换群。

affine layer **仿射层** 是神经网络中的一个全连接层。仿射的意思是前面一层中的每一个神经元都连接到当前层中的每一个神经元,仿射层在很多神经网络结构中是标准层。仿射层通常被加在卷积神经网络或循环神经网络作出最终预测前的输出的顶层。仿射层的一般形式为 $y = f(wx+b)$,其中 x 是层输入,w 是参数,b 是一个偏差矢量,f 是一个非线性激活函数。

affine reconstruction **仿射重建[构]** 是一种三维重建方法,它能够得到比射影重建更加符合实际场景三维信息的重建结果。仿射重建本身就是在射影重建的基础上通过添加更多的约束条件实现的,这里添加的约束条件就是对无穷远平面的定位,因此我们可以认为仿射重建的本质就是采用某些方法定位无穷远平面,从而实现更准确的三维重建效果。

affine space **仿射空间** 是数学中的几何结构,这种结构是欧氏空间的仿射特性的推广。在仿射空间中,点与点之间做差可以得到向量,点与向量做加法将得到另一个点,但是点与点之间不可以做加法。仿射空间是一个点集,它的定义是:① 设 A 为一个点集,A 中任意两个有序点 P, Q 对应于 N 维矢量空间中的一个矢量 a;② 设 P, Q, R 为 A 中任意三点,P,Q 对应于矢量 $\boldsymbol{a}$,Q, R 对应于矢

量 $\boldsymbol{b}$，则 P，R 对应于矢量 $\boldsymbol{a}+\boldsymbol{b}$。具有上面两个性质的点集 A 就叫作一个仿射空间。

affine transformation　仿射变换　又称仿射映射，指在几何中，一个向量空间进行一次线性变换并接上一个平移，变换为另一个向量空间。

affixing frame　附着坐标系　指为了描述机器人系统的运动变换关系所添加的局部坐标系。同 attached frame(附着坐标系)。

affordance　可供性　最初是由心理学家 James J. Gibson 提出的概念，指环境可以提供给动物的功能。这些功能与观察者的意图或需求有关，比如一级台阶可以让人移动到更高的地方，也可以为疲倦的人提供休息的座位。后来 Donald Norman 将这个概念用在人机交互领域，指人容易感知到的动作可能性，通俗地说就是人感觉到的一个对象可能的用法，并被广泛用在交互设计和以用户为中心的设计中。

affordance detection　可供性检测　指以对象特征(特点)或其变体(效果)的形式检测对象并提取有关它们的信息。可以为机器人动作选择或物体抓取提供有用的信息。参见 affordance(可供性)。

affordance learning　可供性学习　指通过学习建立一个可供性模型，这个模型反映了人或机器人与外界之间的关系，在机器人上利用这个模型可以让机器人提取有用的信息，完成识别人的动作等，并产生某种行为。参见 affordance(可供性)。

AFV　自主飞行器　autonomous flying vehicle 的缩写。

agent　智能体，代理，主体　由麻省理工学院的著名计算机学家和人工智能学科创始人之一的 Minsky 提出，他在《心智社会》(*The Society of Mind*)一书中将社会与社会行为概念引入计算系统。智能体概念目前尚无统一定义，研究人员从不同的角度给出了智能体的定义，主要有以下几种：① FIPA(Foundation for Intelligent Physical Agents)，指驻留于环境中的实体，它可以解释从环境中获得的反映环境中所发生事件的数据，并执行对环境产生影响的行动。在这个定义中，智能体被看作是一种在环境中“生存”的实体，它既可以是硬件(如机器人)，也可以是软件。② 著名智能体理论研究学者 Wooldridge 博士等在讨论智能体时，则提出“弱定义”和“强定义”两种定义方法：弱定义智能体指具有自主性、社会性、反应性和能动性等基本特性的智能体；强定义智能体指不仅具有弱定义中的基本特性，而且具有移动性、通信能力或其他特性的智能体。③ Franklin 和 Graesser 则把智能体描述为“是一个处于环境之中并且作为这个环境一部分的系统，它随时可以感测环境并且执行相应的动作，同时逐渐建立自己的活动规划以应对未来可能感测到的环境变化”。④ 著名人工智能学者、美国斯坦福大学的 Hayes-Roth 认为“智能体能够持续执行三项功能：感知环境中的动态条件；进行推理以解释感

A

知信息、求解问题、产生推断；执行动作影响周围环境”。⑤ 智能体研究的先行者之一，美国的 Macs 则认为“自主智能体指那些宿主于复杂动态环境中，自主地感知环境信息，自主采取行动，并实现一系列预先设定的目标或任务的计算系统”。

aggregation **聚集，聚合；(多智能体的)聚集行为** (1) 指的是组件对象的组合，就是使用多个独立的单元或者对象生成一个新的对象。聚合关系是整体与部分关联的一种特殊形式，它确定了介于聚合(整体)和组成部分之间的整体与部分关系。(2) 多智能体的聚集行为指多个智能体组成一个系统或者整体，智能体之间可以产生联系，通过聚集行为能够产生新的功能和特性。

AGI **通用人工智能，强人工智能** artificial general intelligence 的缩写。

agile manufacturing **敏捷制造** 指制造企业采用现代通信手段，通过快速配置各种资源(包括技术、管理和人员)，以有效和协调的方式响应用户需求，实现制造的敏捷性。

agonistic-antagonistic **竞争-对抗的** 指对于产生剧烈作用的动作产生相反的动作，或者产生相反的效果，达到对抗的目的。

agricultural automation **农业自动化** 指将农业机械装备自动化，从而使农业现场的作业过程自动完成的技术。农业自动化包含了农村电力系统自动化技术、农业装备和产业技术改造的自动化技术以及农业信息与网络技术，是推进农业与农村经济可持续发展的重要途径。

agricultural robot **农业机器人** 指用于农业领域(包括种植业、林业、畜牧业、渔业等产业)各生产环节的机器人。

agricultural robotics **农业机器人学[技术]** 指农业机器人领域的相关技术，包括农业机器人基本原理和基本结构(感知系统、末端执行器、机械臂和移动机构)以及农业机器人在生产应用中的实例。

AGV **自动导引车** automated guided vehicle 的缩写。

AHS **自动公路系统** automated highway system 的缩写。

aided tracking **半自动跟踪，辅助跟踪** 又称人机跟踪，指通过跟踪系统对目标进行跟踪，由于跟踪系统常常需要人为的监控和调节，因此是半自动跟踪。

airborne **机载的，空中的** 指航行器脱离地面，在空中飞行的运作阶段。对于水平起飞的飞行器，此飞行阶段通常从在跑道上沿地面移动的过渡开始。

airborne vehicle **航空器** 指通过机身与空气的相对运动而获得空气动力升空飞行的飞行器，包括飞机、飞艇、气球及其他任何借助空气的反作用力，得以飞行于大气中的机器。根据航空器不同的性质，国际民航组织通常采用三种分类方法：根据航空器进近类型分类，根据航空器升限分类，根据航空器最大允许起飞权重分类。

air brake **空气制动器，气闸** 采用空气作为介质,通过增大空气阻尼来控制制动装置,而最终实现制动效果。

aircraft dynamics **航空器动力学** 是研究飞行在空中或外太空的飞行器运动与受力的学科。它关注的是作用在飞行器上的力如何影响其某一时刻的速度和姿态。

air damping **空气阻尼** 空气对运动物体的阻碍力,是运动物体受到空气的弹力而产生的。汽车、船舶、铁路机车等在运行时,由于前面的空气被压缩,两侧表面与空气的摩擦,以及尾部后面的空间成为部分真空,这些作用会引起阻力。在现实生活中,自由落体也受空气阻力的影响,其速度、接触面积、空气密度等都会影响空气阻力的大小。

air guideway **气浮导轨** 气浮导轨基于气体动静压效应,实现无摩擦和无振动的平滑移动。它具有运动精度高、清洁无污染等特点。因其误差均化作用,可用比较低的制造精度来获得较高的导向精度。通常与伺服驱动,传感器组成闭环系统,实现高精度定位。气浮导轨在测量仪器、精密机械中得到了广泛的应用。

air traffic control **飞行管制,空中交通控制** 是国家对其领空内的航空器飞行活动实施的强制性的统一监督、管理和控制,又称航空管制。飞行管制的目的和任务是:监督和控制国家领空内一切飞行活动,协调各部门对空域的使用,为国土防空识别空中目标提供飞行计划内的情报,防止航空器与航空器、航空器与地面障碍物或其他飞行体相撞,维持飞行秩序,保证飞行安全。飞行管制机构通常是防空体系的组成部分。

AIS **自动化智能系统** automated intelligence system 的缩写。

alarm sensor **报警传感器** (1) 在通信系统中的任何设备,它能检测出系统中非正常情况发生,并能在本地或远处的报警指示器上给出信号来指示非正常情况的存在或其性质,可检测到的事件包括许多种,从简单的接触开关的开启或关闭,到按时序的自动关机和再启动的循环。(2) 在物理安全系统中的一个经过检验合格的设备,用于指示一个设施或它的一部分发生了变化。报警传感器可以有冗余或串级,比如一个报警传感器用于保护电缆或电源,而另一个报警传感器用于保护这个传感器。

algorithm complexity **算法复杂性,算法复杂度** 分为时间复杂度和空间复杂度,一般情况下,算法中基本操作重复执行的次数是问题规模 n 的某个函数,用 $T(n)$ 表示,若有某个辅助函数 $f(n)$,使得当 n 趋近于无穷大时,$T(n)/f(n)$ 的极限值为不等于零的常数,则称 $f(n)$ 是 $T(n)$ 的同数量级函数。记作 $T(n)=O(f(n))$,称 $O(f(n))$ 为算法的渐进时间复杂度,简称时间复杂度。空间复杂度是对一个算法在运行过程中临时占用存储空间大小的量度,记作 $S(n)=O(f(n))$。

algorithm convergence **算法收敛性** 指一个算法随着迭代的进行,算法的结果与真实结果的误差是否越来越小,且趋近于一个固定的值。

A

algorithm decomposition **算法分解** 将具有无限并行性的算法转换成有限并行性算法的一种方法。其基本思想是将原算法的每一步分解成若干个子步使得每个子步可使用较少的处理器进行求解。

algorithmic approach **算法逼近** 指利用有关算法逼近一些实际问题的场景或精确度。算法逼近在实际应用中可以减少有关产品研发的成本，因为通过算法逼近可以模拟一些实验场景或计算出一些有关问题的精确度。例如，在实际应用中，有很多问题属于数值计算类问题，一般都是通过利用有关算法来实现数值逼近，从而解决问题。对于不同的问题，需要用不同的逼近算法。

algorithmic language **算法语言** (1) 一种接近数学描述的程序设计语言，是高级语言的另一名称。从本质上说，算法语言是按一定规则排列的符号的集合，编译程序是把这些符号集合变成机器指令的转换器。(2) 任何用算法解决问题的程序语言，即指定指令顺序的语言，如 Ada、BASIC、C、FORTRAN、Pascal、Python 等。

algorithm of intelligent planning **智能规划算法** 智能规划是一个多领域交叉的研究领域，涉及知识表达、知识推理、非简单逻辑、情景演算和人机交互等各个方面，智能规划算法就是针对这些领域提出的不同于传统算法的新方法。

aliasing **混叠** 对连续信号进行等间隔采样时，如果不能满足采样定理，采样后信号的频率就会重叠，即高于采样频率一半的频率成分将被重建成低于采样频率一半的信号。这种频谱的重叠导致的失真称为混叠，而重建出来的信号称为原信号的混叠替身，因为这两个信号有同样的样本值。

alignment pose **调准位姿** 指为机器人设定一个由几何基准给定的位姿的过程。

allocentric map **非自我中心地图** 用于导航模型中，它根据一些除自身运动信息以外的线索，如地标这样的线索来确定位置和运动。

all-or-none law **全或无定律** 是神经传导的一项基本特性。即当刺激达到神经元的反应阈限时，它便以最大的脉冲振幅作出反应；但刺激强度如达不到某种阈限时，神经元便不发生反应。

allowable initial state **容许初始状态** 指的是能保证控制系统稳定运行所容许的可行初始状态集合。在某些控制系统(如混沌系统)中，系统的稳定性和收敛性与被控状态的初始值有关，只有满足一定的初始条件，系统才能保证稳定，这样的初始条件成为容许初始状态。

ALP **自动语言处理** automated language processing 的缩写。

alternating current (AC) motor **交流电机** 用于实现机械能和交流电能相互转换的机械。它主要由一个用以产生磁场的电磁铁绕组或分布的定子绕组和一个旋转电枢或转子组成，利用通电线圈在磁场中受力转动的现象使得电机转动。交流电动机可分为同步交流电动机和感应电动机两种。

alternating current (AC) servomotor 交流伺服电机 指输入为交流电的伺服电机，它的内部转子是永磁铁，由驱动器控制三相电形成电磁场，转子在此磁场的作用下转动，同时电机自带的编码器反馈信号给驱动器，驱动器根据反馈值与目标值进行比较，调整转子转动的角度。参见servomotor(伺服电机)。

alternating current (AC) torque motor 交流力矩电机 是力矩发动机(输出低转速、大力矩的伺服电动机)的一种，它一般采用笼式转子结构，靠增多极对数获得低的转速，主要运行在大负载、低转速状态，也可短期或长期运行在堵转状态，其速度控制主要通过测速电机速度反馈和控制张力大小两种方法来实现。交流力矩电机目前已广泛用于电影胶片冲洗、轻工、化纤、纺织、电缆、塑料及造纸等卷绕装置中。

alternating decision tree (ADT) 交替决策树 是一种用于分类的机器学习方法，是决策树的推广。它由一系列包含了决策条件的决策节点以及包含单个数字的预测节点组成。

altimeter 测高仪，高度表 是一种用于测量与指示飞行器距某一选定的水平基准面垂直距离的仪表。

AM 调幅 amplitude modulation 的缩写。

ambient 环境的，周围的，背景的 物体周围的环境，可以是材料、物质或者是形状等。

ambient assisted living (AAL) 居家协助 是环境智能的一个子领域，是结合新技术和社会环境的概念，通过产品和服务，来改善生活中各个阶段的生活质量。

ambient intelligence 环境智能 指对人存在的环境敏感并响应的智能设备或网络。在环境智能系统中，设备或网络协同作业来支持人类来完成日常活动、任务、仪式等，让人类在使用这些信息以及隐藏在这些设备之后的网络智能时变得更容易、更自然。

amorphous computing 无定形计算 指使用大量的相同并行处理器的计算系统，每个处理器具有有限的计算能力和局部交互能力。无定形计算具有以下特性：由冗余的，可能有故障的大规模并行设备实现；具有有限内存和计算能力的设备；设备是异步的；没有先验知识的设备；设备仅在本地通信；具有自我组织行为；具有一定容错能力。

amplitude 振幅 是振动的物理量可能达到的最大值，通常以 A 表示。它是表示振动的范围和强度的物理量。

amplitude modulation (AM) 调幅 使载波的振幅按照所需传送信号的变化规律而变化，但频率保持不变的调制方法。调幅在有线电或无线电通信和广播中应用甚广。调幅是使高频载波的振幅随信号改变的调制。其中，载波信号的振幅随着调制信号的某种特征的变换而变化。例如，0 或1 分别对应于无载波或有载波输出，电视的图像信号使用调幅。调幅的抗干扰能力强，失真小，但服务半径也小。

AMR 自主移动机器人 autonomous mobile robot 的缩写。

analog 模拟(量、装置、设备、系统等) 用于表征通过连续变化的物理量(如电路中的电压)来表示值的大小的任何装置(通常是电子装置)。analog 出自希腊文 analogos(意为比例)，其意思为变化和比例。一个模拟装置在其所能处理的范围内能表示无穷多个值。与其相反，数字表示则把量值归入离散的数值，使量值的允许范围受到数字装置的分辨率的限制。

analog camera 模拟相机 指数据输出格式为模拟信号的相机。相比于数字相机，一般分辨率与帧速较低，抗干扰能力较差，但价格便宜。比较 digital camera(数字相机)。

analog control 模拟控制 (1) 用由物理变量(如压力、温度、流量、频率、电压、电流、功率和音频电平)得到的模拟信号对产品或系统进行的控制。(2) 控制信号随时钟信号间的相位误差连续变化的数字网络同步控制方法，如果控制信号与相位误差直接成正比，则称为线性模拟控制。

analogical inference 类比推理，类比推断 是根据两个或两类对象有部分属性相同，从而推出它们的其他属性也相同的推理，是科学研究中常用的方法之一。简称类推、类比。它是以关于两个事物某些属性相同的判断为前提，推出两个事物的其他属性相同的结论的推理。

analogical learning 类比学习 以类比推理为基础，通过识别两个情况的相似性，并使用一个情况中的知识去分析或理解另一个情况的机器学习方法。在这两个情况中，一个是已经理解的熟悉情况，称为基或源，另一个是待理解的新情况，称为靶。这里"情况"可以是概念、任务、事件等。类比学习的基本步骤：① 抽取特征：当输入靶后，需要对其分析，以抽取一组用于寻找相似情况的特征，在类比学习中把这些特征称作索引；② 检索相似情况：应用索引从记忆中检索靶的相似情况，即基。基与靶的相似程度越高，越有助于靶的处理；③ 建立对应关系：建立基和靶的组成元素间的对应关系，通常要求相对应的元素在基和靶的共享因果关系网中有相似作用；④ 转换知识：以建立的对应关系为依据，选择基中未被对应的知识并转换到靶，从而生成类比结论。通常要求被转换的知识与已对应知识间有因果联系，而且类比结论既不能与靶中已有知识矛盾，也应当对靶有用；⑤ 验证类比结论：由于类比推理是似然推理，因此需要验证类比结论的正确性；⑥ 修改记忆：从两个方面修改记忆，首先，推广基和靶这对相似情况，得到适合同类情况的一般知识。这是因为许多认知实验都表明经过类比推理后，人们提高了处理类似情况的能力，这说明在类比比较两个相似情况时人们自然地总结出了适合同类情况的一般知识。其次，在记忆中存储靶及其处理信息，即对它建立索引，以便将来用于其他相似情况的处理。

类比学习已经成为人工智能,特别是机器学习研究的重要组成部分。参见 analogical problem solving(类比问题求解)。

analogical problem solving　类比问题求解　一种在求解现行问题时,查找有解的类似问题,并且加以改编使之成为现行问题的解的问题求解方法。

analogical problem space　类比问题空间　一种状态是问题的描述的空间,其运算符把整个特殊问题的解转换为紧密相关的问题解。

analogical reasoning　类比推理　同 analogical inference(类比推理)。

analogical simulation　类比仿真　对数学模型相似的两个系统,可用一个系统模拟另一个系统的仿真,以达到研制和开发该系统的目的。

analog model　相似模型,类比模型　一种利用可理解或者可分析的系统来表示自然界现象[目标系统]的方法,是重要的建模方法之一。基于物理性质不同但由相同的微分,代数或任何其他数学方程描述的现象的类比来进行建模。

analog signal　模拟信号　是一种时变特征由其他时变量所表示的连续信号。例如,在模拟音频信号中,信号的瞬时电压随着声波的压力而连续变化。模拟信号通常指电信号,然而机械、气动、液压、人类语音和其他系统也可以传达或被认为是模拟信号。模拟信号使用介质的某些属性来传达信号的信息。在电信号中,可以改变信号的电压、电流或频率以表示信息。任何信息都可以通过模拟信号传送;通常这样的信号是对物理现象(例如声音、光、温度、位置或压力)的变化的测量结果。比较 digital signal(数字信号)。

analog-to-digital converter　模数转换器　用于将模拟形式的连续信号转换为数字形式的离散信号的一类设备。

analysis　分析,解析　(1) 一种将复杂的问题或者物质分解为更小的部分,以便更好地理解的过程。虽然分析作为一种形式概念是一个相对较新的发展,但其最早的历史可以追溯到亚里士多德(公元前 384—322)之前。(2) 在数学上,数学分析是分析学中最古老、最基本的分支,一般指以微积分学、无穷级数和解析函数等的一般理论为主要内容,并包括它们的理论基础的一个较为完整的数学学科,也是大学数学专业的一门基础课程。(3) 在系统工程上,系统分析旨在研究特定系统结构中各部分(各子系统)的相互作用,系统的对外接口与界面,以及该系统整体的行为、功能和局限,从而为系统未来的变迁与有关决策提供参考和依据。系统分析的主要目标之一,通常在于改善决策过程及系统性能,以期达到系统的整体最优。

analytic learning　分析学习　利用现有知识对问题进行分析求解来获取知识和经验的一种学习方法。它是基于演绎的、知识密集型的、利用领域知识进行分析以达到学习目的的一种方法,它使用过去的问题求解经验指导新问题的求解或产生启发式控制策略,它包括解释学习、类比学习、实例学习等学习方法。参见 analogical learning(类比学习)。

android 类人机器人;(常作 Android) 安卓操作系统 (1) 指在物理外观上与人类近似的机器人,即一个拟人化的机器人。(2) 指安卓移动操作系统,是一个基于 Linux 内核的开放源代码移动操作系统。

angle 角度 指两条相交直线中的任何一条与另一条相叠合时必须转动的量的量度,转动在这两条直线的所在平面上并绕交点进行。

angle gripper 角形夹持器 一种模仿手指运动夹持物体进而操控物体的设备。一般可分为外部夹持和内部夹持两种方式。其中外部夹持应用较多,需要的行程长度最短,通过夹持器夹片闭合时所施加的力完成夹持动作;某些时候由于物体几何形状或物体外部的接近需求需要从中心夹持物体,在这种情况下一般通过夹持器提供的扩张力完成夹持动作。

angle transducer 角度传感器 指用于将角度信息转换为电信号或其他形式信号的传感器,通常使用角度编码器来测量角度。可用于工业、军事、日常生活等多个领域。

angular acceleration 角加速度 指描述刚体角速度的大小和方向对时间变化率的物理量。

angular displacement 角位移 同步旋转的两个系统的同类部分间所形成的角度。

angular velocity 角速度 指旋转物体在单位时间内转过的角度,可用于表示转动速度的快慢。是一个矢量,其方向是沿旋转轴向的右手螺旋方向,单位是弧度每秒。

angular velocity transducer 角速度传感器 是用高速回转体的动量矩敏感壳体相对惯性空间绕正交于自转轴的一个或两个轴的角运动检测装置。主要应用于汽车导航、运动物体的位置控制和姿态控制以及其他需要精确角度测量的场合。同 gyroscope(陀螺仪)。

angular velocity vector 角速度向量 描述物体转动时,在单位时间内转过多少角度以及转动方向的向量,国际单位是弧度每秒,方向用右手螺旋定则决定。参见 angle velocity(角速度)。

animacy 生命度,有生性 是一种基于名词所指称对象的知觉度和是否有生命等而来的、与语义和语法相关的范畴。一些语言中对其有较为复杂的层级划分。一般而言,人称代词的有生层级最高,其次是动物、植物、自然力量(例如风)、实体物体和抽象事物的名词等。

animatronics 电子动物学 是使用拉线设备或马达来模拟人类或动物,或为其他无生命的物体带来逼真特征的一门学科。是一个多学科领域,集成了解剖学、机器人、机电一体化等学科,用于形成逼真的动画。1962 年迪士尼首次在电影中引入这个概念。如今更倾向于使用机器人技术实现,并且已经在电影特效和主题公园中得到广泛应用。

ANN 人工神经网络 artificial neural network 的缩写。

annealed particle filtering (APF) 退火粒子滤波 一种基于模拟退火优化的粒子滤波算法，通过采用模拟退火算法改进重要抽样密度函数，在状态转移基础上增加扰动量，从而扩展粒子的局部搜索范围，并促使粒子向高似然区域移动，与传统粒子滤波算法相比可以通过很小的粒子数实现追踪效果，且跟踪精度更高。参见 particle filtering(粒子滤波)。

ant colony algorithm (ACA) 蚁群算法 一种用来寻找优化路径的概率型算法，其灵感来源于蚂蚁在寻找食物过程中发现路径的行为。该算法的主要思想是：用蚂蚁的行走路径表示待优化问题的可行解，整个蚂蚁群体的所有路径构成待优化问题的解空间。路径较短的蚂蚁释放的信息素量较多，随着时间的推进，较短的路径上累积的信息素浓度逐渐增高，选择该路径的蚂蚁个数也愈来愈多。最终，整个蚂蚁群体会在正反馈的作用下集中到最佳的路径上，此时对应的便是待优化问题的最优解。

ant colony optimization (ACO) 蚁群优化 是一种用来寻找优化路径的概率型算法。它由 Marco Dorigo 于 1992 年在他的博士论文中提出。他在研究新型算法的过程中，发现蚁群在寻找食物时，通过分泌一种称为信息素的生物激素交流觅食信息，从而能快速地找到目标，据此提出了基于信息正反馈原理的蚁群算法。蚁群优化采用正反馈机制和分布式计算方式，采取的启发式的概率搜索易于找到全局最优解。

ant colony system (ACS) 蚁群系统 1997 年由 Dorigo 和 Gambardella 提出了蚁群系统算法(ACS)，作为对原始蚂蚁系统算法(ant system)的发展，该算法将增强学习的思想与蚂蚁系统算法结合起来，采用了更大胆的行为选择策略，引入了负反馈的机制，增强了全局的寻优能力。

ant robotics 蚂蚁机器人学[技术] 是群体机器人的一个特例，由美国电气工程师 James McLurkin 在麻省理工学院计算机科学与人工智能实验室工作时率先提出。蚂蚁机器人是可以通过标记进行通信的群体机器人，类似于放置和跟踪信息素踪迹的蚂蚁。一些蚂蚁机器人使用长效路径(化学物质的常规路径或收发器的智能路径)；另一些使用短暂的痕迹，包括热和酒精；其他使用虚拟踪迹。

antenna 天线 是一种变换器，它把传输线上传播的导行波，变换成在无界媒介(通常是自由空间)中传播的电磁波，或者进行相反的变换。在无线电设备中用来发射或接收电磁波的部件。无线电通信、广播、电视、雷达、导航、电子对抗、遥感、射电天文等工程系统，凡是利用电磁波来传递信息的，都依靠天线来进行工作。此外，在用电磁波传送能量方面，非信号的能量辐射也需要天线。一般天线都具有可逆性，即同一副天线既可用作发射天线，也可用作接收天线。同一天线作为发射或接收的基本特性参数是相同的。这就是天线的互易定理。

anthropomorphic arm 拟人手臂 参见 anthropomorphic manipulator（拟人机械臂）。

anthropomorphic contact 拟人接触 指机器人能够像人与人之间交流一样完成机器人和人之间的正常交流。

anthropomorphic design 拟人设计 指在设计机器人或者其他无生命机器时赋予它们人类的特征和动机，增强任务的自动化和提高人机交互的体验。

anthropomorphic end-effector 拟人末端执行器 指模拟真实人手的机器人末端执行器，一般具有手掌和多个手指。

anthropomorphic manipulator 拟人机械臂 指模仿人的手臂特性的一种机械臂。它的拟人特性主要包含两方面：结构拟人化和运动拟人化。结构拟人化使机械臂外观与结构更接近人臂，而当机械臂看起来与人自身形状一样时，它就容易引起人类操作者的共鸣，从而增强其心理舒适度。运动拟人化使机械臂如同人臂一样工作，人类作为自然进化的高等生物，其运动机理必然有着独特的优越感，以人臂为运动机理控制机械臂的运动必然将提高其效率。

anthropomorphic robot 拟人机器人 指具有拟人功能、结构、活性、行为的机器人，包括拟人情感机器人、拟人智能机器人、拟人进化机器人、拟人行为机器人、拟人形象机器人、拟人构造机器人等。

anthropomorphism 拟人论，拟人观 指认为非人物体、动物等具有人类情感或特征，其中所指的特征包括外观、性格、行为等。

anthropomorphization 拟人化，人格化 指为非人个体赋予人类特征或将人类特征归因于非人类的物体的一种方法。参见 anthropomorphism（拟人论，拟人观）。

antialiasing 抗混叠 混叠指因采样频率不够高，模拟信号中的高频信号折叠到低频段，出现虚假频率成分的现象。抗混叠指采用相应滤波方式来减少这种效应。

antirust coating 防腐蚀层 是由各类高性能抗蚀材料与改性增韧耐热树脂进行共聚反应，形成互穿网络结构，产生协同效应，有效提高聚合物的抗腐蚀性能的功能涂层。按使用基材不同可分为环氧防腐涂层、鳞片防腐涂层、环氧聚酯混合型、户外纯聚酯涂层等。按使用温度不同分为低温防腐涂层、常温防腐涂层、高温防腐涂层。

anytime algorithm 任意时间算法 是一种即使在结束前任一时间被打断，依旧能够对某一问题返回有效解答的算法。

a prior knowledge 先验知识 在哲学上指先于经验的知识，不依赖于经验。在机器人学中一般指并非由机器人自己获得，而是人为输入的信息。

APF 退火粒子滤波 annealed particle filtering 的缩写。

APF 人工势场 artificial potential field 的缩写。

APG 可调模式生成器 adjustable

pattern generator 的缩写。

appearance-based approach 基于外观的方法，基于表征的方法 是姿态估计中的一种方法，通过比较机器人当前视觉中的物体的外观与事先存储在数据库中的物体的外观来估计机器人姿态。

applied force 作用力 力是物体对物体的作用，所以力都是成对出现的。有力就有施力物体和受力物体。两物体间通过不同的形式发生相互作用如吸引、相对运动、形变等而产生的力，叫作用力。

apprehension 理解能力 指通过主动接触获得相关信息的能力。

apprenticeship learning 学徒式学习 是一种通过观察专家来学习的过程，可以被视为一种监督学习形式，最早于 2004 年由 Pieter Abbeel 和 Andrew Ng 提出。它通过逆向强化学习的方法来推测示教者的意图，以学习示教者的策略。其动机是解决难以给出显式的回报函数、却可以通过观察专家演示完成任务的期望动作来学习的一类问题。

approximate method 近似方法 一种重要的以近似数为计算对象的数学计算方法，是为了处理实际复杂系统中无精确解的情况发展而来的一类数值解法。

approximate model 近似模型 一种用来描述客观实体的数学模型，在分析复杂问题时，忽略一些影响较小的因素，突出最重要的因素所构建的数学模型。

AR 增强现实 augmented reality 的缩写。

architecture （机器人）体系结构，架构，结构 指机器人系统中的各子系统组成以及相互功能关系，包括机械、控制架构等。

arc welding robot 弧焊机器人 是用于进行自动弧焊的工业机器人，主要应用于各类工业生产中的自动焊接，可以在计算机的控制下实现连续轨迹控制和点位控制。弧焊机器人系统基本组成如下：机器人本体、控制系统、示教器、焊接电源、焊枪、焊接夹具、安全防护设施。

area image sensor 面型［区域型］图像传感器 指一种可以同时接受一幅完整光像的电荷耦合的图像传感器，主要包含行间转移（IT）型、帧间转移（FT）型和行帧间转移（FIT）型三种类型。

arm （机器人）手臂 指具有模仿人类手臂功能并可完成各种作业任务的自动控制设备，通常包括多个连杆和关节，可以在三维空间中进行六自由度运动。

Aronhold-Kennedy theorem 阿朗浩尔特-肯尼迪定理，三心定理 在四连杆机构中，做平面平行运动的三个构件的三个瞬心位于同一直线上。

ART 自适应共振理论 adaptive resonance theory 的缩写。

articulated-body algorithm（ABA） 铰接体算法 利用铰接体的旋转自由度对多刚体铰接式机器人进行运动控制的算法，是多刚体动力学中的一类重要算法。

articulated robot 关节（型）机器人，铰

接式机器人 是具有三个或更多个旋转关节的机器人,是当今工业领域中最常见的工业机器人的形态之一,适合用于诸多工业领域的机械自动化作业。

articulated soft robot 铰接式软体机器人 是具有柔性和刚性机构的机器人。受到脊椎动物的肌肉、骨骼系统的启发,顺应性通常集中体现在致动器,传动装置和关节(对应于肌肉,肌腱和关节),而结构稳定性由刚性或半刚性连接(对应于脊椎动物中的骨骼)保证。

articulated soft robotics 铰接式软体机器人学[技术] 研究铰接式软体机器人的技术学科,是机器人学和仿生学的新兴交叉学科。参见 articulated soft robot(铰接式软体机器人)。

articulate-type modular robot 铰接型模块化机器人,关节型模块化机器人 统筹机器人任务和类别的要求,将关节机器人划分成具有独立功能的模块从而将不同模块组合成执行特定任务的机器人。

artificial constraint 人工约束,虚约束 机构中重复的运动副,即对机构的实际运动没有起到约束作用的一类约束。

artificial ear 人工耳 是一种电子装置,由体外言语处理器将声音转换为一定编码形式的电信号,通过植入体内的电极系统直接刺激听神经来恢复或重建聋人的听觉功能。近年来,随着电子技术、计算机技术、语音学、电生理学、材料学、耳显微外科学的发展,人工耳已经从实验研究进入临床应用。现在全世界已把人工耳作为治疗重度聋至全聋的常规方法。

artificial emotion 人工情感 指用人工的方法和技术,模仿、延伸和扩展人的情感,使机器具有识别、理解和表达情感的能力。研究人工情感的目的是为了使电脑或机器人具有像人一样的情感表达能力、情感识别能力、情感思维能力和情感实施能力。人工情感的研究对象有“机器情感”和“情感机器”两方面。

artificial evolution 人工演化 是人工智能界所采用的一种方法。他们认为人类的智能是通过变异与自然选择而进化来的,因而试图使计算机仿真系统能够由变异与选择而进化。仿真进化有两个难题:一是对自然的进化不完全了解;二是仿真进化要比自然进化的速度快得多,才会有实用价值。

artificial general intelligence (AGI) 通用人工智能,强人工智能 指可以成功完成任何人类可以完成的智能任务的机器智能,具备执行一般智慧行为的能力。通用人工智能的目的是创造出能够不用编程自己学会解决各种问题的智能体。它应该具有以下能力:自动推理、知识表示、自动规划、学习、使用自然语言进行沟通,以及整合以上这些手段来达到同一个目标的能力。通用人工智能并不等价于类人级别的智能,其最终目标是实现类人级别甚至超人级别的智能。

artificial genome 人工基因组 指在计算机和机器人领域中,遗传算法、人工进化算法中对基因组的模拟。同生物基因组一样,人工基因组模型包含一个由"基"构成的线性序列,基从集合 $D=\{0, 1, 2, 3\}$ 中取值,模拟 DNA 中的四个碱基 A、C、G 和 T。人工基因组中的基因由特定的基序列"0101"标识,并称该序列为启动子。

artificial hand 人工手,假手 是上肢假肢末端执行器,能替代人手的感觉和运动功能。

artificial intelligence 人工智能 是研究、开发用于模拟、延伸和扩展人的智能的理论、方法、技术及应用系统的一门新的技术科学。人工智能是计算机学科的一个分支,它的起源公认是 1956 年的达特茅斯会议,自 20 世纪 70 年代以来被称为世界三大尖端技术之一(空间技术、能源技术、人工智能)。也被认为是 21 世纪三大尖端技术(基因工程、纳米科学、人工智能)之一。它企图了解智能的实质,并生产出一种新的能以人类智能相似的方式作出反应的智能机器,该领域的研究包括机器人、语言识别、图像识别、自然语言处理和专家系统等。人工智能从诞生以来,理论和技术日益成熟,应用领域也不断扩大,可以设想,未来人工智能带来的科技产品,将会是人类智慧的"容器"。人工智能可以模拟人的意识和思维的信息处理过程。人工智能不是人的智能,但能像人那样思考、也可能超过人的智能。人工智能涉及计算机科学、心理学、哲学和语言学等学科。可以说几乎是自然科学和社会科学的所有学科,其范围已远远超出了计算机科学的范畴。人工智能与思维科学的关系是实践和理论的关系,人工智能是处于思维科学的技术应用层次,是它的一个应用分支。

artificial intelligence system 人工智能系统 是实时模拟人类大脑,完成人工意识和人工智能的计算系统。目前几乎所有的人工智能系统都是首先进行人工形式化建模,转化为一类特定的计算问题(如搜索、自动推理、机器学习等)进行处理。

artificial life 人工生命 以研究具有自然生命特征和生命现象的人造系统为对象的一门学科,重点是人造系统的模型生成方法、关键算法和实现技术,缩写为 AL。首先由美国圣菲研究所非线性研究组的计算机科学家兰顿(Christopher Langton)于 1986 年提出,兰顿筹备并主持了 1987 年 9 月的第一次国际人工生命会议。主要有三种类型的人工生命:software,通过软件工程的方式实现,如各种软件 agent(智能体,代理)和仿真鱼;hardware,通过硬件的方式实现,如机器人;wetware,通过生物化学和生物工程的方式实现,如克隆人和生化人。人工生命研究的基础理论是细胞自动机理论、形态形成理论、混沌理论、遗传理论、信息复杂性理论等。

artificial limb 义肢,假肢 指供截肢者使用以代偿缺损肢体部分功能的人造肢体,有上肢假肢和下肢假肢。多用铝板、木材、皮革、塑料等材料制作,其关节采用金属部件。现在假肢的主要材料是钛合金和碳素纤维。

artificial muscle　人工肌肉　指人工合成的肌肉组织，其材质通常包括金属线与纳米碳管，具有生物肌肉的多数功能。

artificial neural network (ANN)　人工神经网络　是对人脑或自然神经网络(natural neural network)若干基本特性的抽象和模拟，也简称为神经网络(NN)或称作连接模型(connectionist model)。人工神经网络以对大脑的生理研究成果为基础，其目的在于模拟大脑的某些机理与机制，实现某个方面的功能。人工神经网络是由人工建立的以有向图为拓扑结构的动态系统，它通过对连续或断续的输入作状态相应而进行信息处理。人工神经网络的研究，可以追溯到 1957 年 Rosenblatt 提出的感知器模型(perceptron)。它几乎与人工智能——AI(artificial intelligence)同时起步，但 30 余年来却并未取得人工智能那样巨大的成功，中间经历了一段长时间的萧条。直到 80 年代，获得了关于人工神经网络切实可行的算法，以及以 Von Neumann 体系为依托的传统算法在知识处理方面日益显露出其力不从心后，人们才重新对人工神经网络产生了兴趣，导致神经网络的复兴。目前在神经网络研究方法上已形成多个流派，最富有成果的研究工作包括：多层网络 BP 算法、Hopfield 网络模型、自适应共振理论、自组织特征映射理论、深度学习等。人工神经网络是在现代神经科学的基础上提出来的。它虽然反映了人脑功能的基本特征，但远不是自然神经网络的逼真描写，而只是它的某种简化抽象和模拟。

artificial perception　人工感知　指对表征事物或现象的各种形式的(数值的、文字的和逻辑关系的)信息进行处理和分析，以对事物或现象进行描述、辨认、分类和解释的过程，是信息科学和人工智能的重要组成部分。

artificial potential field (APF)　人工势场　其基本思想是将机器人在周围环境中的运动，设计成一种抽象的人造引力场中的运动，目标点对移动机器人产生"引力"，障碍物对移动机器人产生"斥力"，最后通过求合力来控制移动机器人的运动。该方法结构简单，便于底层的实时控制，在实时避障和平滑的轨迹控制方面，得到了广泛应用，其不足在于存在局部最优解，容易产生死锁现象，因而可能使移动机器人在到达目标点之前就停留在局部最优点。

artificial sampling　人工抽样　是从一批产品中随机抽取少量产品(样本)进行检验，据以判断该批产品是否合格的统计方法和理论。它与全面检验的不同之处，在于后者需对整批产品逐个进行检验，把其中的不合格品拣出来，而抽样检验则根据样本中的产品的检验结果来推断整批产品的质量。如果推断结果认为该批产品符合预先规定的合格标准，就予以接收；否则就拒收。所以，经过抽样检验认为合格的一批产品中，还可能含有一些不合格品。

artificial skin　人工皮肤　是利用工程

学和细胞生物学的原理和方法，在体外人工研制的皮肤代用品，用来修复、替代缺损的皮肤组织。

ASN 主动传感器网络 active sensor network 的缩写。

aspect ratio 幅形比，高宽比，纵横比 指在计算机图形显示中，一帧或一幅图像的横向尺寸与纵向尺寸之比。例如，宽高比为 2∶1，这表明图像的宽度是高度的两倍。

assembly 装配 指按照规定的技术要求，将若干个零件接合成部件或将若干个零件和部件接合成产品的过程。

assembly line 装配(流水)线 是人和机器的有效组合，最充分体现设备的灵活性，它将输送系统、随行夹具和在线专机、检测设备有机组合，以满足多品种产品的装配要求。装配流水线的传输方式有同步传输(强制式)和非同步传输(柔性式)，根据配置的选择，实现手工装配或半自动装配。

assembly robot 装配机器人 是柔性自动化装配系统的核心设备，由机械臂、控制器、末端执行器和传感系统组成。其中机械臂的结构类型有水平关节型、直角坐标型、多关节型和圆柱坐标型等；控制器一般采用多 CPU 或多级计算机系统，实现运动控制和运动编程；末端执行器为适应不同的装配对象而设计成各种手爪和手腕等；传感系统用来获取装配机器人与环境和装配对象之间相互作用的信息。装配机器人主要用于各种电器制造、小型电机、汽车及其部件、计算机、玩具、机电产品及其组件的装配等方面。

assistive rehabilitation robot 辅助康复机器人 是一种能改善身体机能受损人士行动能力的自动化机器。

assistive robot 辅助机器人 指能够感知、处理传感器信息，为残疾人、老人等在日常生活中提供帮助的一类机器人。

assistive robotics 辅助机器人学[技术] 一种机器人技术分支，研究重点是开发和使用创新的机器人技术，提供以人为中心的认知干预，以提高老年人、残疾人等需要帮助人士的生活质量。

asymmetrical grasping 非对称抓取 若机器人在抓取过程中，手指进行非对称运动，具有这种特征的抓取称为非对称抓取。

asymptotic analysis 渐近分析 (1) 在算法理论中，指的是一种综合分析输入增加对算法运行时间影响的算法分析方法。(2) 是一种描述函数在极限附近的行为的方法。渐近分析方法在多个科学领域得到应用。在统计，渐近理论提供限制的近似概率分布的样本统计，如似然比统计量和所述期望值中的偏差。渐近分析也是探索现实世界现象的数学建模中出现的常微分方程和偏微分方程的关键工具。

asymptotic stability 渐近稳定性 描述的是一种系统的性质，该性质表现为系统在没有输入，仅在初始条件的作用下，输出能随着时间的推演而趋近于零(指系统的平衡状态)。

asymptotic stabilization 渐近镇定 现

代控制理论概念,指的是使系统能够随着时间的推移而逐渐趋于平衡点的一种稳定方法。

asynchronous transmission **异步传输** 指一种数据传输方式,利用该方式传输的数据一般不需要外部时钟,并且具有间歇性。该传输方式最重要的一方面是数据不是以一定间隔传输的,因此传输的比特率可变,并且发送方和接收方时钟发生器不需要完全同步。

attached frame **附着坐标系** 指附着在某物理对象上的坐标系。可以通过建立这些坐标系来进行机器人运动学、动力学分析。

attained pose **实到[实际]位姿** 指机器人响应指令位姿时实际达到的位姿。

attention control **注意力控制** 是一种描述个体选择其关注和忽视事物的能力,也被称为内生关注或执行关注。注意力控制可以被描述为个体排除干扰的集中能力。

attention mechanism **注意力机制** 是一种人类由于信息处理的瓶颈,会选择性地关注所有信息的一部分,同时忽略其他可见信息的机制。

attitude **姿态** 是描述一个物体在它所处空间的指向状态。在航空航天技术中,通常指飞行器绕质心运动的方位或指向。常用俯仰角、偏航角、滚动角来描述。比较 orientation(姿态)。

attitude control **姿态控制** 它指控制物体相对于惯性参考系或其他实体(如天体、某些场和附近物体等)的方向。在航天器姿态控制方面指控制航天器在太空定向姿态的技术,包括姿态稳定和姿态机动两方面。前者是保持已有姿态,后者是从一个姿态到另一个姿态的转变。不同的航天器对姿态控制的要求有很大差异。

auction-based method **拍卖法** (1) 是人类社会特殊的商品交易方式,近现代以来在世界各国广为发展。而拍卖活动是在一定经营理念的指导下进行的。拍卖,各国的法律解释有所不同,中华人民共和国拍卖法给出的定义为:拍卖指以公开竞价的形式,将特定物品或者财产权利转让给最高应价者的买卖方式。在经济学中,其理论基础来源于信息经济学和博弈论的核心思想,即认为拍卖本身是一个博弈的过程,因而可以通过现代经济学的方法对传统拍卖方法的效率作出评估,同时也可以设计出新的拍卖方法。(2) 多机器人与多智能体系统的一种资源分配与协调方法,常用在任务分配当中。借鉴人类社会市场经济活动来实现资源优化配置,是解决多机器人系统任务分配的又一重要途径。为求解多智能体之间如何协商解决复杂任务问题,国内外众多学者将基于市场机制的方法广泛用于解决多机器人之间的协作任务分配问题。在基于市场交易机制的 MRTA 研究中,将多机器人组成的系统抽象为一个经济体,将系统中的各个机器人抽象为经济人。机器人在执行任务后将获得一定的收益,但也需要花费一定的成本代价,系统目标是机器人在完成任务的同时，使得整体的效益最大化。因此，机器人将采用基于市场交易的机制，通过拍卖或协商的方法来进行任务分配。比较有代表性的基于市场交易机制的多机器人任务分配结构有 M+、TradeBots、MURDOCH、Hoplites 等。基于市场交易机制的任务分配方法，其优点是继承了经济学的资源优化配置思想，允许机器人采取灵活的方式完成任务，可实现动态环境下高效、容错的多机器人协作。但也存在一些问题，比如激励合作机制如何设计，以及如何合理地确定任务的成本和收益模型，也一直是该研究领域的难点。另外，基于市场机制的研究基础是把机器人当作非合作、自私的智能体，并且只有经过良好的机制设计才能保证这些智能体能产生宏观效率，但整体的经济体系运行还需要个体的显示协作。

auditory scene analysis　听觉场景分析　在感知和心理物理学中，听觉场景分析是一种基于听觉感知的模型。可以理解为人类听觉系统将声音组织成感知上有意义的元素的过程，这个术语是由心理学家 Albert Bregman 提出的。

augmented Jacobian matrix　增广雅克比矩阵　在向量微积分中，雅克比矩阵是一阶偏导数以一定方式排列成的矩阵，其行列式称为雅克比行列式。雅克比矩阵的重要性在于它体现了一个可微方程与给出点的最优线性逼近。因此，雅克比矩阵类似于多元函数的导数。增广雅克比矩阵指在雅克比矩阵的基础上，添加需要的状态变量参与状态估计。

augmented reality (AR)　增强现实　是一种将真实世界信息和虚拟世界信息集成的新技术，是把原本在现实世界的一定时间空间范围内很难体验到的实体信息(视觉信息、声音、味道、触觉等)，通过电脑等科学技术，模拟仿真后再叠加，将虚拟的信息应用到真实世界，被人类感官所感知，从而达到超越现实的感官体验。它包含了多媒体、三维建模、实时视频显示及控制、多传感器融合、实时跟踪及注册、场景融合等新技术与新手段。AR 系统具有三个突出的特点：① 真实世界和虚拟的信息集成；② 具有实时交互性；③ 是在三维尺度空间中增添定位虚拟物体。

authenticity check　真实性检验　是为了解、评价、分析和提高产品的可靠性而进行的各种试验的总称。

autoencoder　自编码器　是一种数据压缩算法，其中数据的压缩和解压缩函数是数据相关的、有损的、从样本中自动学习的。在大部分提到自动编码器的场合，压缩和解压缩的函数是通过神经网络实现的。

auto-manual system　自动-手动(切换)系统，半自动系统　指既能手动操作也能自动操作的系统，利用相关的开关可以切换操作模式。

automated　自动化的，自动的　指用自动化设备或机械取代人力进行的程序，适用于有形、复杂的程序，也用于形容自动化系统和装置。

automated guided vehicle (AGV)　自动导引车　是一种移动机器人，简称

AGV,指具有磁条、轨道或者激光等自动导引设备,沿规划好的路径行驶,以电池为动力,并且装备安全保护以及各种辅助机构(例如移载、装配机构)的无人驾驶的自动化车辆。通常多台 AGV 与控制计算机(控制台)、导航设备、充电设备以及周边附属设备组成 AGV 系统,其主要工作原理表现为在控制计算机的监控及任务调度下,AGV 可以准确地按照规定的路径行走,到达任务指定位置后,完成一系列的作业任务,期间控制计算机可根据 AGV 自身电量决定是否到充电区进行自动充电。AGV 已经形成系列化产品,该产品的主要特点为:自动化程度高,系统运行稳定可靠;运行灵活,可更改路径;配备高速无线通信及高精度导航系统、完善的自诊断系统、快速自动充电系统;能够与上级信息管理系统衔接。运用的导引技术主要有电磁感应技术、激光检测技术、超声检测技术、光反射检测技术、惯性导航技术、图像识别技术和坐标识别技术等。

automated highway system (AHS) 自动公路系统 是为无人驾驶汽车设计的智能交通系统技术,旨在实现车辆自动导航和控制、交通管理以及事故处理等的自动化,它常被推荐作为缓解交通拥堵的手段,因为它能够极大地减少跟车距离,从而允许给定的路段承载更多的汽车。

automated intelligence system (AIS) 自动化智能系统 指能产生人类智能行为的计算机系统,能够具备自动地获取和应用知识的能力、思维与推理的能力、问题求解的能力和自动学习的能力。

automated language processing (ALP) 自动语言处理 参见 natural language processing (NLP,自然语言处理)。

automated motion planning 自动运动规划 在机器人领域中,用于将期望的运动任务分解成符合预期要求的离散运动的自动化技术,通常要求离散运动满足运动约束并且优化运动的某些指标(如距离、时间、能量等)。参见 motion planning(运动规划)。

automated reasoning 自动推理 是从一个或几个已知的判断(前提),利用由公理和推理规则构成的推理系统。它是计算机科学和数学逻辑的一个研究领域,致力于理解推理的不同方面。对自动推理的研究有助于产生计算机程序,使计算机能够完全或几乎完全自动地进行推理。自动推理的理论和技术是程序推导、程序正确性证明、专家系统、智能机器人等研究领域的重要基础。自动推理最发达的子领域是自动化定理证明和自动化证明检查,在类比推理和归纳推理方面也做了大量的工作,其他重要主题包括不确定性推理和非单调推理。自动推理的工具和技术包括经典逻辑与演算、模糊逻辑、贝叶斯推理、最大熵推理和大量非形式化的特定技术。

automated task planning 自动任务规划 指机器人完成一项作业所进行的任务分解、优化、规划等一系列措施的自动化技术。它是人工智能的一个分支,涉及策略或动作序列的实现，通常由智能体、自主机器人和无人驾驶车辆执行。不同于经典的控制和分类问题，它的解是复杂的，必须在多维空间中发现和优化。规划也与决策理论有关。在具有可用模型的已知环境中，可以离线进行规划，在执行之前找到并评估解决方案。在动态未知环境中，经常需要联机修改策略，必须实时调整模型和决策。解决方案通常采用人工智能中常见的迭代试错过程，这包括动态规划、强化学习和组合优化。参见 task planning（任务规划）。

automatic 自动的 指自动的，无意识的，机械的；或是作为名词，指自动机械，自动装置。可用来形容有形和无形的事物，适用于很简单、单一的事物。

automatic collision detection 自动碰撞检测 参见 collision detection（碰撞检测）。

automatic control engineering 自动控制工程 关于自动控制设备和系统的设计与应用的一门工程学科。控制工程普遍使用频域法和状态空间法。其理论和处理方法涉及许多方面，从线性控制到非线性控制，从单变量控制到多变量控制，从连续控制到采样控制，从定常控制到随机控制，从一般的反馈控制到自适应控制等。通常，电子计算机是实现大型控制工程的核心。控制工程的应用范围早期主要是工业生产过程和武器系统，后来扩展到企业管理、城市规划、交通管制、生物控制、社会经济的计划和控制等领域。

automatic control system 自动控制系统 由被控对象和控制装置构成的，能对被控对象的工作状态进行自动控制的系统。自动控制系统中引入的表征期望规律的变量称为输入变量，可以测量到的描述系统行为的变量称为输出变量，两者构成因果关系。分为开环控制系统和闭环控制系统。在开环控制系统中，系统输出只受输入的控制，控制精度和抑制扰动的特性比较差。闭环控制系统是建立在反馈原理之上的，利用输出量同期望值的偏差对系统进行控制，可获得比较好的控制性能。

automatic control theory 自动控制理论 是关于自动控制系统的构成、分析和设计的理论。控制理论的任务是研究自动控制系统中变量的运动规律和改变这种运动规律的可能性与途径，为建造高性能的自动控制系统提供理论手段。按照发展过程，通常把自动控制理论区分为经典控制理论和现代控制理论两个部分。

automatic direction finder (ADF) 自动测向器，自动航向检测器，自动探向器 是一种船舶或飞机的无线电导航仪器，能自动、连续地显示船舶或飞机到适当电台的相对方位。

automatic end-effector exchange system 自动末端执行器更换系统 是位于机器人机械接口和末端执行器之间能自动更换末端执行器的联结装置。

automatic identification 自动辨识，自动识别 指计算机利用收集到的数据信息自动提取目标对象的特征。它包括：条码识读、射频识别、生物识别(人脸、语音、指纹、静脉)、图像识别、OCR光学字符识别等。

automatic mode　自动模式　是机器人控制系统按照任务程序运行的一种操作方式。

automatic operation　自动操作　是机器人按需要执行其任务程序的状态。

automatic programming　自动编程　是采用自动化手段进行程序设计的技术和过程。后引申为采用自动化手段进行软件开发的技术和过程。在后一种意义上宜称为软件自动化。其目的是提高软件生产率和软件产品质量。按广义的理解,自动程序设计是尽可能借助计算机系统(特别是自动程序设计系统)进行软件开发的过程。按狭义的理解,自动程序设计是从形式的软件功能规格说明到可执行的程序代码这一过程的自动化。自动程序设计在软件工程、流水线控制等领域均有广泛应用。

automatic regulatory system　自动调节系统　是在运行过程中使输出量与期望值保持一致的反馈控制系统。早期,反馈控制系统常称为自动调节系统,用于分析和设计这种系统的经典控制理论常称为自动调节原理。自动调节系统广泛用于工业生产和国防技术中,例如温度、频率和压力调节系统等。

automatic tracking　自动跟踪　是连续跟踪并测量运动目标轨迹参数的系统。它可提供运动目标的空间定位、姿态、结构行为和性能,是运动目标的多功能和高精度的跟踪和测量手段,由位置传感器、信号处理系统、伺服系统等部分组成。

automation　自动化　指机器设备、系统或过程(生产、管理过程)在没有人或较少人的直接参与下,按照人的要求,经过自动检测、信息处理、分析判断、操纵控制,实现预期目标的过程。自动化的广义内涵至少包括以下几点:在形式方面,制造自动化有三个方面的含义:代替人的体力劳动,代替或辅助人的脑力劳动,制造系统中人机及整个系统的协调、管理、控制和优化。在功能方面,自动化代替人的体力劳动或脑力劳动仅仅是自动化功能目标体系的一部分。自动化的功能目标是多方面的,已形成一个有机体系。在范围方面,制造自动化不仅涉及具体生产制造过程,而是涉及产品生命周期所有过程。自动化技术广泛用于工业、农业、军事、科学研究、交通运输、商业、医疗、服务和家庭等方面。采用自动化技术不仅可以把人从繁重的体力劳动、部分脑力劳动以及恶劣、危险的工作环境中解放出来,而且能扩展人的器官功能,极大地提高劳动生产率,增强人类认识世界和改造世界的能力。因此,自动化是工业、农业、国防和科学技术现代化的重要条件和显著标志。智能机器人在自动化生产中扮演着重要角色。

automaton　自动机　同 finite state machine(有限状态机)。

autonomic computing　自主计算　主要通过现有的计算机技术来替代人类部分工作,使计算机系统能够自调优、自配置、自保护、自修复,以技术管理技术的方式提高计算机系统的效率,从而降低管理成本。

autonomous agent　自主智能体　是能够代表所有者操作但不受所有者实体任何干扰的智能体。

autonomous aquatic vehicle (AAV)　自主水中载具,自主水下航行器　是一种无人操作的水面舰艇。主要用于执行危险以及不适于有人船只执行的任务。配备先进的控制系统、传感器系统、通信系统和武器系统后,可以执行多种战争和非战争军事任务,比如侦察、搜索、探测和排雷;搜救、导航和水文地理勘察;反潜作战、反特种作战以及巡逻、打击海盗、反恐攻击等。

autonomous car　自主车　指一种由许多高新技术综合集成的车辆。智能交通系统(intelligent transport system)中的一个重要组成部分和信息化的汽车产品。这种汽车具有一定的人工智能,需要实现车载通信、信息加工处理、环境探测、辅助控制四项功能,即其部分或全部靠驾驶员操纵车辆行驶的功能由通过应用先进的电子技术、信息技术、电子通信技术等装备来完成,实现车辆驾驶(行驶)的智能化和自动化。主要执行的功能包括:准确沿着规定道路行驶并保持正确的车道位置,保持车与车之间的安全距离;根据交通状况和路面特征状况调整车速,避免与其他车辆碰撞或追尾;自动实现换道超车;在道路上安全停车;车载辅助驾驶系统在智能交通网络环境下能够找到到达目的地的最佳路径,以及遇险报警和自我救助等。

autonomous combat flying vehicle (ACFV)　自主战斗飞行器　是一种全新的空中武器系统。自主战斗飞行器从过去主要是执行空中侦察、战场监视和战斗毁伤评估等任务的作战支援装备,升级成为能执行压制敌防空系统、对地攻击,直至可以执行对空作战的主要作战装备之一。现阶段主要功能是实施防空压制和纵深打击。20 世纪 90 年代,美国抢先将其列入军事装备发展计划,引起各国军界极大关注,兴起了世界范围的研制自主战斗飞行器热潮。

autonomous control　自主控制　是在没有人的干预下,把自主控制系统的感知能力、决策能力、协同能力和行动能力有机地结合起来,在非结构化环境下根据一定的控制策略自我决策并持续执行一系列控制功能以完成预定目标的能力。

autonomous exploration　自主探索　指机器人能通过自身所载的传感器如相机、测距仪、红外装置等自动获取周围环境信息,建立空间环境模型和识别自身当前位置,沿自动规划的有效路径移动,从而完成特定任务。

autonomous flying vehicle (AFV)　自主飞行器　是利用无线电遥控设备和自备的程序控制装置操纵的不载人飞机,或者由所载计算机完全地或间歇地自主地操作。

autonomous logistics　自动物流　指系统能够以最少的人为干预提供点到点的自动化的设备、行李、人员、信息或资源的转移。参见 logistics automation(物流自动化)。

autonomous mobile robot (AMR)　自主移动机器人　具备感知-思考-行动能力的移动机器人。自主移动机器人的最重要的特点是自主性和移动性。

autonomous navigation　自主导航　指机器人根据采集到的传感器信息自动引导机器人从指定航线的一个位置点运动到另一位置点。

autonomous operation　自主操作　指机器人根据自身所带传感器所获得的数据信息,在运行过程中无外界人为信息输入和控制的条件下,独立完成任务。

autonomous robot　自主机器人　是一种本体自带各种必要的传感器、控制器,在运行过程中无外界人为信息输入和控制的条件下,可以独立完成一定任务的机器人。整个机器人系统包括传感系统、决策系统、底层控制系统、通信系统等部分。

autonomous rover　自主漫游机器人　作为一种智能化装备,它可以延伸科学家的眼睛和手脚,实现漫游、观测、采样等功能,对大范围、深层次的探测具有重要意义,同时也可以尽量避免因恶劣的气候和自然条件给科考人员带来的风险。在火星、月球和极地的科学考察中用途广泛。

autonomous system　自主系统,自治系统　在控制理论或者动力学中,自治系统与非自治系统对应。自治系统为不显含时间 t 的动力学,非自治系统则显含时间 t。可以这么认为,一般的自由振动系统为自治系统,受迫振动则为非自治系统。在线性系统中,自治系统常定义为:不受外部影响即没有输入作用的一类动态系统。

autonomous underwater manipulator　自主水下机械臂　指能够在水下无人工干预的情况下自主进行操作任务的机械臂。

autonomous underwater vehicle (AUV)　自主水下载具,自主式水下航行器　是一种综合了人工智能和其他先进计算技术的任务控制器,集成了深潜器、传感器、环境效应、计算机软件、能量储存、转换与推进、新材料与新工艺,以及水下智能武器等高科技,军事上用于反潜战、水雷战、侦察与监视和后勤支援等领域。

autonomous vehicle　自主载具,自主车辆,自主飞行器　是一种能够根据自身位置以及目标位置自动进行路径规划及导航的航行器。

autonomy　自主性,自治性,自主能力　是一个从精神、政治和生物伦理的哲学中发现的概念。通常指一个有理性的个体作合理并且非受迫的决定的能力。在机器人领域,用它来表示机器人可以在没有人为参与的情况下自动根据环境变化作出相应决策的能力。

autopilot　自动驾驶仪　是按技术要求自动控制飞行器轨迹的调节设备,其作用主要是保持飞机姿态和辅助驾驶员操纵飞机。对无人驾驶飞机,它将与其他导航设备配合完成规定的飞行任务。导弹上的自动驾驶仪起稳定导弹姿态的作用,故称导弹姿态控制系统。自动驾驶仪是模仿驾驶员的动作驾驶飞机的。它由敏感元件、计算机和伺服机构组成。当飞机偏离原有姿态时,敏感元件检测变化,计算机算出修正舵偏量,伺服机构将舵面操纵到所需位置。

auto-recharging 自动充电 机器人通过感知自己的用电情况而进行主动充电的技术。

AUV 自主水下载具,自主式水下航行器 autonomous underwater vehicle 的缩写。

availability ratio 利用率,可利用系数 总服务时间与有效服务时间(总服务时间减去故障时间、维护时间、辅助时间等停机时间)之比。

available signal-to-noise ratio 可用信噪比 放大器的输出信号的电压与同时输出的噪声电压的比,常常用分贝数表示。设备的信噪比越高表明它产生的杂音越少。一般来说,信噪比越大,说明混在信号里的噪声越小,声音回放音的质量越高,否则相反。

average-pooling 平均池化 指在卷积神经网络中采用的平均值池化,对输入的特征图进行压缩,一方面使得特征图变小,简化网络计算复杂度;另一方面进行特征压缩,提取主要特征。

avionics 航空电子学 指飞机上所用的电子设备。包括通信设备、导航设备和显示管理设备等多种设备。

axial magnification 轴向放大率 亦称纵向放大率,是像沿主轴伸展的长度与物沿主轴伸展的长度之比。

axis 轴,机械轴;坐标轴 (1) 是组成机器的重要零件之一,其主要功能是传递运动和转矩,以及支撑回转零件。(2) 用来定义一个坐标系的一组直线或一组线;位于坐标轴上的点的位置由一个坐标值所唯一确定,而其他的坐标轴上的点的位置由一个坐标值所唯一确定,而其他的坐标在此轴上的值是零。

axis angle 关节角度;轴线角 (1) 关节角度指一个关节相对于下一个关节轴的旋转角度。(2) 轴线角度是一条轴线相对于下一条轴线的角度。

axis-angle representation 轴-角表示法 是使用旋转轴方向和绕此轴旋转的角度来表示三维欧式空间中的一个旋转的表示方法。

axis direction 轴线方向 (1) 一般指把平面或立体分成对称部分的直线。(2) 指一个物体或一个三维图形绕着旋转或者可以设想着旋转的一根直线方向。

axisymmetrical 轴对称的 一个图形轴两侧点到一个轴的距离相等,则称其为轴对称。

azimuth 方位;方位角 又称地平经度,是在平面上量度物体之间的角度差的方法之一。是从某点的指北方向线起,依顺时针方向到目标方向线之间的水平夹角。

B

baby schema　婴儿图式　诺贝尔奖获得者、动物行为学的奠基者 Konrad Lorenz 在其关于"婴儿图式"的论文中提出，婴儿图式是一组婴儿可爱的身体特征，如头大、脸圆、眼大等，能激发大人的照顾行为，具有增强后代生存机率的功能。

background noise　背景噪声　也称为本底噪声，指在发生、检查、测量、记录系统中与有用信号无关的一切干扰。与电力线或变电站的无线电干扰出现与否无关的系统总噪声称为背景噪声。在环境影响评价（EIA）中，背景噪声指除研究对象以外所有噪声的总称。

back-propagation（BP）neural network　反向传播神经网络　是一种神经网络模型，包含反馈回路，在对这种模型进行训练时，根据最终输出的误差来调整倒数第二层、倒数第三层直到第一层的参数。

backstepping　反步法　即反步设计法，这是一种递归设计方法。它的主要思想是通过递归地构造闭环系统的 Lyapunov 函数获得反馈控制器，选取控制律使得 Lyapunov 函数沿闭环系统轨迹的导数具有某种性能，保证闭环系统轨迹的有界性和收敛到平衡点，所选取的控制律就是系统镇定问题、跟踪问题、干扰抑制问题或者几种问题综合的解。

backstepping control　反步控制　是一种控制方法，通过引入虚拟控制量的概念，逐步递推选择 Lyapunov 函数，设计了基于状态反馈的控制器，并进行稳定性分析。

backtracking　回溯法　是一种寻优搜索算法，按寻优条件向前搜索，以达到目标。但当探索到某一步时，发现原先选择并不优或达不到目标，就退回一步重新选择，而满足回溯条件的某个状态的点称为"回溯点"。

bag-of-words model　词袋模型　是一种自然语言的数学简化模型。在信息检索中，这个模型假定一个文本，忽略其词序、语法和句法，将其仅仅看作是一个词集合，或者说是词的一个组合，文本中每个词的出现都是独立的，不依赖于其他词是否出现。

ball screw　滚珠丝杠　是一种工具机械和精密机械上最常使用的传动元件，主要功能是将旋转运动转换成线性运动，或将扭矩转换成轴向反复作用力，同时兼具高精度、可逆性和高效率的特点。由于具有很小的摩擦力阻力，被广泛应用于各种工业设备和精密仪器中。

ball-joint manipulator　球关节机械臂

是一种包含球形关节的机械臂。

band-eliminator filter 带阻滤波器 指抑制一定频段内的信号,允许该频段以外的信号通过的滤波器。

bandit problem 老虎机问题 是一种出现在强化学习中的问题。指当用户面对多个不同的选项或动作,在每个动作选择之后,会从固定的概率分布中得到相应的动作数值奖励,目标是在一段时间内最大化期望总奖赏。

bang-bang control 砰-砰控制,0-1控制,继电控制,继电器式控制,开关控制 是一种最优控制方法。将状态空间划分为两个区域,一个区域对应于控制变量取正最大值,另一个区域对应于控制变量取负最大值。这两个区域的分界面称为开关面,而决定砰-砰控制的具体形式的关键就是决定开关面。砰-砰控制常用于最速控制系统和最小能量控制系统。在正常情况下,砰-砰控制的控制变量由正最大值跃变到负最大值的次数是有限的,只有在跃变瞬时控制变量可取值于限制范围的任何值。

Barbalat's lemma 巴巴拉引理 是关于函数及其导数渐近性的数学结论,常用于分析非线性非自治系统的渐近稳定性。

base 基座 指固定机器人的平台或构架,机械臂的第一个杆件的原点置于其上。

base coordinate system 基座坐标系 指与机器人基座具有固定关系的参考坐标系,通常原点位于基座安装表面。

base frame 基座坐标架,基座坐标系 同 base coordinate system(基座坐标系)。

baseline drift 基线漂移 指测量仪器的基线随时间朝一定方向缓慢变化的现象。

Bayes analysis 贝叶斯分析 是一种统计方法,它根据观测到的分布来估计潜在分布的参数。给定先验分布,收集数据得到观测分布,然后计算观测分布的似然作为参数值的函数,将这个似然函数乘以先验分布,并进行标准化,得到所有可能值的单位概率,即后验分布。

Bayes classifier 贝叶斯分类器 是基于贝叶斯定理的统计学的分类器,通过某对象的先验概率,利用贝叶斯公式计算出其后验概率,即该对象属于某一类的概率,选择具有最大后验概率的类作为该对象所属的类。

Bayes decision theory 贝叶斯决策理论 是统计模型决策中的一个基本方法。贝叶斯决策是在不完全信息下,对部分未知的状态用主观概率估计,然后用贝叶斯公式对发生概率进行修正,最后再利用期望值和修正概率作出最优决策。其基本思想是:已知类条件概率密度参数表达式和先验概率,利用贝叶斯公式转换成后验概率,根据后验概率大小进行决策分类。

Bayes filter 贝叶斯滤波器 又称递归贝叶斯估计器,是一种利用不断传入的测量值和数学转换模型在一段时间内递归估计未知概率密度函数的通用的概率方法,常用来推断机器人的位置和方向。如果变量是正态分布的，并且转换过程是线性的，那么贝叶斯滤波器就等于卡尔曼滤波器。如果用蒙特卡洛方法把概率密度函数近似为离散样本点的集合，就可以得到粒子滤波器。参见 Kalman filter(卡尔曼滤波器)、particle filter(粒子滤波器)。

Bayesian belief network 贝叶斯信念网络 同 Bayesian network(贝叶斯网络)。

Bayesian classifier 贝叶斯分类器 同 Bayes classifier(贝叶斯分类器)。

Bayesian decision 贝叶斯决策 同 Bayes decision theory(贝叶斯决策理论)。

Bayesian inference 贝叶斯推理，贝叶斯推断 是在经典的统计归纳推理的基础上发展起来的一种推理方法。与经典的统计归纳推理方法相比，贝叶斯推理在得出结论时不仅要根据当前所观察到的样本信息，而且还要根据推理者过去有关的经验和知识，每次获得更多信息时，使用贝叶斯定理来更新某一事件的概率。

Bayesian learning 贝叶斯学习 是利用参数的先验分布和由样本信息求来的后验分布，从而获得总体分布。贝叶斯学习理论使用概率去表示所有形式的不确定性，通过概率规则来实现学习和推理过程。

Bayesian machine learning 贝叶斯机器学习 同 Bayesian learning(贝叶斯学习)。

Bayesian network 贝叶斯网络 又称信念网络，是一种概率图形模型，它通过有向无环图表示一组变量及其条件依赖关系。图中节点表示随机变量，连接两个节点的箭头代表这两个随机变量具有因果关系，并产生一个条件概率值。贝叶斯网络非常适合对于发生的事件预测其可能的成因。

Bayesian probability 贝叶斯概率 是由贝叶斯理论所提供的一种对概率的解释，与经典概率的含义不同，它将概率定义为某人对一个命题信任的程度。

Bayesian reasoning 贝叶斯推理 同 Bayesian inference(贝叶斯推理)。

Bayes' rule 贝叶斯规则 同 Bayes' theorem(贝叶斯定理)。

Bayes' theorem 贝叶斯定理 是概率论中的一个定理，数学公式表示为 $P(A \mid B)=P(B \mid A)P(A)/P(B)$，它可以通过先验概率、条件概率和观测值计算后验概率，是贝叶斯统计理论的核心。

BBR 基于行为的机器人学[技术] behavior-based robotics 的缩写。

BCI 脑机接口 brain-computer interface 的缩写。

beacon 信标 在导航中信标是帮助引导到达目的地或获取自身位置的辅助设备，导航信标的类型包括雷达反射器、无线电信标、声波和视觉信号。许多机器人位置传感器也是基于信标，通过测量机器人相对于某个已知点的位置来获知机器人的全局位置。

BEAM robotics BEAM 机器人学[技术] 来源于四个英文单词：biology(生物学)、electronics(电子学)、aesthetics(美学)和 mechanics(力学)，是一种机器人技术风格，专注于基于反应的行为，它试图复制生物有机体的特征和行为。BEAM 机器人的美学源于“形式服从功能"的原则,该原则由建造者在实现所需功能时所做的特定设计选择来调节。BEAM 机器人主要使用模拟电路而不是微处理器以产生简单的设计,虽然不如基于微处理器的机器人灵活,但 BEAM 机器人在执行其设计的任务时可以更加鲁棒和高效。

beam search　定向搜索　是一种启发式搜索算法,它通过在有限集合中展开最有希望的节点来探索一个图。定向搜索是对最佳优先搜索的优化,它减少了内存需求,只保留预定数目的最佳部分解作为候选,因此它是一个贪婪算法。参见 best-first search(最佳优先搜索)。

bearing　方位;轴承　(1) 是一个物体和另一个物体的方向之间的水平夹角,或者是它和正北方向之间的水平夹角。(2) 是一种机械元件,限制相对运动到所需的方向,并减少运动部件之间的摩擦。

behavioral control　行为控制　(1) 是分层的机器人系统架构中的一层。机器人经典三层系统架构包括任务规划层、执行层、行为控制层。行为控制是其中最底层的控制单元,直接连接传感器和驱动器,采用传统控制理论设计(PID 控制器、卡尔曼滤波器等)。(2) 在基于行为的机器人学里指对机器人各种行为的控制。

behavioral robotics　行为机器人学[技术]　同 behavior-based robotics (基于行为的机器人学)。

behavior-based control　基于行为的控制　是利用一系列分布式、交互式的模块,即行为,来共同达到系统期望的目的。每个行为接收来自传感器或系统中的其他行为的输入,并向机器人的执行器或其他行为提供输出。因此,基于行为的控制器是一个结构化的交互行为网络,没有集中的全局表示或控制焦点;个体行为和行为网络维护所有状态信息和模型。

behavior-based robotics (BBR)　基于行为的机器人学[技术]　是为处于复杂环境中机器人开发的技术,它允许机器人适应真实世界的动态环境而不需要真实世界的各种抽象表示,同时与简单的反应式机器人相比又具有更多的计算能力和表现能力。基于行为的系统通过行为来紧密联系感知与动作,并使用行为结构来表达与学习。一个行为很少依赖传统世界模型进行复杂计算和推理,除非在应对动态和快速变化的环境与任务指令时,这些计算能被及时地完成。大多数基于行为的机器人都被设定了一套基本的功能,并被赋予一个行为指令库,用来决定使用什么行为以及何时使用,它们从过去的经验中吸取知识,并结合自己的基本行为来解决问题。

behavior-based task allocation　基于行为的任务分配　是多机器人任务分配的方法之一,通常使机器人能够在不明确讨论单个任务的情况下确定任务分配。在这些方法中,机器人使用机器人团队任务的当前状态、机器人团队成员能力和机器人动作的知识,以分布式方式决定哪个机器人应该执行哪个任务。

B

behavior coordination **行为协调** 同 behavior selection(行为选择)。

behavior fusion **行为融合** 同 behavior selection(行为选择)。

behavior mark-up language (BML) **行为标记语言** 是一种 XML 描述语言,用于控制(类人的)会话机器人的语言和非语言行为。

behavior primitive **行为基元** 是在基于行为的学习系统中,机器人在给定环境条件下执行的一组动作,可以组成行为网络。

behavior selection **行为选择** 又称行为协调、行为融合,是在基于行为的系统里,机器人从众多选择中挑选特定行为的问题,是基于行为的系统的主要设计挑战之一。一种方法是使用预定义的行为层次结构,其中来自最高级别的活动行为的命令被发送给执行器,其他所有的命令都被忽略。还有许多基于其他原则的方法,目的是提供更大的灵活性,但在某些情况下,代价是降低控制系统的效率或可分析性。

behavior synthesis **行为合成,行为综合** 指为机器人设计一系列行为的过程,通常由人类手动完成,也有一些自动生成行为的方法。理想的情况是为给定的机器人或任务定义最佳行为集,但普遍认为这是不现实的,因为它依赖于很多给定系统和环境的细节,但这些细节还无法有效形式化。

belief **信念,置信度** 指认为某一事件为真实的可信程度,或某一变量在全部取值空间的概率分布。在机器人学里一般是机器人无法准确观测当前状态时,对当前状态在状态空间里的概率分布的估计。

belief function **信念函数,置信度函数** 是证据理论中用到的一个函数。假设系统状态空间的幂集的每个元素称为一个命题,对于每个命题都有一个信念度作为命题概率的下界。另外对每个命题还有一个似真度作为命题概率的上界,和信念度共同构成命题客观概率所在区间。

belief network **信念网络** 同 Bayesian network(贝叶斯网络)。

belief propagation **信念传播** 也称为和-积消息传递,是一种在图模型(如贝叶斯网络和马尔可夫随机场)上进行推理的消息传递算法。它根据观测到的节点计算每个未观测到的节点的边缘分布。信念传播在人工智能和信息论中得到了广泛的应用。参见 Bayesian network(贝叶斯网络)和 Markov random field(马尔可夫随机场)。

belief space **信念空间** 指所有可能的信念的集合。参见 belief(信念)。

belief update **信念更新,置信度更新** 指在获得新的观测后根据原先信念和贝叶斯定理对当前信念更新的过程。参见 belief(信念,置信度)和 Bayes' theorem(贝叶斯定理)。

Bellman equation **贝尔曼方程** 也被称作动态规划方程,是使用动态规划这种数学优化方法达到最优性的必要条件;也可以看作贝尔曼最优性原理的数学表达式。参见 Bellman principle of optimality(贝尔曼最优性原理)、dynamic programming(动态规划)。

Bellman principle of optimality 贝尔曼最优性原理 指一个最优策略必须满足的性质:无论初始状态和初始决策是什么,其余的决策必须构成关于第一个决策所产生的状态的最优策略。参见 Bellman equation(贝尔曼方程)。

best-first search 最佳优先搜索 是一种搜索算法,通过扩展某种规则选择的最有希望的节点来探索图。参见 beam search(定向搜索)。

bicycle-type mobile robot 自行车型移动机器人 是一种双轮移动机器人,具有类似自行车的运动结构,前轮操控转向,后轮驱动。

bidirectional recurrent neural network (BRNN) 双向递归神经网络 是将两个方向相反的隐藏层连接到相同的输出的递归神经网络。参见 neural network(神经网络)、recurrent neural network(递归神经网络)。

bidirectional search 双向搜索 是一种搜索算法。其搜索过程是从起始点和目标节点的集合同时向外进行搜索。当两个方向搜索的边域以某种合适的形式会合时,便结束搜索。

big data 大数据 由巨型数据集组成,其大小常超出在可接受时间下用常规软件工具进行捕捉、管理和处理的能力,需要具有更强的决策力、洞察发现力和流程优化能力的新处理模式来适应海量、高增长率和多样化的信息。大数据技术的战略意义不在于掌握庞大的数据信息,而在于对这些含有意义的数据进行专业化处理。适用于大数据的技术包括大规模并行处理数据库、数据挖掘、分布式文件系统、分布式数据库、云计算平台、互联网和可扩展的存储系统等。

bilateral teleoperation 双边遥操作 指遥操作时操作员不仅给从端机器人发送指令,也通过主端设备接收从端机器人返回的多种反馈(比如力觉),在双边控制方法中,操作员、主端、从端均在一个控制回路中,三者之间直接相互作用。参见 teleoperation(遥操作)。

bimetallic strip 双金属片,双金属条 是用于将温度变化转化为机械位移的装置。

binary image 二值图像 指图像上的每一个像素只有两种可能的取值或灰度等级,如黑白图像。

binary mask 二元掩模 是在二值图像中用选定的图像、图形或物体,对待处理的图像(全部或局部)进行遮挡,来控制图像处理的区域或处理过程。

binocular SLAM 双目同时定位与建图,双目 SLAM 是使用双目视觉的同时定位与建图。与单目视觉 SLAM 相比,双目视觉可以通过立体视觉原理计算得到深度信息,双目视觉 SLAM 具有绝对的尺度信息,能够解决单目视觉存在的尺度漂移问题,具有更高的精度,对环境的适应性更高;但双目视觉 SLAM 的深度信息计算量较大,一般需要通过 FPGA 或者 GPU 加速实现实时计算输出。参见 SLAM(同时定位与建图,即时定位与地图构建,同步定位与地图构建)、visual SLAM(视觉 SLAM)、binocular vision(双目视觉),比较 monocular SLAM(单目 SLAM)。

binocular stereopsis 双目立体视觉 同 binocular vision(双目视觉)。

binocular vision 双目视觉 (1) 是生物学上一种具有两只眼睛的动物能够感知周围环境的三维图像的视觉类型。(2) 在计算机视觉领域是形成立体视觉的一种方法,基于视差原理并利用成像设备从不同的位置获取被测物体的两幅图像,通过计算图像对应点间的位置偏差,来获取物体三维几何信息。

binocular vision measurement 双目视觉测量 是利用双目立体视觉实现三维测量的方法。参见 binocular vision(双目视觉)。

bin-picking 容器拣货 是计算机视觉和机器人领域的关键问题之一,目标是让一个带有相机或其他传感器的机器人,利用吸力装置、平行夹爪或其他类型的末端执行器,从容器中取出随机摆放的物体。

bio-inspired actuation 生物启发驱动 是为了提高机器人运动的灵活性和能量效率,受自然界生物肌腱等驱动方式启发而设计的机器人驱动方式。

bio-inspired climbing 生物启发攀爬 是受昆虫、两栖类、蜥蜴等动物攀爬能力启发而设计的机器人攀爬方式。

bio-inspired navigation 生物启发导航 是模仿动物在复杂环境里导航的机器人导航方式。

bio-inspired robotics 生物启发机器人学[技术] 是仿生设计的一个新分支,是从自然中学习概念,并将其应用到实际工程系统的设计中。与仿生设计单纯的模仿自然不同,生物启发设计是从自然中学习并制造更简单高效的装置。生物启发机器人学就是研究制造受生物系统启发的机器人,通常对生物传感器(如眼睛)、生物执行器(如肌肉)或生物材料(如蜘蛛丝)感兴趣。

bio-inspired soft robot 生物启发软体机器人 是受生物身体结构启发而设计的软体机器人。动物的身体大多由柔软、连续、弹性的部分组成(如肌肉、筋腱、皮肤),使用可变形柔软材料制造的机器人可以提高机器人的柔性操作、形状自适应、安全人机交互等能力。常见的该类型机器人有:仿生章鱼机器人、仿生象鼻机械臂、仿生鱼等。

biological intelligence 生物智能 指各种生物表现出来的智能,是生物进化出的一种动态适应环境的能力,来源于细胞内复杂的化学反应和物种进化的自然选择结果。比较 artificial intelligence(人工智能)。

biologically-inspired robotics 生物启发机器人学[技术] 同 bio-inspired robotics(生物启发机器人学)。

biomechanics 生物力学 是应用力学原理和方法对生物体中的力学问题定量研究的生物物理学分支。其研究范围从生物整体到系统、器官(包括血液、体液、脏器、骨骼等),从鸟飞、鱼游、鞭毛和纤毛运动到植物体液的运输等。生物力学研究的重点是与生理学、医学有关的力学问题。依研究对象的不同可分为生物流体力学、生物固体力学和运动生物力学等。

biomechatronics 生物机电一体化 是生物学、机械学、电子学和控制学的交叉学科。它模拟人体的工作原理，研究和设计辅助、治疗及诊断设备，以补偿（部分）人类生理功能的丧失或增强这些功能。

biomedical telemetry 生物医学遥测 是用于研究生物生理机能和病理诊断的遥测，又称医学遥测。按测量对象及应用场合不同主要有：对病员的集中监护、对活动对象的生理参数进行远距离监测、保健管理、体内电子诊察。

biometric authentication 生物鉴别，生物特征认证 指通过对某人的物理特征（如指纹、手形、视网膜图形、语音或笔迹等）进行数字化测量，从而生成身份验证信息的一种方法。

biometric identifier 生物特征标识符 是用于标记和描述生物个体的独特的、可测量的特征，通常分为生理特征和行为特征。生理特征与身体部位的物理特性有关，包括指纹、掌纹、人脸、DNA、虹膜等。行为特征与一个人的行为模式有关，包括笔迹、步态、声音等。

biometric matching 生物特征匹配 是通过相似度对比来确定某一生物特征样本与数据库中的参考特征来确定它们是否来自同一个人的过程。

biometric recognition 生物特征识别 利用人的生理特征或行为特征来进行个人身份鉴定或与社会安全相关的分析，如身份识别、身份认证、异常行为分析等。

biometric sensor 生物特征传感器 是测量生物特征的传感器，如指纹识别、虹膜识别和皮肤芯片等装置。

bio-microrobotics 生物微机器人学[技术] 指研究进行生物操作的微型机器人技术的学科，包括对单个细胞或分子的自动操作，利用微机器人系统表征生物膜的力学性能等。

biomimesis 生物拟态 同 biomimetics（生物模仿学）。

biomimetic gait 仿生步态 指模仿多足动物移动时的步态来设计的足型机器人的步态。步态是动物在地面上运动时肢体的运动模式，不同的动物使用各种不同的步态，机器人设计时也需要根据速度、地形、机动需要和能量效率来选择步态。

biomimetic robot 仿生机器人 指模仿自然界生物的结构、运动方式、感知模式、执行器等要素而设计的机器人，使其可以在非结构化自然环境中执行所需任务。可以按仿生机器人的工作环境分为陆地仿生机器人、空中仿生机器人和水下仿生机器人。

biomimetic robotics 仿生机器人学[技术] 同 biorobotics（仿生机器人学）。

biomimetics 生物模仿学 指为了解决复杂的人类问题而模仿自然的模型、系统和要素。生物体通过自然选择，在地质时代进化出了适应良好的结构和组织。生物模仿学从宏观和微

B

观尺度的生物解决方案中得到启发，产生了许多新技术，比如大自然已经解决了诸如自愈能力、环境暴露耐受和阻力、疏水性、自组装和利用太阳能等工程问题。该词在大多数情况下与 bionics(仿生学)意思相近。

BION 仿生神经元 bionic neuron 的缩写。

bionic neuron (BION) 仿生神经元 是人工仿造的神经元结构，多用于模拟人脑活动。

bionics 仿生学 是研究生物系统的结构、性状、原理、行为以及相互作用，从而为工程技术提供新的设计思想、工作原理和系统构成的技术科学，仿生学研究的内容包括力学仿生、分子仿生、信息与控制仿生、能量仿生等。是一门包括生命科学、物质科学、数学与力学、信息科学、工程技术以及系统科学等学科的交叉学科。该词在大多数情况下与 biomimetics(生物模仿学)意思相近。

biorobotics 仿生机器人学[技术] 是机器人学的一个分支，涵盖了控制论、仿生学甚至基因工程领域。它可以使机器人在机械上或化学上模拟活的生物有机体，或使生物有机体像机器人一样可操纵和具有功能，或使用生物有机体作为机器人的组件，甚至可以利用基因工程来创造人工设计的生物有机体。

biosonar 生物声呐 指动物所具有的发出超声波并通过接收回声来判定目标位置和性质的系统。

biped robot 双足机器人 指像人类一样利用两条腿实现移动的机器人。双足机器人与轮式机器人相比，能在复杂崎岖的地面上移动，具有更好的环境适应性，但是双足机器人需要更复杂的控制策略来保持平衡。参见 bipedal locomotion(双足移动)、multilegged robot(多足机器人)。

bipedal locomotion 双足移动 是使用两条腿的移动方式，包括跑、跳、走等。自然界中包括人类在内的许多动物都会使用双足移动方式，比如蜥蜴会使用两条后腿奔跑，袋鼠以双足跳跃方式行进等。双足机器人一般是模仿人类移动方式的机器人。参见 biped robot(双足机器人)。

bistatic transducer array 双基站传感器阵列 指两组传感器组成的传感器阵列。比如双基站声呐或双基站雷达，发射器与接收器是分开的，并且它们之间的距离可与它们与测量目标之间的距离比较。

bi-steerable mobile robot 双转向(轮的)移动机器人 是一种前后都有转向轮车型的机器人，前后转向角之间存在一定关系。

BMI 脑机(器)接口 brain-machine interface 的缩写。

BML 行为标记语言 behavior mark-up language 的缩写。

Bode diagram 伯德图 是系统频率响应的一种图示方法，由幅值图和相角图组成，两者都按频率的对数分度绘制。利用伯德图可以看出在不同频率下，系统增益的大小及相位，也可以看出增益大小及相位随频率变化的趋势，还可以对系统稳定性进行判断。

BP 反向传播 back-propagation 的缩写。

boosting 提升(算法),加速(算法) 是一种用来减小监督式学习中偏差和方差的机器学习算法,可以将弱学习者转换为强学习者。弱学习者一般指一个分类器,它的结果只比随机分类稍好;强学习者指分类器的结果非常接近真值。

brain-computer interface (BCI) 脑(计算)机接口 是人或动物的脑(或脑细胞的培养物)与外部设备间建立直接信息传递通路的接口,允许计算机直接接收中枢神经系统的信号,或者发送信号到神经系统,常用于研究、协助、增强或修复人类认知的或感官运动的功能。

brain imaging 脑成像 是利用各种技术直接或间接地使脑神经系统的结构、功能或药理学特性形成影像,是医学、神经科学和心理学中一个相对较新的学科。它可分为两大类:结构成像处理神经系统的结构以及诊断大规模颅内疾病(如肿瘤)和损伤;功能成像用于诊断小规模的代谢性疾病和病变(如阿尔茨海默症),也用于神经和认知心理学研究和建立脑机接口。

brain-machine interface (BMI) 脑机(器)接口 同 brain-computer interface(脑机接口)。

brake 制动器,闸,刹车 是一种通过吸收运动系统的能量来抑制运动的机械装置。它用于使移动的车辆、车轮、车轴减速或停车,或防止其运动,通常通过摩擦来实现。

brake dynamometer 制动测力计 指测量制动系统制动力的装置。

braking system 制动系统 主要由供能装置、控制装置、传动装置和制动器 4 部分组成。制动系统的主要功用是使行驶中的车辆减速甚至停车或使已停止的车辆保持不动。

branched kinematic chain 分支运动链 指包含多条分支的运动链。双臂机器人或人形机器人都具有分支运动链。

breadth-first search 广度优先搜索 已知图 $G=(V, E)$ 和一个源顶点 s,该算法以一种系统的方式探寻 G 的边,从而发现 s 所能到达的所有顶点,并计算 s 到所有这些顶点的距离(最少边数),该算法同时能生成一棵根为 s 且包括所有可达顶点的宽度优先树。对从 s 可达的任意顶点 v,宽度优先树中从 s 到 v 的路径对应于图 G 中从 s 到 v 的最短路径,即包含最小边数的路径。该算法对有向图和无向图同样适用。比较 depth-first search(深度优先搜索)。

brightness 亮度 是一种对发光或反光物体明亮程度的主观视觉感知属性。在 RGB 颜色空间中,亮度可以被认为是红、绿、蓝颜色坐标的算术平均。亮度也可以是 HSL 颜色空间(色调、饱和度和亮度)中的一个颜色坐标。

BRNN 双向递归神经网络 bidirectional recurrent neural network 的缩写。

brushless DC electric motor 无刷直流电机 是用半导体逆变器取代一般直流电机中的机械换向器,构成没有换向器的直流电动机。无刷直流电机中采用的是自控式逆变器,受安装在电机轴上的转子位置检测器控制，每当转子转过一定位置，位置检测器便产生相应的信号，作用于对应的半导体元件，使相应的相绕组通电，产生转矩。这种电机结构简单，运行可靠，没有火花，电磁噪声低，广泛应用于现代生产设备、仪器仪表、计算机外围设备和高级家用电器。

bumper　缓冲器，保险杠　是一种连接或集成在汽车前后两端的结构，用于在轻微碰撞中吸收冲击力，在理想情况下可将维修成本降至最低。

C

cable-driven robot　线驱动机器人　是使用线缆驱动的机器人，通过线缆和滑轮将执行器的机械功率传动到远端机构。线驱串联机器人允许将执行器放在远离关节的外部，可以减轻机器人本体重量，并使关节具有柔性。线驱并联机器人具有很轻的重量和非常大的工作空间，并能以很高的加速度和速度运动。

cable-suspended parallel mechanism　悬索并联机构　是一种机器人驱动机构，一般包含与运动自由度相同数量的驱动器，应用于需要非常大的工作空间或者需要提供高效的负载质量比的机器人。

calibration　校准；标定　(1) 在测量技术中是将测量设备所提供的测量值与已知精度的标准测量值进行比较。比较的结果可以用来修正测量设备的测量值使误差保持在可接受的范围。(2) 机器人标定指确定描述机器人的几何尺寸和机械特性的实际值的过程。机器人标定系统必须包括合适的机器人建模技术、精确的测量设备和可靠的模型参数确定方法。为了实际提高机器人的绝对精度，需要利用标定结果进行误差补偿。

calibration error　校准误差；标定误差　(1) 又称仪器误差，是仪表所示值与实际值之间的误差。(2) 机器人标定误差指标定值与实际值之间的误差。参见 calibration(校准；标定)。

calibrator　校准器，标定器　指用于校准的测量标准。参见 calibration(校准；标定)。

camera　摄影机，照相机，相机　是一种利用光学成像原理形成影像并记录下来的设备。通常，相机主要由镜头、暗室、成像介质与成像控制机构组成。镜头通常是由光学玻璃制成的透镜组，使光线聚焦在成像介质上；成像介质则负责捕捉和记录影像；暗室负责连接镜头与成像介质，用以保护成像介质并确保在成像的过程中不会受到外界光的干扰；控制机构对光圈、快门、对焦等进行控制，可以改变记录影像的方式以及影像最终的成像效果。成像介质可分为化学感光材料和电子感光芯片两种，使用电子感光芯片的相机称为数码相机，能实时地将影像转换为计算机可以处理的格式，是机器人视觉系统的主要传感器。

camera alignment　相机调准　指使镜头光轴垂直于传感器平面并穿过其中心的调准过程。

camera axis　相机轴　指相机摄影时通过相机镜头中心的轴线。

camera calibration **相机标定** 视觉测量系统中，相机标定指确定相机的所有内参数和外参数的过程。参见 camera internal parameters（相机内参数）、camera external parameters（相机外参数）。

camera center **相机中心** 指相机的成像中心，对应相机投影图像平面的原点。

camera constant **相机常数** 指相机的焦距、分辨率、传感器尺寸等一些固有内部参数。

camera coordinate system **相机坐标系** 是原点位于相机的光心的坐标系，x 轴和 y 轴与图像的 x 轴、y 轴平行，z 轴为相机光轴，它与图形平面垂直。

camera external parameters **相机外参数** 指相机坐标系与外部世界坐标系之间的转换关系。比较 camera internal parameters（相机内参数）。

camera frame **相机坐标系** 同 camera coordinate system（相机坐标系）。

camera geometry **相机几何** 指相机的成像过程涉及的四个坐标系：世界坐标系、相机坐标系、图像坐标系、像素坐标系以及这四个坐标系的转换关系。

camera internal parameters **相机内部参数** 指只与相机本身有关的参数，包括相机坐标系、图像坐标系、像素坐标系之间的转换关系，以及用于校正各种畸变的参数。比较 camera external parameters（相机外部参数）。

camera intrinsic parameters **相机固有参数，相机内部参数** 同 camera internal parameters（相机内部参数）。

camera matrix **相机矩阵** 同 camera projection matrix（相机投影矩阵）。

camera model **相机模型** 指根据相机成像原理所建立的空间中点的世界坐标与其成像点像素坐标之间的数学关系。

camera optics **相机光学** 是相机成像领域的光学科学的分支。主要研究领域包括几何光学成像、光纤成像、衍射成像、扫描成像、遥感成像和高速摄影等等。

camera parameters **相机参数** 指相机的外参数和内参数。参见 camera external parameters（相机外参数）、camera internal parameters（相机内参数）。

camera projection matrix **相机投影矩阵** 是一个 3×4 矩阵，描述针孔相机模型从空间上的 3D 点到图像上的 2D 点的映射。

candidate elimination **候选消除** 是机器学习中的一种概念学习算法，部分解决寻找极大特殊假设算法的不足，可以输出所有与训练样本一致的概念，同时利用概念间偏序关系来指导搜索。

Canny edge detection **坎尼边缘检测** 是一种常用的边缘检测算法，它的参数允许根据不同实现的特定要求进行调整以识别不同边缘的特性。步骤是：去噪声，寻找图像的亮度梯度，在图像中跟踪边缘。

cantilever **悬臂** 是只有一端锚固的梁。悬臂将荷载以弯矩和剪力的形式传递到支座。

capacitance sensor 电容传感器 是被测的量(如位移、力、速度等)转换成电容变化的传感器。实际上,它本身(或和被测物体)就是一个可变电容器。

capacitive encoder 电容(式)编码器 是旋转编码器的一种。固定发射器发射高频参考信号,经过由正弦图案蚀刻的转子调制后被固定接收器读取,调制信号再被转换成旋转运动的增量。电容式编码器可以提供高分辨率,同时具有耐用性和抗干扰性,可以说具有光编码器和磁编码器的全部优点,又避免了它们的缺点。参见 encoder(编码器)、optical encoder(光编码器)和 magnetic encoder(磁编码器)。

capsule robot 胶囊机器人 是一种形似胶囊的机器人,可以随水吞服进入腹中进行胃肠部检查。胶囊微型机器人最终目标是构成体内窥视、诊疗为一体的医疗微型机器人系统,通过体外无缆驱动控制与姿态调整,安全地实施窥视、诊断、施药、取样等介入医疗作业。该研究对提高人类寿命与生活质量,避免外部手术对人体造成创伤与致残具有重要的科学意义,能减轻患者痛苦,缩短康复时间,降低医疗费用,对医学工程的发展产生极大的影响。

cardan joint 万向节 参见 cardan universal joint(十字轴式万向节)。

cardan universal joint 十字轴式万向节 是实现变角度动力传递的机件,用于需要改变传动轴线方向的位置。万向节的结构和作用有点像人体四肢上的关节,它允许被连接的零件之间的夹角在一定范围内变化。

cardinal plane 主平面,基平面 指在分析构件应力状态时,主应力对应的平面。

car-like mobile robot 类车移动机器人 是像普通汽车一样具有两个固定后轮和两个可转向前轮的移动机器人。

carrying capacity 承载能力 指可以携带物体的最大重量或最大体积。

Cartesian 笛卡尔的,直角坐标的 指使用笛卡尔坐标系表示的或相关的。

Cartesian component 笛卡尔分量 指的是一个向量在笛卡尔坐标系中沿各个轴的投影。

Cartesian coordinate frame 笛卡尔坐标系 也称直角坐标系,是一种正交坐标系,三个坐标轴相互垂直,可以表示三维空间的位置和方向。

Cartesian (coordinate) robot 笛卡尔(坐标)机器人 又称直角坐标机器人,具有三个棱柱关节,各轴按直角坐标系配置,有计算简单、操作精度高等特点。

Cartesian impedance control 笛卡尔阻抗控制 是一种广泛使用的处理接触情形的操作控制方法,是将简单直观的笛卡尔坐标下的任务描述与柔顺控制相结合的控制算法。

Cartesian manipulator 笛卡尔机械臂 同 Cartesian (coordinate) robot[笛卡尔(坐标)机器人]。

Cartesian space 笛卡尔空间 指由笛卡尔坐标系生成的空间。

Cartesian stiffness control 笛卡尔刚度控制 指沿笛卡尔坐标轴方向同时

控制机器人的位置与刚度，并尽量减小干扰下的变形与振动。

CAS 复杂适应系统 complex adaptive system 的缩写。

case-based reasoning（CBR） 案例式推理，实例推理 是一种基于经验知识进行推理的人工智能技术，它是用案例来表达知识并把问题求解和学习相融合的一种推理方法。人在解决新问题时，常回忆起过去积累下来的类似情况的处理，并通过适当修改过去类似情况处理的方法来解决新问题。当人遇到某种情况时，习惯于回忆起以前情境中的方式、方法、策略以及解决方案等，进而找到当前问题的解决方案。从认识思维的角度来看，它表现了人类进行记忆、规划、学习和问题求解的心理模型，体现了更高级的知识环境，是多种人工智能技术的综合。一个典型的 CBR 问题求解过程基本步骤可以归纳为 R4：案例检索（retrieve）、案例重用（reuse）、案例修改（revise）和案例保留（retain）。

caster wheel 万向脚轮，活动脚轮 是一种可转向轮子构型，具有驱动轴和转向轴，可实现轮子滚动和转向运动。按是否有驱动可以分为被动万向脚轮和主动万向脚轮。被动万向脚轮没有主动驱动，对于轮式机器人的运动不会施加运动约束；主动万向脚轮，通过滚动和转向运动的独立驱动，可实现轮式机器人完整的全向移动。

catadioptric camera 折反射相机 指由传统透视相机和反射相机组成的一种相机系统。折反射镜头是一种利用凹面的反光镜，位于镜头筒的末端，距离相机最近。光线到达反光镜抛物线形状的表面后向其焦点反射，并经一片较小的反光镜再向相机反射。反射的影像通过主反光镜中央的圆孔并由各种透镜单元进一步聚焦后传递到相机。

CBR 案例式推理，实例推理 case-based reasoning 的缩写。

CCD 电荷耦合器件 charge-coupled device 的缩写。

cellular automata 细胞自动机，元胞自动机（复数形式） cellular automaton 的复数形式。参见 cellular automaton（细胞自动机，元胞自动机）。

cellular automaton 细胞自动机，元胞自动机 是一种在空间和时间上都离散的演化动力系统。系统由正方形、三角形或者立方体等基本几何元素的元胞组成，这些元胞按照一定规则排列可以形成一个空间区域，然后每个元胞之上都有若干种离散或者连续的状态，这些状态在每一个时间步都会按照相同的规则发生变化，于是形成了整个元胞自动机的演化过程。人们通常通过元胞自动机来研究从局部简单的规则到整体复杂动态的涌现过程。从元胞自动机的状态来说，分为有限状态和无限状态两种。所谓的无限状态指每个元胞的状态都可以由一个或者一组实数构成。从运行的规则来说，可以分为确定型元胞自动机和随机型元胞自动机。从元胞以及构成的空间来说，可以有一维、二维甚至高维。从元胞的形状来说，可以有四边形、三角形、六边形等等。Stephen Wolfram 曾针对一维基础的元胞自动机根据其运行结果进行了分类，包括稳定点（fixed point）、周期（cycle）、混沌（chaos）和复杂（complex）四种类型。其中，复杂类型的元胞自动机通常同时具备局部的结构，以及这些局部结构在长程空间上的传递。因此，这种类型的元胞自动机可以支持非常复杂的运算。在复杂系统研究中，元胞自动机是一种很好的离散模拟模型，可以用于森林火灾、交通、股票市场等复杂系统的模拟之中。另外，元胞自动机也是一种常用的物理学研究手段，例如著名的格子气自动机就可以模拟气体系统。

center drive　中心传动　指传动轴位于传动机构中心的传动方式。

center of action　作用中心　指力或者力矩作用在物体上的等效中心点。

center of equilibrium　平衡中心　指物体达到平衡时所受的力与力矩的等效中心点。

center of gravity (COG)　重心　是在重力场中，物体处于任何方位时所有各组成质点的重力的合力都通过的那一点。

center of gyration　回转中心　指物体在做回转运动时所绕的回转轴线。

center of mass (COM)　质心　是质量中心的简称。质点系的质心是质点系质量分布的平均位置。

center of moment　力矩中心　指物体所受到的力矩的等效作用中心点。

center of rotation　旋转中心　指旋转所围绕的定点。

centralized　集中式的　是一种系统架构，指系统的管理、存储、决策、规划等功能集中于一个总中心，系统所有其他部分接收总中心的控制指令而工作。与非集中式相对应，比较 decentralized（非集中式）。

central pattern generator (CPG)　中枢模式发生器　是产生动物节律运动行为的生物神经环路，它由一系列神经振荡器组成，是神经振荡器与多重反射回路系统集成在一起组成的一个复杂的分布式神经网络。CPG 作为一种生物学运动控制机制，在机器人运动控制领域得到广泛应用。其主要特征有：可以在无节律信号输入、无反馈信息及缺少高层控制命令的情况下产生稳定的节律信号；通过相位滞后及相位锁定，可以产生多种稳定的相位关系，实现机器人多样的运动模态；易于集成环境反馈信号，形成反馈控制系统；结构简单，具有很强的鲁棒性和适应能力。CPG 的这些特征与机器人运动特点相结合，常被用于机器人节律运动的底层控制器，同时在 CPG 模型中耦合高层控制中心的控制命令及反馈信息，可以在线产生稳定、协调的节律信号，控制机体的节律运动。

central projection　中心投影　是由同一点出发的投影射线所形成的投影。比较 orthographic projection（平行投影）。

centric grasping　对中抓取　指夹持器调整其自身的运动，使抓握的物体位于夹持中心的抓握方式。

centrifugal force　离心力　是一种虚拟

力，它使旋转的物体远离它的旋转中心。在牛顿力学里，离心力曾被用于表述两个不同的概念：在一个非惯性参考系下观测到的一个惯性力，和向心力的反作用力。在拉格朗日力学里，离心力有时被用来描述在某个广义坐标下的广义力。比较 centripetal force(向心力)。

centripetal force 向心力 是一种虚拟力，当物体沿着圆周或者曲线轨道运动时，指向圆心(曲率中心)的合外力作用力。向心力一词是从这种合外力作用所产生的效果而命名的。这种效果可以由弹力、重力、摩擦力等任何一力而产生，也可以由几个力的合力或其分力提供。因为圆周运动属于曲线运动，在做圆周运动中的物体也同时会受到与其速度方向不同的合外力作用。对于在做圆周运动的物体，向心力是一种拉力，其方向随着物体在圆周轨道上的运动而不停改变。此拉力沿着圆周半径指向圆周的中心，所以得名向心力。比较 centrifugal force(离心力)。

centroid 几何中心，形心 指的是将 N 维空间中一个对象分成矩相等的两部分的所有超平面的交点。它是该对象中所有点的几何平均。

certain decision 确定性决策 指决策环境完全确定，且作出选择的结果也确定的一类问题。确定性决策问题中不包含不确定性因素，每个决策都会得到一个唯一的事先可知的结果。

certain reasoning 确定性推理 使用确定性信息，对系统结构、行为和功能进行描述，并研究它们之间的关系和因果性，推出定性解释，以模仿人类定性常识推理的一种跨领域推理方法。它忽略被描述问题的次要因素，掌握其主要因素来简化对问题的描述。在此基础上将描述问题的传统定量方法转化为相应的定性模型，进行推理并给出定性解释。

challenge and reply 询问和应答 在通信、计算机、数据处理和控制系统中的一种呼叫机制，其中主叫站表明自身，并询问另一站(即被叫站)的特性，根据规定被叫站必须表明自身，发送相应要求的预订码进行应答。

chaos theory 混沌理论 在数学和物理学中，研究非线性系统在一定条件下表现出的混沌现象的理论。混沌是非线性动态系统所具有的一种运动形式，指发生在确定性系统中貌似随机的不规则运动。混沌理论认为在混沌系统中，初始条件十分微小的变化，经过不断放大，对其未来状态会造成极其巨大的差别。混沌理论的最大的贡献是用简单的模型获得明确的非周期结果，对气象、航空及航天等领域的研究有重大的作用。

chaotic neural network 混沌神经网络 是将混沌机制引入人工神经网络而建立起来的一种模型，期望其可成为更高级的模拟智能信息处理系统。动物神经系统的电生理实验表明其具有明显的混沌特性，同时大脑的思维活动中也存在混沌现象，混沌在生物的信息处理过程中扮演着重要角色。而传统的人工神经网络不具备生物系统所有的混沌特性。与传统人工神经网络相比，混沌神经网络具有十分复杂的动力学特性、巨大的记忆存储能力以及强大的容错性，使得它在联想记忆、分类识别、系统优化等信息处理领域有着巨大的应用潜力。

character recognition　字符识别　参见 optical character recognition（光学字符识别）和 pattern recognition（模式识别）。

characteristic frequency　特征频率　也称固有频率，是表征振动系统振动状态的参量，电路系统、机械系统、声学系统等许多物理系统都存在特征频率。

characteristic variable　特征变量　在统计学、机器学习、模式识别中，指能够表征所研究对象特征的统计变量。

charge-coupled device（CCD）　电荷耦合器件　是一种半导体器件，能够把光学影像转化为电信号。利用电荷量表示信号大小，用耦合方式传输信号的探测元件，具有自扫描、感受光谱范围宽、畸变小、体积小、重量轻、系统噪声低、功耗小、寿命长、可靠性高等一系列优点，并可做成集成度非常高的组合件。电荷耦合器件是 20 世纪 70 年代初发展起来的一种新型半导体器件，广泛应用在数码摄影、天文学，尤其是光学遥测技术、光学与频谱望远镜和高速摄影技术。

Chasles' theorem　沙勒定理　该定理表述为，刚体的广义位移等价于一个平移加上一个旋转。因此，刚体运动可分为平移运动与旋转运动。刚体的当前位置与姿态可以视为是从某个初始位置与初始姿态经过平移与旋转而成。

chassis　底盘　是移动机器人或车辆基础硬件的组成部分，底盘不仅是各种传感器、机器视觉、激光雷达、电机轮子等设备的集成点，更承载了机器人本身的定位、导航、移动、避障等基础功能。底盘可分为固定式、轮式、履带式、双足和多足等，不同类型的底盘可以适用不同的地形。

chemical vapor deposition（CVD）　化学气相沉积　是一种化工技术，该技术主要是利用含有薄膜元素的一种或几种气相化合物或单质、在衬底表面上进行化学反应生成薄膜的方法。化学气相沉积是近几十年发展起来的制备无机材料的新技术，已经广泛用于提纯物质、研制新晶体、淀积各种单晶、多晶或玻璃态无机薄膜材料。

chrominance　色度　是任意一种颜色与亮度相同的一个指定的参考色之间的比色差。在电视中，定义了图像颜色（色调和饱和度）的信息，区别于亮度。

chronometer　精密计时计（经线仪）　一种计时仪器，尤其是在运动、温度、湿度、气压等变化中的准确计时。最初为海上航行开发。

circular arc interpolation　圆弧插补　是给出两端点间的插补数字信息，计算出逼近实际圆弧的点群，控制机械臂末端执行器沿这些点运动，进而控制刀具与工件的相对运动，使其按规定的圆弧加工出理想曲面的一种插补方式。

circular motio　圆周运动　指运动轨迹

为圆或圆的一部分的一种运动。一个质点的圆周运动可以按轨道的切线和垂直轨道的法线这两个方向来分解,切线加速度大小为零的运动称为匀速圆周运动。圆周运动的例子有:一个轨道为圆的人造卫星的运动、一个电子垂直地进入一个均匀的磁场时所做的运动等等。

circular velocity 圆周速度 是物体要维持圆形轨道所必需有的速度。

circumferential force 圆周力,切向力 指作用点在圆周上,作用线与圆相切的线性力。

clamping force 夹持力,夹紧力 指机器人夹持操作物体所施加的力。为避免操作物体滑动、跌落或挤压变形,夹持力必须控制为适当的值。

classical control system theory 经典控制系统理论 同 classical control theory(经典控制理论)。

classical control theory 经典控制理论 自动控制理论的一个分支。曾称为自动调节原理,是建立在频率响应和根轨迹法基础上的关于自动控制系统的构成、分析和设计的理论。经典控制理论开始形成于 20 世纪 30 年代初,发展成熟于 50 年代初。随着以状态空间法为基础的现代控制理论的形成,开始广为使用现今的名称。经典控制理论的研究对象是单输入单输出的自动控制系统,特别是线性定常系统;数学基础是拉普拉斯变换;系统数学模型是输出输入特性,主要是传递函数;占主导地位的分析系统性能和综合控制装置的方法是频率响应法和根轨迹法;计算手段采用手工图解分析方法。经典控制理论解决比较简单的控制系统的分析和设计问题是很有效的。存在的局限性主要表现在,只适用于单输入单输出控制系统,且仅限于研究定常系统。

classical mechanics 经典力学 是力学的一个分支。经典力学是以牛顿运动定律为基础,在宏观世界和低速状态下,研究物体运动的基本学科。经典力学推翻了绝对空间的概念:即在不同空间发生的事件是绝然不同的。但是,经典力学仍然确认时间是绝对不变的。由伽利略和牛顿等人发展出来的力学,着重于分析位移、速度、加速度、力等矢量间的关系,又称为矢量力学。它是工程和日常生活中最常用的表述方式,但并不是唯一的表述方式:约瑟夫·拉格朗日、威廉·哈密顿、卡尔·雅克比等发展了经典力学的新的表述形式,即所谓分析力学。分析力学所建立的框架是近代物理学的基础,如量子场论、广义相对论、量子引力等。微分几何的发展为经典力学注入了蒸蒸日盛的生命力,是研究现代经典力学的主要数学工具。

classification (模式)分类 指通过构造一个分类函数或者分类模型将数据集映射到某一个给定的类别中,它是模式识别的核心研究内容。参见 pattern recognition(模式识别)。

classificator 分级器,分类器 是数据挖掘、模式识别中对样本进行分类的方法的统称,包含决策树、逻辑回归、朴素贝叶斯、神经网络等算法。

classifier 分类器 同 classificator(分级器,分类器)。

cleaning robot 清洁机器人 是服务机器人的一种,能自动完成对地面、窗户等的清理工作,包括扫地机器人、擦窗机器人等。

climb factor 爬升系数 指飞行器爬升高度与水平距离的比值。

climbing robot 攀爬机器人 是具备攀爬能力的一类机器人。根据攀爬机构的实现原理,可以分为吸盘式、机械式、腿足式、轮式、轮足混合式、仿壁虎、仿蛇、仿尺蠖等。根据应用场景,可以分为阶梯攀爬机器人、墙壁攀爬机器人、杆型攀爬机器人、管道攀爬机器人等。攀爬机器人广泛应用于墙壁和窗户清洁任务、林业树木检测、电力系统等。

close coupling 紧耦合 指模块或者子系统之间关系紧密,存在相互调用。紧耦合性通常可以提供更优的性能,便于模块或系统之间进行更为紧密的集成。紧耦合的缺点在于更新一个模块的结果导致其他模块的结果变化,难以重用特定的关联模块。

closed-chain 闭链 同 closed kinematic chain(闭式运动链)。

closed-form solution 封闭形式的解,封闭解 同 analytical solution(解析解)。

closed kinematic chain 闭式运动链 指组成运动链的各构件构成首末封闭系统,简称闭链。一般闭链的运动自由度少于关节数量。

closed-loop control 闭环控制 在控制系统中,如果把系统的输出信号反馈到输入端,由输入信号和输出信号的偏差信号对系统进行控制,则这种控制系统称为闭环控制系统,也称反馈控制系统。闭环控制的实质就是利用负反馈的作用来减小系统的偏差。因此闭环控制又称反馈控制。反馈控制系统具有较强的抗干扰能力,且精度高,适用面广,是基本的控制系统。比较 open-loop control(开环控制)。

closed-loop gain 闭环增益 是闭环反馈系统的系统输入与输出的放大倍数。

closed-loop mechanism 闭环机构,闭链机构 指形成连杆机构的运动链是闭链的一种机构。比较 open-loop mechanism(开环机构)。

closed-loop robot 闭链机器人 指组成机构为闭链的一类机器人。参见 closed kinematic chain(闭式运动链)。

closed-loop system 闭环系统 参见 closed-loop control(闭环控制)。

closed system 封闭系统 与开放系统相反,指不受环境影响也不与环境发生相互作用的系统。比较 open system(开放系统)。

closed world assumption 封闭世界假设 是将当前未知的事物都设为假的假设。比较 open world assumption(开放世界假设)。

cloud computing 云计算 根据广为接受的美国国家标准与技术研究院(NTSI)定义,云计算是一种按使用量付费的模式,这种模式提供可用的、便捷的、按需的网络访问,进入可配置的计算资源共享池(资源包括网络、服务器、存储、应用软件和服务)，这些资源能够被快速提供，只需要投入的管理工作，或与服务供应商进行很少的交互。云计算的核心概念就是以互联网为中心，在网站上提供快速且安全的云计算服务与数据存储，让每一个使用互联网的人都可以使用网络上的庞大计算资源与数据中心。通常，它的服务类型分为三类，即基础设施即服务(IaaS)、平台即服务(PaaS)和软件即服务(SaaS)。

cloud control system **云控制系统** 通过与云计算、物联网等技术相结合，云控制系统可被看作网络化控制系统的一种延伸。伴随着物联网的发展，能够获取到的数据将会越来越多，控制系统必须能够处理来自移动设备、视觉传感器、射频识别阅读器和无线网络传感器等传感装置感知到的广泛存在的海量数据信息，这些海量数据将会增加网络的通信负担和系统的计算负担。传统的网络化控制技术难以满足高品质和实时控制的要求，需要采用云控制技术，使得控制的实时性因为云计算的引入得到保证，在云端利用深度学习等智能算法，结合网络化预测控制、数据驱动控制等方法实现系统的自主智能控制。

cloud decision-making **云决策** 指利用不同的人工智能分析方法，基于云模型和在线知识库动态评估和决策的方法。

cloud diagnosis **云诊断** 基于云模型、云知识库的在线故障诊断方法。用于在线医疗、设备检测和环境监测等领域。

cloud learning **云学习** 在云计算环境中，围绕学习服务，以心理学、教育学、知识工程和系统工程的理论为指导，建立云知识、云任务、云资源、云组件、云网站和学习者认知结构等关键模型，利用软件架构和 Web 互动技术开发的、具有互动探究特色的、开放式可持续发展的、个性化、分布式学习系统。

cloud platform **云(计算)平台** 指基于硬件的服务，提供计算、网络和存储能力。云平台能力具备如下特征：硬件管理对使用者/购买者高度抽象；使用者/购买者对基础设施的投入被转换为运营成本；基础设施的能力具备高度的弹性。云平台可以分为 3 类：以数据存储为主的存储型云平台；以数据处理为主的计算型云平台；计算和数据存储处理兼顾的综合云计算平台。云平台的服务类型包括软件即服务、平台即服务、附加服务。

cloud robotics **云机器人学[技术]** 是云计算与机器人学的结合。如同其他网络终端一样，机器人本身不需要存储所有资料信息或具备超强的计算能力，只是在需要的时候可以连接相关服务器并获得所需信息。云机器人不仅可以卸载复杂的计算任务到云端，还可以接收海量数据，并分享信息和技能。较之传统机器人，云机器人的优势是存储与计算能力更强，学习能力更强，机器人之间共享资源更加方便，对相同或相似场景下的机器人负担更小，并减少了开发人员的重复工作时间。

clustering 聚类;集群 (1) 把给定的模式集合划分成若干类并抽象出各模式的特征的过程,也称为“同质分组”。把相关对象聚成集合体,用相似性尺度来衡量事物之间的亲疏程度,并以此来分类。若给定的模式集合在对其做聚类之前已分好类,这种聚类称为有监督聚类。若给定的模式集合在对其做聚类之前未分类,这种聚类称为无监督聚类。(2) 是一种将多台计算机连接起来使程序运行更可靠或运行速度更快的方法。有两种计算机集群的方法。最常用的方法是高可用性集群,它把第二台计算机连接到主计算机上作为备份,如果主系统出故障,第二台计算机便立即担负起主系统任务,因此用户全然不知出现了问题。第二种方法,称作性能集群,它将多台计算机连接,联合解决问题的速度高于只有一台计算机试图解决同样问题的速度。集群技术可以避免计算机故障停机时间。性能集群技术通过在许多服务器之间分散其一部分工作而使应用性能得到提高,这样就可改善关键和大型设备应用的响应时间。

CMM 坐标测量机 coordinate measuring machine 的缩写。

CMOS 互补金属氧化物半导体 complementary metal oxide semiconductor 的缩写。

CNC 计算机数字控制 computer numerical control 的缩写。

CNN 卷积神经网络 convolution neural network 的缩写。

coalition 联盟 指多智能体系统中,一群或多群智能体为解决某一个问题而互相协调并达成一致。

coalition formation 联盟形成,结盟 指多智能体系统中,一群或多群智能体为解决某一个问题而共同决定其行为的过程。

cobot 协作机器人 collaborative robot 的简称,参见 collaborative robot(协作机器人)。

coefficient of friction 摩擦系数 指两表面间的摩擦力和作用在其一表面上的垂直力之比值。它和表面的粗糙度有关,而和接触面积的大小无关。依运动的性质,可分为动摩擦系数和静摩擦系数。

coefficient of viscosity 黏性系数 是描述流体黏性大小的物理量,也称黏度、黏滞系数、动力黏度。其单位为泊(Poise)。

coevolution 协同进化(算法) (1) 是两个相互作用的物种在进化过程中发展的相互适应的共同进化。一个物种由于另一物种影响而发生遗传进化的进化类型。例如一种植物由于食草昆虫所施加的压力而发生遗传变化,这种变化又导致昆虫发生遗传性变化。(2) 受生物系统中协同进化启发,协同进化算法通过构造两个或多个种群,建立它们之间的竞争或合作关系,多个种群通过相互作用来提高各自性能,适应复杂系统的动态演化环境,以达到种群优化的目的。协同进化算法已在很多领域取得了一系列的成功应用,如函数优化、多目标优化、分类、图像分割、神经网络设计和工程设计等。

COG　重心　center of gravity 的缩写。

cognition　认知　是个体认识客观世界的信息加工活动。感觉、知觉、记忆、想象、思维等认知活动按照一定的关系组成一定的功能系统，从而实现对个体认识活动的调节作用。在个体与环境的作用过程中，个体认知的功能系统不断发展，并趋于完善。

cognitive control　认知控制　指根据任务目标调控具体心理过程的大脑功能，构成了个体目标导向行为的基础。

cognitive development　认知发展　指个体在所处环境中进行活动时，对事物的认知以及处理问题的思维方式等随着年龄变化而不断发展和改变。由瑞士心理学家皮亚杰提出的认知发展理论认为个体的认知发展是受内因和外因共同影响的结果。

cognitive model　认知模型　是从不同侧面描述人脑思维行为的数学模型。其目的是进行分析、研究和模拟人脑思维行为。

cognitive robotics　认知机器人学[技术]　指通过向机器人提供一个处理体系结构赋予机器人智能行为，使得机器人能够学习和推理如何应对复杂环境汇总的复杂目标的一门机器人学[技术]。是认知科学和机器人的交叉学科。认知机器人学的核心问题是研究动态与不完全环境中的机器人知识表达与推理、感知与动作的关系。

cold-light source　冷光源　是几乎不含红外线光谱的发光光源，发光温度并不比环境温度高，比如 LED 光源就是典型的冷光源。传统的白炽灯和卤素灯光源则是典型的热光源。它是利用化学能、电能、生物能激发的光源(萤火虫、霓虹灯等)，具有优良的变闪特性。

colidar　激光雷达　参见 lidar(激光雷达)。

collaborative operation　协作操作　(1) 在共享的工作空间内，专用设计的机器人与人直接协作工作的状态。(2) 指不同类型的机器人协作共同完成操作任务。

collaborative robot　协作机器人　是一种被设计成能与人类在共同工作空间中进行近距离互动的机器人。其区别于传统工业机器人的技术特点主要为易用性、灵活性、安全性。安全问题是人机协作系统的基础，协同工作必须以保证操作人员的安全为前提，易用性和灵活性是人机协作系统的重点，能够快速适应柔性的、复杂的生产方式是协作机器人的优势。协作机器人本身具备安全、易用、柔性、系统整合成本相对较低等特点，相较于传统工业机器人具有更广的应用延展性，不仅可以在工业领域诸多需要柔性加工的应用场景，还可以应用在商业服务领域。

collaborative robotics　协作机器人学[技术]　指研究协作机器人设计、制造、控制、规划等问题的机器人学的子学科。

collaborative workspace　协作工作空间　是机器人与人或其他机器人在生产活动中可同时在其中执行任务的工

作空间。

collective behavior 集体行为 指众多人的行为，亦称大众行为或集合行为，最先用于社会学领域。后来扩大到自然界的具有社会性行为的动物，如鸟、鱼、昆虫等。泛指一切智能体群体为实现某一目标，而共同采取的协同行为。

collective intelligence 集体智能 是从许多个体的集体行为表现出来的智能。协作、集体努力和竞争中涌现出来的共享或群体智慧，并以一致的决策方式出现。集体智能是衡量集体智慧的标准，通常被认为来源于昆虫或动物。它通过不同个体的实时协调，能作出更好的决策，是一种分布式的智能形式。集体智能不仅适用于个体的集合，而且还可以描述例如多细胞的集合、多模块的模块化机器人系统等其他层次的集合。区别 swarm intelligence(群体智能)。

collective robotics 集体机器人学[技术] 是研究多个机器人为完成某一共同任务或目标而组成团队或集群的机器人学研究子领域。集体机器人学具有许多本质优势，如可靠性、可扩展性、灵活性、可重构性等。从集体规模、复杂性以及交互通信规则等角度，可以分为合作、网络化、群集、自组织、演化和仿生等多种集体类型。它强调多个机器人的演化、自复制、自发育、可靠性、可扩展性、适应性和人工社会等能力。比较 swarm robotics(群集机器人学[技术])。

collimator 准直仪 是一种精密的测角仪器。根据测角原理不同，准直仪可分为光学准直仪、激光准直仪；结构上有平行光管和望远镜一体化的自准直仪。

collision 碰撞 指两个做相对运动的物体，接触并迅速改变其运动状态的现象。碰撞前后参与物发生速度、动量或能量改变。

collision avoidance 避碰 指避免机器人或车辆与人、其他机器人或环境发生碰撞的技术或方法。从避碰实现方法角度，可以分为基于规划的避碰和基于控制的避碰；根据机器人对障碍物的感知情况可分为预测性避碰，即障碍物情况完全已知，包括障碍物的位置、几何形状和运动性质，和非预测性避碰，即障碍物情况完全未知或者部分已知，需要借助传感器检测或者借助图像处理技术来获得障碍物信息的一种避碰；根据障碍物的运动状态可以分为两类，即静态物体的避碰和动态物体的避碰。

collision detection 碰撞检测 是一种物理学或数学概念，用于判定一对或多对物体在给定时间域内的同一时刻是否占有相同的区域。它是机器人运动规划、计算机仿真、虚拟现实、游戏等领域的重要问题之一。在机器人研究中，机器人与障碍物之间的碰撞检测是机器人运动规划和避免碰撞的基础；在计算机仿真和游戏中，对象必须能针对碰撞检测结果如实作出合理的响应，反映出真实动态的效果。

collision-free admissible path 无碰撞可行路径 指机器人运行过程中不与周围环境任何物体发生碰撞的路径。

collision theory　碰撞理论　是利用动量守恒和能量守恒定律研究碰撞行为规律的理论。在粒子物理学和化学中,研究粒子间的相互作用;在力学中,研究物体之间的碰撞。

color camera　彩色相机　指能够拍摄彩色图像的相机。

color channel　颜色通道　指保存图像颜色信息的通道。一个图像可以分解成多个单色图像,每一图像的灰度代表一个特定的色道。如将 RGB 图像分解产生红绿蓝三种单色图像,CMYK 图像分解则产生青红黄黑四种色道。

color feature　颜色特征　是一种全局特征,描述了图像或图像区域所对应的景物的表面性质。是应用最为广泛的视觉特征,主要原因在于颜色往往和图像中所包含的物体或场景十分相关。与其他的视觉特征相比,颜色特征对图像本身的尺寸、方向、视角的依赖性较小,从而具有较高的鲁棒性。颜色直方图是最常用的表达颜色特征的方法,其优点是不受图像旋转和平移变化的影响,进一步借助归一化还可以不受图像尺度变化的影响,其缺点是没有表达出颜色空间分布的信息。

color fidelity　颜色保真度　是表征图像相关电子设备(如显示器)输出再现输入色调的相似程度。保真度越高,输出的影像越逼真。

color image　彩色图像　指每个像素包含了彩色信息的数字图像。彩色图像通常由 R、G、B 分量构成,其中 R、G、B 由不同的灰度级来描述。彩色图像是多光谱图像的一种特殊情况,对应于人类视觉的三基色即红、绿、蓝三个波段,是对人眼的光谱量化性质的近似。比较 gray image(灰度图像)。

color index　颜色索引　指颜色的索引值。在彩色图像中,像素的颜色往往并不直接用其值来表示,而是根据这个值去查一张颜色表才能决定。是一种以有限的方式管理数字图像颜色的技术。

color model　色彩模型　是一种抽象数学模型,通过一组数字来描述颜色(例如 RGB 使用三元组、CMYK 使用四元组)。

color space　色彩空间　是对色彩的组织方式。借助色彩空间和针对物理设备的测试,可以得到色彩的固定模拟和数字表示。色彩空间可以只通过任意挑选一些颜色来定义,比如彩通系统就是把一组特定的颜色作为样本,然后给每个颜色定义名字和代码;也可以是基于严谨的数学定义,比如 Adobe RGB、sRGB。

color spectrum　色谱　指可见光分离后呈现的不同颜色的谱带。

COM　质心　center of mass 的缩写。

combined guidance　复合制导　指由多种模式的导引设备参与制导,共同完成对导弹的制导技术。从广义上说,复合制导应包括多导引头的复合制导,多制导方式的复合制导,多功能的复合制导,多导引规律的串联、并联及串并联的复合制导。

command guidance　指令制导　指由导弹指挥站发出指令信号来控制导弹

飞行的制导技术。指挥站可设于地面、海上(舰载)或空中(机载)。它测量目标和导弹的运动参数,并将导弹的运动参数同目标的运动参数(或事先装定的飞行程序)进行比较,根据选定的制导规律形成制导指令,通过指令传输装置发送到导弹上。导弹接收到的信号经过变换、放大,送给执行机构,执行机构根据指令调整导弹的飞行方向,最后使其接近或命中目标。指令制导的特点之一是除有导弹和目标外,还有指挥站。指令制导技术是制导技术出现以来广泛用于小型导弹的一种制导方式。

communication protocol　通信协议　指双方实体完成通信或服务所必须遵循的规则和约定。通过通信信道和设备互连起来的多个不同地理位置的数据通信系统,要使其能协同工作实现信息交换和资源共享,它们之间必须具有共同的语言。交流什么、怎样交流及何时交流,都必须遵循某种互相都能接受的规则。这个规则就是通信协议。

companion robot　陪伴机器人　一种新型多功能服务机器人,用于辅助特殊人群(残疾人、老年人等)生活。具有服务、安全监护、人机交互以及多媒体娱乐等功能。参见 service robot(服务机器人)。

compensability　可补偿性　指系统中某变量可被补偿的特性。在系统中,因为外部环境的影响,某些变量偏离设定值是不可避免的,如果不采取一定的方式补偿该变量,则可能超出系统的承受范围。

compensating control　补偿控制　基于不变性原理组成的自动控制称为补偿控制,它实现了系统对全部干扰或部分干扰的补偿。按其结构的不同,补偿控制系统一般有前馈控制系统和大迟延过程系统两种。

compensating feedback　补偿反馈　指正干扰对输出端的影响呈补偿性的正反馈到输入端,从而对整个系统进行影响,改善系统的性能。反过来,负干扰对输出端的影响呈补偿性的负反馈到输入端,影响系统的性能。

compensating signal　补偿信号　是用于对系统的输出进行补偿,消除系统输出因周围环境而受到的干扰,以得到满意的系统输出。

competition scenario　竞争场景　在机器人领域,竞争场景常见于足球机器人之间的比赛竞争、家庭环境中运营的服务机器人之间的运营竞争、搜救救援与军事中的竞争和对抗。在某些情况下,其场景是固定的,且参与竞争的智能体在竞争前已知晓场景的具体描述,如机器人足球;在其他情况下,事先仅为该场景提供一般性描述,并且参与的智能体事先不知道具体竞争场景设置,如搜索和救援比赛。竞争场景直接影响环境设置和参与竞争的队伍的行为表现。

complementarity problem　互补性问题　是一种数学优化问题,最小化或最大化两个受到某些约束的向量变量的函数,这些约束包括:两个向量的内积必须等于零,即它们是正交的。

complementary metal oxide semiconductor (CMOS)　互补金属氧化物半

导体 以N沟道MOS(金属氧化物半导体)器件为倒相器,以P沟道MOS器件为其负载管(反之亦可),构成的半导体器件。同理,以这种结构和工艺构成的各种MOS集成电路称为CMOS集成电路。由于一对P沟和N沟的半导体在电特性上呈互补态,输入给器件门的一个低功率脉冲使其中的一种半导体导通而使另一种断开,这个过程中除了电容充放电和开关动作之外没有电流流通,所以CMOS器件比其他器件所耗功率要小得多。

complete induction **完全归纳法** 是以某类中每一对象(或子类)都具有或不具有某一属性为前提,推出以该类对象全部具有或不具有该属性为结论的归纳推理。

completeness **完备性,完整性,完全性** (1) 在数学及其相关领域中,当一个对象具有完备性,即它不需要添加任何其他元素,这个对象也可称为完备的或完全的。(2) 形式化的逻辑系统的一种性质。若任何一个永真公式都是该逻辑系统中的形式定理,则该逻辑系统是完全的。哥德尔证明了一阶谓词演算逻辑的重言式系统是完全的。(3) 在保证不丢失实体的任何重要成分,支持可靠性、有效性和可修改性的目标,有助于开发得到正确解的软件工程目标之一。

complex adaptive system (CAS) **复杂适应系统** 该理论认为系统演化的动力本质上来源于系统内部,微观主体的相互作用生成宏观的复杂性现象,其研究思路着眼于系统内在要素的相互作用,所以它采取"自下而上"的研究路线;其研究深度不限于对客观事物的描述,而是更着重于揭示客观事物构成的原因及其演化的历程。与复杂适应系统思考问题的独特思路相对应,其研究问题的方法与传统方法也有不同之处,是定性判断与定量计算相结合,微观分析与宏观综合相结合,还原论与整体论相结合,科学推理与哲学思辨相结合。复杂适应系统建模方法的核心是通过在局部细节模型与全局模型间的循环反馈和校正,来研究局部细节变化如何突现出整体的全局行为,其模型组成一般是基于大量参数的适应性主体,其主要手段和思路是正反馈和适应,其认为环境是演化的,主体应主动从环境中学习。正是由于以上这些特点,CAS理论具有了其他理论所没有的、更具特色的新功能,提供了模拟生态、社会、经济、管理、军事等复杂系统的巨大潜力。

complex control system **复杂控制系统** 是在单回路控制系统的基础上,再增加计算环节、控制环节或者其他环节的控制系统,常见的复杂控制系统有:串级、均匀、比值、分程、前馈、取代、解耦等控制系统。

complex sensor **复合传感器** 是一个由传感器单元构成的组合体,也可以理解为一个整体,在这个组合体中,集成了两个以上的检测不同物理量的传感器单元。这些传感器单元信号可以各自单独输出,或由组合体中嵌入的处理器测量后按照规定的格式集中输出。例如,用于水质检测的复合传感器，一个探头置于水中，可以检测多种水中化学物质的含量。轴承用复合传感器通常集成有温度、振动加速度、承重等参数测量用传感器。

complexity 复杂性；复杂度 (1) 系统不可逆性、不可预报性以及状态涌现、结构可突变特性的统称。复杂性是混沌性的局部和整体之间的非线性形式，因此不能通过局部来认识整体。复杂性是环境条件改变的时候，不同行为模式之间的转变能力较弱的动态表现。(2) 复杂度指解决一个可计算问题的困难程度。一般以计算过程中消耗多少资源来度量，资源可以是抽象的也可以是具体的，如时间或空间等。

complexity of algorithm 算法复杂度 算法的运行时间和占用的存储空间的度量，分别称为时间复杂度和空间复杂度，它们通常表示成输入规模的函数。算法分析的重点是时间复杂度。通常选择在算法中处于基本地位且能反映算法本质工作量的基本运行作为度量单位，而忽略次要工作。对于同一规模的输入，算法所需执行的基本运算的最大次数成为最坏情形复杂度，根据输入出现概率和所需的基本运算次数而计算的加权平均值称为平均情形复杂度，也称“期望复杂度”。对于空间复杂度，也有类似的平均与最坏情形之分。通常所说的(时间)复杂度，一般指最坏情形时间复杂度。

compliance 柔顺性，柔顺，柔顺度，顺应度 是机器人响应外力作用时的柔性，分为主动柔顺性和被动柔顺性两类。机器人凭借一些辅助的柔顺机构，使其在与环境接触时能够对外部作用力产生自然顺从，称为被动柔顺性；机器人利用力的反馈信息采用一定的控制策略去主动控制作用力，称为主动柔顺性。

compliance control 柔顺控制 机器人在实际操作中，为了避免对操作目标、环境或机器人本身造成损坏，常采用的控制模式。在该控制模式下，如果机器人和其他物体发生碰撞或产生巨大的作用力，则可通过快速的响应减小作用力，达到柔顺的效果。

compliance matrix 柔顺矩阵 通常定义为位移相对于施加力的偏导数。如果假设系统是线性的，则可以使用它来预测由于力输入引起的系统运动。

compliant actuator 柔顺驱动器 是在与人以及与外部环境发生碰撞的同时可以自动调整自身刚度特性的机器人驱动器，确保了机器人和人的安全。它在一定情况下允许其在工作时偏离平衡位置(平衡位置是驱动器在无载荷作用时的位置)一定的角度和距离，包括电机、减速器、变刚度元件、各种传感器以及控制器。

compliant assembly 柔顺装配 是针对工业自动化生产线的装配任务提出的，为装配机器人配备视觉传感器和高精度力传感器，使其具备对外界环境识别与柔顺控制的能力，可以大幅提高机器人的利用效率和产品的装配质量。

compliant behavior 柔顺行为 是机器

人在与人以及与外部环境发生碰撞的同时可以自动调整自身刚度，保证安全性的行为。

compliant contact model 柔顺接触模型 是通过模拟接触点处相互接触物体的顺应性和局部变形，确定接触期间接触力演变的模型。通过在接触期间，将接触力添加到系统运动方程实现对接触行为的考虑，简化了系统动力学。常用的三种柔顺接触模型有弹簧阻尼模型、有限元模型和经典的赫兹接触模型。

compliant material 柔性材料 指杨氏模量较低的材料，受到外力后具有变形能力。

compliant model 柔顺模型 是描述机器人柔顺行为的模型，参见 compliance(柔顺)和 compliance control(柔顺控制)。

composite decision process 综合决策过程 指一项决策中有多个决策目标，且各目标之间存在着某种矛盾性，因而必须综合考虑各种情况，同时解决多个相互关联问题的决策。

composite material 复合材料 复合材料是由两种或更多种具有显著不同的物理或化学性质的物质组成的材料，组成后，将产生与各个组分不同的特性。

compound epicyclic reduction gear 两级行星减速器 行星顾名思义就是围绕恒星转动，因此行星减速器就是如此，有多个行星轮围绕一个太阳轮旋转的减速器。两级行星减速器就是有两套行星减速器相连，第一级行星架上就作出第二套的太阳轮。

computational complexity 计算复杂性；计算复杂度 在计算机科学中，计算复杂性或算法的复杂性是运行它所需的资源量。问题的计算复杂性是该问题的所有可能算法(包括未知算法)的复杂性的最小值。

computational efficiency 计算效率 用来表示计算复杂度或所需资源的多少。

computational error 计算误差 指在计算过程中，将复杂的表达式以近似式代替或由于数字修约而产生的误差。

computational intelligence 计算智能 指以数据为基础，以计算为手段来建立功能上的联系(模型)，而进行问题求解，以实现对智能的模拟和认识。也指用计算科学与技术模拟人的智能结构和行为。计算智能是强调通过计算的方法来实现生物内在的智能行为。计算智能的研究内容包括人工神经网络、遗传算法、模糊逻辑、人工免疫系统、群体计算模型(ACO，PSO 等)、支撑向量机、模拟退火算法、粗糙集理论与粒度计算、量子计算、DNA 计算、智能代理模型等等。计算智能的主要应用领域有：模式识别、优化计算、经济预测、金融分析、智能控制、机器人学、数据挖掘、信息安全、医疗诊断等等。

computational learning theory 计算学习理论 是人工智能的一个子领域，致力于研究机器学习算法的设计与分析。

computational linguistics 计算语言学 是一门通过建立形式化的数学模型，来分析、处理自然语言，并在计算机上用程序来实现分析和处理的过程，从而达到以机器来模拟人的部分乃至全部语言能力目的的学科。

computational model 计算模型 是计算科学中的数学模型，需要大量的计算资源通过计算机模拟来研究复杂系统。复杂的非线性系统不容易获得简单、直观的分析解决方案，而是通过调整计算机中系统的参数并研究实验结果的差异来完成模型的实验，并从这些计算实验中导出或推导出模型的运算理论。常见计算模型的示例有天气预报模型、地球模拟器模型、飞行模拟器模型、分子蛋白质折叠模型和神经网络模型。

computational neuroethology 计算神经行为学 是使用建模和模拟来研究自适应行为的方法。它的概念框架强调神经系统的具体化，即感知预处理、生物力学特性以及感知和动作的整合对于主动感知期间的行为都是至关重要的。

computational neuroscience 计算神经科学 是使用数学分析和计算机模拟的方法在不同水平上对神经系统进行模拟和研究：从神经元的真实生物物理模型，它们的动态交互关系以及神经网络的学习，到脑的组织和神经类型计算的量化理论等，从计算角度理解脑，研究非程序的、适应性的、大脑风格的信息处理的本质和能力，探索新型的信息处理机理和途径。它的发展将对智能科学、信息科学、认知科学、神经科学等产生重要影响。

computed-torque control 计算力矩控制 属于逆动力学控制方法，其基本原理是在非线性系统前串联一个它的逆系统，以使整个系统拥有单位增益。控制机器人时，是在已知系统动力学模型的基础上，通过计算系统期望加速度所对应的输入力矩，并进行控制的方法。

computer-aided tomography 计算机辅助成像 是利用计算机处理技术，通过从不同角度得到的 X 射线测量值来产生被扫描物体的特定区域的横截面（断层扫描）图像（虚拟“切片”）的技术，它允许用户在无损的情况下看到物体内部。

computer-integrated surgery 计算机集成手术 指利用计算机控制和图像处理等技术的外科手术。

computer numerical control (CNC) 计算机数字控制 指利用一个专用的可存储程序的计算机执行一些或全部的基本数字控制功能。由计算机完成数值计算，并直接发出控制指令参与控制过程，也称为数值程序控制。

computer vision (CV) 计算机视觉 用计算机实现（或模拟）人的视觉功能，对客观世界进行感知和解释的技术，是人工智能的重要组成部分。它是在图像处理和模式识别技术基础上发展起来的一门分支学科。其主要目的是用机器识别客观世界中的景物。即从外界获得二维图像，抽取其特征（如形状、位置、大小、灰度、颜色、纹理等）构成本征图像（即符号表达），从本征图像出发将其转换成物体图像的描述，然后与已知物体的描

C

述相匹配，从而辨认出所描述的物体，并对其进行描述（图义解释）。计算机视觉广泛用于工业检测、物体自动分类以及机器人视觉研究等领域。有时也泛称为机器视觉。严格地说机器视觉除包括处理数字信号的计算机视觉之外，还应包括处理模拟量的光学视觉技术。计算机视觉的应用范围很广：条形码识别系统、指纹自动鉴定系统、信函分拣和办公自动化的文字识别系统、工业自动检验方面的无损探伤系统、机器人等领域。

concave programing　凹形规划法　是一类重要的非线性规划问题，也是在经济和管理中有着广泛应用的最优化问题，这一方法的基本思想是对目标函数进行线性下逼近，然后用乘子搜索法求解连续松弛问题。

condition-action rule　条件-动作规则　指触发条件则执行动作，比如如果碰撞，则停止；如果停止，就返回。

conditional entropy　条件熵　在信息论中，条件熵量化了在给定一个随机变量 X 的值时，描述另一随机变量 Y 的结果所需信息的多少。基于 X 条件的 Y 的信息熵，用 $H(Y|X)$ 表示。

conditional Gaussian distribution　条件高斯分布　多元高斯分布的一个重要性质是如果两个变量集是联合高斯分布，那么其中一个基于另一个变量集上的条件分布仍然是高斯分布。

conditional random field (CRF)　条件随机场　是 Lafferty 于 2001 年在最大熵模型和隐马尔可夫模型的基础上，提出的一种判别式概率无向图学习模型，是一种用于标注和切分有序数据的条件概率模型。CRF 最早是针对序列数据分析提出的，现已成功应用于自然语言处理（NLP）、生物信息学、机器视觉及网络智能等领域。

conditioner　调节器　将生产过程参数的测量值与给定值进行比较，得出偏差后根据一定的调节规律产生输出信号推动执行器消除偏差量，使该参数保持在给定值附近或按预定规律变化的控制器。

condition monitoring　状态监测　状态监测的目的是采用有效的检测手段和分析诊断技术，及时、准确地掌握设备运行状态，保证设备的安全、可靠和经济运行。现代工业追求效率，及时把握设备状态能够提前准备，减少设备维护时间，对于连续长时间运行的设备，更是如此。

condition of balance　平衡条件　指使系统处于平衡状态的条件。

configuration　构型，位形；配置　(1) 是一个物理系统可能处于的所有可能状态。对于一个机器人来说通常指其所有关节值的一个组合。(2) 由其功能部件的性质、数目及其主要特性决定的计算机系统或网络的安排。更准确地说，术语“配置”指的是硬件配置或软件配置，或两者的结合。

configuration space (C-space)　位形空间，构型空间　是一个物理系统可能处于的所有可能状态的空间，可以有外部约束。一个典型系统的位形空间具有流形的结构；因此，它也称为位形流形。在机器人运动规划中，位形空间通常是由机器人所有可能关节值的组合组成的空间。

conformant planning 一致性规划 指在执行过程中没有观测能力的假设下作出的规划。即使初始状态和动作结果存在不确定性，一致性规划也能给出保证能达到目标的动作序列。

conformity error 一致性误差 指校准曲线和规定特性曲线之间的最大偏差。

conjugate gradient method 共轭梯度法 是介于最速下降法与牛顿法之间的一个优化方法，它仅需利用一阶导数信息，就既克服了最速下降法收敛慢的缺点，又避免了牛顿法需要存储和计算海森矩阵并求逆的缺点，共轭梯度法不仅是解决大型线性方程组最有用的方法之一，也是解大型非线性最优化最有效的算法之一。在各种优化算法中，共轭梯度法是非常重要的一种。其优点是所需存储量小，具有步收敛性，稳定性高，而且不需要任何外来参数。共轭梯度法是一个典型的共轭方向法，它的每一个搜索方向是互相共轭的，而这些搜索方向仅仅是负梯度方向与上一次迭代的搜索方向的组合，因此，存储量少，计算方便。

conjugate image 共轭像 在全息处理中，包含物体共轭信息的部分称为共轭像。共轭像一般被认为是噪声，需要去除以取得更好的全息成像效果。

consensus 一致性，趋同 分布式计算和多智能体系统中的基本问题是在存在许多故障过程的情况下实现整体系统可靠性。这通常要求进程就计算期间所需的某些数据值达成一致。它的应用示例包括是否将事务提交到数据库，同意关于领导者的身份、状态机复制和原子广播。现实世界的应用包括时钟同步、意见形成、智能电网、状态估计、多机器人或多智能体控制、负载平衡等。

conservation of angular momentum 角动量守恒 物理学的普遍定律之一，不受外力作用或所受诸外力对某定点（或定轴）的合力矩始终等于零的质点和质点系围绕该点（或轴）的角动量矢量保持不变。

conservation of energy 能量守恒 指能量既不会凭空产生，也不会凭空消失，只能从一个物体传递给另一个物体，而且能量的形式也可以互相转换。

conservation of momentum 动量守恒 如果一个系统不受外力或所受外力的矢量和为零，那么这个系统的总动量保持不变，这个结论叫作动量守恒定律。动量守恒定律是自然界中最重要最普遍的守恒定律之一，它既适用于宏观物体，也适用于微观粒子；既适用于低速运动物体，也适用于高速运动物体；既适用于保守系统，也适用于非保守系统。

conservative force 保守力，守恒力 外力对物体所做的功，仅与物体的位置变化量有关，而与路径无关时，则此力称为保守力。

consistent estimator 一致估计量，一致推算子 统计学中一种计算参数估计值的规则，当数据点无限增多时，估计值依概率收敛于真值，即估计值的分布越来越集中于真值附近。

constellation model 星座模型 是计算

机视觉中类别级对象识别的概率生成模型。与其他基于部件的模型一样，在相互几何约束下通过一组 N 个部分来表示对象类。

constrained equation 约束方程 是在建立系统模型时，系统的状态变量必须满足的一些条件所构成的方程。

constrained Lagrangian equation 约束拉格朗日方程 指在有约束情况下的拉格朗日方程。力学系统在运动过程中受到限制(包括对位置和速度的限制)，使力学系统的坐标之间发生关联而不全部独立，并且给力学系统施加约束反力。

constrained motion 约束运动 是以约束定义为前提的，指满足特定约束条件的运动。

constrained optimization 约束优化 指在自变量满足约束条件的情况下目标函数最小化的问题，其中约束条件既可以是等式约束也可以是不等式约束。

constraint 约束 对各个被控状态或模型参数施加的几何学、运动学或值域的限制成为约束。如机器人关节运动限位、电机的最大转速、控制器的最大输出电压电流等约束。

constraint force 约束力 指物体受到一定场力(仅由空间位置决定的力叫场力)限制的现象。限制物体的位置和运动条件称作物体所受的约束，实现这些约束条件的物体称为约束体，受到约束条件限制的物体叫作被约束体，把约束对物体的作用力称为约束力。

constraint frame 约束坐标系 指对研究对象的坐标施加额外约束条件的坐标系统。

constraint satisfaction problem (CSP) 约束满足问题 是一类数学问题，包含一组变量和一组变量间的约束，问题的解是找到所有变量的一个(或多个)赋值，使所有约束都得到满足。人工智能和计算机科学领域很多问题都可看作约束满足问题。

constraint set 约束集合 指在数学规划问题中，满足所有约束条件的点组成的集合。

constraint space 约束空间 机器人本身因环境约束等而所减少机器人自由度的范围。

construction automation 建筑自动化 是对建筑物机电系统进行自动监测、自动控制、自动调节和自动管理的系统。通过建筑自动化系统实现建筑机电系统的安全、高效、可靠、节能运行，实现对建筑物的科学化管理。

construction robot 建筑机器人 在建筑工程领域中，服务于工程施工、装饰、修缮、检测等环节的机器人。建筑业是仅次于采矿业的第二个最危险的行业，事故多、劳动力短缺、劳动生产率低，提高生产率的一个有效途径就是实现生产的自动化和机器人化。建筑机器人按照应用领域，可以分为墙体施工机器人、装修建筑机器人、维护建筑机器人、救援建筑机器人和 3D 打印建筑机器人等。

constructive induction 构造性归纳 归纳学习算法的研究是机器学习的一个重要的问题。一般的归纳学习算法可以分为两类：选择性归纳学习和构造性归纳学习。选择性归纳学习指观察陈述中包含了描述概念所需的全部描述子。学习过程仅是对学习对象进行分类、归纳和描述。当观察陈述中包含的描述子不适合所描述的概念时,选择性归纳学习就显得比较困难了。这时一个好的解决方法就是构造出新的描述子以适合所描述的概念,从而进行构造性归纳学习。构造性归纳学习就指观察陈述中未包含描述概念所需的全部描述子,有些描述子是在学习过程中产生出来的,学习过程包含了生成新描述子的过程。

constructive solid geometry (CSG)　构造实体几何,体素构造表示法　是实体造型中应用的一项技术。CSG 是三维计算机图形学与 CAD 中经常使用的一个程序化建模技术。在构造实体几何中,建模人员可以使用逻辑运算符将不同物体组合成复杂的曲面或者物体。通常 CSG 都是表示看起来非常复杂的模型或者曲面,但是它们通常都是由非常简单的物体组合形成的。在有些场合中,构造实体几何只在多边形网格上进行处理,因此可能并不是程序化的或者参数化的。最简单的实体表示叫作体元,通常是形状简单的物体,如立方体、圆柱体、棱柱、棱锥、球体、圆锥等。根据每个软件包的不同,这些体元也有所不同,在一些软件包中可以使用弯曲的物体进行 CSG 处理。

contact array　接触阵列　指多个接触单元按一定疏密程度构成的阵列,形成与目标对象的面面接触。常见于接触传感器中的阵列式接触传感器。该传感器可以测量指垫上的压力分布,因而对于使用机器人手灵巧操纵物体等类似任务至关重要。

contact deformation　接触形变　是在两物体接触的情况下,接触区域所产生的形变。

contact force　接触力　指通过接触点、接触线或接触面对物体施加的外力。分为垂直于接触面的法向力和平行于接触面的切向力。

contact modeling　接触建模　指两物体相互接触时,建立施加的载荷、接触面积和接触应力之间的关系的过程。

contact sensor　接触传感器　测量两个物体是否接触的传感器。

contact stiffenss　接触刚度　指零件结合面在外力作用下,抵抗接触变形的能力。

contingency　偶然性　指事情发生的可能性,与必然性相对应。偶然性事情一般由于各种原因无法预测其未来情况,没有必然出现的结果,而只能通过大量的观察来统计其结果,以概率形式来描述其再次发生的可能性大小。

contingency planning　应急规划　指机器人针对特殊的紧急情况作出的一些迅速响应的规划,应急规划一般对实时性要求比较高。

continuous hidden Markov model　连续隐马尔可夫模型　指模型中都是连续随机变量的隐马尔可夫模型。参见 hidden Markov model(隐马尔可夫模型)。

continuous path control　连续路径控制 指通过各种因素的协调控制、轨迹的数值插补运算等控制方法，不仅要控制行程的起点和终点，而且使得控制目标能沿着期望的连续轨迹平滑、稳定地移动的控制算法。

continuous rating　连续运转额定值，连续定额 指设备在不造成损坏或其他不利影响的条件下，能够保证长时间正常运行的允许最大负载。

continuous time system　连续时间系统 指状态变量随时间连续变化的系统，与离散时间系统对应。连续时间系统的输出状态变量相对于系统输入变量之间的因果关系常用微分方程来表征，该微分方程即为系统的数学模型。在微分方程中，系数不随时间变化时称系统为定常系统，系数随时间变化时称系统为时变系统。参见 time-varying system(时变系统)。

continuous time-varying feedback　连续时变反馈 指控制系统中，反馈状态随着时间连续变化的一种反馈量。

continuous transmission frequency modulated (CTFM) sonar　连续传输调频声呐 指基于连续传输调频技术，利用声波在水下的传播特性，通过电声转换和信息处理，完成水下探测和通讯任务的超声波传感器。

continuous variable dynamic system (CVDS)　连续变量动态系统 指一个控制系统的状态空间中所有变量均随时间连续动态变化的系统。参见 dynamic system(动态系统)。

continuum　连续统一体，连续体 是流体力学或固体力学研究的基本假设之一，即流体或固体质点在空间是连续而无空隙地分布的，且质点具有宏观物理量如质量、速度、压强、温度等，都是空间和时间的连续函数，满足一定的物理定律(如质量守恒定律、牛顿运动定律、能量守恒定律、热力学定律等)。

continuum kinematics　连续体运动学 指以刚体、软体和流体等连续体为研究对象的一门运动学，是力学的一门分支，主要研究如何建模和描述连续体的运动规律，即连续体在空间中的位置随时间的改变情况。在一般情况下，连续体运动学仅考虑研究对象的空间状态，包括位置、姿态和形状等，不考虑作用力或质量等影响运动的因素。以研究质点和刚体这两个简化模型的运动为基础，并进一步研究连续体(弹性体、流体等)运动的科学。参见 kinematics(运动学)。

continuum manipulator　连续体机械臂 指由连续体构成的机械臂，一般情况下不包括离散关节和刚性连杆，例如：由弯曲性能优良材质构成，采用柔性结构组成的柔性机械臂。参见 manipulator(机械臂)和 continuum(连续体)。

continuum medical robot　连续体医疗机器人 指采用柔性材料、软体等连续体材料构成，用于医疗行业的连续体机器人，例如用于手术操作的软体机械臂等。连续体医疗机器人可以穿越有限的内腔空间，在复杂环境中操纵物体，并能够符合预期的空间曲线路径，常用于微创手术。参见 medical robot(医疗机器人)和 continuum robot(连续体机器人)。

continuum robot　连续体机器人　是一类新型的仿生机器人。在一般情况下,指关节数量接近无穷大,且每个关节的长度都接近零的机器人。常采用柔型结构,不具有任何离散关节和刚性连杆,其弯曲性能优良,对障碍物众多的非结构环境和工作空间狭小的受限工作环境适应能力强,不仅可以像传统机器人那样在其末端安装执行器以实现抓取和夹持等动作,还可以利用其整个机器人本体实现对物体的抓取。在分析其运动学或动力学模型时,可以将每一个微观的局部都等效为多个普通关节所组成的机器人。参见 continuum(连续体)。

continuum robotics　连续体机器人学[技术]　指研究由连续体构成的机器人特性的一门学科。参见 continuum(连续体)和 robotics(机器人学[技术])。

control　控制　指为了实现控制系统的目的或改善系统的性能,通过信息采集、感知和处理,从而施加在系统上的一种作用。控制分为反馈控制和前馈控制:反馈控制在扰动对系统产生影响后才作出相应的控制,依据系统的实际输出与预期输出的偏差来进行控制,并逐步缩小这一偏差;前馈控制是基于扰动补偿原理,在扰动尚未对系统发生影响以前就作出相应的控制。一般情况下前馈控制往往跟反馈控制相结合构成复合控制,使系统具有良好的性能。

control algorithm　控制算法　指要执行的控制动作的数学表示或过程设计,通常指为了实现系统"输入-输出"控制规律而设计的一类控制系统算法。它反映了系统输入、内部状态和输出之间的数值和逻辑规律的关系。控制算法的正确与否直接影响控制系统的品质,甚至决定整个系统的成败。

control board　控制板　指在系统中起到控制作用的电路板。控制板一般包括面板、主控板和驱动板。控制板是设备的主要控制中心,整个设备运行都需要控制板给出一个详细的操作信息。设备的质量很大程度上取决于中心控制板设计是否合理。

control command　控制命令　指操作员为了控制某个系统或工作站而使用的一种特定的程序控制命令。

control coupling　控制耦合　指一个模块通过传递控制信息,能够明显地控制另一模块的功能,这种模块之间的关系称为控制耦合。

control error　控制误差　指控制系统在稳态下的控制精度的一种度量,为期望的稳态输出量与实际的稳态输出量之差。控制误差越小说明控制精度越高,是控制系统的设计指标之一。控制误差按照产生的原因分为原理性误差和实际性误差。原理性误差指为了跟踪期望的输出量和由于外扰动作用的存在,控制系统在原理上必然存在的误差。当理论误差为零时,控制系统称为无静差系统,否则称为有静差系统。控制系统是否为无静差,取决于系统的组成中是否包含积分环节和输入信号或扰动作用的形式。实际误差由控制系统中所采用的测量元件、执行机构等在精度上的限制等造成，可以通过选用高精度的元件或采取补偿措施使误差下降。

control input　控制输入　指控制系统中，由外界或者控制系统内部传输给控制器的输入值。

controllability　能控性，可控性　指系统的状态变量可由外界输入作用来控制的一种性能。能控性一般用来描述控制作用对被控系统状态进行控制的可能性。如果系统的状态变量可以由系统外界输入来影响和控制，并且可通过改变外界输入使得该状态变量由任意的初态达到原点，则称该系统状态变量是可控的，否则，即为该系统状态变量不可控。

control language　控制语言　指用来实现对程序流程的选择、循环、转向和返回等操作进行控制的编程语言，用于控制操作和调用系统功能。

control law　控制律　指利用控制方法实现的控制器的输出信号与输入信号的关系规律。在研究控制器的控制规律时，常是假定控制器的输入信号是一个阶跃信号，然后来研究控制器的输出信号随时间的变化规律。基本的控制规律有：位式控制、比例控制、积分控制、微分控制和组合式等。

controlled variable　被控变量　指控制过程中要求保持恒定数值或者按规律变化的物理量。

control loop　控制回路　指一个控制器根据特定的输入量，按照一定的规则和算法来决定输出量，这样的输入和输出就形成了一个控制回路。控制回路有开环和闭环的区别。开环控制回路，指输出是根据一个参考量而定，输入和输出量没有直接的关系。而闭环回路则将控制回路的输出再反馈回来作为回路的输入，与该量的设定值或应该的输出值作比较。闭环回路控制又叫反馈控制，是控制系统中最常见的控制方式。

control mechanism　控制机制　指在实际控制系统中使用的控制算法，通过控制程序调用系统的各种构件综合实现系统功能的一套控制策略，控制机制主要分为闭环控制和开环控制两大类。

control model　控制模型　指针对实际工业过程或物理系统的控制所建立的数学模型。控制模型指出系统内部物理量（或变量）之间动态关系的表达式，分为静态模型和动态模型。① 静态模型反映系统在恒定载荷或缓变作用下或在系统平衡状态下的特性，现时输出仅由其现时输入所决定，一般以代数公式描述。② 动态模型反映系统在时变载荷或在系统不平衡状态下的特性，现时输出还由受其以前输入历史的影响，一般以微分方程或差分方程描述。在控制理论或控制工程中，需要考虑系统的动态特性，因此，往往需要采用动态数学模型。控制模型与控制算法一起构成一套控制系统。在自适应控制系统中，控制模型指控制器参数调整所依据的参考模型。

control object　控制对象　指在自动控制系统中被控制的设备或工业过程，

又称被控对象。从定量分析和设计角度,控制对象是被控设备或过程中影响给定控制输入、输出参数的因素。

control objective　控制目标　指一个控制系统需要控制的目标,是控制系统设计的关键考虑因素。在一般工业控制问题上,控制系统通常必须综合考虑多个不同目标。

control performance index　控制性能指标　指用于评价控制系统性能的指标,主要分为动态性能指标和稳态性能指标两大类。动态指标包括上升时间、峰值时间、调节时间和超调量等;稳态指标包括稳态误差等。

control program　控制程序　指一套用于控制机器人执行任务,协调各种任务之间的关系,实现预期的系统控制律的控制指令集。

control signaling　控制信令　指一种用于系统控制的信号,常涉及控制系统的测量、反馈、信号传输等环节。

control software　控制软件　指计算机控制系统或智能调节器实现过程控制的各种通用或专用程序。控制软件架构可分为几个层次,最低层为直接控制层的基本控制软件,一般以控制算法模块形式提供,通过控制回路组态可以实现单回路或串级、常规PID控制、前馈控制、超前控制等控制方案;中间层是在监控层实现先进控制(如自适应控制、推理控制、预测控制等)的软件;最高层为实现最优控制、线性规划等调度层和决策层的软件。

control standard　控制标准　指计量实际或预期控制效果的标准化度量,用于设计控制系统的参数,选择控制系统的软件和硬件组成,并且用于评估控制效果的性能指标。

control station　控制站　指控制系统中执行运算和控制决策的部分,包括一个或多个控制装置,用于控制整个系统的状态,包括控制信号的产生、接收反馈信息、信息处理功能。

control system　控制系统　指由测量元件、比较元件、反馈元件、控制器和被控对象等部分组合构成的系统。控制系统是为了使被控制对象实现特定的功能、达到预定的理想状态而设计的。控制系统使被控制对象趋于某种需要的稳定状态。按控制原理的不同,自动控制系统分为开环控制系统和闭环控制系统。按给定信号分类,自动控制系统可分为恒值控制系统、随动控制系统和程序控制系统。按控制回路的构成,分为单回路控制系统和复杂控制系统,其中单回路控制系统是过程工业中最基本的控制系统,但由于实际工业应用过程中,被控对象的复杂性,有时单回路控制系统无法达到要求的控制质量,所以常采用多回路的复杂控制系统。

control theory　控制理论　是研究如何调整动态系统及其控制特性的理论。控制理论的发展主要分为三个阶段:经典控制理论、现代控制理论、智能控制理论。① 经典控制理论是以传递函数为基础的一种控制理论,控制系统的分析与设计是建立在某种近似的和试探的基础上,控制对象一般是单输入单输出、线性定常的系统;

对多输入多输出系统、时变系统、非线性系统等，则一般无法适用。经典控制理论主要的分析方法有频率特性分析法、根轨迹分析法、描述函数法、相平面法、波波夫法等。控制策略仅局限于反馈控制、PID 控制等，一般不能实现最优控制。② 现代控制理论是建立在状态空间上的一种分析方法，它的数学模型主要是状态方程，控制系统的分析与设计是精确的。控制对象可以是单输入单输出控制系统，也可以是多输入多输出控制系统；可以是线性定常控制系统，也可以是非线性时变控制系统；可以是连续控制系统，也可以是离散和数字控制系统。因此，现代控制理论的应用范围更加广泛。主要的控制策略有极点配置、状态反馈、输出反馈等。③ 智能控制理论是一种能更好地模仿人类智能的、非传统的控制方法，它采用的理论方法则主要来自自动控制理论、人工智能和运筹学等学科分支。内容包括神经网络控制、模糊控制、仿人控制等。其控制对象可以是已知系统也可以是未知系统，大多数的控制策略不仅能抑制外界干扰、环境变化、参数变化的影响，还能有效地消除模型化误差的影响。

control unit　控制单元　(1) 指按指令或命令要求能发出一系列控制信号去控制部件或外部设备的启动、执行或停止等操作的装置。例如，外部设备控制器需要在输入输出期间控制数码转换，执行数据正确性检查，控制数据的缓冲，控制识别多种设备间的数据流动等。(2) 是中央处理器的一个组成部件，协调并控制计算机系统中所有部件的操作。它控制着数据进出内存储器和在内存储器中的运动过程，还起着使数据沿不同通道传送的开关装置作用。

control variable　控制变量　指控制系统中，被选作用于控制和调节系统输出的变量。一般选择可控性比较好的变量作为控制变量。

control with fixed set-point　定值控制　指一类被控变量保持恒定的反馈闭环控制系统。在定值控制中，由于预期量是个常量，因此其控制系统的主要任务是抵抗外界的干扰。

convergence　汇聚，收敛　(1) 汇聚在一起的现象。汇聚可以发生在不同学科和技术之间，成为学科交叉，如在计算机视觉领域和机器人控制领域之间就存在学科交叉现象。汇聚也可以发生在一个系统或一个算法内，即称为收敛，例如：指控制系统的状态或输出向期望值靠近的过程，或数学中指向某一固定值靠近，比如数列收敛、函数收敛、迭代算法收敛等。(2) 在网络传输领域，发生路由改变以后网络必须立即完成的同步过程，其收敛时间是当路由的信息改变使所有的路由器更新所需要的时间。(3) 在光学系统中，通过一个汇聚透镜，例如凸透镜，使光线汇聚在一起的过程。

convergence speed　收敛速度　(1) 指控制系统中被控对象的值从初始状态收敛到稳定状态的快慢程度，常分为渐近收敛和指数收敛，其中渐近收敛指被控对象的值随时间不增，逐步收敛到稳定状态,指数收敛指被控对象的值以指数形式收敛到稳定状态。(2) 针对路由协议而言,收敛速度指从网络发生变化开始,直到所有路由器识别到变化,并针对该变化作出适应为止的快慢程度。

convertor 变流器 指将一种电流信号转换成另一种电流信号的装置。在自动化仪表设备和自动控制系统中,常将一种信号转换成另一种与标准量或参考量比较后的信号,以便将两类仪表联接起来。又称转换器,常常是两个设备之间的中间连接环节。例如,电气转换器将直流电流信号转换成气压信号,使电动仪表能与气动仪表联用,构成兼有电动仪表和气动仪表特点的自动控制系统。模数转换器将模拟量信号转换成二进制数字量信号,使各种检测仪表能与计算机相连,构成计算机自动控制系统。转换器的基本作用是将信息转换成便于传输和处理的形式,除了要求高速外还要求转换过程中信息不发生畸变、失真、延迟等,因此对转换器的线性度、输入输出阻抗匹配和隔离等有一定要求。由于半导体技术的发展,元器件集成度越来越高,多种功能都可集中于一块芯片上,这种微型转换器与其他电路制成一体,供设计各种智能化仪表使用。

convex hull 凸包 指在一个实数向量空间 V 中,对于给定集合 X,所有包含 X 的凸集的交集 S。参见 convex set(凸集)。

convex optimization 凸优化 指凸最优化或凸最小化,是数学中最优化的一个子领域,研究定义于凸集中的凸函数最小化的问题。在凸优化中局部最优值必定是全局最优值。许多优化问题可以转化为凸优化求解,例如:最小二乘、线性规划、线性约束的二次规划、半正定规划等。常采用捆集法、次梯度法、内点法等算法求解凸优化问题。凸优化应用于很多学科领域,诸如自动控制系统、信号处理、通讯和网络、电子电路设计、数据分析和建模、统计学(最优化设计)以及金融。在运算能力提高和最优化理论发展的背景下,一般的凸优化问题已经接近简单的线性规划一样简单易解。参见 convex set(凸集)。

convex polyhedron 凸多面体 指把多面体的任何一个面伸展成平面,所有其他各面都在这个平面的同侧的多面体。凸多面体的任何截面都是凸多边形,与凹多面体相反。

convex programming 凸规划 指在可行域为凸集的条件下,求解凸函数极小值或凹函数极大值的代数规划。参见 convex set(凸集)。

convex set 凸集 指实数域或复数域上的向量空间中,如果一个集合中任两点的连线上的点都在该集合内,则称该集合为凸集。用于凸集和凸函数属性研究的数学分支称为凸分析。

convolution neural network (CNN) 卷积神经网络 指一类包含卷积计算且具有深度结构的前馈神经网络,是深度学习的代表算法之一。由于卷积神经网络能够进行平移不变分类,因此也被称为"平移不变人工神经网络"。卷积神经网络由一个或多个卷积层和顶端的全连通层组成,同时也包括关联权重和池化层。这一结构使得卷积神经网络能够利用输入数据的二维结构。与其他深度学习结构相比,卷积神经网络在图像和语音识别方面能够给出更好的结果。这一模型也可以使用反向传播算法进行训练。相比较其他深度、前馈神经网络,卷积神经网络需要考量的参数更少,使之成为一种颇具吸引力的深度学习结构。

cooperation　合作,协作　(1) 指一种由两个以上的个人或团体作为一个共同的目标而交集或在一起共同工作。(2) 指人类和机器人之间为达到共同目的,彼此相互配合的一种联合行动方式。(3) 指两个或两个以上的机器人之间相互协作,共同完成一个复杂的任务的过程。

cooperative manipulation　合作操作　(1) 指两个以上机器人进行合作,共同完成操作任务。(2) 指人类和机器人之间相互协作,共同完成一个操作任务。例如:工业生产线上的机器人和人类之间就是一种合作操作方式。参见 cooperation(合作)。

cooperative manipulator　合作机械臂　(1) 指两个以上的机械臂之间进行合作,共同完成一项操作任务的多机器人整体。(2) 指与人类在共同工作环境中可协同工作的机器人,要求机器人具有较高的安全性、自主控制力和稳定的操控协调性。参见 manipulator(机械臂)。

coordinate　坐标　指能确定直线、曲线、曲面或空间中某一点的位置的有次序的一个或一组数,或指以一个特定位置为参照的一组元素中的任一元素,如这个特定位置可以是某个行和列的交叉点。例如,三自由度平面直角坐标机器人的末端的坐标,可利用其所在的空间位置投影到三个正交轴上的数值表示。广义的坐标还包括经纬度、广义时空位置等。

coordinate descent　坐标下降法　是一种非梯度的数值优化算法。为了找到一个函数的局部极小值,在每次迭代中可以在当前点处沿一个坐标方向进行一维搜索,在整个过程中循环使用不同的坐标方向,一个周期的一维搜索迭代过程相当于执行一次梯度迭代。

coordinate measuring machine (CMM)　坐标测量机　是一种最有代表性的坐标测量仪器,以测量仪器的平台为参考平面建立机械坐标系,采集被测工件表面上的被测点的坐标值,并投射到空间坐标系中,构建工件的空间模型。常使用二维或三维坐标测量机。

coordinate system　坐标系　指为了说明某一点的空间位置、运动的快慢、方向等情况设定的特定方向参考系。在坐标系中,按规定方法选取的有次序的一组数据,则定义了该点在该坐标系中的坐标。坐标系有很多种类,常用的坐标系有:笛卡尔直角坐标系、平面极坐标系、柱坐标系和球坐标系等。

coordinate transformation　坐标变换　是空间位置变换的一种描述,指从一种坐标系统变换到另一种坐标系统的过程。通过建立两个坐标系统之间一一对应关系来实现,包括平移、缩放、旋转等形式。

coordinate transformation matrix　坐标变换矩阵　指用于描述旋转、平移、缩放、切变、反射、投影、仿射变换和透视投影等空间坐标变换的矩阵。

coordinated motion　协调运动　(1) 指控制机械臂各轴同时到达各自终点的平滑运动,或控制各轴的运动使工具中心点按指定的路径运动。(2) 指多机器人或多智能体之间,为了协作完成共同任务,而执行的运动。(3) 指一种恢复和加强协调性的运动。动作应由简单到复杂,由单个肢体到多个肢体的联合协调运动。包括上下肢运动协调、四肢躯干的运动协调、左右两侧肢体对称或不对称的运动协调等。上肢和手的协调运动重在训练动作的精确性、反应速度以及动作的节奏性;下肢的协调运动主要练习正确的步态和上下肢动作的配合、协调等。

coordinated universal time (UTC)　协调世界时,世界标准时间　指世界上调节时钟和时间的主要时间标准,它与 0 度经线的平太阳时相差不超过 1 秒,并且不遵守夏令时,其以原子时秒长为基础,在时刻上尽量接近于格林尼治标准时间。

coordination task　协调任务　指多个机械臂、多个移动机器人,或者机器人和人类之间通过协作来实现共同完成一项任务,如多机械臂联合装配任务、多机器人环境探索任务等。

coplanarity　共面　指几何形状在三维空间中落在同一平面上的几何位置关系。例如:三个点必会共面,两条平行直线必共面,一条直线和这直线外一点必共面,两条直线相交则必定共面。

Coriolis acceleration　科里奥利加速度,科氏加速度　指在转动参考系中,物体在作牵连运动的同时,沿旋转半径做相对运动,由牵连运动和相对运动交互耦合而形成的加速度。假设地球是转动的非惯性参照系,则科氏加速度就是在地球中研究物体时由物体相对于地球的运动产生的。科氏加速度的方向垂直于角速度矢量和相对速度矢量,大小和相对速度矢量的大小成正比。参见 Coriolis force(科氏力)。

Coriolis force　科里奥利力,科氏力　一种惯性力,是对旋转体系中进行直线运动的质点由于惯性相对于旋转体系产生的直线运动的偏移的一种描述。此现象由法国著名数学家兼物理学家古斯塔夫·科里奥利发现,因而得名。科氏加速度是科氏力的来源,是由于质点不仅做圆周运动,而且也做径向运动或轴向运动所产生的。参见 Coriolis acceleration(科氏加速度)。

corner　角点　指数字图像上的一类极值点,即在某方面属性特别突出的点。一般的角点检测都是对有具体定义形式的,或者是能够检测出来的兴趣点。这意味着兴趣点可以是角点,也可以是在某些属性上强度最大或者最小的孤立点、线段的终点,或者是曲线上局部曲率最大的点。参见 digital image processing(数字图像处理)。

corner detection　角点检测　指数字图像处理中提取某些类型的特征用于推断图像内容的方法。常用于运动检测、图像配准、视频跟踪、图像拼接、全景拼接、三维建模角点检测和物体识别等。在实践中,通常大部分称为角点检测的方法检测的都是兴趣点,而不是独有的角点。因此,如果只要检测角点的话,需要对检测出来的兴趣点进行局部检测,以确定出哪些是真正的角点。角点检测算法有许多种类型,例如基于灰度图像的角点检测、基于二值图像的角点检测和基于轮廓曲线的角点检测等。基于灰度图像的角点检测又可分为基于梯度、基于模板和基于模板梯度等多种方法。参见 digital image processing(数字图像处理)和 corner(角点)。

correction method of control system　控制系统校正方法　指通过引入附加装置使控制系统的性能得到改善的方法。是经典控制理论的一个主要组成部分,通常仅限于单输入单输出的线性定常控制系统。引入的附加装置称为校正装置。控制系统的设计问题常常可以归结为设计适当类型和适当参数值的校正装置。校正装置可以补偿系统不可变动部分(由控制对象、执行机构和量测部件组成的部分)在特性上的缺陷,使校正后的控制系统能满足事先要求的性能指标。常用的性能指标形式可以是时间域的指标,如上升时间、超调量、过渡过程时间等,也可以是频率域的指标,如相角裕量、增益裕量、谐振峰值、带宽等。根据性能指标是以频率域形式还是以时间域形式给出的,设计校正装置的基本方法有频率响应法和根轨迹法等。

corrective control　校正控制　指为了校正系统的参数,实现预期控制指标,而增加的控制算法或控制律。

corrector system　校正系统　指具有对系统或控制器参数进行在线估计的能力,可通过实时地识别系统和环境的变化来相应地自动修改参数,使闭环控制系统达到期望的性能指标或控制目标,有一定的适应性的系统。

correlation　相关　(1) 在统计学中,用来衡量两个变量之间的关联程度,或用于描述变量之间线性关系的强度和方向。(2) 在机器人学中,相关指系统的状态之间相互影响和关联的紧密程度。

corresponding pixel　对应像素　指在计算机视觉中,为了实现特定算法功能,例如图像匹配、视觉跟踪,需要在不同图像中找到一一对应的像素,称为对应像素。

cost function　代价函数　指在最优化理论中,通常会推导出一个代价函数,以求解代价函数最小值作为优化目标。在人工神经网络中,代价函数表示神经网络从训练样本到正确输出的映射效果。

cost map　代价地图　指一种常用于移动机器人执行路径规划、导航等任务的地图,其中每个地图点不仅包括了占据栅格信息,还包含了机器人通过该点的代价信息,由代价函数生成每一个点的代价信息。代价地图主要包括以下两种类型：① 全局代价地图：可以使用全局规划算法或其他类似最短路径的算法创建机器人从当前点到目标点的全局路径。② 局部代价地图：供局部路径规划使用，通常都是使用代价地图来评估机器人生成的轨迹，以确定如果机器人采取该轨迹是否会与障碍物发生碰撞。

Coulomb friction　库仑摩擦　指摩擦力跟作用在摩擦面上的正压力成正比，跟外表的接触面积无关的一种摩擦，主要分为动摩擦和静摩擦。

Coulomb law of friction　库仑摩擦定律　又称古典摩擦定律，主要由四个定律组成：定律一，摩擦力和载荷成正比；定律二，摩擦系数与名义接触面积无关；定律三，静摩擦系数大于动摩擦系数；定律四，摩擦系数与滑动速度无关。

Coulomb's law　库仑定律　是电学发展史上的第一个定量规律，是电磁学和电磁场理论的基本定律之一。由法国物理学家库仑于1785年在《电力定律》论文中提出。真空中两个静止的点电荷之间的相互作用力，与它们的电荷量的乘积成正比，与它们的距离的二次方成反比，作用力的方向在它们的连线上，同名电荷相斥，异名电荷相吸。

counter　计数器　是计算机中执行基本逻辑运算的电路。计数器在数字系统中主要是对脉冲的个数进行计数，以实现测量、计数和控制的功能，同时兼有分频功能。计数器是由基本的计数单元和一些控制门所组成，计数单元则由一系列具有存储信息功能的各类触发器构成。计数器在数字系统中应用广泛，如在电子计算机控制器中对指令地址进行计数，以便顺序取出下一条指令；在运算器中作乘法、除法运算时记下加法、减法次数；又如在数字仪器中对脉冲的计数等。

coupled mode　耦合模式　指在光纤中的一种模式，该模式与一种或多种其他模式共享能量，使它们一起传播。在所有的耦合模式中能量的分布随传播的距离而不断变化。在微波传输系统中，能量从基本模式转移到更高阶模式的状态。在波导管中的微波传输系统中，通常不希望能量转移到耦合模式。

coupled vibration suppression control　耦合振动抑制控制　指当两个振动频率相同或相近的物体相连，两个物体的振动相互作用产生的微扰共振，抑制此种振动的控制方法称为耦合振动抑制控制。

coupling　耦合　(1) 两个本来相互分离的电路之间，或一个电路的两个本来相互分离的部分之间的交链，从而使能量可以由一个电路传送到另一电路，或由电路的一部分传送到另一部分。耦合可以是通过导线的直接耦合；通过电阻器的电阻性耦合；通过变压器或扼流圈的电感性耦合；通过电容器的电容性耦合。(2) 软件结构中各模块之间的相互连接性的一种量度。它依赖于模块间的接口复杂性，模块的入口点或引用点以及哪些数据跨过界面进行传递等因素。(3) 衡量数据库系统中各模块之间相互联系相互影响程度的一个指标。它用来量度模块的独立程度,以防止模块之间出现预料不到的互相影响。模块间的耦合越小,则模块的独立性越高。耦合类型有:① 数据耦合,即模块之间只有明显的数据传输关系,这种耦合危害较小;② 控制耦合,即模块之间有逻辑控制信息的传递,这种耦合危害较大,应尽量少用;③ 外部的、内容上的或非法的耦合,它指一个模块引用另一个模块的标号或数据,或者一个模块能改变另一个模块的执行过程,这是危害最大的耦合类型,设计数据系统应绝对避免。(4) 将两个或更多的分系统互相连接起来或组合起来以增加管理效率的过程。为了避免输入和处理操作的不必要的重复,在以计算机为基础的系统中常实行这种组合。将多个系统按这种方式组合起来经常是通过输出输入的关系实现的,即一个分系统的输出就是与其有关的另一个分系统的输入。

coupling direction　耦合方向　指机器人侧的联结组件和工具侧的联结组件相对移动的方向。例如:轴向联结时,联结动作的方向垂直于接口的分界面。

coupling efficiency　耦合效率　指系统两个部件之间耦合的效率,通常用发送部分的输出功率在接收部分接到的功率之间的比值来表示。如果用分贝来表示耦合效率,它就相应于损耗。

coupling network　耦合网络　指两个以上的电路元件或电网络的输入与输出之间存在紧密配合与相互影响,并通过相互作用从一侧向另一侧传输能量的现象。耦合回路就指参与耦合过程的电路。常见的耦合方式有直接耦合、阻容耦合、变压器耦合和光电耦合等。

covariance　协方差　指描述两个随机变量之间相关性的度量。在概率论和统计学中,协方差用于衡量两个变量的总体误差,而方差是协方差的一种特殊情况,即当两个变量是相同的情况。

covariance matrix　协方差矩阵　指一种用于描述系统变量观测的误差大小的数学度量,是系统的信息矩阵的逆矩阵,其每个元素是各个向量元素之间的协方差,是从标量随机变量方差到高维度随机向量的一种自然推广。

coverage control　覆盖控制　指多机器人领域中的一种控制算法,通过多机器人控制策略,提高机器人或机器人团队利用其移动性将其感知范围逐步覆盖整个环境。在多传感器网络领域中,指通过一定的控制策略,在保证一定服务质量的前提下,使得网络覆盖范围的最大化。覆盖控制问题可以划分为不同的类型,例如:静态覆盖和动态覆盖、确定性覆盖和随机性覆盖。参见 coverage problem(覆盖问题)和 sensing coverage(传感覆盖)。

coverage problem　覆盖问题　是机器人或机器人团队利用其移动性将其感知、运动或操作范围逐步覆盖整个环境。它反映了机器人移动、感知和协作之间的关系。在覆盖过程中，每个机器人个体只利用其所能得到的信息来决策其运动，在多个或群体机器人问题中，则可进一步通过有限的通信获取其邻居的信息协助其自身决策，并在整体上实现覆盖任务。主要分为最大覆盖问题和集覆盖问题两大类。例如：在多传感器网络领域中，常指研究满足覆盖所有需求点要求的前提下，服务站总的建站个数或建设费用最小的问题。

CPG 中枢模式发生器 central pattern generator 的缩写。

Cramer-Rao lower bound 克莱默-拉奥下界 在统计估计理论中，表示一个确定参数的估计方差下界。即不可能求得方差小于克莱默-拉奥下限的无偏估计量，并为比较无偏估计量的性能提供了一个标准。

crawling robot 爬行机器人 指一类能够爬行的移动机器人。爬行机器人按仿生学角度来分，可分为：螳螂式爬行机器人、蜘蛛式爬行机器人、蛇形机器人、尺蠖式爬行机器人等；按驱动方式来分，可分为：气动爬行机器人、电动爬行机器人和液压驱动爬行机器人等；按工作空间来分，可分为：管道爬行机器人、壁面爬行机器人和球面爬行机器人等；按功能用途来分，可分为：焊弧爬行机器人、检测爬行机器人、清洗爬行机器人、提升爬行机器人、巡线爬行机器人和玩具爬行机器人；按行走方式来分，可分为：轮式、履带式、蠕动式等。根据不同的驱动方式和功能等可以设计多种不同结构和用途的爬行机器人，如气动管内检测爬行机器人、电磁吸附多足爬行机器人、电驱动壁面焊弧爬行机器人等，每一种形式的爬行机器人都有各自的应用特点。

CRF 条件随机场 conditional random field 的缩写。

critical damping 临界阻尼 指在一个振动系统中，当阻力使振动物体刚好能不作周期性振动而又能最快地回到平衡位置的阻尼。

critical path 关键路径 指设计中从输入到输出经过的延时最长的逻辑路径，指任务计划作业图上需要时间最长的路径，它决定完成总任务的时间。

cross-modal learning 跨模态学习 指一种深度学习的方法，算法的输入是多模态数据，也称跨模态数据，数据呈现底层特征异构、高层语义相关的特点。相比于在一个模态上进行特征学习，多模态学习在特征学习过程中，能够选择更好的特征，实现更好的实验效果。

cross-sensitivity 交叉灵敏度 指的是变量测量耦合程度的一种度量，用于描述被测变量和其他变量之间测量值的相互耦合程度。例如当被测量的是单位向量，对其方向性要求较高，则应选择其他方向灵敏度小的传感器。如果被测量是多维向量，则要求传感器的交叉灵敏度越小越好。

CSG 构造实体几何，体素构造表示法 constructive solid geometry 的缩写。

CSP 约束满足问题 constraint satisfaction problem的缩写。

CTFM 连续传输调频 continuous

transmission frequency modulated 的缩写。

cumulative error　累积误差　指系统在持续的运行或者观测过程中，测量的误差不断积累，最终长期累计得到的误差。又指利用递推公式对各部分计算结果进行积分或累加时，误差随着迭代次数累加，最后所得到的误差总和。

cumulative reliability　累积可靠性　指元件、产品、系统在一定时间内、在一定条件下无故障地长期持续执行指定功能的能力或可能性。

current amplifier　电流放大器　指具备放大电流功能的一种集成电路。电流放大器能够依据电流指令向感性电流负载提供电流，本质上就是受控电流源。电流放大器一般由电源、电力电子电路、感性负载、控制器等四个部分构成，采用输出电流闭环控制。

current changing ratio　电流变换率　指电流变化的速率，即两个时间段内电流的变化量与所用时间的比值。

curve fitting method　曲线拟合法　指通过一定的曲线来拟合实际测量数据，并且用拟合的曲线方程分析两变量之间关系的一种方法。

curve motion　曲线运动　指运动轨迹是曲线的一种运动。当物体所受的合外力和它速度方向不在同一直线上时，则物体做曲线运动。

curve of error　误差曲线　指一种用来表示误差随着时间或空间等参数变化情况的曲线。

CV　计算机视觉　computer vision 的缩写。

CVD　化学气相沉积　chemical vapor deposition 的缩写。

CVDS　连续变量动态系统　continuous variable dynamic system 的缩写。

cybercar　智能车　指一类在普通汽车的基础上增加了先进的传感器和智能算法的汽车。智能汽车能够通过车载传感系统和信息终端实现与人、车、环境等多方面智能信息的交换，使汽车具备智能的环境感知能力，能够自动分析汽车行驶的安全及危险状态，并使汽车按照人的意愿到达目的地，最终实现替代人来操作的目的。参见 intelligent car（智能车）、unmanned vehicle（无人车）。

cybernetic system　赛博系统，控制系统　指采用控制装置，结合控制理论和算法，对系统中某些关键性参数进行控制，使它们在受到外界干扰的影响而偏离正常状态时，能够被自动地调节而回到工艺所要求的数值范围内的一类系统。控制系统主要由控制器、被控对象、执行机构和变送器四个环节组成。

cybernetics　控制论　是一门跨学科研究理论，主要研究控制系统的结构、局限和发展。控制论的研究范围非常广泛，是包括自动化科学、控制工程学、通信工程学、计算机工程学、数学、物理系统、逻辑学、生物系统、认知系统和社会系统等众多学科的交叉学科。从 1948 年诺伯特·维纳发表了经典论著《控制论——关于在动物和机器中控制和通信的科学》以来，控制论的思想和方法迅速推广，维纳把控制论看作是一门研究机器、生命社会中控制和通信的一般规律的科学，是研究动态系统在变的环境条件下如何保持平衡状态或稳定状态的科学。随着大规模的工业应用的推广，控制论的思想和方法已经渗透到了几乎所有的自然科学和社会科学领域。

cyborg 半机械人，赛博格 指由机械结构和生物体结合而构成的一类组合机器人，即一种一半是人、一半是机器的生物。常指使用各种人工智能和机器人领域的科学技术来增加或强化生物体的能力。采用一系列的科学技术手段对人类身体进行控制和改造，从而使人类身体的各方面的机能更加强大，是一种人类和机械融合的混合体。

cycle 周期 指当一组事件或现象按同样的顺序重复出现时，则把完成这一组事件或现象的时间或空间间隔，称为周期。

cycle time 循环时间 指在周期性变化过程中，执行一次周期循环所需要的时间。循环时间表示一个流程从开始执行处理响应，到整个流程结束，系统恢复到初始状态时，整个流程所使用的时间。在工业控制领域，循环周期常指完成一次周期性控制律所需要的时间，也是决定工业系统控制速度的一项关键因素。

cyclic-balance function 循环平衡功能 指系统内通过自身的循环来实现内部平衡的一种功能。

cyclopean image 单眼图 指将左右视觉接收的图像进行合成，构建的一张具有完备的双目信息的图像。也指由大脑通过组合从两只眼睛接收的两个图像而创建的一幅完整的场景图像，在三维视图、多视觉视频等方面有较多的应用，是3D影视、3D视频会议、自由视点电视等领域的关键技术之一，应用于立体重构和多视点视频编码。

cyclopean separation 左右视点分离 指将立体图像分离成左右两个视点分别接收的图像，即左右视点合成的逆过程。

cylindrical joint 圆柱关节，圆柱副 指一种特殊的机构学运动副，由转动副和移动副组成，具有转动和移动等两个自由度，转动轴线与移动轴线共线，转动关节只能绕自身的垂直轴做回旋运动。

cylindrical projection 圆柱法投影 指将一个圆柱面包围椭球体，并使之相切或相割，再根据某种条件将椭球面上的经纬网点投影到圆柱面上，然后沿圆柱面的一条母线切开，将其展成平面而得到的投影。

cylindrical robot 圆柱坐标(型)机器人 指至少有一个回转关节和一个棱柱关节，其轴按圆柱坐标系配置的机器人。

C

D

DAI 分布式人工智能 distributed artificial intelligence 的缩写。

damped natural frequency 阻尼振动固有频率 指有阻尼的机械系统的自由振动频率。也指振荡器跟踪暂态输入的频率，暂态输入一般为阶跃函数或脉冲。由系统的质量、弹性系数和阻力系数决定。

damper 阻尼器 指一种利用阻尼特性来减缓机械振动及消耗动能的装置。

damping coefficient 阻尼系数 在控制系统中，是影响系统响应速度和振荡衰减速度的一个指标。在电路理论中，又指放大器的额定负载阻抗与功率放大器实际阻抗的比值。

damping control 阻尼控制 指通过改变阻尼的大小进行振动系统控制的一种方法。由于振动系统的阻抗主要取决于系统的阻尼，振动的速度则与频率基本无关，而与阻尼常数成正比。所以可以采用调节阻尼的控制方法，抑制系统在共振频率附近的响应峰值。

damping ratio 阻尼比 (1) 是控制系统中二阶微分方程阶跃响应及频率响应的参数之一，在控制理论及谐振子理论中相当重要，表示系统的阻尼相对于临界阻尼的比值，表达结构体标准化的阻尼大小。(2) 指机械系统中，描述机械系统阻尼情况的一个性能指标。参见 damping coefficient（阻尼系数）。

dashpot 阻尼器，减震器，缓冲器 指一种能够施加抑制振动运动的阻力，耗减额外运动能量的装置，用于抑制振动及冲击的装置。

data analysis 数据分析 指使用适当的统计分析方法对收集来的大量数据进行分析，提取有用信息并形成结论，对数据进行详细研究和概括总结的过程。

data association 数据关联 指寻找两种数据之间确切的相关性的一个过程。例如在机器人定位任务中，建立传感器观测数据与待估计的机器人位置信息之间的对应关系，即为数据关联。

data carrier 数据载体 指用来传送、运载数据或信息的媒体。例如计算机系统中的磁盘以及数据通信中的载波等均称为数据载体。

data channel 数据通道 指传输信息的数据通路。例如计算机系统中传送信息和数据的装置，主要有主存储器读写通道和输入、输出通道，能接收中央处理器的命令，协助中央处理器控制与管理外部设备的独立执行的通道程序。

data cleansing 数据清洗 指发现并纠正数据文件中可识别错误的一个过程,包括检查数据一致性,处理无效值、异常值和缺失值等。

data collection system 数据采集系统 指一类能够实现数据源收集、识别和目标数据选取等过程的数字化系统。主要包括以下两种方式:① 从数据源收集、识别和选取数据的过程。② 数字化、电子扫描系统的记录过程以及内容和属性的编码过程。数据采集系统包括可视化的报表定义、审核关系的定义、报表的审批和发布、数据填报、数据预处理、数据评审、综合查询统计等功能模块。通过信息采集网络化和数字化,扩大数据采集的覆盖范围,提高审核工作的全面性、及时性和准确性,最终实现相关业务工作管理现代化、程序规范化、决策科学化、服务网络化。

data communication 数据通信 是通信技术和计算机技术相结合而产生的一种新的通信方式。要在两地间传输信息必须有传输信道,根据传输媒体的不同,分为有线数据通信和无线数据通信两种方式,通过传输信道将数据终端与计算机联结起来,从而使不同地点的数据终端实现软、硬件和信息资源的共享。

data communication protocol 数据通信协议 是为保证数据通信网中通信双方能有效和可靠通信而规定的一系列约定。这些约定包括数据的格式、顺序和速率、数据传输的确认或拒收、差错检测、重传控制和询问等操作。数据通信协议分两类:一类称为基本型通信控制协议,用于以字符为基本单位的数据传输;另一类称为高级链路控制协议,用于以比特为基本单位的数据传输。

data fusion 数据融合 指整合多个数据源以产生比任何单个数据源提供更具一致性、准确率和有效性的数据处理过程。包括对各种信息源给出的有用信息的采集、传输、综合、过滤、相关及合成,以便辅助人们进行态势和环境的判定、规划、探测、验证、诊断等任务。为获取有关数据,而对来自多个数据源的数据所作的有目的的交融的过程。数据融合是信息融合中最简单和最实用的一类方法,这种方法是基于估计理论的,特别是贝叶斯估计理论,并且主要针对的是同一类型数据信息。典型的应用就是目标跟踪中的航迹预测,把来自不同监测装置的数据进行融合,从而得到最好的估计结果。

data manipulation language 数据操作语言 指可以用于实现对数据库基本操作的一种计算机编程语言。通过数据操作语言可以实现数据的查询、插入、删除、修改和检验等任务。

data mining 数据挖掘 指从海量数据中提取出潜在、有效并能被人理解的模式的高级信息处理过程。是利用数据统计、在线分析处理、情报检索、机器学习、专家系统、人工智能和数据库等交叉方法在相对较大型的数据集中发现模式的计算过程。数据挖掘的总体目标是从一个数据集中提取信息,并将其转换成可理解的

D

结构，以便于进一步地使用数据。

data modality 数据模式 指数据库存放数据的模式，是对数据库中全体数据的逻辑结构和特征的描述。通过数据模式能构造复杂的数据结构来建立数据之间的内在联系与复杂关系，从而构成数据的全局结构模式。数据模式是基于选定的数据模型对数据进行功能的刻画。先有数据模型，才能据其讨论相应数据模式；有了数据模式，就能依据该模式得到相应的实例。

data packet 数据包 指 TCP/IP 协议通信传输中的一种基本的数据单位。计算机网络在传输数据时，为了保证所有共享网络资源的计算机都能公平、迅速地使用网络，通常把数据分割成若干小块作为传输单位进行发送，这样的传输单位称为数据包。

data processing algorithm 数据处理算法 指对数据的采集、存储、检索、加工、变换和传输等操作的算法。数据处理算法的基本目的是从大量的、可能是杂乱无章的、难以理解的数据中进行抽取、筛选，最终处理得到某些具有特定属性的、有价值和有意义的数据。

data processing system (DPS) 数据处理系统 指基于计算机处理信息算法而构成的系统。通过数据处理系统对数据信息进行加工、整理，计算得到各种分析指标，转变为易于被人们所接受的信息形式，并可以将处理后的信息进行整合和储存等操作。

data transfer rate 数据传送速率 是描述数据传输系统速度的重要技术指标之一，数据传送速率在数值上等于单位时间内数据传输系统中的相应设备之间传送的比特、字符或码组平均数。

DBN 深度信念网络 deep belief network 的缩写。

DBN 动态贝叶斯网络 dynamic Bayesian network的缩写。

DC 直流 direct current 的缩写。

DDD 直接数字驱动 direct digital drive 的缩写。

DDP 微分动态规划 differential dynamic programming 的缩写。

dead band 死区 在控制系统或信号处理系统中，是系统控制的一个不敏感区域。在死区中，改变输入值的大小，输出值的改变为零。死区在实际的工业生产中有较多的应用，例如齿轮系统的机械齿隙即为典型的含死区的系统。

dead reckoning 航位推算[推测]法 指在已知当前时刻机器人位置坐标的条件下，通过测量移动的距离和方位角度，通过一定的推断策略，推算下一时刻机器人位置的方法。常使用加速度计、磁罗盘、陀螺仪等传感器测量相对位姿变化，通过累加或者积分的方式，不断地进行状态估计和更新，最终推算出当前位姿的一种机器人定位方法。

dead time 停滞时间，沉寂时间 指在一个系统中设置的两个相连动作之间的一段时间延迟。这个定时延迟一般用于避免可能引起混乱的重叠或等候允许出现的不同事件。又指一个系统对一个信号或一个事件响应之后，不能再对其他信号或事件起响应的时间间隔。

deadlock 死锁 （1）在多机器人领域中，指两个或两个以上的机器人在执行任务过程中，由于竞争资源或者由于彼此通信故障而造成的一种阻塞的现象，若无外界的干预作用，它们都将无法继续执行后续的任务。多机器人死锁问题可以分为空间死锁和任务死锁两种：空间死锁指多个机器人受空间的限制而相互阻挡，按照原定路径无法不碰撞完成任务的状态；任务死锁指多个机器人由于存在相互依赖的任务而发生相互等待，造成任务停滞的状态。（2）在单机器人应用中，也可能存在任务之间在时间、空间和资源等方面的冲突，会导致出现各个任务之间的死锁。

dead-man switch 失知制动装置 指一类特殊的安全制动开关装置。狭义上，指一种铁路安全装置，用来避免列车驾驶员失去知觉导致列车失去控制的一种安全感知设备。广义上，指一切用于判断使用者是否具有知觉而设计的感知装置。其中，驾驶失知制动装置有多种设计，大都是一些需要驾驶员改变姿势去操作时的制动装置，或是驾驶员失去知觉后不能操作的装置。

decentering 去中心化 指开放式、扁平化、平等性的系统现象或结构。去中心化是一种特殊的分布式现象或结构，必须在拥有众多节点的系统中，或在拥有众多个体的群中才能出现或存在，每个节点都具有高度自治的特征。节点之间彼此可以自由连接，形成新的连接单元。节点与节点之间的影响，会通过网络而形成非线性因果关系。任何一个节点都可能成为阶段性的中心，但不需要具备强制性的统一功能控制中心。

decentralized control 分散控制 没有统一的中央控制器，各个方面的功能控制分散在各个子控制系统中完成的一种控制方法。分散控制采用系统局部信号反馈的控制方法，少数控制器的失效并不会致使整个系统的控制失败，更适于实际的工业系统应用。参见 control(控制)。

decision analysis 决策分析 指从若干可能的方案中通过决策分析技术，如期望值法或决策树法等，从中选择其一的决策过程的定量分析方法。

decision boundary 决策边界 （1）指系统执行决策任务时的参考边界，在决策边界两侧的数据或者状态将被执行不同的决策操作。（2）指在模式分类中，将特征空间划分成若干个判定空间的一种分割边界，每两个判定空间的交界处即为决策边界。例如，判定边界在二维空间中为直线或曲线，在三维空间中为平面或曲面，在多维空间中为超越平面或超越曲面。

decision network 决策网络 是对决策情况的一种简洁的图形和数学表示。它是贝叶斯网络的一种推广，不仅可以对概率推理问题建模，而且可以对决策问题（遵循最大期望效用准则）进行建模和求解。

decision stump 单层决策树 也叫决策树桩，是一种仅由一层决策树组成的机器学习模型。该决策树唯一的一个内部节点(根)立即连接到终端节点(其叶子)。它仅基于单个输入要素的值进行预测。

decision theory　决策论　是研究为了达到预期目的,从多个可供选择的方案中如何选取最好或满意方案的学科,是运筹学的一个分支和进行决策分析的理论基础。一般决策分为确定型决策、风险型决策和不确定型决策三类。确定型决策又分为静态确定型决策和动态确定型决策两种。风险型和不确定型等决策问题,都是随机型决策问题。随机型决策的基本特点是后果的不确定性和后果的效用表示。如果决策者采用的策略和依据的客观条件(简称状态)是不确定的,作出某种决策所出现的后果又将会是不确定的,后果的这种不确定性是随机型决策问题的主要特征之一。此外在进行决策之前,必须确定各种后果的效用,效用是对后果价值的定量分析。

decision tree　决策树　在机器学习中,指一种预测模型,代表的是对象属性与对象值之间的一种映射关系。由于这种决策分支画成图形很像一棵树的枝干,故称决策树。树中每个节点表示某个对象,而每个分叉路径则代表的是某个可能的属性值。数据挖掘中决策树是一种经常要用到的技术,可以用于分析数据,同样也可以用来作预测。

deconvolution　反卷积　是一种基于算法的运算过程,指用于对记录的数据施加与卷积相反的影响,广泛应用于信道均衡、图像恢复、语音识别、地震学、无损探伤等领域,也可应用于未知输入估计和故障辨识问题。

decoupled approach　解耦方法　指使含有多个变量的方程变成能够用单个变量表示的方程组的一系列方法,即变量不再同时共同直接影响一个方程的结果,从而简化分析计算。通过适当的控制量的选取,坐标变换等手段将一个多变量系统化为多个独立的单变量系统的数学模型,即解除各个变量之间的耦合。

decoupled path planning　解耦路径规划　指在多机器人路径规划问题中,与耦合方法相对比的一种规划方法,通过独立求解个体机器人的路径规划问题并进行冲突消解与协调,以规划质量为代价交换计算效率。主要分为基于优先级的多机器人路径规划与基于路径协调的多机器人路径规划。优先级规划方法以一定优先级次序一次只考虑一个机器人并规划个体路径,并把所有的高优先级的机器人时空路径当作动态障碍物并避开。路径协调方法首先忽略机器人之间的交互并规划个体路径,然后在速度空间调节机器人的速度以实现避障。

decoupled system　解耦系统　指系统中各控制回路之间没有相互耦合关系,系统各个输入输出不会互相影响。

decoupling control　解耦控制　指寻找合适的控制规律来消除系统中各控制回路之间的相互耦合关系的一种控制方法,该方法使每一个输入只控制相应的一个输出,每一个输出又只受到一个控制的作用。解耦控制是多变量系统控制的有效手段。在解耦控制问题中,基本目标是设计一个控制装置,使构成的多变量控制系统的每个输出变量仅由一个输入变量完全控制,且不同的输出由不同的输入控制。在实现解耦以后,一个多输入多输出控制系统就解除了输入、输出变量间的交叉耦合,从而实现自治控制,即互不影响的控制。这种互不影响的控制方式已经应用在发动机控制、锅炉调节等工业控制系统中。

dedicated short-range communication (DSRC) **专用短程通信** 是专为汽车而设计的单向或双向短程到中程无线通信信道及相应的一套协议和标准,是一种高效的无线通信技术。它可以实现在特定小区域内(通常为数十米)对高速运动的移动目标的识别和双向通信,例如车辆的"车-路""车-车"双向通信,实时传输图像、语音和数据信息,将车辆和道路有机连接。

DEDS **离散事件动态系统** discrete event dynamic system 的缩写。

deduction theorem **演绎定理** 是数理逻辑中的元定理,即在给定的理论中使用它来演绎证明,但它不是这个理论自身的一个定理。

deductive database **演绎数据库** 是一个可以进行演绎的数据库系统,即基于存储在(演绎)数据库中的规则和事实,总结其他事实。演绎数据库的发展源于将逻辑编程与关系数据库相结合,以构建支持强大的形式语义、仍然能够快速处理非常大的数据集的系统。演绎数据库比关系数据库更具表达性,但比逻辑编程系统较为缺乏表达性。近年来,演绎数据库在数据集成、信息提取、网络、程序分析、安全、云计算等领域有了新的应用。

deductive reckoning **演绎推测法** 指从一个或多个陈述(前提)中进行推理,得出逻辑上确定的结论的过程。如果所有的前提都是真的,术语是清晰的,并且遵循演绎逻辑的规则,那么得出的结论必然是真的。

deep belief network (DBN) **深度信念网络** 在机器学习中,它是一种生成图形模型,或者说是一类深度神经网络,由多层神经单元组成,层与层之间有连接,但每一层内的单元之间没有连接。当在没有监督的情况下对一组示例进行训练时,DBN 可以学习概率重构其输入,然后这些层充当特征检测器。学习完成后,DBN 可以在监督下进行进一步的分类训练。

deep learning **深度学习** 也称为深度结构化学习,是更广泛的机器学习方法家族的一部分。学习可以是有监督的、半监督的或无监督的。深度学习的架构包括深层神经网络,深度信念网络和循环神经网络等,深度学习应用领域广泛,包括计算机视觉、语音识别、自然语言处理、音频识别,社交网络过滤、机器翻译、生物信息学、药物设计、医学图像分析、材料检验和棋盘游戏项目,它们产生了可与人类相比的效果,在某些情况下甚至优于人类专家。深度学习是深度神经网络应用广泛后更加通俗的叫法,参考

D

deep neural network(深度神经网络)。

deep neural network　深度神经网络 是一种在输入层和输出层之间具有多层结构的人工神经网络。它寻找将输入转换为输出的正确数学操作,包括线性关系和非线性关系。复杂的深度神经网络有许多层,因此被称为深度网络。这个名词由多伦多大学的 Geoff Hinton 研究组于 2006 年提出。

deep reinforcement learning　深度强化[增强]学习 它将深度学习的感知能力和强化学习的决策能力相结合,可以直接根据输入的图像进行控制,是一种更接近人类思维方式的人工智能方法。深度学习具有较强的感知能力,但是缺乏一定的决策能力;而强化学习具有决策能力,对感知问题束手无策。因此,将两者结合起来,优势互补,为复杂系统的感知决策问题提供了解决思路。参考 deep learning(深度学习)和 reinforcement learning (强化[增强]学习)。

deep residual network　深度残差网络 是建立在大脑皮层锥体细胞已知结构基础上的一种人工神经网络,它通过利用跳跃式连接或跳过某些层的捷径来做到这一点,用一个额外的权重矩阵来学习跳跃权。这种跳跃连接与增加跳跃权的网络形式被形容为残差块,包含残差块的深度神经网络被称为深度残差网络。参考 deep neural network(深度神经网络)。

deep transfer learning　深度迁移学习 指一个预训练的模型被重新用在另一个任务中的一种机器学习方法,它不是一个专门的机器学习领域。迁移学习在某些深度学习问题中是非常受欢迎的,例如在具有大量训练深度模型所需的资源或者具有大量的用来预训练模型的数据集的情况。仅在第一个任务中的深度模型特征是泛化特征的时候,迁移学习才会起作用。深度学习中的这种迁移被称作归纳迁移,是通过使用一个适用于不同但是相关的任务的模型,以一种有利的方式缩小可能模型的搜索范围。参考 deep learning(深度学习)。

deflection　挠度 在工程中指结构单元在荷载作用下位移的程度,如一个角度或一个距离。构件在荷载作用下的挠度距离与构件在荷载作用下挠曲形状的斜率直接相关,可以通过对数学上描述构件在荷载作用下斜率的函数的积分来计算。

deformable terrain　可变形地形 (1) 在虚拟仿真和虚拟现实中,指可以被完全或部分改变的地形环境。它可以是环境的任何部分,包括地形、建筑物和其他人造建筑物。(2) 在现实环境中,指可以变形的地面,与刚性地面相对应,在研究轮式机器人特别是越野轮式机器人在不同地形上行走时常常需要考虑可变形地形。该研究以地形力学为基础,主要研究天然粗糙地形的力学特性及其对轮式机器人的响应,特别是车轮与土壤的相互作用。

degree of freedom (DOF)　自由度 (1) 在许多科学领域中,指系统中独立变化的参数的数量。例如,平面上的一个点有两个自由度可以平移:它的两个坐标。(2) 在数学中,这个概念被形式化为流形或代数簇的维数。(3) 在机器人学中,通常指机器人机构具有确定运动时所必须给定的独立运动参数的数目。

degree of maneuverability 可操作度 是机器人灵活性的一个重要指标,灵活性、可操作性的度量是机器人运动学方面的重要内容,一直是众多学者的研究对象。可操作度的几何意义为速度或力可操作性椭球各轴长的乘积,与其体积成正比。速度可操作性椭球表示机械臂对任意改变末端执行器位置和方向的能力。力可操作性椭球表征了机械臂处于给定姿态时,能够由给定的关节力矩集合生成的末端执行器力的能力。

degree of mobility 移动度,活动度 指机器人的可移动自由度,空间中机器人的可移动度是 0—6。

delay time 延迟时间 (1) 在通信系统中,是衡量通信性能、效率高低的一个很重要的参数。由于通信线路、通信设备或各种传输控制的特点,使得传输的信息在传输途中发生延迟的时间。(2) 指在一个事件结束和下一个持续事件开始之前所经过的一段时间。

deliberative control 慎思控制 在人工智能领域中,指一种从感知序列到实体动作的映射方式。慎思式又称为认知式,采用慎思式进行控制的智能体是一个具有显示符号模型的基于知识的系统,其环境模型一般是预先知道的。慎思控制指在该系统接收外部环境信息后,依据内部状态进行信息融合,以产生修改当前状态的描述,然后,在知识库支持下制定规划,再在目标指引下形成动作序列并对环境产生影响的这一过程。比较 reactive control(反应式控制)。

delta robot 德尔塔(并联)机器人 是一种典型的空间三自由度并联机器人,由三个并联的伺服轴确定工具中心点(TCP)的位置,实现目标物体的运输、加工等操作。德尔塔机器人以其重量轻、体积小、运动速度快、定位精确、成本低、效率高等特点,广泛应用于产品分拣、收集、包装及加工装配。

Dempster-Shafer theory D-S 证据理论 是 Dempster 于 1967 年首先提出,由他的学生 Shafer 于 1976 年进一步发展起来的一种不确定性推理理论,最早应用于专家系统,具有处理不确定信息的能力。作为一种不确定推理方法,D-S 证据理论的主要特点是:满足比贝叶斯概率论更弱的条件,和具有直接表达“不确定”和“不知道”的能力。

Denavit-Hartenberg method 德纳维-哈登伯格方法,DH 方法 是 Jacques Denavit 和 Richard Hartenberg 在 1955 年提出的一种通用方法,这种方法在机器人的每个连杆上都固定一个坐标系,然后用 4×4 的齐次变换矩阵来描述相邻两连杆的空间关系。通过依次变换可最终推导出末端执行器相对于基坐标系的位姿,从而建立机器人的运动学方程。在 DH 变换中,坐标系建立在机械臂的两个连杆之间的关节上面。

Denavit-Hartenberg parameters 德纳维-

D

哈登伯格参数,DH参数　是将参考坐标架附加到空间运动链或机器人机械臂的连杆上的特别约定的四个参数。Jacques Denavit 和 Richard Hartenberg 在1955年提出了这种通用方法,目的是使空间连杆的坐标系标准化。参考 Denavit-Hartenberg method(德纳维-哈登伯格方法,DH方法)。

D

dependability　可靠性　在系统工程中,是对系统的可用性、可靠性、可维护性和维护支持性能的度量,在某些情况下,还包括其他特性,如持久性和安全性。在软件工程中,可靠性指在一段时间内提供可信服务的能力。这也包括旨在增加和维护系统或软件可靠性的机制。

depth　深度　在立体视觉中,指相机坐标系下物体在 Z 轴(垂直于相机成像平面)方向的坐标。

depth-first search　深度优先搜索　沿着树的深度遍历树的节点,尽可能深地搜索树的分支的一种搜索算法。当节点 v 的所有边都已被探寻过,搜索将回溯到发现节点 v 的那条边的起始节点。这一过程一直进行到已发现从源节点可达的所有节点为止。如果还存在未被发现的节点,则选择其中一个作为源节点并重复以上过程,整个进程反复进行直到所有节点都被访问为止。比较 breadth-first search(广度优先搜索)。

depth-first spanning tree　深度优先生成树　在深度优先遍历中,将每次访问过的节点和边都记录下来,得到一个子图,该子图是一个以出发点为根的树,称为深度优先生成树。

depth information　深度信息　指从成像物体到成像平面的距离,在相机坐标系中,以垂直成像平面并穿过镜面中心的直线为 Z 轴,若物体在相机坐标系的坐标为 (x, y, z),那么其中的 z 值即为从物体到该相机成像平面的深度。深度信息指图像中像素点的深度信息,是计算空间物体及其图像投影的重要因素。

depth map　深度图　是一种从深度视觉相机获取到的图像格式,深度图中的每一个像素点的灰度值表示该点的深度信息。

depth of field　景深　指在相机镜头或其他成像器前沿能够取得清晰成像所测定的被摄物体前后距离范围。在聚焦完成后,在焦点前后的范围内都能形成清晰的像,这一前一后的距离范围,便叫作景深。

depth reconstruction　深度重构　指对图像各点深度信息的还原。由于当知道了图片的深度信息后也就知道了三维的空间信息,因此深度重构的目的一般称为三维重建,实现最终捕捉真实物体的形状和外观的目的。

depth sensor　深度传感器　是用于生成一幅二维深度图像的传感器,显示从特定点到场景中各个点的距离。得到的图像中每个像素值对应于一个距离值。

derivative control　微分控制　指控制器的输出与输入误差信号的微分(即误差的变化率)成正比关系的一种控制方式。

detecting device　检测设备　一般指检测产品是否符合国家或行业标准的

设备。工厂常用的检测设备，包括测量设备卡尺、天平、打点机等，另外还有质量检测分析仪器，材质检测、包装检测设备等也是常见的检测设备。

detection resolution　检测分辨率　在通信系统中，指可测量或测定的信号参数，比如频率、持续期、相位、振幅或形状的精密度或准确度。

developmental robotics　发育机器人学　［技术］　有时也被称为表观遗传机器人学，旨在研究发展机制、架构和限制，使得在机器中终生、无限制地学习新技能和新知识。就像人类儿童一样，学习是一种累积性的、逐渐增加的复杂性的过程，是在社会互动的过程中对世界进行自我探索的结果。典型的方法论是从发展心理学、神经科学、发展与进化生物学、语言学等领域阐述的人类与动物发展的理论出发，将其正式化并应用于机器人，有时探索其延伸或变体。这些模型在机器人上的实验使研究人员能够面对现实，因此，发育机器人也为人类和动物发展的理论提供反馈和新的假设。

dexterity　灵巧性　机械臂或机器人手在参考坐标系下，把物体从当前位姿移动到任意其他工作空间位姿中的能力。

dexterity index　灵巧性指标　是用来衡量机器人，尤其机械臂和机器人手完成任务能力的量化数值。可以用雅各比矩阵的条件数作为机器人灵巧性的衡量指标。参考 dexterity（灵巧性）。

dexterous manipulation　灵巧操作　指机器人能将物体以任意姿态放在工作空间的任意位置，并在物体那个姿态下对物体进行一些可行的操作。一般来说，对灵巧操作而言，动力学的冗余是必需的。

dexterous workspace　灵巧工作空间　是机器人工作空间的子集，末端执行器在这个工作空间中任意位置都可以具有任意方向。

DGPS　差分全球定位系统，差分 GPS　differential global positioning system 的缩写。

DH parameters　DH 参数　同 Denavit-Hartenberg parameters（德纳维-哈登伯格参数，DH 参数）。

diagnostic expert system　诊断专家系统　是采用诊断技术解决问题的一种专家系统。用户根据症状或其他现象说明问题。通常，系统将从若干可用的选择方案中提供一种处置方案或其他解决办法给用户，还可能同时指出问题的某一个确定性因素。

dichotomizing search　二分法搜索　也称折半搜索，是一种在有序数组中查找某一特定元素的搜索算法。搜索过程从数组的中间元素开始，如果中间元素正好是要查找的元素，则搜索过程结束；如果某一特定元素大于或者小于中间元素，则在数组大于或小于中间元素的那一半中查找，而且跟开始一样从中间元素开始比较。如果在某一步骤数组为空，则代表找不到。这种搜索算法每一次比较都使搜索范围缩小一半。

dichotomy　二分法（划分），对分　（1）是搜索的一种方法。对于最优化问题

min $\theta(\lambda)$，给定包含极小点的初始区间 $[a, b]$。该方法用 $c=(a+b)/2$ 将区间分为两部分，其中包含极小点的一部分作为 $[a, b]$ 的后继区间。当区间长度充分小时可得 $\theta(\lambda)$ 的近似极小点。(2) 把一个集合中的对象划分为两个相互排斥的子集，例如全白和全非白，全零和全非零。

dielectric elastomer 介电弹性体 是一种能够产生大应变的智能材料体系。它们属于电活性聚合物，重量轻，弹性能量密度高。

difference of Gaussian (DOG) 高斯差分 是一种将一个原始灰度图像的模糊图像从另一幅灰度图像进行增强的算法，通过 DOG 可以降低模糊图像的模糊度。用高斯核进行高斯模糊只能压制高频信息，DOG 就相当于一个能够去除除了那些在原始图像中被保留下来的频率之外的所有其他频率信息的带通滤波器。

differential constraint 微分约束 指与系统内各质点的坐标和坐标对时间的一阶导数有关，还可能与时间有关的约束。微分约束系统大量存在于物理学、力学以及工程技术领域。根据微分约束的 Frobenius 可积性定理，微分约束分为可积的和不可积的。可积的微分约束系统可以变为一个几何约束系统，即变为仅对位形约束的系统，这类系统又可以约化为低阶的无约束系统。不可积的微分约束系统，即非完整约束系统，不可能约化为自由系统。

differential drive 差分驱动 (1) 指机器人采用两个驱动轮，分别独立控制。两轮速度方向一样且速度大小一样就会直线前进，两轮速度方向一样但速度大小不一样就会大半径转弯，两轮速度方向相反且速度大小一样则原地转动。(2) 在电路理论中，差分驱动电路就是差分放大电路，其特点为可以很好地抑制共模信号，抑制零点漂移，放大差模信号。

differential dynamic programming (DDP) 微分动态规划 是一类轨迹优化问题的最优控制算法，这个方法会将轨迹按照时间片进行离散化，并为每个时间片建立中间目标。该算法由 Mayne 于 1966 年引入，随后在 Jacobson 和 Mayne 的同名书籍中进行了分析。该算法利用局部二次模型的动力学和代价函数，并显示了二次收敛性。它与 Pantoja 的阶跃牛顿法密切相关。

differential game 微分对策，微分博弈 在博弈论中，指在动态系统中与冲突建模和分析相关的一类问题。更具体地说，在微分博弈中，一个或多个状态变量会根据微分方程随时间而变化。早期的主要用于军事利益分析，方法考虑到两个角色，追逐者和逃避者，这两个角色有着截然相反的目标，进行相互博弈。最近的研究开展于工程学或经济学领域。

differential global positioning system (DGPS) 差分全球定位系统，差分 GPS 是对全球定位系统(GPS)的改进，它在每个系统的操作范围内提供了更好的定位精度，从 15 米的 GPS 标称精度到最佳执行情况下的 10 厘米左右。首先利用已知精确三维坐标的差分 GPS 基准台，求得伪距修正量或位置修正量，再将这个修正量实时或事后发送给用户(GPS 导航仪)，对用户的测量数据进行修正，以提高 GPS 定位精度。参考 global positioning system (GPS)。

differential GPS (DGPS) 差分全球定位系统，差分 GPS 同 differential global positioning system (DGPS，差分全球定位系统)。

differential kinematics 微分运动学 是讨论机器人或者机械臂末端速度、加速度与关节速度、加速度之间的关系的研究方向。微分运动学对机器人的速度分析、静力学分析、动力学分析都非常重要。

differentially-driven robot 差分式驱动机器人 指采用差分式驱动的轮式移动机器人。参考 differential drive(差分驱动)。

digital camera 数字相机 以数字格式记录图像的相机，可作为计算机图像输入设备的一种装置。不像传统的模拟电视相机把光强度转换成无限多个可变模拟信号，数字相机则把光强度转换成离散的数字信号。它把图像分解成固定数目的各个点(称为像素)。对照光强度测试每一个像素并把该强度转换成一个数字。在彩色数字相机中，产生并存储分别代表在像素中红、绿与蓝的总数的三个数字。通常数字相机通过电缆与计算机相连，通过软件将图像装入计算机中，然后就可对图像进行操作和处理。

digital control system 数字控制系统 指采用数字技术实现各种控制功能的系统。特点是系统中一处或几处的信号具有数字代码的形式。数字控制系统的优点是控制程序容易变更，以适合不同的控制功能要求，具有逻辑功能可用来满足其他要求，对同一个硬件配以不同的软件，可以形成数字控制系统的系列产品。

digital image 数字图像 一般指二维图像 $f(x, y)$ 在空间坐标上和强度值(即亮度值)上都离散了的图像，可以将其看作是由其值代表某灰度级(整数值)的离散点(即像素)组成。为了把图片、景物等模拟图像变成计算机可处理的数字图像，要经过采样和量化操作处理。量化得到的亮度值叫灰度级或灰度值。在计算机图像处理中，一般采用 64 到 256 个灰度级，用一个字节的 6 位到 8 位表示。

digital image processing 数字图像处理 又称为计算机图像处理，它指将图像信号转换成数字信号并利用计算机对其进行处理的过程。主要包括通过计算机对图像进行去除噪声、增强、复原、分割、提取特征等处理的方法和技术。数字图像处理的产生和迅速发展主要受三个因素的影响：一是计算机的发展；二是数学的发展(特别是离散数学理论的创立和完善)；三是广泛的农牧业、林业、环境、军事、工业和医学等方面的应用需求的增长。

digital input-output (DIO) 数字输入输出 指对编码成二进制形式的数据进行输入输出的过程。

digital map 数字地图 是在一定坐标

系统内具有确定的坐标和属性的地面要素和现象的离散数据，在计算机可识别的可存储介质上概括的、有序的集合。

digital picture 数字图像 同 digital image(数字图像)。

digital signal processing (DSP) 数字信号处理 是利用由计算机或更专业的数字信号处理器，来执行各种各样的信号处理操作。以这种方式处理的信号是一组数字序列，它们表示时间、空间或频率等域中连续变量的样本。数字信号处理和模拟信号处理是信号处理的子领域。DSP 的应用包括音频和语音处理、声呐、雷达和其他传感器阵列处理、光谱密度估计、统计信号处理、数字图像处理、电信信号处理、控制系统、生物医学工程、地震学等。

digital simulation 数字仿真 指用离散量或数字计算机所进行的仿真。通常适用于高精度的离散信息、随机过程和具有判断功能的系统。

digital transducer 数字传感器 指将传统的模拟式传感器经过加装或改造 A/D 转换模块，使之输出信号为数字量(或数字编码)的传感器，主要包括：放大器、A/D 转换器、微处理器、存储器、通信接口、温度测试电路等。

Dijkstra's algorithm 迪杰斯特拉算法 是从一个顶点到其余各顶点的最短路径算法，解决图中最短路径问题。迪杰斯特拉算法主要特点是以起始点为中心向外层层扩展，直到扩展到终点为止。

dilation 扩张，膨胀 是数字图像中形态学的基本操作，最初用于二值图像，后来推广到灰度图和完全格。扩张操作通常使用结构元素来探索与扩大输入图像中的形状。

dilution of precision (DOP) 精度因子 是卫星导航和地理工程中的一个术语，用于指定导航卫星的几何测量对位置测定精度的额外乘性影响，描述了测量中的几何误差如何影响最终的状态估计。

DIO 数字输入输出 digital input-output 的缩写。

direct current (DC) brush motor 直流有刷电机 是一种电机，它的定子上安装有固定的主磁极和电刷，转子上安装有电枢绕组和换向器。直流电源的电能通过电刷和换向器进入电枢绕组，产生电枢电流，电枢电流产生的磁场与主磁场相互作用产生电磁转矩，使电机旋转带动负载。由于电刷和换向器的存在，有刷电机的结构复杂，可靠性差，故障多，维护工作量大，寿命短，换向火花易产生电磁干扰。比较 direct current (DC) brushless motor(直流无刷电机)。

direct current (DC) brushless motor 直流无刷电机 也称为电子整流电机，或同步直流电机，采用直流电力通过逆变器或开关电源产生交流电流来驱动电动机，在其每个阶段都通过一个闭环控制器。控制器向控制电机转速和转矩的电机绕组提供电流脉冲。无刷电机系统的结构通常类似于永磁同步电机，也可以是开关磁阻电机，或感应(异步)电机。无刷电机优于有刷电机之处是高功率重量比、高速和电子控制。无刷电机应用于计算机外围设备(磁盘驱动器、打印机)、手持电动工具以及从飞机模型到汽车的各种交通工具。比较 direct current (DC) brush motor(直流有刷电机)。

direct current (DC) motor　直流电机 是将直流电能转换为机械能的电动机。直流电机的结构应由定子和转子两大部分组成。直流电机运行时静止不动的部分称为定子,定子的主要作用是产生磁场,由基座、主磁极、换向极、端盖、轴承和电刷装置等组成。运行时转动的部分称为转子,其主要作用是产生电磁转矩和感应电动势,是直流电机进行能量转换的枢纽,所以通常又称为电枢,由转轴、电枢铁心、电枢绕组、换向器和风扇等组成。因其良好的调速性能而在电力拖动中得到广泛应用。直流电动机按励磁方式分为永磁、他励和自励 3 种,其中自励又分为并励、串励和复励 3 种。

direct differential kinematics　正微分运动学 同 forward differential kinematics(正微分正运动学)。

direct-drive (DD)　直接驱动 指不需要任何减速器(如变速箱)就能从电动机获得动力。电机等驱动装置不用连接减速机,直接与负载相连,省掉了减速机等机械结构,提高了系统的精度,同时消除了由于使用减速机而产生的效率损失,充分利用了能源,因其低速大扭矩、高精度定位、高响应速度、结构简单,减小机械损耗、低噪声、少维护等独有的特点,而被广泛应用于各行各业。

direct-drive actuation　直接驱动运转 是新型的电机直接和运动执行部分结合,即电机直接驱动机器运转,没有中间的机械传动环节。典型的直接驱动技术的应用包括,以直线电机为核心驱动元件的直线运动部件和以力矩电机为核心驱动元件的回转运动元件。

direct-drive (DD) robot　直接驱动机器人 指机器人的控制关节不需要任何减速器(如变速箱)就能从电动机获得动力。采用直接驱动的方式控制机器人。参考 direct-drive (DD,直接驱动)。

direct force control　直接力控制 是一种在飞机飞行中不改变飞机姿态控制飞机的技术。在不改变飞机飞行姿态的条件下,通过适当的操纵面控制,提供飞机的附加升力或侧力,使飞机作垂直或横侧方向的平移运动的主动控制应用技术之一。

direct kinematics　正运动学 同 forward kinematics(正运动学)。比较 inverse kinematics(逆运动学)。

disability robot　助残机器人 是一种旨在帮助身体有残疾的人完成日常任务的机器人。助残机器人是一个广泛的类别,包括轮椅、机械手臂和其他机器人设备,以帮助残疾人提高日常生活能力。

disaster robot　救灾机器人 是一种主要用于灾害现场的清理、侦查、通信等功能的机器人。

disaster robotics　救灾机器人学[技术]

是研究救灾机器人的学科。在世界各地,由于恐怖活动和各种突发事故等原因,灾难经常发生。在灾难救援中,救援人员只有非常短的时间(约48小时)用于在倒塌的废墟中寻找幸存者,否则发现幸存者的概率几乎为零。在这种紧急而危险的环境下,救灾机器人可以为救援人员提供帮助。因此,将具有自主智能的救灾机器人用于危险和复杂的灾难环境下"搜索和营救"幸存者,是机器人学中的一个新兴而富有挑战性的领域。参考 disaster robot(救灾机器人)。

discrete event　离散事件　随机试验的所有可能结果组成的集合称为本次实验的样本空间,该样本空间的任何一个子集为本次随机试验的一个随机事件,简称事件。当样本空间中的元素是离散的,则此时的样本空间的任何一个子集为本次随机试验的一个离散事件。

discrete event dynamic system (DEDS)　离散事件动态系统　在控制工程中,它指由异步、突发的事件驱动状态演化的动态系统。这种系统的状态通常只取有限个离散值,对应于系统部件的好坏、忙闲及待处理工件个数等可能的物理状况,或计划制订、作业调度等宏观管理的状况。而这些状态的变化则由于诸如某些环境条件的出现或消失、系统操作的启动或完成等各种事件的发生而引起。尽管与连续变量动态系统(CVDS)类似,但 DEDS 仅由离散状态空间和事件驱动的状态转换机制组成。比较 continuous variable dynamic system (CVDS,连续变量动态系统)。

discrete Fourier transformation　离散傅里叶变换　指在时域和频域上都是离散形式的傅里叶变换,将时域信号的采样变换为在离散时间傅里叶变换频域的采样。

discrete programming　离散规划　是运筹学中的一种规划方法,即自变量在只使用整数型数值的限制下,对函数求取最大值或最小值的方法。

discrete system　离散系统　是全部或一些组成部分的变量具有离散信号形式的系统。例如按一定的采样时刻进入计算机的信号。除含有采样数据信号的离散系统外,在现实世界中还有天然的离散系统,例如在人口系统中对人口的增长和迁徙过程只能用离散数字加以描述。在现代工业控制系统中广泛采用数字化技术,或在设计中通过数学处理把连续系统化为离散系统,其目的是为了获得良好的控制性能或简化设计过程。离散系统的运动需用差分方程描述。对于参数不随时间变化的离散系统可利用 Z 变换分析。当系统中同时也存在连续信号时(例如采样系统),也可将离散信号看成脉冲函数序列,从而能采用连续系统分析中的拉普拉斯变换对系统进行统一处理。

discrete-time control system　离散时间控制系统　与连续时间控制系统对应,指控制系统中的时间是以一系列等间隔的采样时间点来表达,而不是以连续的形式表达。

discrete-time system　离散时间系统　与连续时间系统对应,指控制系统的状态是在时间上离散化的，即系统中有采样开关的存在，系统仅在每个采样时刻进行采样。常用差分方程来描述。比较 continuous time system（连续时间系统）。

discriminative model　判别模型　也称为条件模型，是用于机器学习的一类模型，是一种对未观测数据与已观测数据之间关系进行建模的方法。

disparity　视差　指从有一定距离的两个点上观察同一个目标所产生的视角差异。从目标看两个点之间的夹角，叫作这两个点的视差角，两点之间的距离称作基线。通过视差角度和基线长度可以计算出目标和观测点之间的距离。

disparity gradient　视差梯度　指视差的梯度。视差就是从有一定距离的两个点上观察同一个目标所产生的视角差异。参考 disparity（视差）。

dispatching　调度，派遣　是将员工（工人）或车辆、机器人等资源分配给客户的过程。例如，在车辆调度中，调度员根据客户呼叫的顺序和车辆与每个客户接车地点的距离来匹配车辆。调度员必须协调工人的可用性、技能、旅行时间和零件的可用性。此外，在某些情况下，调用者可以为调用分配优先级。调度问题在生活中非常常见，在计算机与机器人领域中，经常研究这类调度问题，以寻求在不同约束不同优化目标下的最优解，只不过在机器人领域，一般被调度的对象为机器人，研究机器人在仓储、物流等应用场景下的调度问题。

displacement　位移　表示物体（质点）的位置变化。定义为：由初位置到末位置的有向线段。其大小与路径无关，方向由起点指向终点。它是一个矢量。

display system　显示系统　是提供视觉信息的电子系统，根据用途显示系统可采用一种或多种，一台或多台显示设备，供个人或多人接收来自不同电子设备和系统的信息。其主要应用领域有：① 交通管理、工业过程控制和军事指挥系统的状态监视；② 显示各种非可见光或非直接可视图像，如在 X 射线、紫外线、红外线、遥感和医疗电子设备中用来显示图像；③ 电子计算机的人/机交互设备，用于电子排版、动画制作、CAD（计算机辅助设计）等；④ 雷达、导航、电子侦察设备中的目标显示。

dissipative structure theory　耗散结构理论　是研究远离平衡态的开放系统从无序到有序的演化规律的一种理论。耗散结构理论借助于热力学和统计物理学研究一般复杂系统，提出非平衡是有序的起源，并以此作为基本出发点，在决定性和随机性两方面建立了相应的理论。在决定性理论方面，用微分方程的稳定性理论已经证明：复杂的开放系统在平衡态附近的非平衡区域不可能形成新的有序结构，在这个区域内系统的基本特征是趋向平衡态。在远离平衡态的非平衡区域，系统可以形成新的有序结构，即耗散结构。在随机性理论方面，耗散结构理论运用数学中的概率论和随机过程论分析复杂系统，考察系统内的涨落，认为耗散结构形成的机制是由于系统内涨落的放大。系统在某个特定的阈值以下,涨落引起的效应由于平均而减弱和消失,因而不能形成新的有序结构。只是在达到阈值以后,涨落被放大才产生宏观效应,因而出现新的有序结构。耗散结构理论比较成功地解释了复杂系统在远离平衡态时出现耗散结构这一自然现象,并得到广泛的应用。

dissipativity theory　耗散理论　同 dissipative structure theory(耗散结构理论)。

distortion　失真;畸变　(1) 指传输系统中两点之间发生的不希望有的波形变化。主要包括偏移失真、特性失真、延迟失真、末尾失真、不规则失真、谐波失真6种失真形式。(2) 指一个波或周期现象在传播过程中的变形。

distortion model　畸变模型　相机镜头在制造中的缺陷以及在装配过程中的定位误差等原因导致线性模型不能够精确地描述成像几何关系,必须在其中加入非线性畸变参量,为了校正畸变误差,分析产生畸变的原因并对其在图像平面产生的效果建立数学模型称为畸变模型。

distributed artificial intelligence (DAI)　分布式人工智能　是采用人工智能技术,研究一组分散的、松耦合的智能结构如何高效率地进行联合求解的学科,是人工智能、知识工程、分布式计算机系统、计算机网络及通信技术等学科交叉发展的产物。参考 distributed computation(分布式计算)。

distributed computation　分布式计算　是一种计算方法,和集中式计算相对。随着计算技术的发展,越来越多的应用需要巨大的计算能力才能完成,如果采用集中式计算,需要耗费相当长的时间来完成。分布式计算将该应用分解成许多小的部分,分配给多台计算机进行处理,以节约整体计算时间,提高计算效率。

distributed computing　分布式计算　同 distributed computation(分布式计算)。

distributed control　分布式控制　也称集散控制,是对生产过程进行集中管理和分散控制的计算机控制方式,是随着现代大型工业生产自动化水平的不断提高和过程控制要求日益复杂应运而生的综合控制方式,它融合了计算机技术、网络技术、通信技术和自动控制技术,是一种把危险分散,控制集中优化的新型控制方式。分布式控制采用分散控制和集中管理的设计思想,分而自治和综合协调的设计原则,具有层次化的体系结构。现在分布式控制已在石油、化工、电力、冶金以及智能建筑等现代自动化控制系统中得到了广泛应用。

distributed control system　分布式控制系统　是一种在20世纪70年代中期发展起来的、以微处理器为基础的、实行集中管理、分散控制的计算机控制系统。由于该系统在发展初期以实行分布式控制为主,因此被称为分布式控制系统。是一种操作显示集中、控制功能分散、采用分级分层体系结构、局部网络通信的计算机综合系统。它采用控制分散、操作和管理集中的基本设计思想，采用多层分级、合作自治的结构形式。其主要特征是集中管理和分散控制。目前 DCS 在电力、冶金、石化等各行各业都获得了极其广泛的应用。

distributed estimation　分布式估计 指针对一些被多个传感器观测的随机变量，将其进行数据融合的分布式融合算法。对于大场景的数据观测，一个传感器很难完成，使用多个传感器，将多个传感器分布于场景中的不同位置，可以实现对一个场景的实时完整观测，分布式估计则是解决多个传感器进行数据融合的分布式融合算法。

distributed localization　分布式定位 指每个节点定位的工作在本地完成，不需要上层提供信息。

distributed network　分布式网络 指分布在不同地点具有独立功能的多个网络站点互连而成的网络。分布式网络没有固定的逻辑连接形式，而通信子网中每个节点却至少有两条线路和其他节点相连。各节点间可直接建立信息流程最短的数据链路。由于分布式网络是分散控制，当局部节点发生故障时不会影响全网的工作，所以其可靠性高。又因为网络中信息流向是随机的，路径选择采用最短路径算法，所以效率高，但控制复杂。分布式网络中每个节点机可以独立执行任务；多个节点机也可以组成一个处理机组，并发地执行某一个任务。分布式网络的目的在于使多个用户能共享网络中的硬件、软件和数据等资源；分散计算机的工作负载；提高可靠性、可换性及可扩展性。

distributed optimization　分布式优化 是通过多智能体之间的合作协调有效地实现优化的任务，可用来解决许多集中式算法难以胜任的大规模复杂的优化问题。如今如何设计出有效的分布式优化算法并对其进行收敛性和复杂性的分析成了优化研究的主要任务之一。与集中式算法的主要区别在于分布式算法还不得不考虑通讯和协调在优化中起到的重要作用。

distributed parameter system　分布式参数系统 相对于集中参数系统，它研究状态空间的维数为无穷的系统的控制。这样的系统因此也被称为无限大系统。这些系统主要由偏微分方程、泛函微分方程、积分微分方程、积分方程、Banach 或 Hilbert 空间中的抽象微分方程所描述。例如，对于一个有质量分布的弹性飞行器，在研究它的弹性振动时，就必须考察其内部各点的运动，把它当作分布参数系统来处理。但在研究它的运动轨线时，就不必逐点考虑其内部运动，而把质量集中到质心来分析，即把它当作集中参数系统。分布参数系统之所以重要的原因是物理世界的许多现象是由偏微分方程描述的，其控制问题的研究大都有实际背景，分布参数系统广泛应用于热工、化工、导弹、航天、航空、核裂、聚变等工程系统，以及生态系统、环境系统、社会系统等。比较 lumped parameter system（集总参数系统）。

distributed robot system 分布式机器人系统 是相对于中央控制机器人系统而言，采用分布式的机器人系统可以增强系统的鲁棒性与容错性，使得整个系统不至于因为中央控制器发生错误而全局瘫痪，因此分布式机器人系统一般更加稳定可靠。此外，相比中央控制机器人系统而言，分布式减轻了中央控制的负担，可以提升本地化设备的运行效率。分布式机器人系统在现代工厂中越来越重要。

disturbance 扰动，干扰 (1) 指控制过程中出现的非所期望的、难以预料的、对被控制变量产生不利影响的变化。(2) 计算机系统或其他通信系统中指出现不希望有的信号或脉冲。

disturbed signal ratio 干扰信号比 指在给定的条件下所测量的传输信道的特定点上，有用信号功率与干扰信号加电磁噪声的总功率之比，通常以分贝表示。

DOF 自由度 degree of freedom 的缩写。

DOG 高斯差分 difference of Gaussian 的缩写。

domestic cleaning robot 家用清洁机器人 是家庭服务机器人的一种，能凭借一定的智能，自动完成对地面、窗户等清理工作，包括扫地机器人、擦窗机器人等。主要为减少人为清洁工作，为家庭生活带来便捷。

domestic robot 家用机器人 是一种服务型自主机器人，主要用于家务劳动，也可用于教育、娱乐或医疗，具有高度的自主性。

domestic robotics 家用机器人学[技术] 是一门研究家用自主机器人的学科。参考 domestic robot（家用机器人）。

DOP 精度因子 dilution of precision 的缩写。

Doppler radar 多普勒雷达 是一种利用多普勒效应来探测运动目标的位置和相对运动速度的雷达，又称脉冲多普勒雷达。多普勒雷达含有距离波门电路、单边带滤波器、主波束杂波抑制电路和检测滤波器组，能较好地抑制地物干扰。脉冲多普勒雷达可用于机载预警、机载截击、机载导航、低空防御、火控、战场侦察、导弹引导、靶场测量、卫星跟踪和气象探测等方面。

Doppler sonar 多普勒声呐 是用多普勒效应，测出船舶对海底、海水的速度、位移等数据的声呐。主要用于船舶安全地进出港和离靠码头。

Doppler velocity log (DVL) 多普勒测速仪，多普勒计程仪 是根据声波在水中的多普勒效应原理而制成的一种精密测速和累积航程的仪器。它是一种计算法定位导航设备，计算法定位导航是一种古老的技术，它必须依靠船速这一重要参数，船速的准确程度直接影响到定位精度。利用发射的声波和接收的水底反射波之间的多普勒频移测量船舶相对于水底的航速和累计航程。这种计程仪准确性好，灵敏度高，可测纵向和横向速度，但价格昂贵。主要用于巨型船舶在狭水道航行、进出港、靠离码头时提供船舶纵向和横向运动的精确数据。多普勒计程仪受作用深度限制，超过数百米时，只能利用水层中的水团质点作反射层，变成对水计程仪。

DPS 数据处理系统 data processing system 的缩写。

drive belt 传动带 是将原动机的电机或发动机旋转产生的动力，通过带轮由胶带传导到机械设备上，故又称为动力带。它是机电设备的核心联结部件，种类异常繁多，用途极为广泛。

driver 驱动器；驱动程序；司机 (1) 在电子学中，指驱动器，是用来控制另一电路或元件的电路或其他电子元件，如大功率晶体管、液晶显示器等。它们通常用于调节流经电路的电流或控制其他因素，如电路中的其他组件和某些设备。放大器也可以被认为是扬声器的驱动器，或使附加元件在输入电压范围内工作的电压调节器。(2) 在计算机技术中，指驱动程序，它是一种计算机程序，它操作或控制连接到计算机上的特定类型的设备。驱动程序为硬件设备提供一个软件接口，使操作系统和其他计算机程序能够访问硬件功能，而不需要知道正在使用的硬件的精确细节。驱动器通过硬件连接的计算机总线或通信子系统与设备通信。当调用程序调用驱动程序中的例程时，驱动程序向设备发出命令。一旦设备将数据发送回驱动程序，驱动程序可能会调用原始调用程序中的例程。驱动程序依赖于硬件，并且特定于操作系统。(3) 指车辆驾驶员。

driver assistance system 驾驶员辅助系统 驾驶员辅助系统指辅助驾驶员完成对车辆操作的控制系统，包括车道保持辅助系统、自动泊车辅助系统、刹车辅助系统、倒车辅助系统和行车辅助系统等。其利用安装在车上的各式各样传感器，在汽车行驶过程中随时来感应周围的环境，收集数据，进行静态、动态物体的辨识、侦测与追踪，并结合导航仪地图数据，进行系统的运算与分析，从而预先让驾驶者察觉到可能发生的危险，可以有效增加汽车驾驶的舒适性和安全性。参见 advanced driver assistance system（ADAS，先进驾驶员辅助系统）。

driver monitoring 驾驶员监测 指对车辆操作驾驶员生物体征状态和行为状态的监测，主要是对其疲劳状态和异常行为的监测。现有的驾驶员监测可以通过对驾驶员生理信息、外部表情、驾驶行为、驾驶风格、车辆特性、环境条件等进行检测，从而综合分析，实现对驾驶员的身份识别、驾驶员疲劳监测以及危险驾驶行为的监测功能。

driving flange 传动法兰 指轴与轴之间相互连接的零件，用于管端之间的连接。又叫法兰凸缘盘或突缘。

driving torque 驱动力矩 指驱使原动件转动的力矩，它与原动件的角速度方向相同，并作正功。

drone 无人机 是利用无线电遥控设备和自备的程序控制装置操纵的不载人飞机。无人机实际上是无人驾驶飞行器的统称，从技术角度定义可以分为：无人直升机、无人固定翼机、无人多旋翼飞行器、无人飞艇、无人伞翼机这几大类。与有人驾驶飞机相比,无人机往往更适合对于人类驾驶员过于危险的任务。无人机按应用领域,可分为军用与民用。军用方面,无人机分为侦察机和靶机。民用方面,无人机和行业应用的结合是主要的应用场景。参见 unmanned aerial vehicle (UAV)。

DSC 动态顺序控制 dynamic sequential control 的缩写。

DSP 数字信号处理 digital signal processing 的缩写。

DSRC 专用短程通信 dedicated short-range communication 的缩写。

dual-arm manipulation 双臂操作 指双臂机器人利用其两个机械臂协作地完成操作任务。

dual-arm robot 双臂机器人 指具有两个能模仿人手和臂的机械臂的机器人装置,可以用于抓取、搬运物件或操作工具等任务。通过双臂操作,双臂机器人可以以灵巧的类似人的方式同时控制被操作物的相对运动和相互作用力,从而完成复杂的操作任务。

duplex feedback 双重反馈 指控制系统为了提高控制性能而设立两条反馈回路。

durability 耐久度 指材料或设备在使用过程中,抵抗各种自然因素及其他有害物质长期作用,能长久保持其原有性质的能力。

durability test 疲劳试验 一种对材料或设备进行无数多次重复试验以检测材料或设备的强度和耐用性的试验。

duty ratio 占空比 指在周期现象中,某种现象发生后持续的时间与总时间的比。

DVL 多普勒测速仪,多普勒计程仪 Doppler velocity log 的缩写。

DWA 动态窗口法 dynamic window approach 的缩写。

dynamical system 动力系统 是一种固定的规则,它描述一个给定空间(如某个物理系统的状态空间)中所有点随时间的变化情况,通常用微分方程或差分方程描述。例如描述钟摆晃动、管道中水的流动,或者湖中每年春季鱼类的数量,凡此等等的数学模型都是动力系统。在动力系统中有所谓状态的概念,状态是一组可以被确定下来的实数。状态的微小变动对应这组实数的微小变动。这组实数也是一种流形的几何空间坐标。动态系统的演化规则是一组函数的固定规则,它描述未来状态如何依赖于当前状态的。

dynamic backtracking 动态回溯 是一种系统地搜索问题的解的方法,也叫试探法。动态回溯算法是一种选优搜索法,其基本思想是:按选优条件向前搜索,以达到目标。但当探索到某一步时,发现原先选择并不优或达不到目标,就退回一步重新选择,这一过程称为"回溯",而满足回溯条件的某个状态的点称为"回溯点"。

dynamic Bayesian network (DBN) 动态贝叶斯网络 是一种通过相邻的时间步长将变量相互关联起来的贝叶斯网络。在任意时刻 T,变量的值可以

由内部回归函数和 $T-1$ 时刻先验值计算出来，因此也称为 2 时间片贝叶斯网络。参见 Bayesian network（贝叶斯网络）。

dynamic constraint 动态约束 （1）约束条件根据周边环境进行变化的约束方式。（2）对象从一种状态转变成另一种状态时，新、旧状态之间所应满足的约束条件。

dynamic control 动力学控制 基于机器人的动力学模型建立并考虑了机器人内在的力与运动的关系的控制方法。如：力矩控制、动力学前馈控制等。

dynamic damper 动力阻尼器 指提供运动的阻力，耗减运动能量的装置。

dynamic emulation 动力学仿真 指对物理进行包括位置、速度、加速度、驱动力、反馈力的仿真，以分析机械构件之间相互作用引起的动力学变化，一般分析应力、变形、振动等。动力学仿真模拟主要关注系统在受到载荷时的强度、刚度及稳定性。

dynamic environment 动态环境 指包含有一些动态变化的事物的环境，比如运行的汽车、行走的人等障碍物。

dynamic error 动态误差 指控制系统在任意的输入信号作用下达到稳态时的控制误差。与稳态误差不同，动态误差是以时间为变量的函数，能提供系统为稳态时控制误差随时间变化的规律。

dynamic gait 动步态 是步行机器人步态的一种。机器人处于动步态时单腿支撑相所用时间与步态周期时间的比值小于 0.5。比较 static gait（静步态）。

dynamic look-and-move system 动态视动系统 是视觉伺服中的一种方法，通过相机观测物体，然后运动，再看再运动，直到到达预期位置和姿态。参见 visual servoing（视觉伺服）。

dynamic model 动力学模型 是描述机器人动力学特性的数学模型，描述了机器人内部的力/扭矩和外力/扭矩与机器人结构运动之间的关系。

dynamic programming 动态规划 是运筹学的一个分支，求解决策过程最优化的数学方法。20 世纪 50 年代初美国数学家贝尔曼等人在研究多阶段决策过程的优化问题时，提出了著名的最优化原理，把多阶段过程转化为一系列单阶段问题，利用各阶段之间的关系，逐个求解，创立了解决这类过程优化问题的新方法——动态规划。适用动态规划的问题必须满足最优化原理和无后效性。

dynamic range 动态范围 （1）控制系统的控制指标的取值范围随着系统状态或时间的更新而改变，这个改变的值域称为动态范围。（2）一个系统或元件的给定最高信号电平对其噪声电平之比的分贝值。（3）指图像最暗与最亮点灰度划分的等级数范围。

dynamic regulator 动态调节器 是一种控制器，其在系统运转时，实时地将生产过程参数的测量值与给定值进行比较，得出偏差后根据一定的调节规律产生输出信号推动执行器消除偏差量，使该参数保持在给定值附近或按预定规律变化。

dynamic resonance 动态谐振 是系统

在运转时固有频率动态改变的情况下发生谐振的现象。

dynamic response 动态响应 指控制系统在典型输入信号的作用下，其输出量从初始状态到最终状态之间的响应。

dynamics 动力学 是经典力学的一个分支，主要研究作用于物体的力与物体运动的关系。动力学的研究对象是运动速度远小于光速的宏观物体。动力学是物理学和天文学的基础，也是许多工程学科（如机器人学）的基础。

dynamic sequential control (DSC) 动态顺序控制 在各个输入信号的作用下，根据内部状态和时间的顺序，在生产过程中各个执行机构自动地有秩序地进行操作。

dynamics of multi-body system 多体系统动力学 是研究多体系统（一般由若干个柔性和刚性物体相互连接所组成）动态行为的科学。多体系统动力学包括多刚体系统动力学和多柔体系统动力学。多体系统的动力学通常是高度非线性的，呈现出复杂的问题，在大多数情况下只能通过基于计算机的技术来解决。

dynamic stability 动态稳定性 指系统在受到干扰后，在自动装置参与调节和控制的作用下，系统进入某一新的稳定状态并重新保持稳定运行的能力。

dynamic system 动态系统 指系统状态随时间而变化的系统或者按确定性规律随时间演化的系统。在动态系统，状态是一组可以被确定下来的实数。状态的微小变动对应这组实数的微小变动。这组实数也是一种流形的几何空间坐标。动态系统的演化规则是一组函数的固定规则，它描述未来状态如何依赖于当前状态。

dynamic tactile sensing 动态触觉感知 指识别接触事件和接触纹理变化等动态现象的触觉感知。参见 tactile sensing（触觉感知）。

dynamic thresholding 动态阈值 指图像处理中在采样区域应用一定的评估方法确定所在图像区域进行某种变换的阈值。

dynamic window approach (DWA) 动态窗口法 是由 Dieter Fox, Wolfram Burgard 和 Sebastian Thrun 在 1997 年开发的移动机器人在线避碰策略。与其他规划方法不同，动态窗口法直接衍生自机器人的动力学，并且适用于处理机器人的有限速度和加速度约束。它有两个主要步骤，首先生成有效的搜索空间，然后在搜索空间中选择最佳解决方案。

E

EAP　电活性聚合物　electroactive polymer 的缩写。

earth-centered earth-fixed（ECEF）　地固地心（直角坐标系）　指一个以地球为中心，符合地球的笛卡尔坐标系，也称为普通地表系统。它的坐标轴以国际参考极点和国际参考子午线为基准，遵照地表所确定。它用 X，Y，Z 坐标来表示位置。其原点与地球质心重合，X 轴在球面上与格林威治线和赤道的交点（经纬度都为 1 的点）相交，Z 轴指向地球北极，Y 轴垂直于 XOZ 平面构成右手坐标系。

EBL　基于解释的学习　explanation-based learning 的缩写。

ECEF　地固地心直角坐标系　earth-centered earth-fixed 的缩写。

echo　回波，回声　（1）从始端发出，由于阻抗不匹配而产生反射，再返回到始端的那部分回波。（2）指通过不同于正常路径的其他途径而到达给定点上的信号。在该点上，此信号有足够的大小和时延，以致可觉察出它与由正常路径传送来的信号有区别。

echogram　回声深度记录　由回声探测获得的深度距离制成图表的形式，又称回声探深图。

echolocation　回声定位　通过发声器件将超声波发射出去，利用折回的声音来定向，这种空间定向的方法，称为回声定位。

echometer　回声探测仪　回声探测仪利用换能器发出声波，当声波遇到障碍物而反射回换能器时，根据声波往返的时间和所测空间中声波传播的速度，求得障碍物与换能器之间的距离。

echo ranging　回波测距　通过物体返回的回波（如声音）确定物体的距离和方向的测距方法。

edge detection　边缘检测　是一种用于查找图像内对象边界的图像处理技术。它的工作原理是检测亮度的不连续性。边缘检测常用于图像处理、计算机视觉和机器视觉等领域的图像分割和数据提取。

educational robot　教育机器人　指以激发学生学习兴趣、培养学生综合能力为目标的机器人成品、套装或散件。可以分为学习型机器人与比赛型机器人。学习型机器人提供多种编程平台，并能够允许用户自由拆卸和组合，允许用户自行设计某些部件；比赛型机器人一般提供一些标准的器件和程序，适用于参加各种竞赛使用。

educational robotics　教育机器人学［技

术〕 研究教育机器人的设计、开发和制造的学科。教育机器人学不仅关注教育机器人系统在技术层面上的设计与开发制造问题，还关注如何提高教育机器人在使用者学习和认知层面上的效率和作用。

EEG 脑电图 electroencephalography 的缩写。

effective inertia 有效惯量 它反映了机器人末端对外力响应的快捷程度，是衡量末端灵活性的一个重要指标。又称“伪运动能量矩阵”或“操作空间惯量矩阵”。

effector 执行器 是自动化技术工具中接收控制信息并对受控对象施加控制作用的装置。执行器也是控制系统正向通路中直接改变操纵变量的仪表，由执行机构和调节机构组成。参见 actuator(驱动器，致动器，执行器)。

ego-motion 自运动 指机器人根据控制目标和当前的传感器信息，通过自身的控制算法自己控制自己的运动。对比而言，非自主运动往往有人的介入，如遥操作等。

EHSV 电动液压伺服阀 electrohydraulic servo valve 的缩写。

EKF 扩展卡尔曼滤波器 extended Kalman filter 的缩写。

elastic element 弹性元件 指机械系统中承受并传递载荷和具有缓和及抑制外力冲击的元件。弹性元件根据所选用材料不同分为金属和非金属两大类。

elastic impact 弹性碰撞 在理想情况下，物体发生碰撞后，其形变能够恢复，不发热、发声且没有动能损失，这种碰撞称为弹性碰撞。

elasticity 弹性 指物体抵抗变形影响或变形力并在消除这种影响或力量时恢复原始尺寸和形状的能力。当施加足够的力时，固体物体会变形，如果材料是弹性的，当这些力被去除时，物体将返回到其初始形状和尺寸。

elastic joint 弹性关节，挠性联轴节 是一种联轴节，其具有第一轮毂和第二轮毂，每一个都具有凸缘并连接到传动轴。每个螺旋弹簧支撑在弹簧孔中，以使螺旋弹簧的相邻端面相接触并且彼此串联。

elastic modulus 弹性模量 是描述物质弹性的一个物理量，是一个统称，表示方法可以是“杨氏模量”“体积模量”等。材料在弹性变形阶段，其应力和应变成正比例关系(即符合胡克定律)，其比例系数称为弹性模量，单位是达因每平方厘米。参见 Young's modulus(杨氏模量)、modulus of elasticity(弹性模量)。

elastodynamic 弹性动力学的，动弹性 指机器人系统对所施加动态的力和力矩的动态响应，反映了机器人系统对力的变化的响应。参见 elastostatic(弹性静力学的)。

elastomer 弹性体 指在弱应力下形变显著，应力松弛后能迅速恢复到接近原有状态和尺寸的物体。

elastostatic 弹性静力学的 指机器人系统对所施加的静态负载(力和力矩)的响应。该响应可以由机器人系统的刚度来衡量，其确定当末端执行器受到施加的负载的平移和角度偏转。参见 elastodynamic(弹性动力学的)。

elbow joint **肘关节** 指关节型机器人的上臂和前臂之间的关节。

elbow manipulator **肘型机械臂** 是一种特殊构型机械臂。它由肩部、肘部和腕部关节构成,其中腕部和肩部关节相互正交于一点。

electrical control **电气控制** 指用开关、继电器或变阻器对对电气设备进行的控制。

electrical impedance **电阻抗** 是电路中电阻、电感、电容对交流电的阻碍作用的统称。阻抗是一个复数,实部称为电阻,虚部称为电抗;其中电容在电路中对交流电所起的阻碍作用称为容抗,电感在电路中对交流电所起的阻碍作用称为感抗,容抗和感抗合称为电抗。

electrical suspended gyroscope **静电支承陀螺仪,电悬式陀螺仪** 又称静电陀螺仪,电浮陀螺。在金属球形空心转子的周围装有均匀分布的高压电极,对转子形成静电场,用静电力支承高速旋转的转子。这种方式属于球形支承,转子不仅能绕自转轴旋转,同时也能绕垂直于自转轴的任何方向转动,故属自由转子陀螺仪类型。静电场仅有吸力,转子离电极越近吸力就越大,这就使转子处于不稳定状态。用一套支承电路改变转子所受的力,可使转子保持在中心位置。静电陀螺仪采用非接触支承,不存在摩擦,所以精度很高,漂移率非常低。它不能承受较大的冲击和振动。其缺点是结构和制造工艺复杂,成本较高。参见 gyroscope(陀螺仪)。

electrical torque **电磁力矩** 当电枢绕组中有电枢电流流过时,通电的电枢绕组在磁场中将受到电磁力,该力与电机电枢铁心半径之积称为电磁转矩。

electric motor **电动马达,电动机** 指将电能转换成机械能的电力机械。它是利用通电线圈(也就是定子绕组)产生旋转磁场并作用于转子(如鼠笼式闭合铝框)形成磁电动力旋转扭矩。电动机按使用电源不同分为直流电动机和交流电动机。参见 electromotor(电机)。

electric servo motor **电动伺服马达,伺服电机** 指在伺服系统中控制机械元件运转的发动机。它可以将电压信号转化为转矩和转速以驱动控制对象。伺服电机转子转速受输入信号控制,并能快速反应,在自动控制系统中,用作执行元件,且具有机电时间常数小、线性度高、始动电压等特性,可把所收到的电信号转换成电动机轴上的角位移或角速度输出。它分为直流伺服电动机和交流伺服电动机两大类。

electroactive polymer (EAP) **电活性聚合物** 是一种智能材料,具有特殊的电性能和机械性能。这种聚合物在受到电刺激后,可以产生微小形变。

electrochemical actuator **电化学驱动器,电化学致动器** 是一种利用电化学行为来实现电能到机械能的转换的器件。超级电容器可以通过电解质离子在电极/电解质界面上可逆的电化学作用来存储电荷。由于具有低变形电压、优异的变形能力、轻质和易加工等特点，电化学驱动器在机器人和人工智能领域引起了极大关注。

electroencephalogram (EEG) control 脑电控制 指利用脑机接口探测大脑活动，并将其转化为控制指令。参见 brain-computer interface（脑机接口）。

electroencephalography (EEG) 脑电图 是通过医学仪器脑电图描记仪，将人体脑部自身产生的微弱生物电于头皮处收集，并放大记录而得到的曲线图。脑电图所测量的是众多锥体细胞兴奋时的突触后电位的同步总和，来自大脑中神经元的离子电流产生的电压波动。从脑电图中，可以解码出人体的控制意图，因此可以将脑电图作为一种脑机接口用于控制机器人。

electrohydraulic servo valve (EHSV) 电动液压伺服阀 指一种用于控制液压液体如何发送到执行机构的电动阀门。伺服阀通常用非常小的电信号来控制功率很大的液压缸。伺服阀可以提供位置、速度、压力和力的精确控制，具有良好的后运动阻尼特性。

electromagnetic actuator 电磁驱动器 磁场相对于导体运动，在导体中会产生感应电流，感应电流使导体受到安培力的作用，安培力使导体运动起来。利用上述原理来驱动的装置为电磁驱动器。

electromagnetic compatibility (EMC) 电磁兼容性 在电磁环境中设备或系统能正常工作，且不对该环境中的任何事物造成不能容忍的电磁骚扰的能力。

electromagnetic compatibility level 电磁兼容性级别 预计在特定条件下工作的装置、设备或系统上的最大电磁骚扰等级。

electromagnetic field sensor 电磁场传感器 指用于测量环境中电磁场强度的一类传感器。这类传感器在设计的时候必须考虑不扰乱所测量的电磁场，并且必须尽可能地放置耦合和反射，以获得精确的结果。

electromagnetic interference (EMI) 电磁干扰 是干扰电缆信号并降低信号完好性的电子噪声，电磁干扰通常由电磁辐射发生源如电机和机器产生。电磁干扰，有传导干扰和辐射干扰两种。传导干扰指通过导电介质把一个电网络上的信号耦合（干扰）到另一个电网络。辐射干扰指干扰源通过空间把其信号耦合（干扰）到另一个电网络。

electromagnetic susceptibility 电磁敏感度 指在有电磁干扰的情况下，装置、设备或系统不能避免性能降低的程度。敏感度越高，抗扰能力越低。

electromechanics 机电学 是把机械工程、软件工程、控制工程和系统设计工程结合在一起的一门学科，是交叉学科领域，其着重以电子硬件、计算机程序或软件，对机械进行控制。该学科具有广泛的应用，如自动化和机器人、伺服系统机械学、传感和控制系统等。

electromotor 电机 同 electric motor(电动马达,电动机)。

electromyography (EMG) 肌电描记术,肌电图学 是一种电诊断医学技术,用于评估和记录肌肉产生的电活动。当肌细胞被电或神经激活时,肌电描述术可以检测肌细胞产生的电信号。肌电描述术可以作为一种人机交互方法,用于检测控制者的行为意图,进而控制机器人运动。这种人机交互技术常用于康复机器人和假肢。

electronic distance measuring (EDM) device 电子测距设备 指用于测量距离的电子设备。如:手持测距仪、激光测距仪、超声波测距仪、红外测距仪等。

electrorheological fluid 电流变体,电流变液,ER 液 电流变液在通常条件下是一种悬浮液,它在电场的作用下可发生液体—固体的转变。当外加电场强度大大低于某个临界值时,电流变液呈液态;当电场强度大大高于这个临界值时,它就变成固态;在电场强度的临界值附近,这种悬浮液的黏滞性随电场强度的增加而变大。

electrotactile 电触觉 指一种通过电刺激再现人的触觉的一种技术,现多用于生物医学领域。

elevating screw 上下移动丝杠,升降丝杠 是一种将回转运动转化为垂直的直线运动,或将垂直的直线运动转化为回转运动的机械构件,一般具有梯形螺纹。

EM 期望最大化 expectation maximization 的缩写。

embedded control system 嵌入式控制系统 指嵌入到被控对象中的专用的计算机系统,对可靠性、成本、体积和功耗有严格要求。

embedded controller 嵌入式控制器 用于执行指定独立控制功能并具有复杂处理数据能力的控制系统。分为普通的嵌入式控制器和工业上的嵌入式控制器。应用于工厂自动化、电力控制、机械制造、数控机床、智能交通、查询机等紧凑或狭小空间的设备上。

embedded system 嵌入式系统 是一种完全嵌入受控器件内部,为特定应用而设计的专用计算机系统。嵌入式系统常用于高效控制许多常见设备,被嵌入的系统通常是包含数字硬件和机械部件的完整设备。

embodied agent 具身化智能体 拥有具体身体的智能体,可以影响环境并且被环境影响。具身化智能体由虚拟世界进入到真实世界中,并通过与外部世界的互动来突现和进化出智能。参见 embodiment(具身性)。

embodied cognition 具身化认知 是一种认知理论,这种理论认为认知的许多特征是由整个有机体的各个方面所塑造的。认知的特征包括高水平的心理结构(如概念和类别)以及各种认知任务的表现(如推理或判断)。身体的方面包括运动系统、感知系统、与环境(位置)的身体相互作用以及对生物体结构中内置世界的假设。

embodiment 具身性 在人工智能领域,具身性指智能体拥有一个能够与真实世界互动的身体的性质。

E

EMC 电磁兼容性 electromagnetic compatibility 的缩写。

emergence 涌现 指系统未被预先明确设计但却实际突显的行为。其分为三种类型：由集体行为引起的全局现象、由智能体与环境相互作用产生的局部行为和在时间尺度变化时系统呈现的新行为。

emergency braking 紧急制动 机器人在运行过程中遇到紧急情况时，迅速、正确地使用制动器，使得机器人在最短时间和距离内停住。

emergent behavior 涌现行为 是一个系统的行为，它不依赖于系统的各个单独部分，而是依赖于系统各部分之间的关系和相互作用，无法通过检查各个单独部分预测出来。涌现行为是研究和设计复杂系统的重要内容，几乎所有多智能体系统中都会出现。参见 emergence(涌现)。

EMG 肌电描记术，肌电图学 electromyography 的缩写。

EMI 电磁干扰 electromagnetic interference 的缩写。

emotional robot 情感机器人 是一种用人工方法和技术赋予人类式情感的机器人，具有表达、识别和理解喜怒哀乐，模仿、延伸和扩展人的情感的能力。

emotion-based interaction 基于情感的交互 基于情感模型的人机交互手段，包括人脸表情交互、语音信号情感交互、肢体行为情感交互、生理信号情感识别、文本信息情感交互、情感仿生代理和多模情感人机交互等。

empirical distribution 经验分布 指依据样本以频率估计概率的方式得到的实际分布函数的一个逼近分布。

emulator 仿真器，仿真程序 指以某一系统复现另一系统的功能。与计算机模拟系统的区别在于，仿真器致力于模仿系统的外在表现、行为，而不是模拟系统的抽象模型。

encoder 编码器 是将信号或数据进行编制、转换为可用以通讯、传输和存储的信号形式的设备。

encoding 编码 是信息从一种形式或格式转换为另一种形式的过程。用预先规定的方法将文字、数字或其他对象编成数码，或将信息、数据转换成规定的电脉冲信号。编码在电子计算机、电视、遥控和通讯等方面都有广泛使用。

end-effector 末端执行器 接收控制信息，直接执行特定作业动作的终端装置。该设备的确切性质取决于机器人的应用。如：机器人手爪、吸盘、焊枪等。它是机器人用来直接执行各种操作和任务的器件，如果是关节型机器人，也可把它看成是机器人机械系统中除了腰、大臂、小臂、腕以外的、相当于手的那部分，但因为工业机器人的执行机构很少用类似于人手的复杂机构，大部分是焊枪、喷枪、磨头等跟手的外形一点都不像的器件，故称其为末端执行器而不称为手。

end of arm (EOA) 手臂末端 指机械臂远离基座的末端。

endoluminal robot 腔内机器人 指用于人体内腔手术的机器人。腔内机器人通过在人体腔(即管状结构)中导航，例如胃肠道、泌尿道等，将治疗和手术工具带到感兴趣的区域完成治疗和手术过程。

end-point closed-loop　末端点闭环　指末端点根据是否已经实现了输入或达到设定点的期望目标反馈来影响当前系统。比较 end-point open-loop(末端点闭环)。

end-point open-loop　末端点开环　指末端点不将是否已经实现了输入或达到设定点的期望目标反馈回来影响当前系统。无法校正中间可能产生的任何错误。比较 end-point closed-loop(末端点开环)。

end-to-end learning　端到端学习　指不经过复杂的中间建模过程，直接从输入端到输出端求取一个预测的结果，以应用于整个系统来训练复杂的学习系统。这种方法应用在机器人领域时，其在传感器反馈输入到电机输出的整个过程中使用一个单一的、分层的或反复的神经网络，而不分层模块化。

energy stability margin (ESM)　能量稳定裕度　指倾覆机器人所需要的最小能量，是一种机器人静态稳定性的判据。

entertainment robot　娱乐机器人　指以供人观赏、娱乐为目的而设计制造的机器人。娱乐机器人的功能，可以行走或完成动作，可以有语言能力，会唱歌，有一定的感知能力。如机器人歌手、足球机器人、玩具机器人、舞蹈机器人等。

entertainment robotics　娱乐机器人学[技术]　研究娱乐机器人的设计、开发和制造的学科。参见 entertainment robot(娱乐机器人)。

environment map　环境地图　同 environment model(环境模型)。

environment model　环境模型　指根据机器人感知信息创建的环境的数学模型。环境模型可以为机器人决策和规划提供信息。常用的环境模型有占用栅格地图、拓扑图、高程图、基于地标的地图等。

environment modeling　环境建模　指人为地或机器人自主地根据传感器所获得的环境信息对环境进行建模的过程。

environment sensing　环境感知　指机器人用不同的传感器感受测量环境并从那些测量中提取有意义的信息。机器人环境感知所用的传感器可根据本体感受/外感受和有源/无源进行分类：本体感受传感器和外感受传感器。本体感受传感器测量机器人系统的内部值，如电机速度、手臂关节角度等；外感受传感器从机器人的环境获取信息，如距离、亮度、声音幅度等；无源传感器测量进入传感器的周围环境的能量，比如温度传感器、CCD 和 CMOS 相机等；有源传感器发射能量到环境中，然后测量环境的反应，如轮子正交编码器、超声测距传感器和激光测距传感器。

EOA　手臂末端　end of arm 的缩写。

epipolar constraint　对极约束，极线约束　三维空间中的一个点投影到两幅图像上，如果已知左幅图像的投影点 P_1，那么右幅图像投影点 P_2 一定在相对于 P_2 的极线上。

epipolar geometry 对极几何 指立体视觉的几何。当两个相机从两个不同的位置观看 3D 场景时，3D 点之间存在多个几何关系，并且它们在 3D 图像上的投影导致图像点之间的约束。这些关系可以由相机模型近似的假设得出。

epipolar line 极线，核线 是对极几何中的一个概念，指空间中的点与一个相机镜头光学中心的连线在另外一个相机的图像平面上的投影。

epipolar point 极点，核点 是对极几何中的一个概念，指相机镜头的光学中心在另外一个相机图像平台的投影成为极点。

episodic memory 情景记忆 是认知科学里的一种神经认知机制，用于处理具有时间和空间背景的信息。这些信息是人类决策过程的一部分，对这些信息的使用能够提高人类行为的成功率。有学者受到这个概念的启发，将"情景记忆"的概念运用到机器人的路径规划和场景识别、行为决策等研究中。

equation of motion 运动方程 是刻画系统运动状态的物理参量(如位移、速度等)所满足的方程或方程组，通常以这些参量对于时间的微分方程的形式出现。参见 kinematic equation(运动学方程)。

equiarm 等臂的 指杠杆的动力臂和阻力臂长度相同。

equiaxial 等轴的 指物体的旋转轴和对称轴重合，是一种重要的对称性。

equilibrium point 平衡点 在数学中，特别是在微分方程中，平衡点是微分方程的常数解。如果 $\mathrm{d}y/\mathrm{d}x = g(y)$ 是自治微分方程，那么使 $\mathrm{d}y/\mathrm{d}x = 0$ 的 y 值称为平衡点或静止点。

equivalent angle-axis representation 等效角轴坐标系表示法 将坐标系 B 和一个已知的参考坐标系 A 重合，将 B 绕矢量 k 按照右手定则旋转 θ 角。矢量 k 被称为有限旋转的等效轴，B 相对于 A 的一般姿态可以用 $Rk(\theta)$ 来表示。这种方法被称为等效轴角坐标系表示法。

ERF 磁流变体 magneticrheological fluid 的缩写。

ergonomics 工效学，人类工程学 指运用生理学、心理学和医学等有关科学知识，研究组成人机系统的机器和人的相互关系，以提高整个系统功效的学科。

error detection 误差检测 是对机器人的活动关节误差、运动误差和非运动误差等进行的检测与测量。

error model 误差模型 是描述机器人运动学、动力学、机械结构、传感器测量值等参数的不确定性的数学模型。

error propagation 误差传播 是在统计学上，由于变量含有误差，而使函数受其影响也含有误差的现象。阐述这种关系的定律称为误差传播定律。误差传播定律包括线性函数的误差传播定律、非线性函数的误差传播定律。

error space 误差空间 指误差波动范围。

ESM 能量稳定裕度 energy stability margin的缩写。

essential matrix 本质矩阵 在计算机视觉中，假定相机满足针孔成像模型的前提下，它描述了相机内外参数矩阵已知的条件下的对极几何关系，是归一化图像坐标系下的基础矩阵，不仅具有基本矩阵的所有性质，而且可以估计两个相机之间的相对位置关系。

estimation error 估计误差 指估计值与真实值之间的差。

estimation state 估计状态 是通过不完整、不确定和混合着噪声的观测信息，对机器人真实状态变量的估计过程。对系统的输入和输出进行测量而得到的数据只能反映系统的外部特性，而系统的动态规律需要用内部(通常无法直接测量)状态变量来描述。因此状态估计对于了解和控制机器人系统具有重要意义。

estimation theory 估计理论 是统计学和信号处理中的一个分支，主要是通过测量或经验数据来估计概率分布参数的数值。这些参数描述了实质情况或实际对象，它们能够回答估计函数提出的问题。

etching 蚀刻 是将材料使用化学反应或物理撞击作用而移除的技术。蚀刻技术可以分为湿蚀刻和干蚀刻两类，常用于航空、机械、化学工业中电子薄片零件精密产品的加工，特别在半导体制程上，蚀刻更是不可或缺的技术。

Euclidean distance 欧氏距离 是一个通常采用的距离定义，指在 N 维空间中两个点之间的真实距离，或者向量的自然长度(即该点到原点的距离)。使用这个距离，欧氏空间成为度量空间。相关联的范数称为欧几里得范数。在二维和三维空间中的欧氏距离就是两点之间的实际距离。

Euclidean geometry 欧氏几何 是几何学的一门分科，指按照古希腊数学家欧几里得的《几何原本》构造的几何学。数学上，欧几里得几何是平面和三维空间中常见的几何。数学家也用这一术语表示具有相似性质的高维几何。

Euclidean space 欧氏空间 是一个特别的度量空间，在数学中是对欧几里得所研究的二维和三维空间的一般化。这个一般化把欧几里得对于距离以及相关的概念长度和角度，转换成任意数维的坐标系。它使得我们能够对其的拓扑性质有了更深的了解，欧氏空间在对包含了欧氏几何和非欧几何的流形的定义上发挥了作用。

Euler angle 欧拉角 是用来描述刚体在三维欧几里得空间的取向的参数。对于在三维空间里的一个参考系，任何坐标系的取向，都可以用三个欧拉角来表现。参考系静止不动，而坐标系则固定于刚体，随着刚体的旋转而旋转。不同的作者会用不同组合的欧拉角来描述，或用不同的名字表示同样的欧拉角。因此，在使用欧拉角前，必须先做好明确的定义。

Euler parameters 欧拉参数 是一组用来描述刚体转动的参数。常用欧拉角表示。参见 Euler angle(欧拉角)。

Euler's equation 欧拉方程 (1) 指对

E

无黏性流体应用牛顿第二定律得到的运动微分方程。欧拉方程是无黏性流体动力学中最重要的基本方程。(2) 刚体力学中指描述刚体转动所遵循的力矩与转动运动的规律。

EVA　舱外活动　extravehicular activity 的缩写。

evolution　演化，进化　指连续世代生物种群的遗传特征的变化。这些特征是在繁殖过程中从父母传给后代的基因的表达。由于突变，遗传重组和其他遗传变异来源，任何特定群体中都存在不同的特征。当诸如自然选择(包括性选择)和遗传漂变的进化过程作用于这种变异时发生进化，导致某些特征在群体中变得更常见或罕见。正是这种进化过程在各个层面都产生了生物多样性，包括物种、个体生物和分子的水平。

evolutionary algorithm　进化算法　是根据生物中遗传与进化的原理，仿效基因，染色体等物质表达所研究的问题，遵循达尔文进化原则，使随机生成的初始解通过选择、交叉、变异等遗传操作不断迭代进化，逐步逼近最优解的算法。

exhaustive algorithm　穷举算法　是一种根据输入的部分条件确定输出的大致范围，并在此范围内对所有可能的情况逐一验证，直到全部情况验证完毕的算法。若某个情况验证符合输入的全部条件，则为本问题的一个解；若全部情况验证后都不符合输入的全部条件，则本题无解。

exhaustive search　穷举搜索　是编程中常用到的一种方法，通常在找不到解决问题的规律时对可能是解的众多候选解按某种顺序进行逐一枚举和检验，并从中找出那些符合要求的候选解作为问题的解。

exoskeletal robot　外骨骼机器人　指穿戴在操作者身体外部的一种机械结构，它的链接点对应于人体关节，为穿戴者提供保护以及身体支撑等功能，并根据人的肢体活动来驱动机械关节执行动作，在操作者的控制下完成一系列任务。

exoskeleton technology　外骨骼技术　指根据仿生学原理，利用特殊材料制成机械化装置套在用户身体上，以增强用户的负重、机动能力的技术。参见 exoskeletal robot(外骨骼机器人)。

exoskeleton-based therapy robot　基于外骨骼的治疗机器人　是一种增强人体机能的可穿戴设备，能帮助无法依靠自身肌肉力量完成肢体动作的患者完成运动，以及协助患者完成恢复肌体运动能力的康复训练。参见 exoskeletal robot(外骨骼机器人)。

expectation maximization (EM) algorithm　期望最大化算法　是一类通过迭代进行极大似然估计的优化算法，通常作为牛顿迭代法的替代用于对包含隐变量或缺失数据的概率模型进行参数估计。

expert consultation system　专家咨询系统　指利用现代电子技术，把有关专家对某一方面问题的意见，成果、思想等输入计算机而形成的信息库以提供参考的系统。

expert control system　专家控制系统　指具有模拟专家智能的功能，采用人工智能专家系统中的知识表示及推理技术与控制理论及技术相结合的方法设计的控制系统。这类控制系统包括：① 用于直接控制生产过程的直控型专家控制器。② 用于与常规控制器，调节器相结合，组成对生产过程或被控对象进行间接控制的专家控制器。③ 用于解决大系统及复杂系统中多种功能的多级专家控制系统。④ 具有拟人的自学习功能和自学习控制系统。

expert system　专家系统　(1) 一种基于知识的计算机程序系统。它能模拟专门领域中专家求解问题的能力，对所面临的问题做出专家水平的结论。专家系统有四个主要特征：实用性，取决于知识库的完善程度；可用性，获取知识和维护知识库的能力；高效性，取决于知识库能否良好地表示知识；透明性，要求系统不但提供解答，还能显示出推理过程。(2) 存储与特定领域有关的知识以形成数据库，该数据库有专门软件存取和处理。该系统可以用于按病人症状诊断病情等。

explanation-based generalization　基于解释的泛化　指通过解释为什么训练示例是所学概念的成员，从单个示例推广的能力。比较 explanation-based learning (基于解释的学习)。

explanation-based learning (EBL)　基于解释的学习　指运用已知相关领域的知识及训练实例，对某个目标概念进行学习，并通过后继的不断练习，得到目标概念的一般化描述。比较 explanation-based generalization (基于解释的泛化)。

exploding gradient problem　梯度爆炸问题　指在深层网络或递归神经网络中，误差梯度在更新中累积得到一个非常大的值，从而大幅度更新网络参数，导致网络不稳定的现象。当梯度爆炸发生时，网络层之间反复乘以大于 1.0 的梯度值使得梯度值成倍增长。

exploration　探索　指移动机器人的自主探索，最主要的任务是确定机器人下一步的期望运动位置，最终得到全局范围内最短无碰撞路径并获取最多未知正确环境信息。与传统的路径规划相比，自主探索并不是简单的使机器人到达某一特定的目标点，而是要使得机器人不断地到达一系列的目标点以便能够获取整个未知环境信息。在探索过程中，机器人要解决三个最主要关键技术问题：① 如何根据传感器的信息产生一系列的目标观测点；② 机器人如何从当前所在的位置运动到新的目标观测点；③ 机器人如何对获得的传感器信息进行处理以构建所需的环境地图。

exponential decay model　指数衰减模型　指一种和指数增长模型密切相关的模型。这种模型的变量从某一初始值该书衰减，其衰减率正比于当前值。比较 exponential growth model (指数增长模型)。

exponential distribution　指数分布　指一种连续概率分布。指数分布的一个重要特征是无记忆性，可以用来表示独立随机事件发生的时间间隔。

exponential growth model 指数增长模型 指模型的变量从某一初值开始增长,其增长率正比于当前值的模型。比较 exponential decay model(指数衰减模型)。

exponentially stable 指数稳定 指一个系统的状态(或偏差)随时间变化以指数速度收敛到期望值(或零)的特性。

exponential smoothing 指数平滑法 是一种使用加权移动平均的预测技术,将最大的权值赋予最近的数据,并且较早的数据按照期限以等比数列规则打折扣。

extended Kalman filter (EKF) 扩展卡尔曼滤波器 是对卡尔曼滤波器的一种改进,将只适用于线性系统的卡尔曼滤波理论进一步应用到非线性领域。扩展卡尔曼滤波的基本思想是将非线性系统线性化,然后进行卡尔曼滤波,因此扩展卡尔曼滤波器是一种次优滤波。

extended Kalman filter (EKF) localization 扩展卡尔曼滤波定位 指用扩展卡尔曼滤波器作为位姿估计的方法,对机器人进行定位。定位过程分为预测与更新两个阶段,在预测阶段,通过运动模型预测机器人状态,并结合处理噪声和运动模型转移矩阵计算预测过程中的预测误差矩阵,在更新阶段,计算卡尔曼增益,实用观测信息更新预测信息,从未得到新的位姿估计。

external force sensing 外力感知 指在下列情况下对外力和力矩的感知:①测量物体的重量。②检查夹持器或被夹持的物体是否接触环境中的物体或障碍物。③在插入之类的作业中物体搬运控制时需要的接触点的信息。

external grasp 外抓取 指作用在物体外表面的抓握操作。比较 internal grasp(内抓取)。

external guidance 外部制导 指由导弹以外的指挥站控制导弹飞行的一种制导系统。

external perturbation 外部摄动 指引起被控量发生不期望变化的各种外部因素。参见 perturbation(摄动)。

exteroceptive sensor 外感受传感器,外传感器 指用于测量机器人所处环境状态或机器人与环境交互状态的机器人传感器,如:全球定位系统、视觉传感器、距离传感器、力传感器等。参见 heteroceptive sensor(外感受传感器,外传感器)。

extravehicular activity (EVA) 舱外活动 也称太空出舱活动,是宇航员在离开地球大气层后于太空飞行器外所做的工作。

eye point distance 视点距离 在计算机视觉中,指相机光心到成像平面的距离。

eye-in-hand camera 手眼相机,眼在手上的相机 指固定在机械臂上随着机械臂一起运动的相机。比较 eye-to-hand camera(固定相机,眼在手外的相机)。

eye-in-hand visual servoing 手眼视觉伺服,眼在手上的视觉伺服 指手眼相机自动地接收一个真实物体的图像，通过图像反馈的信息，让机器系统对机器做进一步控制或相应的自适应调整的行为。比较 eye-to-hand visual servoing（眼在手外的视觉伺服）。

eye-to-hand camera　固定相机，眼在手外的相机　指不在机械臂上，而是机械臂在相机视野中的视觉传感器。比较 eye-in-hand camera（手眼相机，眼在手上的相机）。

eye-to-hand visual servoing　固定相机，眼在手外的视觉伺服　指通过手在眼外的相机自动地接收一个真实物体的图像，通过图像反馈的信息，来让机器系统对机器做进一步控制或相应的自适应调整的行为。比较 eye-in-hand visual servoing（手眼视觉伺服，眼在手上的视觉伺服）。

F

F

face recognition　面部识别　指使用通用的相机作为获取识别对象的信息的过程。以非接触的方式获取被识别的人的面部图像，计算机系统在获取图像后与数据库图像进行比对后完成识别过程。

facial expression　面部表情　指通过眼部肌肉、颜面肌肉和口部肌肉的变化来表现各种情绪状态。

failure control　故障控制　(1) 在计算机安全中，使用检测的方法，提供安全、柔性地从信息系统的硬件或者软件故障中恢复的功能。(2) 在信息系统中，用于查出硬件和软件故障，并提供恢复故障保护或故障弱化的方法。

failure detection　故障检测　利用各种检查和测试方法，发现系统和设备是否存在故障的过程。

failure prediction　故障预测　指一种预先确定某些部件或设备的失效期的技术。借助此技术可以在失效前更换部件或设备，从而提高系统的平均故障间隔时间。设备或部件从正常到失效之间通常都有一个过渡时期。这个时期的部件在正常条件下能正常运行，在强化条件下就不能正常运行。采取某些措施(如电压或电源的拉偏测试)就能测出进入过渡时期的部分。

failure rate　故障率　(1) 指失效数与给定测量单位的比例。例如，每单位时间内的失效次数，若干次事务处理中的失效次数，若干次计算及运行中的失效次数。(2) 指机器设备在一段时间内出现故障的时间与总时间之比。它是设备可靠性的一种量度，可用来估计设备的平均寿命。

false action　误动作　指系统在运转时，因元件故障或程序错误等作出的不合理的操作。

false negative　假阴性　指某(些)个正样本被模型预测为负，导致判断为假的错误情况，或称为漏报。比较 false positive(假阳性)。

false positive　假阳性　指某(些)个负样本被模型预测为正导致判断为真的错误情况，或称为误报。比较 false negative(假阴性)。

FastSLAM　快速同时定位与建图，快速 SLAM　是同时定位与建图领域的一类重要的基于滤波器的方法，采用粒子滤波理论估计机器人的轨迹，使粒子向后验概率高的区域运动，提高了估计精度；同时，该方法可以在对数于特征数量的时间内实现解算，有效降低了计算复杂度。参见 SLAM(同时定位与建图，即时定位与地图构建，同步定位与地图构建)。

fault tolerant control **容错控制** 指无论机组在何种工况下运行，当机组频率、导叶接力器或水头等反馈信号出现故障时，调速器均应能继续自动调节和工况转换控制，继续维持机组自动运行，且不允许危及机组运行安全。

FDM **熔融沉积成形技术** fused deposition modeling 的缩写。

feasible direction method **可行方向法** 指求解非线性规划问题的一类方法。设为当前的可行迭代点，该方法要求沿处的每个可行下降方向对目标进行一维搜索生成。梯度投影法、既约梯度法等都属于可行方向法。

feature coding **特征编码** 指对特征的量化处理，将其从一种形式转化为另一种形式。

feature detection **特征检测** 是计算机视觉和图像处理中的一个概念。指使用计算机提取图像信息，决定每个图像的点是否属于一个图像特征。特征检测的结果是把图像上的点分为不同的子集，这些子集往往属于孤立的点、连续的曲线或者连续的区域。

feature frame **特征帧** 指包含特征信息的一组数据。

feature Jacobian **特征雅克比(矩阵)** 是将某一构型下机械臂的关节速度映射为特征点运动的矩阵，是一阶偏导数以一定方式排列成的矩阵，它的重要性在于其体现了一个可微方程与给出点的最优线性逼近，类似于多元函数的导数。

feature matching **特征匹配** 指通过计算对象的特征描述子和描述子的相似性测度来判断两个对象的相似程度的方法。

feature selection **特征选择** 指当一类特征的数量很大，用计算机处理时需要花费很多时间，而且由于这些特征的抽取往往不精确，带来一定误差时，通过对这些特征做进一步选择，设法去掉一些误差，而又保留原来特征中的信息的过程。

feature space **特征空间** 指在模式识别中，通过特征抽取可以得到 n 个特征值，这 n 个特征值可以看成是一个 n 维空间中的特征向量，所有可能的向量构成一个空间，称为特征空间。特征空间中每一点对应一个特征向量，相应地对应一个输入样本。

feedback **反馈** (1) 指被控制的过程对控制机构的反作用，这种反作用影响这个系统的实际过程或结果。(2) 指部分信号从双端口网络输出端向输入端的回传，或从传输通道上的一点向途中已通过的一点的回传。反馈分为正反馈和负反馈，负反馈衰减不利的偏差，而正反馈放大该偏差。

feedback control **反馈控制** 指将一部分输出信号送回输入端，并与设定的基准值进行比较，把比较获得的误差信号放大，对执行机构实行控制的方法，如果反馈调整适当，可在工作条件波动的情况下，将控制始终保持在最佳状态，以达到期望的效果。

feedback control system **反馈控制系统** 是基于反馈原理建立的自动控制系统，根据系统输出变化的信息来进行

F

控制,即通过比较系统行为(输出)与期望行为之间的偏差,并消除偏差以获得预期的系统性能。在反馈控制系统中,既存在由输入到输出的信号前向通路,也包含从输出端到输入端的信号反馈通路,两者组成一个闭合的回路。因此,反馈控制系统又称为闭环控制系统,反馈控制是自动控制的主要形式。参见 feedback control(反馈控制)。

feedback factor　反馈系数　是一个装置中的输出返回到输入端并与输入信号结合的百分比,用输入或输出信号的幅度和相位来表示。如果反馈信号没有相移或者相移可以忽略,那么反馈为正。如果相移为 180°,反馈为负。

feedback image　反馈图像　对系统施加控制时,用于反馈的相机传感器拍摄的图像。

feedback linearization　反馈线性化　指将状态方程线性化,而且输出方程也线性化。通过状态的非线性变换和非线性状态反馈将原非线性系统变换成状态方程及输出方程均为线性的可控可观系统,建立输出与输入之间的线性微分关系,然后利用线性控制方法来构造控制器。

feedback loop　反馈回路　指通过将系统输出的一部分作为输入来校正或控制系统时所涉及的系统的组成部分或处理过程。

feedback motion planning　反馈运动规划　指将规划和反馈结合到单个运动策略中的规划,规划器考虑全局信息计算反馈运动规划避免局部最小值。这样的反馈运动规划可以解释为潜在的函数或矢量场,其梯度将使机器人从状态空间的任何可到达部分引导到目标状态。

feedback ratio　反馈比　是反馈通路的一种特性。指反馈到系统输入端的量与输出到反馈通路的量之比。

feedback regulator　反馈调节器　是一种用来维持某些系统信号与其他物理量之间相互关系的反馈控制系统。调节器中的某些系统信号为可调参考信号。

feedback system　反馈系统　是将系统的结果或输出信息采集、处理,然后送回输入端并据此调整系统行为的系统。由于信息流通构成闭合环路,它亦称为闭环系统。反馈作用常用于检测信号偏差及对象特性的变化,并依此来控制系统行为及消除误差。它又称为反馈控制或按误差控制的系统。

feedforward compensation　前馈补偿　指通过观察情况、收集整理信息、掌握规律、预测趋势,正确预计未来可能出现的问题,提前采取措施,将可能发生的偏差消除在萌芽状态中,为避免在未来不同发展阶段可能出现的问题而事先采取的措施。

feedforward control　前馈控制　指将一个或多个对被控变量的状态有影响的信息转换成反馈回路以外的附加,一般用于抑制扰动,通过检测扰动量,调整控制输入。前馈与反馈的不同在于,反馈控制是在偏差之后根据偏差的大小调整控制输入以抑制偏差,前馈是在系统出现偏差前,即根据扰动的大小调整控制输入，从而达到抑制偏差的效果。前馈控制往往要求对系统进行精确建模。

feedforward network 前馈网络 （1）一般指前馈神经网络或前馈型神经网络。它是一种最简单的神经网络，各神经元分层排列。每个神经元只与前一层的神经元相连。接收前一层的输出，并输出给下一层，各层间没有反馈。（2）是一种在通信卫星业务中与丙类放大器联用的外联失真抑制网络。在失真放大器之前和之后对信号进行采样，以获得误差信号。在放大器输出之后，对误差信号进行处理和组合，通过抵消公共误差项提供无失真的信号。

FEM 有限元法 finite element method 的缩写。

ferromagnetism 铁磁性 指一种材料的磁性状态，具有自发性的磁化现象。物质中相邻原子或离子的磁矩由于它们的相互作用而在某些区域中大致按同一方向排列，当所施加的磁场强度增大时，这些区域的合磁矩定向排列程度会随之增加到某一极限值的现象。

FES 功能性电刺激 functional electric stimulation 的缩写。

fiber optic 光纤，光纤维 是一种由玻璃或塑料制成的纤维，可作为光传导工具。传输原理是光的全反射。

fiber optic gyroscope（FOG） 光纤陀螺仪，光纤陀螺 指可以感受方向的变化并实现传统机械陀螺仪功能的装置。光纤陀螺仪提供了非常精确的转动信息，它对轴间振动，加速度与冲击不敏感，相比传统的惯性自旋陀螺仪，FOG 没有运动部件，不依赖于运动惯性，表现可靠，因此应用于高性能航天航空领域中。

fiber optics 光纤学 是研究光在光学纤维中的传输特性、光学纤维的制作技术及其应用的光学分支。

field control （磁）场控制 指仅改变激磁电压以控制直流伺服电动机运动的控制方式。

field of view（FOV） 视野 是图像在可见区域中的内容，由使用的原语定义。

field robot 野外机器人 是在野外动态的非结构化环境中运行的移动机器人。这种类型的机器人不是传统意义上被编程执行重复性任务的机器人，它们在不同的环境和条件下工作，具有自适应的能力。野外机器人经常执行对人类来说太费力或危险的任务。随着技术的进步，它们可以执行诸如排雷、巡逻、拆弹等任务。

field robotics 野外机器人学[技术] 指在野外环境下，研究机器人展开非重复性工作和客观感知，在任意和动态环境下实现自我导航并确保自身安全的技术。参见 field robot（野外机器人）。

filter discrimination 滤波区分能力 指滤波器滤除噪声的能力，与该滤波器的频率响应曲线有关。

find-landmark 地标寻找 指在机器人的同时定位与建图过程或者定位过程中对路标的搜索过程。

fine motion planning 精细运动规划 指针对某些对精度要求很高的任务

所进行的高精度的运动规划。

finger （机器人）手指 指模仿人类手指，固定在机器人手掌上的运动链结构。

fingerprint image 指纹图像 手指表皮上突起的纹线。指纹识别即指通过比较不同指纹图像的细节特征点来进行鉴别，涉及图像处理、模式识别、计算机视觉、数学形态学、小波分析等众多学科。

F

fingertip force sensor 指尖力传感器 指机器手指尖具有高敏感度的力传感器，用于模拟人类的触觉。

fingertip tactile sensor 指尖触觉传感器 指模拟人的触觉，进行仿生学研究，以达到探测物体的外形尺寸、表面粗糙度、形状及姿态，预测运动路径，控制速度及机械手的握力的传感器。参见 haptic sensor（触觉传感器）。

finite automaton 有限自动机 是一种有限状态转换的数学模型。一个有限自动机可形式化为一个五元组：$M=(Q, \Sigma, \theta, q, F)$，式中 Q 为有限集，称为内部状态集；Σ 为有限集，称为输入字符表；$q \in Q$ 为初始化状态；F 为接受状态集；θ 为状态转换函数。当 θ 为 $Q \times \Sigma \rightarrow Q$ 的映射时，称 M 为确定型有限自动机；当 θ 为 $Q \times \Sigma \rightarrow 2^Q$ 的映射时，亦即后继状态可能有多种选择时，称 M 为非确定型有限自动机。已证：非确定型有限自动机所接受的语言类与确定型有限自动机相同。该语言类就是正则语言类。

finite element method（FEM） 有限元法 是解决工程和数学物理问题的一种数值方法，也被称为有限元分析。典型的问题领域包括结构分析、传热、流体流动、质量传输和电磁势。这些问题的解析解一般都是偏微分方程边值问题的解。将一个大问题分解成更小更简单的部分，称为有限元。将这些有限元素建模为简单方程，然后组成一个更大的方程组，用来模拟整个问题。有限元方法利用变分方法，通过最小化相关误差函数以求得问题的近似解。是一种高效能、常用的数值计算技术。在科学计算领域，常常需要求解各类微分方程，而许多微分方程的解析解一般很难得到，使用有限元法将微分方程离散化后，可以编制程序，使用计算机辅助求解。

finite element model 有限元模型 指用有限元分析建立的，将实体结构分析因素分解成离散元素数组的数学模型。

finite-state automaton 有限状态自动机 是表示有限个状态以及在这些状态之间的转移和动作等行为的数学模型。参见 finite-state machine（有限状态机）。

finite-state machine（FSM） 有限状态机 （1）也称“有限状态自动机”或简称“状态机”，是表示有限个状态以及这些状态之间的转移和动作等行为的数学模型。有限状态机由一组状态，一个初始状态，输入和根据输入及现有状态转换为下一个状态的转换函数组成。有限状态机是在自动机理论和计算机理论中研究的一类自动机。在计算机科学中，有限状态机广泛应用于建模应用行为，硬件电路系统设计、软件工程、编译器、网络协议和计算机语言的研究。(2) 指输出取决于过去输入部分和当前输入部分的时序逻辑电路，一般来说，除了输入部分和输出部分外，有限状态机还含有一组具有“记忆”功能的寄存器。这些寄存器的功能是记忆有限状态机的内部状态，它们常被称为状态寄存器。在有限状态机中，状态寄存器的下一个状态不仅与输入信号有关，而且还与该寄存器的当前状态有关，因此有限状态机又可以认为是组合逻辑和寄存器逻辑的一种组合。参见 finite-state automaton(有限状态自动机)。

fire-fighting robot　灭火机器人，消防机器人　指用于灭火的机器人，常被部署于公共场所或者消防单位，自主或协助灭火。此类机器人可以在动态、非结构化环境中根据条件的改变作出适应性的反应。

fisheye lens　鱼眼镜头　是一种焦距为 16 mm 或更短的并且视角接近或等于 180°的镜头。这种镜头的前镜片直径很短且呈抛物状向镜头前部凸出，与鱼的眼睛颇为相似，“鱼眼镜头”因此而得名。鱼眼镜头属于超广角镜头中的一种特殊镜头，它的视角力求达到或超出人眼所能看到的范围。

fitness function　适应度函数　指一种特殊类型的目标函数，用来概括一个给定的设计方案如何达到既定目标。特别是在遗传编程算法(GP)和遗传算法(GA)领域，每个设计解决方案通常都表示为一串数字(称为染色体)。在每一轮测试或模拟之后，删除 *N* 个最差的设计方案，并从最好的设计方案中选择出 *N* 个新的解决方案。因此，每一个设计解决方案都需要授予一个品质因数，以表明设计方案接近整个规范的程度，这个品质因数是通过将适应度函数应用于测试或模拟，然后从该解决方案获得的结果中生成的。

fixed-wing aircraft　固定翼飞机　是一种飞行器，简称定翼机，指由动力装置产生前进的推力或拉力，由机身的固定机翼产生升力，在大气层内飞行重于空气的航空器。固定翼飞机的机翼不一定是刚性的。另一种没有动力固定翼航空器是滑翔机。比较 flapping robot(扑翼机器人)。

flapping dynamics　扑翼动力学　指扑翼飞行过程中，在翼上施加的力与翼运动的关系。

flapping flight　扑(翼)飞行　指通过机翼主动运动产生升力和前进动力的飞行方式。参见 flapping-wing flight(扑翼飞行)。

flapping frequency　扑翼频率　指在扑翼飞行过程中，机翼运动的频率。

flapping robot　扑翼机器人　指像鸟一样通过机翼主动运动产生升力和前行力的飞行器。比较 fixed-wing aircraft(固定翼飞机)。

flapping-wing flight　扑翼飞行　指通过机翼主动运动产生升力和前行力的飞行方式。参见 flapping flight[扑(翼)飞行]。

F

flapping-wing unmanned aerial vehicle (FL-UAV) 扑翼无人机 指机翼能像鸟和昆虫翅膀那样上下扑动的重于空气的无人机。

flash lidar 泛光激光雷达 指具有 2D 探测器阵列(也称为类似于相机成像器的焦平面阵列,但其中每个像素包含用于测量激光脉冲的 TOF 的定时电路)且光源脉冲的形状不是单个或多个激光束,而是覆盖大面积。所有像素都在脉冲启动时启动定时器,并测量接收反向散射光所需的时间的一种激光雷达。

flexibility 灵活性;柔性,挠性 (1)是良好程序应具备的特性之一,即程序易于修改、扩充和改进的性能。程序经常被修改,使之更有价值。因为用户对程序的要求不是一直不变的,总是不断要求对程序进行修改、扩充和改进。这就要求在修改程序时,能够清晰地知道应该考虑哪些有关的部分,以免盲目到处搜索,在编制程序时就应该考虑这些要求。(2)指物体受力后变形,作用力失去后物体自身不能恢复原来形状的一种物理性质。

flexible automation 柔性自动化 是机械技术与电子技术相结合,即机电一体化的新一代自动化,它的加工程序是灵活可变的,也称可变编程自动化。

flexible gearing 挠性传动装置 指利用挠性体传递运动的装置。通常由两个或多个传动轮和中间环形挠性件组成,通过挠性件在传动轮之间传递运动和动力。根据挠性件的类型,挠性传动主要有带传动、链传动和绳传动,其传动轮分别为带轮、链轮和绳轮,挠性件分别为传递带、传递链和传动绳。按工作原理分为摩擦型传动和啮合型传动。对于摩擦型传动,工作前挠性件即以一定的张紧力张紧在传动轮上,工作时靠挠性件与传动轮接触的摩擦力传递运动和动力;啮合型传动靠特殊形状的挠性件与传动轮轮齿相互啮合传动。

flexible joint 柔性关节 指由于传动装置的特殊结构造成驱动器输出位移与所驱动连杆位移之间具有时变偏差的关节。工业机器人中出现柔性关节大多因为使用了皮带传动、线驱动、谐波减速器、摆线齿轮等,为控制增加了难度。在一些机器人中也会故意使用柔性关节来达到安全的人机交互,或得到更自然的运动特点。

flexible link 柔性连杆 指刚度较低的连杆,在运动时由于形变同时具有动能和弹性势能,很容易出现振荡,大大复杂化了对机器人的运动控制。

flexible manufacturing system (FMS) 柔性制造系统,柔性生产系统 指对应于产品的多样化,尽量不用人工而用计算机实现多级控制,以适应多品种小批量生产的一种高级自动化生产系统。系统的中央计算机执行加工零件的程序和调度统计等管理功能,每台机床可实现单独的计算机控制,其中任何一台计算机发生故障时,不会对整个控制系统产生致命的影响。系统在计算机接到按照生产工艺分类及种类数目的报告后,即自动模拟生产计划、安排生产工序、计算加工时间、排列生产路线。该系统可自动生产一组组不同的零件，以实现无人生产。这种系统能够较为容易地适应零件形状与数量的变化，产品设计的变更，并能够显著提高产品质量。

flexible robot **柔性机器人** （1）指可重新编程或者能完成多种任务的机器人。（2）指模拟生物的柔性与灵活性创造的仿生机器人。此类机器人具有自由度多、可变形性和能量吸收特性等特点，对环境具有较强的适应性。自由度多使得机器人能够在复杂的空间环境下进行灵巧的运动；可变形性使机器人能够完成多种任务；能量吸收特性能够减轻碰撞所产生的作用力，提高安全性。（3）指含有柔性关节或柔性连杆的机器人。

flight dynamics **飞行动力学** 是研究飞行器在空中的运动规律及总体性能的科学。研究飞行动力学的目的在于为飞行器的研制和使用从基本原理和性能分析技巧方面提供理论基础。

flight simulator **飞行模拟器** （1）用来模拟飞行器飞行的机器。如模拟飞机、导弹、卫星、宇宙飞船等飞行的装置，都可称为飞行模拟器。它是能够复现飞行器及空中环境并能够进行操作的模拟装置。（2）用来模拟飞行器飞行且结构比较复杂功能比较齐全的装置。如果其结构为比较简单且功能较少的飞行模拟装置，则称为飞行训练器。

FLIR **前视红外仪** forward looking infrared 的缩写。

flocking **群集** 指鸟类成群觅食或飞行时表现出来的行为，与鱼类的浅滩行为、昆虫的蜂群行为和陆生动物的群体行为有相似之处。从数学建模者的角度来看，群集是大量自推进实体的集体运动，是由个体遵循的简单规则引起的涌现行为，并且不涉及任何中央协调。

FL-UAV **扑翼无人机** flapping-wing unmanned aerial vehicle 的缩写。

fluid dynamics **流体动力学** 指研究流体（包含气体、液体及等离子体）现象以及相关力学行为的科学。它的子学科包括空气动力学和液体动力学。它在预测天气、计算飞机所受的力和力矩、输油管线中石油的流率、交通工程等方面有很大的应用。

fluxgate sensor **磁通门传感器** 指利用被测磁场中高导磁铁芯在交变磁场的饱和激励下，其磁感应强度与磁场强度的非线性关系来测量弱磁场的一种传感器。

fMRI **功能性磁共振成像** functional magnetic resonance imaging 的缩写。

FMS **柔性制造系统，柔性生产系统** flexible manufacturing system 的缩写。

FOG **光纤陀螺仪，光纤陀螺** fiber optic gyroscop 的缩写。

foil gauge **箔式应变计** 是一种金属箔刻蚀成形的应变计，敏感栅在厚度 0.002～0.005 mm 之间。制造时将用紫铜等材料制成的敏感栅黏在作为临时基底的框架上，使用时用黏结剂将敏感栅固定在构件上，然后将临时基底去掉。这种应变计多用于测量高温条件下的应变,适用于测量单向应变。

follower 跟随者 在基于领航者-跟随者的编队控制方法中,往往定义一个或多个领航者,其他机器人为跟随者,通过保持跟随者和领航者之间的相对位置和姿态,来实现编队控制。参见 formation control(编队控制)。

following-up system 随动系统 指连续跟踪并测量运动目标轨迹参数的系统,可提供运动目标的空间定位、姿态、结构行为和性能,是运动目标的多功能和高精度的跟踪和测量手段。

follow-up control 随动控制 输入信号是随时间任意变化的函数,要求系统的输出信号紧紧跟随输入信号的变化。控制的任务时提高系统的跟踪能力,克服系统中的惯性时滞因素,使输出信号能跟随难以预知的输出信号的变化。

foraging behavior 觅食行为 指自然界蚁群、鸟群等觅食行为的一项基准群体行为。觅食行为包括生物体能获取和利用能量和营养源的所有方法。包括在环境中定位、存储和消耗资源。部分优化算法受到了动物觅食行为的启发,例如蚁群优化理论的原理就是蚁群能够在食物源与巢穴之间通过间接的交流和合作寻找到觅食的最短路。蚁群觅食模型也可以用来解决移动机器人系统的路径规划问题。

force closure 力封闭 指任务扭矩空间能够传递任意力和力矩给被操作物体,并且能补偿任意外部干扰的性质。

force closure grasp 力封闭抓取 指机械手抓取物体时,所有接触点能够对物体施加任意方向的力和力矩。参见 force closure(力封闭)。

force compliance control 力柔顺控制 指机器人利用力反馈信息并采用一定的控制策略去控制机器人与环境的接触力,使机器人具有柔顺性。

force constraint 力约束 指的是所分析的目标物体受到的外力约束。

force control 力控制 指在机器人应用领域(装配、研磨、去毛刺等)中,为了达到控制机器人末端执行器与环境的接触力的目的而使用的控制策略。力控制包括通过对运动控制系统末端执行器期望姿态施加动作而控制接触力的间接力控制;通过引入外力调节反馈回路来达到准确控制接触力的直接力控制。

force equilibrium 力平衡 在力学系统里,力平衡是系统受的合力和力矩为零,其保持静止,或匀速直线运动,或绕轴匀速转动的状态。

force feedback 力反馈 (1) 采用电信号或液压信号来控制机器人末端装置的传感方法。(2) 在虚拟现实系统中进行操作时,向深部感觉提供动作时的反作用力信息的过程。

force feedback control 力反馈控制 指在控制机器人与环境的接触力时,通过加入外力调节反馈回路来达到准确控制接触力的控制策略。参见 force feedback loop(力反馈回路)。

force feedback loop 力反馈回路 指

通过将力传感器输出的一部分作为输入来校正或控制系统时所涉及的系统的组成部分或处理过程。参见 feedback loop(反馈回路)。

force manipulability ellipsoid　力可操作性椭球　指用于度量机械臂处于给定状态时,能够由给定的关节力矩集合生成的末端执行器力的指标。参见 manipulability ellipsoid(可操作性椭球)。

force reflecting teleoperation　力反射遥操作　指在遥操作中,从手通过力反馈将与环境的接触力反馈到主手,使操作者感受到与环境的真实接触。参见 telemanipulation(遥操作)。

force sensing　力感知　指的是对力的感知能力。在机器人学中,通常使用力传感器来测量力的大小。例如通过安装在手腕上的六轴力/力矩传感器能够测量由机器人施加在其手腕上的力和力矩。

force sensing resistor (FSR)　力敏电阻　是一种能将机械力转换为电信号的特殊元件,它是利用半导体材料的压力电阻效应制成的,即电阻值随外加力大小而改变。主要用于各种张力计、转矩计、加速度计、半导体传声器及各种压力传感器中。

force sensor　力传感器　指将力的量值转换为相关电信号的器件。力传感器能检测张力、拉力、压力、重量、扭矩、内应力和应变等力学量。

force sensor calibration　力传感器标定[校准]　指通过实验建立传力感器输入量和输出量之间的关系,同时也确定出不同使用条件下的误差关系。一般包括以下步骤:检验、矫正、报告或通过调整来消除被比较的测量装置在准确度方面的任何偏差。

force transducer　力传感器　同 force sensor(力传感器)。

force vector　力向量　指用于描述力的大小与方向的向量。

forced vibration　受迫振动　指振动系统在周期性的外力作用下,其所发生的振动,也称强迫振动。

fore arm　前臂　指灵长类动物臂或前肢的肘与腕之间的部分,手关节的前部。除了肢体前臂,另在习惯上也将一类机械操纵杆的手柄部分代称为前臂。

foreground-background segmentation　前景背景分割　指将图像中感兴趣目标从背景中分割出来的过程。它的应用包括视频监控、光学运动捕捉、人机交互、基于内容的视频编码、交通监控、实时动作手势识别等。

forestry automation　林业自动化　指使用自动化设备和方法对林业进行管理。例如在现代化木材采伐中使用伐木机进行树木的砍伐作业、剥皮作业和枝丫清除作业。在农林业中使用嫁接机器人进行种苗木培育作业。在木材加工行业使用林业加工机器人实现各种木材的加工,大大提高了木材加工的效率。

forestry robot　林业机器人　指可用于林业作业的机器人。常见的林业机器人有:伐木机器人、嫁接机器人、林业加工机器人、林业特种机器人、林木球果采集机器人、新型智能伐木机器人等。参见 forestry automation(林业自动化)。

forestry robotics　林业机器人学[技术] 研究林业机器人的学科。目前林业机器人已经在种苗、移栽、果实收割、林产品精深加工和灾害防治等几乎所有农林业作业领域都有研究。参见 forestry robot(林业机器人)。

formation　编队,队形;形成 (1) 指多机器人或多智能体协作时所有的机器人或智能体在运动的同时保持队形不变或者根据环境约束改变具体队形形状。(2) 指通过一种或多种事物的发展变化而导致另一种或多种事物产生或者变化的某种情况。

formation control　编队控制 是研究机器人系统在行进的过程中,既遵循一定的队形约束,又适应当前工作环境的约束的控制技术。其研究内容可分为以下 3 个方面:① 固定队形完全保持。适合于对机器人之间的位置有非常严格要求的任务,此时,机器人之间的相对位置关系应当绝对不变。② 固定队形不完全保持。任务允许机器人在运动中由于环境因素等原因偏离自己的理想队形位置,偏离后机器人系统会努力尽快恢复原先队形。③ 可变队队形中切换,例如队形可以平移、旋转以及扩展、收缩等。目前多机器人编队方法主要包括跟随领航者法、基于行为法、人工势场法、虚拟结构法、图论法和模型预测控制方法等。参见 formation(编队)。

forward differential kinematics　正(向)微分运动学 指已知关节速度、加速度求解末端速度、加速度。参见 differential kinematics(微分运动学),比较 inverse differential kinematics(逆微分运动学)。

forward dynamics　正向动力学,正动力学 研究解决机器人末端执行器在初始位置和初始速度已知的情况下对于不同关节力或者力矩的反应,即给定关节力和力矩,求解机器人的运动。比较 inverse dynamics(逆动力学)。

forward instantaneous kinematics　正向瞬时运动学 同 forward differential kinematics(正向微分运动学)。

forward Jacobian matrix　正向雅各比矩阵 指将机器人关节空间的速度转换成笛卡尔空间中末端速度的转换矩阵。参见 forward differential kinematics(正向微分运动学)。

forward kinematics　正向运动学,正运动学,运动学正解 即给定机器人各关节变量,计算机器人末端的位置姿态。参见 direct kinematics(正运动学),比较 inverse kinematics(逆运动学)。

forward kinematics model　正向运动学模型,正运动学模型 描述正向运动学的模型即为正运动学模型。参见 forward kinematics(正向运动学)。

forward looking infrared (FLIR)　前视红外仪 指具有高光学分辨力的高速扫描热像仪。

forward static analysis　正向静力分析 指将机器人各关节所受的力矩转换到笛卡尔空间中末端受力的静力分析。

forward statics　正向静力学 它研究

处于静态平衡时的机器人各关节所受的力矩与机器人末端所受的力之间的关系。即给定机器人各关节所受的力矩,分析机器人末端的受力。

four-bar linkage　四连杆结构　指可移动闭合链环。是由平面铰链四连杆机构为基本型,演化而成的各类四连杆机构。如曲柄摇杆、双曲柄、双摇杆机构等。

Fourier integration　傅里叶积分　指通过先求解原函数的傅里叶变换的积分,然后再利用莱布尼茨公式求出原函数的积分。参见 Fourier transformation(傅里叶变换)。

Fourier transformation　傅里叶变换　是一种线性积分变换,用于信号在时域(或空域)和频域之间的变换,在物理学和工程学中有许多应用。因其基本思想首先由法国学者约瑟夫·傅里叶系统地提出,所以以其名字来命名以示纪念。实际上傅里叶变换就像化学分析,确定物质的基本成分;信号来自自然界,也可对其进行分析,确定其基本成分。经傅里叶变换生成的函数称作原函数的傅里叶变换。

four-legged walking　四腿步行　指利用四个腿足进行的仿生行走方式。四腿步行机器人运动灵活、稳定性好,既有超于两足机器人的平稳性,又避免了六足机器人机构的冗余和复杂性,在抢险救灾、排雷、地理探险等方面具有良好的应用前景。参见 legged robot(腿式机器人)。

FOV　视野　field of view 的缩写。

fractal　分形;分形(机器人)　(1) 指一个粗糙或零碎的几何形状,可以分成数个部分,且每一部分都(至少近似地)是整体缩小后的形状。(2) 指分形机器人,是一种由电动立方砖制成的新型机器人。这些立方体电动砖可在计算机控制下移动以改变形状。它的主要应用包括:消防、地震救灾、桥梁施工、防御技术、空间应用、医疗应用等。

frame　帧;坐标架,坐标系　(1) 用作视频数据的一个术语,称为帧。它表示一整幅由规定的扫描行组成的信息图像。(2) 对于一个 N 维系统,能够使每一个点和一组(N 个)标量构成一一对应的系统被称为坐标系。它可以用一个有序多元组表示一个点的位置。一般常用的坐标系,各维坐标的数字均为实数,但在高等数学中坐标的数字可能是复数,或是其他抽象代数中的元素(如交换环)。

frame frequency　帧频　(1) 屏幕每秒钟重复显示的画面数,美国标准 NTSC(美国国家电视制式委员会)为每秒 30 帧;欧洲标准 PAL(逐行倒相制)为每秒 25 帧。(2) 网络通信中,每秒钟完成发送或接收成帧信息的数目。(3) 在动画中,指每秒钟图片更新的数量。在帧频大于每秒 14 幅时,可得到比较平滑的运动图像。

frame of reference　参考坐标系　在物理学中指用以测量并记录位置、定向以及其他物体属性的坐标系,也指与观测者的运动状态相关的观测参考系。参考系有许多种,在提到参考系时,常会在前面加上字词指定是哪一种参考系,如笛卡尔坐标系。人们也会指定参考系的属性：旋转参考系强调参考系的运动状态，伽利略参考系强调系与系之间的变换法，而宏观或微观参考系则强调参考系的尺度大小。

frame rate 帧频，帧速率 同 frame frequency(帧频)。

free frequency 固有频率 也称为自然频率。物体做自由振动时，其位移随时间按正弦或余弦规律变化，振动的频率与初始条件无关，而仅与系统的固有特性有关，称为固有频率，其对应周期称为固有周期。参见 natural frequency(自然频率)。

free gyroscope 自由陀螺仪 一般指在空间中具有三个旋转自由度的陀螺仪。

free space 自由空间 指机器人位形空间中不会与障碍物碰撞的子集。

free vector 自由向量 是与初端位置无关的矢量，其既有大小又有方向，可以四处移动而不发生本质变化。

free vibration 自由振动 作振动的系统在外力的作用下物体离开平衡位置以后就能自行按其固有频率振动，而不再需要外力的作用，这种不在外力的作用下的振动称为自由振动。理想情况下的自由振动叫无阻尼自由振动。自由振动时的周期叫固有周期，自由振动时的频率叫固有频率。它们由振动系统自身条件所决定，与振幅无关。

Frenet frame 弗勒内坐标系 描述由长度参数化的空间曲线时，对于给定的长度参数的每个值，由该长度参数在曲线上所确定的一点的切向量、法向量、副法向量所构成的坐标系被称为弗勒内坐标系。

frequency analysis 频率分析 (1) 在数学、物理学和信号处理中是一种分解函数、波形，或者信号的频率组成，以获取频谱的方法。(2) 在密码学中，指研究字母或者字母组合在文本中出现的频率。应用频率分析可以破解古典密码。

frequency changer 变频器 是应用变频技术与微电子技术，通过改变电机工作电源频率方式来控制交流电动机的电力控制设备。变频器主要由整流(交流变直流)、滤波、逆变(直流变交流)、制动单元、驱动单元、检测单元微处理单元等组成。

frequency converter 频率转换器 同 frequency changer(变频器)。

frequency divider 分频器 数字电路中分频器把输入信号的频率变成整数倍地低于输入频率的输出信号，模拟电路中分频器指将不同频段的声音信号区分开来，分别给予放大。

frequency division multiplexing telemetry system 频分多路遥测系统 按频率谱划分信道的方法构成多路传输的遥测系统。

frequency filter 频率滤波器 用于衰减输入信号中特定频率成分的一种电路。它是一种双口传输网络。由于它是用来对电信号的某一段频率进行选择的，又称频选滤波器。

frequency ratio 频率比 指单位时间内完成振动的次数，是描述振动物体往复运动频繁程度的量。

frequency response 频率响应 是当向

系统输入一个振幅不变,频率变化的信号时,系统输出端的响应。

frequency response function 频率响应函数 是被测系统的动力学特征在频域范围的描述,也就是被测系统本身对输入信号在频域中传递特性的描述。

friction coefficient 摩擦系数 指两表面间的摩擦力和作用在其一表面上的垂直力之比值。依运动的性质,它可分为动摩擦系数和静摩擦系数。

friction cone 摩擦锥 指两物体开始相对滑动的瞬间总反力以公法线为轴线旋转形成的锥体表面。

friction model 摩擦模型 指描述摩擦力与运动关系的数学模型。常见的有:① 库伦摩擦模型。库伦摩擦力的大小是由两运动物之间的接触面积来决定的,库伦摩擦与运动方向是反比的关系,但库伦摩擦会随着法向荷载的变化而发生改变,速度幅值的变化不会对库伦摩擦造成任何影响。② 黏性摩擦模型。两接触物之间流性物的黏性大小决定了黏性摩擦力的大小,两物体的运动速度和黏性摩擦是正比关系,运动物的速度值和黏性摩擦力的速度值是相等的。③ Stribeck摩擦模型。用来定义低速区域的摩擦行为,Stribeck 摩擦是稳态速度函数的一种,Stribeck 摩擦和物体运动速度是反比关系,物体运动速度增加,Stribeck 摩擦力会下降。④ Dahl模型。在 Dahl 模型中,当两物体界面没有达到最大静摩擦值之前,其摩擦界面中的接触峰会与弹簧相类似,此时在两界面中会出现预滑动位移现象。Dahl 对这一现象用微分方程进行了描述,主要是描述摩擦力和位移关系之间的变化曲线。Dahl 模型是一种连续模型,它能弥补静态模型中状态切换不连续的缺点,并运用切向柔顺性把预滑动位移带入到摩擦模型中。在机械系统中 Dahl 模型能对预滑动位移进行描述,也能对摩擦滞后进行预测,但它不能对静态摩擦力进行描述,也没有 Stribeck 效应。⑤ Lugre 模型。Lugre 模型是 Dahl 模型的扩充,同时也是连续摩擦模型,该模型运用了鬃毛模型的思想,Lugre 模型用一阶段微分方程就能对所有动态摩擦和静态摩擦进行了描述,比其他模型更能描述摩擦现象,它也比较适用于摩擦力补偿的设计和应用。Lugre 模型的缺点是不能对摩擦模型的参数进行识别。

friction stir welding (FSW) 摩擦搅拌焊接 指利用高速旋转的焊具与工件摩擦产生的热量使被焊材料局部塑性化,当焊具沿着焊接界面向前移动时,被塑性化的材料在焊具的转动摩擦力作用下由焊具的前部流向后部,并在焊具的挤压下形成致密的固相焊缝。

frictionless point contact 无摩擦点接触 指沿接触点切方向运动时不受摩擦力。

FSM 有限状态机 finite-state machine 的缩写。

FSR 力敏电阻 force sensing resistor 的缩写。

FSW 摩擦搅拌焊接 friction stir

welding 的缩写。

Froude number 弗劳德数 流体力学中表征流体惯性力和重力相对大小的一个无量纲参数,它表示惯性力和重力量级的比。

functional electric stimulation (FES) 功能性电刺激 指利用一定强度的低频脉冲电流,通过预先设定的程序来刺激一组或多组肌肉,诱发肌肉运动或模拟正常的自主运动,以达到改善或恢复被刺激肌肉或肌群功能的目的。治疗作用包括代替或矫正肢体和器官已丧失的功能与功能重建。FES 在刺激神经肌肉的同时,也刺激传入神经,加上不断重复的运动模式信息,传入中枢神经系统,在皮层形成兴奋痕迹,逐渐恢复原有的运动功能。临床应用包括上运动神经元瘫痪、呼吸功能障碍、排尿功能障碍、特发性脊柱侧弯、肩关节半脱位等。

functional magnetic resonance imaging (fMRI) 功能性磁共振成像 是一种新兴的神经影像学方式。它是一种非侵入性影像学技术,用于研究健康个体和大脑状态异常的群体的人脑功能和认知。功能性磁共振成像利用磁共振信号来检测当执行一个特定任务时神经元激活引起的血流变化。它能得以实现,是因为血液中的血红蛋白根据它是否结合氧气具有不同的磁特性。当执行特定任务时,含氧血液流入到负责该功能的脑区,而这个流入随后可用特定的 MRI 扫描仪参数检测得到。这种现象被称为血氧浓度相依对比(BOLD)效果,可以用于创建脑活动的图谱。

fundamental matrix 基础矩阵 在计算机视觉中,基础矩阵是一个 3×3 的矩阵,表达了立体像对的像点之间的对应关系,基础矩阵中蕴含了立体像对的两幅图像在拍摄时相互之间的空间几何关系(外参数)以及相机检校参数(内参数),包括旋转、位移、像主点坐标和焦距。

fused deposition modeling (FDM) 熔融沉积成形技术 是一种将各种热熔性的丝状材料加热熔化成形的方法。

fuzzy algorithm 模糊算法 指用来完成模糊推理或者模糊逻辑运算功能的一种算法。该算法首先将输入的模糊信息进行适当运算、推理或控制得到输出信息,再把此信息作为输入信息,重复前面的操作,如此反复试探和修正,而得出解来。

fuzzy clustering 模糊聚类 也叫作软聚类,是一种采用模糊数学语言对界限模糊的事物按一定的要求进行描述和分类的数学方法。

fuzzy control 模糊控制 是以模糊集合论,模糊语言变量及模糊逻辑推理为基础的计算机智能控制。该机制的输入是透过模糊化将原本 0 和 1 的资料变成 0 到 1 之间的数值,相对于原本的非零即一的二分法较接近人类的思维。在推论的过程中资料为模糊的,但透过解模糊化的步骤,可使得输出为精确值。模糊控制常用于智能运算、建构专家系统和类神经网络共同应用。参见 fuzzy theory(模糊理论)。

fuzzy controller 模糊控制器 利用模

糊控制理论设计的控制器。参见 fuzzy control(模糊控制)。

fuzzy deduction 模糊演绎 以模糊集合论为基础描述工具,对以一般集合论为基础描述工具的数理逻辑进行扩展而建立的演绎理论。

fuzzy inference system 模糊推理系统,模糊推断系统 指以模糊集合理论和模糊推理方法等为基础,具有处理模糊信息能力的系统。模糊推理系统以模糊逻辑理论为主要计算工具,可以实现复杂的非线性映射关系,而且其输入输出都是精确的数值。系统的主要运行过程为模糊化、模糊推理以及去模糊化。

fuzzy logic 模糊逻辑 研究模糊不确定性推理与知识表示的逻辑基础及其应用的学科。模糊逻辑目前主要包括三个方面:狭义模糊推理、广义模糊推理与模糊(近似)推理。

fuzzy reasoning 模糊推理 是利用模糊逻辑形式化输入输出的映射的过程。主要包括隶属度函数的设计、模糊逻辑算子以及 if-then 规则等。

fuzzy theory 模糊理论 指使用模糊集合的基本概念或连续隶属度函数的理论。由 L. A. Zadeh 教授于 1965 年创立的数学理论,主要包括模糊集合理论、模糊逻辑、模糊推理和模糊控制等方面的内容。它可分类为模糊数学、模糊系统、不确定性和信息、模糊决策、模糊逻辑与人工智能这五个分支,它们并不是完全独立的,而是有紧密的联系。例如,模糊控制就会用到模糊数学和模糊逻辑中的概念。从实际应用的观点来看,模糊理论的应用大部分集中在模糊系统上,尤其集中在模糊控制上。也有一些模糊专家系统应用于医疗诊断和决策支持。

G

GA　遗传算法　genetic algorithm 的缩写。

Gabor filter　加博滤波器　是在图像处理中，用于边缘提取的线性滤波器。在空间域中，一个二维加博滤波器是一个由正弦平面波调制的高斯核函数。

gain bandwidth　增益带宽　增益曲线上最大增益值的一半所对应的两个频率之差或两个波长之差。

gain coefficient　增益系数　指输入和输出的比值。

gain control　增益控制　指控制器输出信号与输入信号为比例关系的控制方式。参见 integral control（积分控制）、derivative control（微分控制）。

gait　步态　(1) 指人体步行时的姿态和行为特征，人体通过髋、膝、踝、足趾的一系列连续活动，使身体沿着一定方向移动的过程。步态涉及行为习惯、职业、教育、年龄及性别等因素，也受到多种疾病的影响。步行的控制十分复杂，包括中枢命令、身体平衡及协调控制，涉及下肢各关节和肌肉的协同运动，同时也与上肢和躯干的姿势有关。任何环节的失调都可能影响步态，而异常也有可能被代偿或掩盖。正常步态具有稳定性、周期性和节律性、方向性、协调性以及个体差异性，然而，当人们存在疾病时，这些步态特征将有明显的变化。(2) 指机器人的每条腿按一定的顺序和轨迹的运动过程，是确保步行机构稳定运行的重要因素。

gait pattern　步态模式　同 gait（步态）。

gait recognition　步态识别　一种新兴的生物特征识别技术，旨在通过人们走路的姿态进行身份识别，特征主要有时空特征，如步长、步宽、行走速度，和运动学特征，如关节旋转、关节角等。与其他的生物识别技术相比，步态识别具有非接触远距离和不容易伪装的优点。

gait sensitivity norm　步态灵敏度范数　指用于度量极限循环步行机的干扰抑制能力的范数。它是步态指示器对绕道的偏导数的 L_2 范数。

gait training robot　步态训练机器人　指通过驱动患者足部模拟步行过程中踝关节的运动轨迹来进行步态训练、调节和控制病人下肢关节运动使其重新获得生理步行模式的医疗机器人。

game theory　博弈论　又被称为对策论，既是现代数学的一个新分支，也是运筹学的一个重要学科。它主要研究公式化了的激励结构间的相互作用，是研究具有斗争或竞争性质现象的数学理论和方法。它考虑博弈中的个体的预测行为和实际行为,并研究它们的优化策略。它已经成为经济学的标准分析工具之一。在金融学、证券学、生物学、经济学、国际关系、计算机科学、政治学、军事战略和其他很多学科都有广泛的应用。博弈的分类根据不同的基准也有不同的分类。一般认为,博弈主要可以分为合作博弈和非合作博弈。它们的区别在于相互发生作用的当事人之间有没有一个具有约束力的协议,如果有,就是合作博弈,如果没有,就是非合作博弈。从行为的时间序列性,博弈论进一步分为两类:静态博弈指在博弈中,参与人同时选择或虽非同时选择但后行动者并不知道先行动者采取了什么具体行动;动态博弈指在博弈中,参与人的行动有先后顺序,且后行动者能够观察到先行动者所选择的行动。按照参与人对其他参与人的了解程度分为完全信息博弈和不完全信息博弈。

gamma correction　伽马校正　又叫伽马非线性化、伽马编码或是只单纯地叫伽马。是用来针对影片或是影像系统里对于光线的辉度或是三色刺激值所进行非线性的运算或反运算。为图像进行伽马校正的目的是用来对人类视觉的特性进行补偿,从而根据人类对光线或者黑白的感知,最大化地利用表示黑白的数据位或带宽。

gang control　同轴控制　指使多台同轴连接电机的同步的控制方式。

gantry robot　高架机器人,桁架机器人,龙门机器人　它由安装在衍架系统上的机械臂组成,该系统允许沿着 x, y, z 轴上的线性运动。它通常用于执行拾取和放置应用,也可用于焊接和其他应用。它具有工作区域大,定位精度高,受地面空间的限制较少的优点。

gantry-style robot　高架式机器人,桁架式机器人,龙门式机器人　同 gantry robot(高架机器人)。

gas sensor　气敏传感器　它可用来测量气体的类型、浓度和成分,能把气体中的特定成分检测出来,并将成分参量转换成电信号的器件或装置。也称气体传感器。

gauge factor　应变计灵敏系数　简称为 GF,它指电阻 R 相对变化率与机械应变的比值。

Gaussian kernel　高斯核　一种常用的径向基函数,具有五个重要的性质:① 二维高斯核函数具有旋转对称性。② 高斯核函数是单值函数。③ 高斯核函数的傅里叶变换频谱是单瓣的。④ 高斯滤波器宽度是由参数决定的。⑤ 高斯核函数具有可分离性,高斯滤波器可以有效地实现。

Gaussian mixture model (GMM)　高斯混合模型　是单一高斯概率密度函数的延伸,是用多个高斯概率密度函数精确地量化变量分布,是将变量分布分解为若干基于高斯概率密度函数分布的统计模型。它是一种常用的聚类算法,一般使用期望最大算法进行估计。

Gaussian noise　高斯噪声　指概率密度函数服从高斯分布(即正态分布)的一类噪声。常见的高斯噪声包括起伏噪声、宇宙噪声、热噪声和散粒噪声等等。除常用抑制噪声的方法外,对高斯噪声的抑制方法常常采用数理统计方法。

Gaussian smoothing　高斯平滑　是一种线性平滑滤波,适用于消除高斯噪声。从数学的角度来看,图像的高斯平滑过程就是图像与正态分布做卷积。图像与圆形方框模糊做卷积将会生成更加精确的焦外成像效果。由于高斯函数的傅里叶变换是另外一个高斯函数,所以高斯平滑对于图像来说就是一个低通滤波器。

G

Gauss-Newton method　高斯-牛顿法　指使用泰勒级数展开式去近似地代替非线性回归模型,然后通过多次迭代,多次修正回归系数,使回归系数不断逼近非线性回归模型的最佳回归系数,最后使原模型的残差平方和达到最小的方法。

Gauss-Newton nonlinear estimation　高斯-牛顿非线性估计　指在使用高斯-牛顿法求解未知参数时,所优化的目标函数由未知参数的非线性形式构成。

Gauss-Seidel iteration　高斯-赛德尔迭代　是数值线性代数中的一个迭代法,可用来求出线性方程组解的近似值。该方法以卡尔·弗里德里希·高斯和路德维希·赛德尔命名。同雅克比法一样,高斯-赛德尔迭代是基于矩阵分解原理。

GBAS　陆基增强系统　ground-based augmentation system 的缩写。

GE　基因演化　genetic evolution 的缩写。

gear drive　齿轮传动　是机械传动中应用最广的一种传动形式,结构是齿与齿之间的啮合,它的传动比较准确,效率高,结构紧凑,工作可靠,寿命长。

gearing　传动装置　把动力装置的动力传递给工作机构等的中间设备。

gear ratio　传动比　是机构中两转动构件角速度的比值,也称速比。传动比是在机械传动系统中,其始端主动轮与末端从动轮的角速度或转速的比值。

gear reducer　齿轮减速器　原动机和工作机之间的独立的闭式传动装置,用来降低转速和增大转矩,以满足工作需要,在某些场合也用来增速,称为增速器。

gecko adhesive　壁虎式黏着　指模仿壁虎使用刚毛黏附在物体表面上的黏着方式。

general predictive control (GPC)　广义预测控制　广义预测控制技术最初由 Clarke 和其合作者于 1987 年提出,它采用传统的参数模型(如 CARIMA 模型),参数的数目较少,对于过程参数慢时变的系统,易于在线估计参数。由于引入了不相等的预测水平和控制水平,具有预测模型、滚动优化和反馈校正三个基本特征,呈现了优良的控制性能,被认为是具有代表性的预测控制算法之一,受到学术界和工程界的广泛关注。但是基本的广义预测控制需要进行矩阵求逆运算,计算量很大,不适合要求快速响应的实时控制系统。

generalization　泛化,一般化　(1) 一种

抽象原则,从一组更特殊的实体定义更一般实体类型的过程。(2)演绎或归纳的推导抽象原则过程。(3)一种学习机制,通过使特定原则更为抽象化来导出抽象原则。在按产生式系统实现的学习程序中,学习机制放宽规则的限制,使之能够应用于范围更宽的数据。

generalization ability　泛化能力　指机器学习算法对新鲜样本的适应能力。即在原有的数据集上添加新的数据集,通过训练输出一个合理的结果。学习的目的是学到隐含在数据背后的规律,对具有同一规律的学习集以外的数据,经过训练的网络也能给出合适的输出,该能力称为泛化能力。

generalized coordinate　广义坐标　广义坐标是用来描述系统位形所需要的独立参数,或者最少参数。拉格朗日力学、哈密顿力学都需要用到广义坐标来表示基本概念与方程。

generalized force　广义力　拉格朗日力学里面的一个基本概念,是力或力矩在广义坐标下的描述,广义坐标和时间的函数。广义力是主动力的某种代数表达式,但不一定具有力的量纲,而广义力和广义坐标的变分的乘积一定具有功的量纲。

generalized inertia ellipsoid　广义惯量椭球,广义惯性椭球　指计算刚体对通过某一点的任一轴的转动惯量相关的椭球,它是与刚体固联在一起的。在任何方向,从椭球的中心到它的表面的距离同刚体绕该方向轴转动的转动惯量的平方根成反比。它是法国数学家柯西提出的,故又称柯西惯性椭球。

generalized inertia matrix　广义惯量矩阵,广义惯性矩阵　是惯量的一种表达方式。一般是在表达三维或多维刚体的惯量中使用。

generalized Jacobian matrix　广义雅各比矩阵　指广义坐标之间的速度关系映射矩阵。参见 generalized coordinate(广义坐标)、generalized velocity(广义速度)。

generalized velocity　广义速度　指广义坐标对于时间的导数。

genetic algorithm (GA)　遗传算法　一种模仿自然界的进化机制的启发式算法,属于进化算法的一种。首先把问题进行编码,并确定适应度函数,构造出一个虚拟初始种群,种群通过遗传、变异、杂交等过程进化,并在满足一定的终止条件时,整个算法结束。遗传算法在计算机自动设计、工业工程与运作管理、物流系统设计、生产调度、制造系统控制、系统优化设计、电子游戏设计等领域具有广泛应用。

genetic evolution (GE)　基因演化　在遗传算法中,指的是遗传性状通过交叉、复制、变异等操作在代之间的演化。

genetic programming (GP)　遗传规划　是一种特殊的利用进化算法的机器学习技术,它开始于一群由随机生成的千百万个计算机程序组成的种群,然后根据一个程序完成给定的任务的能力来确定某个程序的适合度,应用达尔文的自然选择学说确定胜出的程序。计算机程序间也模拟两性组合、变异、基因复制、基因删除等代代进化，直到达到预先确定的某个终止条件为止。

genetic regulatory network (GRN) 基因调控网络 指细胞内(或特定一个基因组内)基因和基因之间的相互作用关系所形成的网络，在众多相互作用关系之中，又特指基于基因调控所导致的基因间作用。

genotype 基因型 指某一生物个体全部基因组合的总称。它反映生物体的遗传构成，即从双亲获得的全部基因的总和。遗传学中具体使用的基因型，往往指某一性状的基因型。两个生物只要有一个基因座不同，那么它们的基因型就不相同，因此基因型指的是一个个体所有等位基因的所有基因座上的所有组合。

geometrical feature 几何特征 指可用来表示物体几何特性的特征，分为原始特征(如角特征、边特征和纹理特征等)和复合特征(如几何复合和布尔复合)，其中，几何复合特征是两个以上原始特征的组合；布尔复合特征由两个子特征组成，这两个子特征可以是基原始特征或复合特征，布尔复合特征有两种类型，包括其值为两子特征积的联合特征和其值为两子特征最大值的分离特征。

geometric path 几何路径 指在几何地图中进行路径规划所得到的路径。

geometric primitive 几何基元 指能用一个具有若干个自由度的方程所描述的曲线或曲面。

geometric similarity constraint 几何相似性约束 指满足几何相似的约束。几何相似指模型与其原型形状相同，但尺寸可以不同，而一切对应的线性尺寸成比例，这里的线性尺寸可以是直径、长度及粗糙度等。

geometrically admissible path 几何容许路径 指路径规划得到的路径满足各种几何约束，具有几何可行性。

geometry model 几何模型 指用来描述对象的形状、尺寸大小、位置与结构关系等几何信息的模型。

gesture recognition 手势识别 通过模式识别算法来识别人类手部的运动。用户可以使用简单的手势来控制或与设备交互，让计算机理解人类的行为。

giant magnetostrictive actuator (GMA) 超磁致伸缩驱动器 指利用超磁致伸缩材料在交变磁场中可产生交变变形的特性制成的驱动器。已在造纸工业中等产业中进行商业化应用。

gimbal 万向节 指万向接头，是实现变角度动力传递的机件，用于需要改变传动轴线方向的位置，它是汽车驱动系统的万向传动装置的关节部件。

gimbal lock 万向节死锁 指当三个万向节其中两个的轴发生重合时，会失去一个自由度的情形，具体表现为：自由度减少，多组欧拉角对应一个位置。

global asymptotic stability 全局渐近稳定性 又称大范围渐近稳定性，指将状态空间中的一切非零点取为初始状态时，系统状态都能渐近收敛到平衡状态的一种情况，是一类全相空间均为吸引区域的渐近稳定性。参见 global stability(全局稳定性)，比较

local asymptotic stability(局部渐近稳定性)。

global conditioning index 全局调节指数 用于衡量机器人在整个工作空间内的灵巧性,通过将雅克比条件指数引入到机器人工作空间中得到。

global convergence 全局收敛 (1) 在算法理论中,对于某迭代算法,指初值在定义域内任取时算法的收敛能力。(2) 在控制理论中,指系统在全部的状态空间中都可以收敛到平衡状态。参见 convergence(收敛性)。

global localization 全局定位 又称绝对定位,是一种机器人定位方式,完成机器人全局定位需要预先确定好环境模型或通过传感器直接向机器人提供其位置信息,计算机器人在全局坐标系中的位置。参见 extended Kalman filter (EKF) localization(扩展卡尔曼滤波定位)、Markov localization(马尔可夫定位)、Monte Carlo localization (蒙特卡罗定位)。

global motion planning 全局运动规划 指机器人在整个工作空间内,按照某一性能指标搜索一条从起始状态到目标状态的最优或次优路径。参见 motion planning(运动规划)。

global navigation satellite system (GNSS) 全球导航卫星系统 是利用一组卫星的伪距、星历、卫星发射时间及用户钟差来实现的导航系统。若想获得经纬度和高度信息,必须收到 4 颗卫星的信息才能准确定位。参见 global positioning system (全球定位系统)。

global optimization 全局优化 全局优化研究的是函数在某个约束区域上的全局最优解的特性和构造寻求全局最优解的计算方法,以及求解方法的理论性质和计算表现。由于很可能在一个全局优化问题里存在多个局部最优解,且它们不同于问题的全局最优解,因此人们无法借助于经典的局部优化方法求解这些问题,特别是至今还没有很好的全局性判定准则,使得全局优化的研究极具挑战性。

global planner 全局规划器 指机器人系统中用于进行全局规划的组件和机制。参见 global planning(全局规划)。

global planning 全局规划 指依据已获取的全局信息进行规划。全局规划通常可以寻找到最优解,但需要预先知道准确的全局环境信息,计算量大,实时性较差。参见 path planning(路径规划)。

global positioning system (GPS) 全球定位系统 指利用卫星,在全球范围内实时进行定位、导航的系统,是由美国国防部研制建立的一种具有全方位、全天候、全时段、高精度的卫星导航系统,能为全球用户提供低成本、高精度的三维位置、速度和精确定时等导航信息,是卫星通信技术在导航领域的应用典范。

global stability 全局稳定性 指系统在整个工作空间中,扰动消失后,由初始偏差状态恢复到原平衡状态的一种性能。

global task planning 全局任务规划 指机器人构建全局范围内的任务计

划，包括机器人技能的时间逻辑连接。

globally asymptotically stable 全局渐近稳定 又称大范围渐近稳定，指将状态空间中的一切非零点取为初始状态时，系统状态都能渐近收敛到平衡状态。参见 global asymptotic stability（全局渐近稳定性），比较 locally asymptotically stable（全局渐近稳定）。

globally exponentially stable 全局指数稳定 是渐近稳定的一种，指系统在整个状态空间中都可以随时间变化以指数速度收敛到期望值（或零）。参见 exponentially stable（指数稳定）。

GMA 超磁致伸缩驱动器 giant magnetostrictive actuator 的缩写。

GMM 高斯混合模型 Gaussian mixture model 的缩写。

GNSS 全球导航卫星系统 global navigation satellite system 的缩写。

GP 遗传规划 genetic programming 的缩写。

GPC 广义预测控制 general predictive control 的缩写。

GPS 全球定位系统 global positioning system 的缩写。

gradient 梯度 是一个向量（矢量），表示某一函数在该点处的方向导数沿着该方向取得最大值，即函数在该点处沿着该方向（此梯度的方向）变化最快，变化率最大（为该梯度的模）。

gradient descent 梯度下降法 指一种最优化算法，常用于求解损失函数的最小值。其计算过程是沿梯度下降的方向求解极小值，常在机器学习和人工智能当中用来递归性地逼近最小偏差模型。

gradient estimation 梯度估计 指对具有连续值可控参数的优化问题，按给定策略计算梯度用于迭代。

gradient estimator 梯度估计器 指系统中，按照给定策略进行梯度估计的组件。

gradient image 梯度图像 指对图像进行梯度运算后得到的图像，如果把图像看成二维离散函数，图像梯度就是这个二维离散函数的导数。

gradient magnitude 梯度幅值 指梯度的模的大小。参见 gradient（梯度）。

gradient method 梯度法 是最早的求解无约束多元函数极值的数值方法，在 1847 年就已由柯西（Cauchy）提出。梯度法是最早最简单也是最为常用的最优化方法。参见 gradient descent（梯度下降法）。

gradient projection method 梯度投影法 是一种求解含一般线性约束的非线性规划问题的方法。当迭代点是可行域的内点时，将目标函数负梯度作为搜索方向，当迭代点在可行域边界上时，将目标函数负梯度在可行域边界上的投影作为搜索方向。

graph-based SLAM 基于图的同时定位与建图，基于图的 SLAM 指用图优化的方法来进行同步定位与建图，能够应用于大场景下的位姿图优化，对于数据关联错误有较高的鲁棒性。其优化过程为：将机器人运动和观测都表示成因子图形式，机器人位姿为构建因子图的顶点，边是位姿之间的观测关系(可以是编码器数据计算的位姿,也可以是通过视觉匹配计算出来的位姿,还可以是闭环检测的位姿关系),构建因子图之后,通过位姿图的非线性优化,求解每个顶点满足边的约束,计算出最优的位姿和地图点的空间位置,最后得到优化后的位姿和地图。参见 SLAM(同时定位与建图,即时定位与地图构建,同步定位与地图构建)。

graphical representation 图形表示 (1) 是研究如何利用计算机图形系统来表示、控制、分析和输出三维形体,它是计算机图形学的一个重要研究领域。(2) 是一种利用图论模型对对象的数学建模过程。

graphical user interface (GUI) 图形用户界面,图形用户接口 是一种人与计算机通信的界面显示格式,允许用户使用鼠标等输入设备操纵屏幕上的图标或菜单选项,以选择命令、调用文件、启动程序或执行其他一些日常任务。与通过键盘输入文本或字符命令来完成例行任务的字符界面相比,图形用户界面有许多优点。图形用户界面由窗口、下拉菜单、对话框及其相应的控制机制构成,在各种新式应用程序中都是标准化的,即相同的操作总是以同样的方式来完成,在图形用户界面,用户看到和操作的都是图形对象,应用的是计算机图形学的技术。

graph rigidity 图刚度 指图中一个或部分节点连续运动,图中任意两个节点间的欧氏距离不发生改变的性能。可以应用在多机器人编队控制中。

graph rigidity theory 图刚度理论 指研究图中节点间的欧氏距离不随节点运动而改变的数学理论。参见 graph rigidity(图刚度)。

GraphSLAM 基于图的同时定位与建图,图 SLAM 同 graph-based SLAM (基于图的同时定位与建图)。

graph theory 图论 是研究边和点的连续结构的数学理论,其基本内容有:图及其表示,有向图、无向图和多重图,树,平面图,二部图和网络等。凡和二元关系有关的系统都可以用图论方法进行研究。典型问题有最短路径问题、着色问题、环球旅行问题、欧拉路径问题、平面图问题、极小连通问题、完美匹配问题、图的矩阵表示问题和网络流问题。图论是一门应用性很强的学科。可以用来解决运筹学、化学、生物学、网络理论、信息论、控制论、博弈论和计算机科学的问题。图论的主要分支有代数图论、几何图论、组合图论、随机图论等。

grapple fixture 抓牢固定装置 是一种航天器或其他物体上,为机械臂提供安全连接的装置。

grasp closure 抓取封闭性 是抓取约束的一种特征,包括力封闭和形封闭,指在抓取和灵巧操作中使物体保持平衡状态并且控制其与被控制的物体和手掌相对的位置与方向的能力。参见 force closure(力封闭)。

grasp mechanics 抓取力学 它属于力学的分支,用于分析抓取过程中所涉及的一系列运动学、静力学、动力学问题。

grasp planning **抓取规划** 对诸如手爪等末端执行器进行抓取物品的运动规划。

grasp preshape **抓取预成形** 指根据抓取任务目标将机器人手姿态分类为一些典型构型。

grasp redundancy **抓取冗余** 指关节的数量超过了抓取的方向维数。

grasp stability **抓取稳定性** 指对于给定的平衡抓取所具有的抵抗扰动力的能力，常利用手爪与物体的指接触稳定性指标定义手爪的抓取稳定度。

grasp synthesis **抓取综合** 指机器人进行物体抓取的一系列方案设计，包括传感器标定、物体分割、位姿估计、运动规划等。

grasp wrench space **抓取力旋量空间** 指在机器手与物体接触时，摩擦锥内所有可能的接触力和力矩组成的向量空间。

grasping affordance **抓取可供性** 指用来度量某一物体可否被机械臂抓取的标准，可根据物体的形状大小位置，抓取动作的组合形式，机械臂的操作范围之间的关系计算得到。

grasping contact model **抓取接触模型** 指可通过接触及机械臂的相对运动传递的力，取决于接触表面的几何形状及物件的材料特性，这些特性决定了摩擦和可能的接触变形。

grasp-type gripper **抓握型夹持器** 指抓握住物体进而操控物体的设备。它能够在执行某些动作的同时夹住和松开物体。比较 non-grasp-type gripper(非抓握型夹持器)。

Grassmann geometry **格拉斯曼几何** 指研究多维欧几里得空间的系统理论，将点、直线、平面、坐标、向量和复数等概念推广到 N 维空间，并给出系统的定义和运算方式。

grating projection **光栅投影** 是光学三角法的扩展，利用投射几何关系建立物体表面条纹和参考平面条纹的相位差与相对高度的关系，从而获得物体表面与参考平面间的相对高度，从而确定物体的三维信息。

gravity cancellation **重力抵消，重力补偿** 同 gravity compensation(重力补偿)。

gravity compensation **重力补偿** 指在控制系统中，为了消除重力的影响，将其视为一种已知的非线性扰动进行补偿，提升控制性能。

gravity correction **重力修正** 指对应地点有不同的重力变化而进行校正。

gray image **灰度图像** 指一个由从黑到白的全光谱灰色层次组成的图像，对于用 8 位二进制表示的图像，每个像素可具有达 256 个灰度的层次。参见 gray scale(灰度)。

gray level histogram **灰度级直方图** 用每个图像的灰度级的像素数(或总像素数的百分数)描述图像中灰度级统计分布的图。它在图像预处理中有非常重要的应用。

gray scale **灰度** 指把白色与黑色之间按对数关系分为若干等级，根据传感器的精度不同，灰度可有不同的级数，常见的灰度图像的灰度分为 256 阶，在医学图像与遥感图像等应用领域流行使用的灰度分为 65 536 阶。

greedy algorithm **贪心算法，贪婪算法**

在对问题求解时，总是做出在当前看来是最好的选择。贪心算法的基本思路：建立数学模型来描述问题；把求解的问题分成若干个子问题；对每一子问题求解，得到子问题的局部最优解；把所有子问题的局部最优解合成原来问题的一个解。贪心算法不是对所有问题都能得到整体最优解，但对范围相当广泛的许多问题它能产生整体最优解或者是整体最优解的近似解。

grid 栅格 (1) 在二维(或三维)空间中由相互垂直的间距相等的线条所形成的网格，用来对物体进行定义和度量，或用作机器人定位的依据。(2) 移动机器人在环境中移动时，用栅格作为地图最小单元，对环境进行划分并建模。

grid-based map 栅格地图 是机器人学中地图的一种表示方法，把环境划分成一系列栅格，栅格可具有一定的属性。例如，每一栅格给定一个表示该栅格被占据的概率值，这种栅格地图被称为占据栅格地图。参见 occupancy grid map(占据栅格地图)。

grid-based model 基于栅格的模型 指在路径规划中，把机器人工作空间分割成规则而均匀的含二值信息的栅格。机器人在移动过程中，栅格的尺寸和位置不变，二值信息用于表示该栅格处是否有障碍。

grid cell 栅格单元 是按栅格单元的行与列排列、具有不同灰度或颜色的阵列数据。

grid filter 栅格滤波器 指在点云所在三维空间创建一个体素栅格，对于栅格内的每一个体素，以体素内所有点的重心近似代替体素中的点，常用于对点云进行降采样。

grid localization 栅格定位 指移动机器人在栅格地图上进行定位。参见 grid-based map(栅格地图)。

gripper 夹持器 指附设于机械臂末端上的机械装置，可以握住物体进而操控物体的设备。它能够在执行某些动作的同时夹住和松开物体，模仿的是手指的运动。夹持器有两种主要的夹持动作，分为内部夹持和外部夹持。

gripping force sensing 夹持力感知 指在用夹持器进行操作时，需要外加传感器，通常通过黏贴在夹钳上的电阻应变片产生的致动电流来感知夹钳的夹持力。

gripping jaw 夹爪 是机械臂末端执行器的一种，可实现爪指的收紧与放开，定位点位可控，夹持力可控；通过 PLC、工业 PC 机、单片机及运动控制器等上位机控制，实现物件的抓取、定位等功能，是设备的柔性执行终端。广泛用于工业自动化行业。

GRN 基因调控网络 genetic regulatory network 的缩写。

ground-based augmentation system (GBAS) 陆基增强系统 指通过差分定位提高卫星导航精度的基础上，增加了一系列完好性监视算法，提高系统完好性、可用性、连续性的指标，使机场覆盖空域范围内的配置相应机载设备的飞机获得到达 I 类精密进近(CAT－I)甚至更高标准的精密进近、着陆引导服务。GBAS 由地面站、监控设备和机载设备组成。

ground control station 地面控制站 指无人机系统地面端设备，可接受无人机遥测数据，提供态势感知和知情行动，进行多域控制，增强信息的协作和传播。

ground truth 真值 指一个观测量或估计量的真实值。如在定位问题中，机器人可根据传感器信息和环境地图来估计每个时刻自身的位置，真值即为机器人每个时刻的真实位置。在算法评价中，常用高精度传感器(如全局定位系统)的测量结果作为真值，与机器人自身定位算法估计出的位置进行比较，来评价算法的好坏。

group synchronization 群同步 指在多机器人系统中进行通信时，从收到的脉冲序列中识别与恢复群同步信号，进行多机器人编队控制，实现通信同步、运动同步的过程。

guard 防护装置 机器的组成部分，用于提供保护的物理屏障。防护装置可以：单独使用，对于活动式防护装置，只有当其“闭合”时才有效，对于固定式防护装置，只有当其处于“锁定位置”才有效；与带或不带防护锁的联锁装置结合使用，在这种情况下，无论防护装置处于什么位置都能起到防护作用。根据防护装置的设计，它可以称作外壳、护罩、盖、屏、门和封闭式防护装置。

GUI 图形用户界面，图形用户接口 graphical user interface 的缩写。

guidance 导引，制导 指以外部接收信息或自动导引等方式使移动机器人或其他被控对象按一定路径运行。

guidance system 制导系统 指虚拟的或物理的设备，其可执行一个引导过程，用于控制船舶、飞机、导弹、火箭、卫星，或任何其他移动物体的运动导向设备，可用于引导物体如飞机、宇宙飞船、船舶、导弹和汽车，从当前位置转移到要求的固定或移动位置。

guided exploration 导向探索 指操作人员指导数据收集，即选择最佳地点感知物体，有助于更精准地建模。

gyrocompass 旋转罗盘 又称电罗盘，是利用陀螺仪的定轴性和进动性，结合地球自转矢量和重力矢量，用控制设备和阻尼设备制成以提供真北基准的仪器。按对陀螺施加作用力矩的方式可分为机械摆式与电磁控制式两类陀螺罗盘：机械摆式陀螺盘按产生摆性力矩方式分为用弹性支承的单转子上重式液体连通器式罗盘和将陀螺仪重心放在支承中心以下的下重式罗盘；电磁控制式陀螺罗盘是在两自由度平衡陀螺仪的结构上，设置电磁摆和力矩器组成的电磁控制装置，通过电信号给陀螺施加控制力矩。

gyroplane 旋翼机，旋升飞机 是一种利用前飞时的相对气流吹动旋翼自转以产生升力的旋翼航空器。它的前进力由发动机带动垂直于旋翼的螺旋桨直接提供，发动机不是以驱动旋翼为旋翼机提供升力，而是在旋翼机飞行的过程中，由前方气流吹动旋翼旋转产生升力。

gyrorotor 回转体，陀螺转子 指陀螺仪中感应旋转的转子,陀螺仪主要是由一个位于轴心且可旋转的转子构成。

gyroscope 陀螺仪 指用高速回转体的动量矩敏感壳体相对惯性空间绕正交于自转轴的一个或两个轴的角运动检测装置。陀螺仪的种类很多,按用途来分,它可以分为传感陀螺仪和指示陀螺仪。传感陀螺仪用于飞行体运动的自动控制系统中,作为水平、垂直、俯仰、航向和角速度传感器。指示陀螺仪主要用于飞行状态的指示,作为驾驶和领航仪表使用。

H

H_2 optimal control　H_2 最优控制　鲁棒控制的一种，指控制器使得系统稳定，同时系统的 H_2 范数达到最小。

H_∞ Control　H_∞ 控制　是现代控制理论中的设计多变量输入输出鲁棒控制系统的一种方法。H_∞ 是对传递函数增益大小的一个度量指标，H_∞ 控制是抑制从噪声到期望输出之间的传递函数的增益，从而使得噪声对结果的影响最小化。

H_∞ optimal control　H_∞ 最优控制　鲁棒控制的一种，指控制器使得系统稳定，同时系统的 H_∞ 范数达到最小。

Hall effect　霍尔效应　是磁电效应的一种，这一现象是霍尔（A. H. Hall，1855—1938）于 1879 年在研究金属的导电机构时发现的。其中，在插入磁场中的载流导体（其电流垂直于磁场）的两端面间将建立横向直流电压，它与磁场方向和导体中的电流方向都垂直。霍尔效应是研究半导体材料性能的基本方法。通过霍尔效应实验测定的霍尔系数，能够判断半导体材料的导电类型、载流子浓度及载流子迁移率等重要参数。

Hall effect compass　霍尔效应罗盘　指利用霍尔效应做的电子罗盘，作为导航仪器或姿态传感器已被广泛应用。

Hall effect transducer　霍尔效应传感器　是根据霍尔效应制作的一种磁场传感器，利用这现象制成的各种霍尔元件，广泛地应用于工业自动化技术、检测技术及信息处理等方面。其优点是体积小、重量轻、功耗小、价格便宜、接口电路简单，特别适用于强磁场的测量。但是，它又有灵敏度低、噪声大、温度性能差等缺点。

Hall element　霍尔元件　指利用半导体霍尔效应制成的磁敏元件，又称为霍尔发生器。参见 Hall effect（霍尔效应）。

Hamilton-Jacobi-Bellman　哈密顿-雅各比-贝尔曼　简称 HJB 方程，是最优控制的核心，其解是针对特定动态系统及相关代价函数下，有最小代价的实值函数。一些经典的变分问题，例如最速降线问题，可以用此方法求解。

Hamilton-Jacobi-Issac　哈密顿-雅各比-艾萨克　简称 HJI 方程，指用来求解非线性 H_∞ 最优控制问题而设计的偏微分不等式。

Hamilton's principle　哈密顿原理　指 19 世纪英国数学家哈密顿用变分原理推导出的哈密顿正则方程，此方程是以广义坐标和广义动量为变量，用哈密顿函数来表示的一阶方程组，其形式是对称的。用正则方程描述运动所形成的体系，称为哈密顿体系或哈密顿动力学(Hamiltonian)，它是经典统计力学的基础，又是量子力学借鉴的范例。哈密顿体系适用于摄动理论，例如天体力学的摄动问题，并对理解复杂力学系统运动的一般性质起重要作用。

hand **手** 在机器人学中，特指机器人手爪，是机器人末端执行器的一种，可以实现类似人手的功能。常用来握持工件或工具。根据机器人所握持的工件形状不同，手爪可分为多种类型，主要可分为三类：机械手爪，又称为机械夹钳，包括 2 指、3 指和变形指；包括磁吸盘、焊枪等的特殊手爪；通用手爪，包括 2 指到 5 指。参见 end-effector(末端执行器)。

hand-eye calibration **手眼标定[校准]** 机器人学中，手(机器人手)和眼(相机)有两种位置关系，第一种是将相机固定在机器人手上面，眼随手移动；第二种是相机和机器人手分离，眼的位置相对于手是固定的。对应于以上两种情况，手眼标定指：第一种情况中我们要求的是相机坐标系和机器人手坐标系的变换关系；第二种情况中要求的是相机坐标系和基础坐标系的变换关系。

hands-on cooperative control **手眼协同控制** 指从眼睛获得信息从而控制机器人手爪的运动，它完全依靠眼睛(相机)作为测量元件进行反馈控制而不断调整手爪的位置和方位，最终达到物体抓取等目的。

hand sorting **手动分拣，人工分拣** 物流业中，是拣选方法的一种，区别于自动拣选，主要由拣货工人来完成拣货流程，在一些拣选要求复杂程度高的拣选流程中，人工拣选仍是主流。

haptic feedback **触觉反馈** 通过作用力、振动等一系列动作为使用者再现触感。这一力学刺激可被应用于计算机模拟中的虚拟场景或者虚拟对象的辅助创建和控制，以及加强对于机械和设备的远程操控。

haptic interaction point **触觉交互点** 指机械手与被感知物体相接触的点。

haptic interface **触觉接口** 指用于虚拟环境中手指感觉、体验和操作的人机接口。

haptic rendering **触觉再现** 指感知触觉信息，再现虚拟或远地物体的表面特征、柔性或刚度，是一类重要的人机接口装置。在遥操作机器人远程作业过程中，它可以再现遥操作机器人操作对象的触觉信息；在虚拟现实系统中，通过该装置可以使操作者真实地感知到虚拟物体的触觉特性。

haptic sensor **触觉传感器** 指用于机器人中模仿触觉功能的传感器。按功能可分为接触觉传感器、力-力矩觉传感器、压觉传感器和滑觉传感器等。

hardness **硬度** 在材料科学中，指固体材料抗拒永久形变的特性，材料局部抵抗硬物压入其表面的能力。固体对外界物体入侵的局部抵抗能力，是比较各种材料硬度的指标。

harmonic drive **谐波驱动** 是一种靠中间柔性构件弹性变形来实现运动

和动力传动的装置的总称。谐波传动通常由三个基本构件组成,包括一个有内齿的刚轮、一个工作时可产生径向弹性变形并带有外齿的柔轮和一个装在柔轮内部、呈椭圆形、外圈带有柔性滚动轴承的波发生器。谐波传动因为传动比大并且范围广、精度高、空回小、承载能力大、效率高、体积小、重量轻、传动平稳、噪声小等特点,现已广泛应用于空间技术能源、电子工业、石油化工、军事工业、机器人、假肢、机床、仪器仪表、纺织机械等领域。

harmonic drive gear reducer　谐波驱动齿轮减速器　是齿轮减速机中的一种新型传动结构,由固定的内齿刚轮、柔轮和使柔轮发生径向变形的波发生器组成,它利用柔性齿轮产生可控制的弹性变形波,引起刚轮与柔轮的齿间相对错齿来传递动力和运动,具有高精度、高承载力等优点。

Harris corner　哈里斯角点　它又称哈里斯角点检测算子,角点原理来源于人对角点的感性判断,即图像在各个方向灰度有明显变化。算法的核心是利用局部窗口在图像上进行移动判断灰度发生较大的变化,那么就认为在窗口内遇到了角点。

Harris detector　哈里斯(角点)检测器　指运用哈里斯角点检测算法进行角点检测的一个单元。参见 Harris corner (哈里斯角点)。

head injury criterion (HIC)　头部伤害指标　指常用于汽车碰撞事故中进行头部伤害度评定的基准,这一指标是根据大量的实验数据,用统计学的方法提出的,其值与头部加速度的时间历程相关。

head-mounted display　头戴式显示设备　指虚拟现实应用中的 3DVR 图形显示与观察设备,可单独与主机相连以接受来自主机的 3DVR 图形信号。使用方式为头戴式,辅以三个自由度的空间跟踪定位器可进行 VR 输出效果观察,同时观察者可做空间上的自由移动。随着虚拟现实技术的发展,也出现了集运算、传感、显示于一体的头戴式设备。

healthcare robot　卫生保健机器人　指用于医院、诊所的医疗或辅助医疗的机器人。是一种智能型服务机器人,它能独自编制操作计划,依据实际情况确定动作程序,然后把动作变为操作机构的运动。按照其用途不同,有临床医疗用机器人、护理机器人、医用教学机器人和为残疾人服务机器人等。

heat responsive element　热敏元件　指利用某些物体的物理性质随温度变化而发生变化的敏感材料制成的元件,如易熔合金或热敏绝缘材料、双金属片、热电偶、热敏电阻、半导体材料等,用于测温。

helical gearing　螺旋传动　指靠螺旋与螺纹牙面旋合实现回转运动与直线运动转换的机械传动。

helical joint　螺旋关节,螺旋副　指机械臂中能实现螺旋传动的关节。

helical motion　螺旋运动　指空间中一个旋转和一个移动方向与旋转轴平行的平移变换之积,旋转的轴称为螺旋运动的轴,旋转的角称为螺旋运动的角。比较 screw motion(螺旋运动)。

helicopter-type unmanned aerial vehicle (UAV) 直升机型无人机 指由无线电地面遥控飞行或自主控制飞行的可垂直起降不载人飞行器,在构造形式上属于旋翼飞行器,在功能上属于垂直起降飞行器。

Hertzian contact 赫兹接触 指弹性体的接触问题。参见 Hertzian contact model(赫兹接触模型)。

Hertzian contact model 赫兹接触模型 在机械工程中,常遇到两曲面物体相互接触,产生局部应力和应变的情况。1881 年,赫兹最早研究了玻璃透镜在使它们相互接触的力作用下发生的弹性变形。他假设:① 接触区发生小变形。② 接触面呈椭圆形。③ 相接触的物体可被看作是弹性半空间,接触面上只作用有分布的垂直压力。凡满足以上假设的接触称为赫兹接触。

heterarchical system 异构分层系统 指机器人系统元素严格按照层级进行定义和划分,系统的各个组成部分具有自身的自治性,实现数据互相交互的同时,每个部分仍保有自己的应用特性、完整性控制和安全性控制。

heteroceptive sensor 外感受传感器,外传感器 指能接受外界环境刺激并传递给系统的传感器。参见 exteroceptive sensor(外感受传感器,外传感器)。

heterogeneous multi-robot system 异构多机器人系统 指组成一个机器人团队的单个机器人存在设计上、结构上、传感器配置上乃至智能上的差异。异构多机器人系统可以发挥单一机器人在某个领域的优点而达到整体的最优配置。当前的研究主要包括:个体机器人测度的差异性,个体机器人对异构体的兼容程度,异构机器人之间的通讯问题,异构机器人硬件系统的快速配置,个体机器人的定位等。参见 heterogeneity(异质性,异构性)。

heuristic method 启发式方法 指一个基于直观或经验构造的算法,对优化问题的实例能给出可接受的计算成本(计算时间、占用空间等)内,给出一个近似最优解,该近似解于真实最优解的偏离程度不一定可以事先预计。

heuristic optimization algorithm 启发式优化算法 将人类通过对客观事物的认识和理解而得到的知识和经验用于求解优化问题的准则、原理和方法。研究内容包括算法设计与实现、算法性能评价、算法应用等。传统的启发式优化算法是一些简单的经验性规则,如先进先出规则等。20 世纪 90 年代以来,由于实际优化问题的非线性、大规模性、多极小性、约束性、不确定性、多目标耦合性、离散与连续变量共存等复杂性,涌现了一批智能启发式优化算法,如进化计算、模拟退火、禁忌搜索、混沌搜索、神经网络、模糊规则、蚁群算法、序优化等。表征启发式优化算法的指标有原理的简单性、求解的快速性、解质量的满意性和一致性等。启发式优化算法已广泛用于生产调度、资源配置等优化问题,对提高生产效率和效益、节约资源具有重要作用。

heuristic search 启发式搜索 又称为有信息搜索,它是利用问题拥有的启发信息来引导搜索,达到减小搜索范围、降低问题复杂度的目的。

HIC 头部伤害指标 head injury criterion 的缩写。

hidden Markov model (HMM) 隐马尔可夫模型 是一种统计模型,该模型被假设为一个马尔可夫过程,它的状态是未知的,但能观测到依赖于状态的输出。每一个状态都有一个相对于输出的概率分布,因此可以通过输出序列来推测状态序列的信息。

hidden-state problem 隐藏状态问题 指状态不可观测,但在输出中体现,属于可观的状态。

hierarchical agglomerative clustering 层次凝聚聚类 是聚类法的一种,其主要思想是,先把每一个样本点当作一个聚类,然后不断重复地将其中最近的两个聚类合并(就是凝聚的含义),直到满足迭代终止条件。

hierarchical control 递阶控制 指将组成大系统的各子系统及其控制器按递阶的方式分级排列而形成的层次结构控制。每个控制器分别控制被控对象的一部分,然后用另外的控制器(称为协调器和决策器)对控制器加以协调控制,以使被控制对象的各部分协调工作。递阶控制理论以萨里迪斯提出的基于三个控制层次和 IPDI 原理的三级递阶智能控制系统最具代表性。此外,还有基于知识描述和数学解析的两层混合智能控制系统、采用四层递阶控制结构以及三段六层递阶控制结构的智能控制系统等。参见 hierarchical architecture(递阶结构,层次结构)。

hierarchical hidden Markov model (HMM) 分层隐马尔可夫模型 是一种统计模型,用层次结构来描述一个含有隐含未知参数的马尔可夫过程。其难点是从可观察的参数中确定该过程的隐含参数。然后利用这些参数来作进一步的分析,例如模式识别。

hierarchical system 分层系统,递阶系统 指系统中的各个元素严格按照层级进行定义和划分,元素和元素之间存在上下层级关系的系统。参见 hierarchical architecture(递阶结构,层次结构)。

hierarchical task network (HTN) 层次[分层]任务网络 是一种基于知识的分布式规划技术,常用于表示求解多种非经典规划问题,能有效模拟决策者的认知过程,能在任务分解的过程中对领域知识进行很好的描述和利用,在求解大规模问题时搜索效率高,适用于复杂性问题,满足时效性要求。HTN 规划将问题递归地分解成越来越小的子问题,直至其可以直接通过执行规划动作完成。规划的目的是得到完成某一任务的集合。规划系统的输入不仅包含动作集合,还包含一个方法集合,方法集合可以利用方法模型描述任务分解的过程性知识,表达不同条件下完成给定任务目标的多种可行途径。

high-cut filter 高阻滤波器 指使电路中高于某一截频的频率无法通过的滤波器。

high-pass filter 高通滤波器 指允许高于某一截频的频率通过，衰减较低频率的一种滤波器。它去掉了信号中不必要的低频成分，减弱了低频干扰。

hill-climbing algorithm 爬山算法 是一种局部择优算法，实际上是一种贪心算法，容易陷入局部最优解。

histogram 直方图 是一种统计报告图，由一系列高度不等的纵向条纹或线段表示数据分布的情况。一般用横轴表示数据类型，纵轴表示分布情况。

histogram of oriented gradients (HOG) 有向梯度直方图 是一种在计算机视觉和图像处理中基于形状边缘特征的物体检测描述算子。它的基本思想是利用梯度信息能很好地反映图像目标的边缘信息并通过局部梯度的大小将图像局部的外观和形状特征化。

HMM 隐马尔可夫模型 hidden Markov model 的缩写。

HOG 有向梯度直方图 histogram of oriented gradients 的缩写。

hologram 全息影像，全息 是一种记录物体反射（或透射）光波中全部信息（振幅、相位）的照相技术。通过不同的方位和角度观察照片，可以看到被拍摄物体的不同角度，因此记录得到的像可以使人产生立体视觉。

holonomic constraint 完整性约束 指约束本身完全可以由位置、角度、时间等变量描述，可以写成 $f(x, q, t)=0$ 的形式，与位置和关节角度的一阶和二阶微分无关。比较 nonholonomic constraint（非完整性约束）。

holonomic manipulator 完整机械臂 指所含约束为完整约束的机械臂。

home automation 家庭自动化 指利用微处理电子技术，来集成或控制家中的电子电器产品或系统，例如：照明灯、咖啡炉、电脑设备、保安系统、暖气及冷气系统、视讯及音响系统等。

home-based rehabilitation 居家康复 是康复医疗整体服务中的一个组成部分，即以家庭为基地进行康复训练，其主要训练者为有专业人员指导的家庭成员。

homing action 归航行为 指移动机器人返回到之前访问过的位置或一个参考目标点。通常该行为是移动机器人定位，导航的中间步骤。常用的方法是视觉归航算法如 Average Landmark Vector(ALV)。

homing guidance 寻的制导，自动引导 指导弹可以实时接收描述目标的信息，如雷达波，并据此调整自身姿态对目标进行跟踪和精准打击。常见的制导方式分为主动式制导、被动式制导、半主动式制导。

homogeneity 同质，同质性；齐次性 (1) 指目标物体间的一种或几种特性具有相似结构，则称目标间具有同质性。(2) 指一种系统性质，如果系统的输入变化 a 倍，系统输出对应变化 a 的 k 次方倍，则称该系统具有 k 次齐次性。齐次性是线性性质的一种，在计算上具有对称性。

homogeneous coordinate 齐次坐标 也

称投影坐标，指一个用于投影几何里的坐标系统。是计算机视觉的一个重要概念，使用齐次坐标可以区分向量和点，更易于进行仿射变换，使用齐次坐标的公式通常会比笛卡尔坐标表示更为简单，且更为对称。使用齐次坐标可以表示欧氏空间里的无穷远点。形式上齐次坐标比欧氏空间笛卡尔坐标多一维 w，笛卡尔坐标对应分量等于对应齐次坐标分量除以 w，所以多个齐次坐标可以表示同一个笛卡尔坐标，即多个齐次坐标在欧氏空间都具有相同的投影。参见 Cartesian coordinate frame（笛卡尔坐标系）。

homogeneous equation　齐次方程　指简化后所有常数项均为 0 的方程，齐次方程具有以下性质：① 至少有个解，即 0 解；② 如果方程有两个线性无关的解，则这两个解的线性组合也是原方程的解；③ 该方程的完整解空间是所有线性无关解的线性组合，其中线性无关解的个数为方程个数和系数矩阵秩的差。

homogeneous image coordinate　齐次图像坐标　指可以表示图像中像素位置的齐次坐标。

homogeneous matrix　齐次矩阵　指在机器人学中描述齐次变换的矩阵，该矩阵是一个满秩的 4×4 矩阵，由旋转矩阵和平移向量组成。当两个坐标系的原点重合时，该矩阵退化为旋转矩阵。齐次矩阵为数学表达和编程提供了便利，但引入了无关元素，造成计算复杂度提升。参见 homogeneous transformation（齐次变换）。

homogeneous multi-robot system　同质多机器人系统　是多机器人系统的一种，但和一般多机器人系统相比具有三个特征：① 所有机器人具有相同的物理结构（包括尺寸、传感器、电机）和相同的控制系统；② 所有机器人为了一个共同的目标而相互协调，彼此的目标不会重复或者冲突。从最优化角度来看，这样才能使系统性能最大化；③ 所有的机器人都具有自主性，因为没有集中控制，所有机器人的协作都是通过相互沟通来完成。参见 multi-robot system（多机器人系统），比较 heterogeneous multi-robot system（异构多机器人系统）。

homogeneous transformation　齐次变换　指机器人学中的坐标变换。齐次变换将位置向量和旋转矩阵整合成一个紧凑形式，如果已知坐标系 i 相对于坐标系 j 的位移和姿态，则坐标系 i 中的任意向量都可以通过齐次变换得到在坐标系 j 中的描述。齐次变化在需要紧凑形式和编程时应用方便，但是在计算时引入了无关的元素，即 0 和 1，造成了运算资源浪费。

homogeneous transformation matrix　齐次变换矩阵　参见 homogeneous matrix（齐次矩阵）。

homogeneous vector　齐次向量　指齐次坐标系中的向量，参见 homogeneous coordinate（齐次坐标系）。

homography　单应性变换　指同一个平面不同图像间的像素映射关系，即通过单应性变换，可以将一幅图像变成不同视角的另一幅图像。存在单应性变化的两幅图像必须是通过同一相机在不同视角获得的同一平面的图像,且相机只能沿着投影中心旋转,不能发生平移。该变换在计算机视觉领域有广泛应用,比如图像间的校正、配准、从两帧图像计算相机运动。

homography matrix 单应性矩阵 指表征单应性变换的矩阵,即表示了平面像素间映射的关系矩阵。参见 homography(单应性变换)。

homography projection 单应性投影 参见 homography(单应性变换)。

Hooke's law 胡克定律 是力学弹性理论中的一条基本定律,表述为固体材料受力之后,材料中的应力与应变(单位变形量)之间成线性关系。

Hooke-type universal joint 胡克万向节 指一种可以在任意方向弯曲并应用在连杆中传递旋转力的关节。

hopping robot 弹跳机器人 指为了更好地适应地形与障碍物,使用跳跃方式运动的机器人。常见的弹跳机器人包括单足机器人、双足机器人、四足机器人等。20 世纪 80 年代,Raibert 在 MIT 的 LegLab 研究了单足弹跳机器人的步态生成和控制。该运动包含以下三个步骤: ① 通过一个固定的推力来维持高度控制; ② 每次移动固定的距离来控制前向速度; ③ 臀部的驱动实现机器人的姿态控制。

Hough transformation 霍夫变换 是从图像中识别几何形状的基本方法之一。它主要用来从图像中分离出具有某种相同特征的几何形状(如直线、圆等),被广泛应用在图像分析和计算机视觉中。其原理是算法在描述形状的参数空间中执行投票来决定目标的基本形状,最后由累加空间的局部最大值决定。最基本的霍夫变换是从黑白图像中检测直线(线段)。但霍夫变换如果参数空间量化的间距太细,会让票数分散,而且对于图像噪声敏感,一般进行霍夫变换前需要进行噪声处理以及边缘检测。

HTN 层次[分层]任务网络 hierarchical task network 的缩写。

hue 色调 指颜色按其波长所区分的一种特性,不同波长的颜色有不同的色调。

Huffman tree 霍夫曼树 是一种数据结构。由霍夫曼算法求得的最佳加权增长树,常用于数据压缩。

human arm-like manipulator 类人手臂机械臂 指可以像人类手臂一样工作的机械臂。

human-centered automation 以人为中心的自动化 指在生产系统中,自动化技术用来辅助工人,而不是代替工人。

human-centered robotics 以人为中心的机器人学[技术] 指机器人学从传统的机电一体化变为多交叉学科。主要研究人和智能机器之间的交互,不仅需要经典机器人学,还需要更多其他领域的知识。人类和机器人的情感都是研究对象,包括人类生理学也被代入机器人研究。

Hurwitz stable 赫维茨稳定 是利用系统特征根分布来判定系统稳定性的一个代数判据。要使系统稳定,即系统全部特征根均具有负实部，就必须满足以下两个条件：① 特征方程的各项系数都不等于零。② 特征方程的各项系数的符号都相同。此即系统稳定的必要条件。

hybrid dynamic system　混合动态系统 指必须同时采用连续变量和离散变量描述状态变化的动态系统。

hybrid force control　混合力控制 指在机械臂控制中加入了闭环力反馈，通过反馈力信号来控制机械臂与环境的交互，有效提高了机械臂的控制精度，避免机械臂发生碰撞。常见的力控制有：力/位置混合控制、力/运动混合控制、力/视觉混合控制、阻抗控制。参见 hybrid force motion control（力/运动混合控制）、hybrid force position control（力/位置混合控制）、hybrid vision-force control scheme（力/视觉混合控制）、impedance control（阻抗控制）。

hybrid force motion control　力/运动混合控制 同 hybrid force position control（力/位置混合控制）。

hybrid force position control　力/位置混合控制 指在机器人末端沿着约束方向进行力控制，与约束方向相垂直的方向上进行位置控制，通过设计力和位置控制律对力和位置分别进行控制。与环境交互时产生的约束分为自然约束和人为约束，自然约束与机械臂机械特性和目标几何特性有关，位置控制方向为接触面的法向方向，力控制方向为接触面的切线方向；人为约束为附加约束，如轨迹约束，力/位置控制方向与自然约束相反，即位置控制方向为接触面的切向方向，力控制方向为接触面的法线方向。相比位置控制，力/位置混合控制可以在机械臂受到环境约束时有效避免碰撞及设备损坏。参见 position control（位置控制）、force control（力控制）。

hybrid vision-force control scheme　混合视觉-力控制体系 指在机器人的闭环控制中加入视觉反馈和力反馈。其中视觉在不接触的情况下获得非机构环境信息，力传感器提供准确的接触信息。常见的视觉/力混合控制方式有基于混合控制（hybrid-based control）和基于阻抗控制（impedance-based control），它们的控制器设计和力/位置混合控制类似，用视觉控制器替代了位置控制器，但基于混合的方法需要任务模型的先验信息，基于阻抗的方法会出现局部最小值，且不会收敛。和力/位置混合控制比较，视觉/力混合控制不需要知道接触模型（工件）的精确信息。比较 hybrid force position control（力/位置混合控制）。

hybrid visual servoing　混合视觉伺服 指混合基于图像和基于位置的视觉伺服方法。其中具有代表性的为2.5D视觉伺服方法。常见方法为用基于位置的视觉伺服（PBVS）得到角速度和目标姿态的关系，然后利用基于图像的视觉伺服（IBVS）在图像空间设计特征和对应误差来控制平移自由度，即末端位置。比较 image-based visual servoing（基于图像的视觉伺服），position-based visual servoing（基于位置的视觉伺服）。

hydraulic actuation 液压驱动 参见 hydraulic actuator(液压驱动器)。

hydraulic actuator 液压执行器,液压驱动器 是将液体的压力能转换为机械能,从而获得需要的直线往复运动或回转运动的装置。其特点是速度快、动力强。为确保压力传输实时性,液压驱动器中使用的液体为不可压缩液体。其中的能量转换遵循 Pascal 定律。液压驱动器的优点有以下三点:① 与电机相比,能输出可变速度而且可以立即反向输出,而大部分其他设备立即反向输出会对设备造成损伤;② 可以以小设备输出大动力;③ 有过载保护。

hydraulic cylinder 液压缸 指能将液压转变为机械能且做直线往复运动(或摆动运动)的液压执行元件。

hydraulic drive 液压驱动 同 hydraulic actuation(液压驱动)。

hydraulic robot arm 液压机器人臂 指使用液压作为动力的机器人手臂。

hydraulic servo motor 液压伺服马达 指液压系统的一种执行元件,它将液压泵提供的液体压力能转换为其输出轴的机械能(转矩和转速)。参见 hydraulic actuator(液压驱动器)。

hydrodynamics 流体动力学 指以运动中流体(流体指液体和气体)的状态与规律为研究对象的学科,它是流体力学的一门子学科。

hypercomplex number 超复数 是复数在抽象代数中的引申,以高维度呈现。包括四维的四元数、双复数、分裂四元数、八维的八元数、双四元数、十六维的十六元数等。四元数是最简单的超复数。

hyperparameter 超参数 是在机器学习开始学习之前设置的参数,而不是通过训练得到的参数数据。

hyper-redundant manipulator 超冗余机械臂 指机械臂的自由度超过了运动的自由度,一般会大于 6 个自由度。

hyper-redundant robot 超冗余度机器人 指机器人的自由度远远超过完成任务的需求,一般远远超过 6 个自由度。常见的超冗余度机器人有“蛇形”机器人、“象鼻”操作臂等。这种机器人因为它们的铰链结构,在强约束环境中进行操作时,具有很强的鲁棒性,并且抓取的方式更加多样化。但超冗余度机器人还存在很多问题:① 标准的运动学不适用该机器人的建模;② 机械设计和实现比较复杂;③ 编程比较困难。

hysteresis effect 滞后效应 指控制变量对被控量的影响不可能在短时间内完成,在这一过程中通常存在时间滞后,也就是说,控制变量需要通过一段时间才能完全作用于被控量。

I

IBVS　基于图像的视觉伺服　image-based visual servoing 的缩写。

ICP　迭代最近点算法　iterative closest point 的缩写。

identifiability　可辨识性　指模型的参数在通过有限次的观察后可以理论计算出来。对于不可辨识参数，根据目标模型是结构模型还是预测模型，通常有两种解决方法。对于结构模型，目标是通过不断排除参数找出最小的可以描述系统的参数集合，这个过程需要不断评估每个参数对原模型的影响。对于预测模型，目标是让输出尽可能去贴近输入，是一种输入输出曲线适配的方法，得到的参数值精度不高。

identification　识别，辨识　指根据系统的输入输出时间函数来确定描述系统行为的数学模型。现代控制理论中的一个分支。通过辨识建立数学模型的目的是估计表征系统行为的重要参数，建立一个能模仿真实系统行为的模型，用当前可测量的系统的输入和输出预测系统输出的未来演变，以及设计控制器。对系统进行分析的主要问题是根据输入时间函数和系统的特性来确定输出信号。

IEEE　电气与电子工程师学会　Institute of Electrical and Electronic Engineers 的缩写。

IEKF　迭代扩展卡尔曼滤波器　iterated extended Kalman filter 的缩写。

illuminance　照度　光照在一表面区域的量。当表面受到均匀照射时，它等于光通量除以表面面积，其 SI(国际单位制)单位为勒(克斯)。也称为“光通量密度”。

illuminance meter　照度计　是一种专门测量光度、亮度的仪器仪表。

illuminant　光源　指能够发光的物体，工业现场常常另加光源来改善视觉系统的工作环境。

ILP　整数线性规划　integer linear programming 的缩写。

image　图像　指一帧画面在输出时的一种可视性表示。图像分黑白和彩色两种，在计算机上用点阵或矢量表示，输出时，总要表示成为若干像素的二维阵列。一个彩色像素需用代表三基色(红、绿、蓝)不同成分的数据项合成表示。

image acquisition　图像采集　指图像经过采样、量化以后转换为数字图像并输入、存储到帧存储器的过程，一般包括三个步骤。① 利用图像传感器将物景转换为图像信息，图像传感器是一种将光学影像转换成电子信号的设备，主要分为感光耦合元件(charge-coupled device，CCD)和互补式金属氧化物半导体有源像素传感器(CMOS Active pixel sensor)两种。② 利用图像采集卡将图像信号采集到电脑中,以数据文件的形式保存在硬盘上。图像采集卡是图像采集部分和图像处理部分的接口。③ 利用计算机对图像进行处理。参见 CCD(感光耦合元件),CMOS(互补金属氧化物半导体)。

image affine coordinate system　图像仿射坐标系统　指对原图像坐标系进行仿射变换后得到的坐标系。

image analysis　图像分析　一般利用数学模型并结合图像处理的技术来分析底层特征和上层结构,从而提取有用或感兴趣的信息。图像分析基本上有四个过程。① 传感器输入：把实际物景转换为适合计算机处理的表达形式,一般为二维矩阵;② 分割：从物景图像中分解出物体和它的组成部分。组成部分又由图像基元构成。分割是一个决策过程,它的算法可分为像点技术和区域技术两类。像点技术是用阈值方法对各个像点进行分类。区域技术是利用纹理、局部地区灰度对比度等特征检出边界、线条、区域等,并用区域生长、合并、分解等技术求出图像的各个组成成分;③ 识别：对分割出来的物体赋予语义信息。可以构造一系列已知物体的图像模型,把要识别的对象与各个图像模型进行匹配和比较;④ 解释：用启发式方法或人机交互技术结合识别方法建立物景的分级构造,说明物景信息和空间结构关系。

image-based visual servoing (IBVS)　基于图像的视觉伺服　指由图像特征来定义的误差信号计算出控制量,并利用雅克比矩阵变换到机器人关节空间,从而完成伺服任务。误差信号通常是目标点投影到图像平面的像素坐标与期望像素坐标的差。常见的控制器是速度控制器,使误差具有指数衰减的形式,结合相机的内外参和目标深度可以得到图像雅克比矩阵,从而将速度控制量转到像素误差控制。比较基于位置的视觉伺服,基于图像的视觉伺服更加健壮,受扰动影响小,标定精度不会影响收敛精度,只会影响收敛速度。缺点是无法在笛卡尔空间规划轨迹,也无法避免奇异点位置。参见 visual servoing(视觉伺服),比较 position-based visual servoing(基于位置的视觉伺服)。

image center　图像中心　指相机光心投影在图像平面上的投影点。

image contrast　图像对比度　指一幅图像灰度反差的大小。

image converting　图像转换　指图像转换为不同的表示空间,常见的有灰度空间、RGB 空间、HSV 空间。在转换过程中并不会使图像中增加更多的信息。

image coordinate　图像坐标　指某个二维图像点在图像平面坐标系上的位置。

image data　图像数据　指表示图像中各元素亮度、颜色等特性的数据。它一般取二维数组的形式,数组中的每一个元素代表着图像的一个像素。常见的有单通道图像和多通道图像，单通道图像每个像素只表示灰度值，多通道图像如 RGB 图像，每个像素有三个分量，分别表示三原色的数值。

image distortion　图像畸变　指成像过程中所产生的图像像元的几何位置相对于参照系统（地面实际位置或地形图）发生的挤压、伸展、偏移和扭曲等变形，使图像的几何位置、尺寸、形状、方位等发生改变。在这种情况下可以对相机进行标定得到畸变系数，来对畸变图像进行校正。

image feature　图像特征　指可以区分不同图像的特征。常用的图像特征有颜色特征、纹理特征、形状特征、空间关系特征等。颜色特征是一种全局特征，描述了图像或图像区域所对应的景物的表面性质；纹理特征也是一种全局特征，它也描述了图像或图像区域所对应景物的表面性质；形状特征有两类表示方法，一类是轮廓特征，另一类是区域特征，图像的轮廓特征主要针对物体的外边界，而图像的区域特征则关系到整个形状区域；空间关系特征，指图像中分割出来的多个目标之间的相互的空间位置或相对方向关系，这些关系也可分为连接/邻接关系、交叠/重叠关系和包含/包容关系等。

image fusion　图像融合　是将多源信道所采集的同一目标的图像经过一定的处理，提取各信道的数据，综合互补信息而形成新图像的过程。如 RGB 图像、HSV 图像的融合。

image histogram　图像直方图　指反映一个图像像素分布的统计表，其横坐标代表了图像像素的种类，可以是灰度的，也可以是彩色的。纵坐标代表了每一种颜色值在图像中的像素总数或者占所有像素个数的百分比。

image matching　图像匹配　指通过对两帧或多帧图像的内容、特征、结构、纹理及灰度等特性的相似性和一致性对比分析，寻求相似图像目标的方法。图像匹配主要可分为以灰度为基础的匹配和以特征为基础的匹配。灰度匹配将图像看成是二维信号，采用统计相关的方法寻找信号间的相关匹配，如相关函数、协方差函数、差平方和、差绝对值和等测度极值，判定两幅图像中的对应关系。最经典的灰度匹配法是归一化的灰度匹配法。特征匹配指通过分别提取两个或多个图像的特征（点、线、面等特征），对特征进行参数描述，然后运用所描述的参数来进行匹配的一种算法。基于特征的匹配所处理的图像一般包含的特征有颜色特征、纹理特征、形状特征、空间位置特征等。参见 image feature（图像特征）。

image moment　图像矩　是一种描述图像的特征，具有平移、灰度、尺度、旋转不变性。

image noise　图像噪声　指图像中出现的不正常的像素点。这些像素点会影响图像中正确信息的传递。

image plane　图像平面　指外部物体在图像传感器上的成像平面。

image preprocessing　图像预处理　指为了突出图像中的有用信息，扩大图像中不同物体特征间的差别，为图像的信息提取和其他图像分析技术奠基的一系列处理步骤，一般有数字化、几何变换、归一化、平滑、复原和增强等步骤。

image processing　图像处理　指为了增强图像或者从图像中提取有用信息而对图像进行的一系列操作，在进行处理时会将输入图像以二维矩阵处理。图像处理通常包含预处理、图像恢复、图像增强、图像配准、图像分割、采样、量化、图像分类和图像压缩等操作。图像处理可以分为五个目标：① 可视化无法被观察到的物体；② 图像增强和重建；③ 图像检索；④ 目标测量；⑤ 目标识别。

image processing operator　图像处理算子　是对图像进行处理时所用到的算子。包括全局特征描述算子和局部特征描述算子。图像算子具备：重复性、判别性、局部不变性、富含信息、量化描述以及精确高效等特性。常见的图像处理算子有：SIFT 描述算子、不变矩、Sobel 算子、Canny 算子、Laplacian 算子等等。

image recognition　图像识别　指利用计算机对图像进行处理、分析和理解，以识别各种不同的目标和对象的技术。

image rectification　图像校正　指对失真图像进行的复原性处理。其基本思路是，根据图像失真原因，建立相应的数学模型，从被污染或畸变的图像信号中提取所需要的信息，沿着使图像失真的逆过程恢复图像本来面貌。实际的复原过程是设计一个滤波器，使其能从失真图像中计算得到真实图像的估值，使其根据预先规定的误差准则，最大程度地接近真实图像。

image region　图像区域　是属于图像的一部分连续区域，在图像处理过程中常常需要提取图像的子区域进行分析处理。

image registration　图像配准　是将不同的图像转换到同一个坐标系的过程。这些图像可以来自不同传感器、时间、距离或角度，目的是能够比较或集成从这些不同测量中获得的数据。它可以用于计算机视觉、医学成像、军事目标自动识别，以及卫星图像分析。

image retrieval　图像检索　指对图像进行检索，从检索原理上大致分为基于文本的图像检索和基于内容的图像检索。基于文本的图像检索从图像名称、图像尺寸、压缩类型、作者、年代等方面标记图像，一般以关键词形式的提问查询图像。基于内容的图像检索根据图像的内容语义以及上下文联系，从图像数据库中检出具有相似特性的其他图像。

image sensor　图像传感器　是一种将光学图像转换成电子信号的设备，也称为感光元件，它被广泛地应用在数码相机和其他电子光学设备中。根据元件的不同，可分为 CCD（charge coupled device，电荷耦合元件）和 CMOS（complementary metal-oxide semiconductor，互补金属氧化物半导体元件）两大类。

image sequence　图像序列　多帧二维

图像的有序集合。有空间图像序列和时间图像序列之分。空间图像序列可用于重构三维物体。时间图像序列可用于研究目标的运动过程,反映出目标随时间变化的状态和位置。两者结合可进一步研究三维物体的运动过程。图像序列的研究成果广泛用于动态目标的识别、检测和跟踪。

image trajectory　图像轨迹　指特征点在图像平面运动形成的轨迹。

impact dynamics　冲击动力学　是一门分析冲击过程的科学。冲击动力学包括材料的动力学性能、应力波和结构动力学、量纲方法对冲击动力学的应用。

impact model　冲击模型　指机器人和环境中的刚体发生碰撞时,一个瞬时冲击力作用于机器人上,使得机器人的速度产生一个阶跃变化。

impedance control　阻抗控制　是要通过调解机器人的机械阻抗以保持末端执行器的位置和末端执行器与环境之间的接触力处于理想的动态关系。属于间接力控制。其中的机械阻抗指速度和作用力之间的关系。阻抗控制的接触力大小取决于末端执行器的参考位置轨迹、环境位置、环境刚度。阻抗控制中的阻抗包含两部分:机械臂物理上内在的阻抗和采用主动控制带来的阻抗,机械臂物理上内在的阻抗是不变的,阻抗控制的目的就是通过选用主动控制参数来实现理想的目标阻抗。阻抗控制为避碰、有约束和无约束运动提供了一种统一的方法。其优点是需要很少离线任务规划,对扰动和不确定性有很好的鲁棒性,能实现系统由无约束到有约束运动的稳定转换。

importance sampling　重要性采样　指在有限的采样次数内,尽量让采样点覆盖对整体贡献较大的点。

importance weight　重要性权重　指某一指标在整体评价中的相对重要程度。

impulse generator　脉冲发生器　是用来发生信号的系统,产生所需参数的电测试信号仪器。按其信号波形分为四大类:① 周期信号发生器;② 函数(波形)信号发生器;③ 脉冲信号发生器;④ 随机信号发生器。

impulse response　冲激响应　指系统在单位冲激函数激励下引起的零状态响应。冲激响应完全由系统本身的特性所决定,与系统的激励源无关,是用时间函数表示系统特性的一种常用方式。

IMS　集成制造系统　integrated manufacturing system 的缩写。

IMU　惯性测量单元　inertial measurement unit 的缩写。

incipient failure　初发故障　指一种正在发生但尚未造成后果的故障。

inclinometer　倾角仪　指常用于水平角度、相对角度、倾角测量的仪器。又称角度仪、电子式角度仪。

incremental control strategy　增量控制策略　指采用增量型算式的控制策略。控制器的输出是执行机构行程的增量而不是位置量。增量控制的优点是编程简单、算式不需要累加、增量只与最近几次采样值有关、发生故障时造成的冲击小。

incremental encoder 增量式编码器 是编码器的一种，与绝对式编码器相对。增量编码器不表示绝对位置，它只记录位置上的增量变化。因此为了确定任何特定时刻的绝对位置，必须与参考位置进行比较。参见 encoder（编码器），比较 absolute encoder(绝对式编码器)。

incremental frequency control 增量频率控制 是对被控对象的增量频率进行准确控制的自动控制方法。

incremental learning 增量式学习 是一种机器学习算法。优势主要表现在两个方面：一方面由于其无须保存历史数据，从而减少存储空间的占用；另一方面增量学习在当前的样本训练中充分利用了历史的训练结果，从而显著地减少了后续训练的时间。

incremental search 增量式搜索 是一种利用先前的搜索信息提高本次搜索效率的方法，通常可以用来解决动态环境下的重规划问题。在人工智能领域，一些实时系统常常需要根据外界环境的变化不断修正自身，这样就会产生一系列变化较小的相似问题，此时应用增量搜索将会非常有效。

incremental servo-drive 增量式伺服驱动 指使用增量式编码器的伺服驱动。每一个输出脉冲对应一个单位的位移量。

incremental system 增量系统 指在控制系统中，输入和反馈的每一个坐标位置都可从前一个位置得出，与绝对坐标系统不同，不需要通过公共基准点产生。

independent variable 独立变量 指自身的改变不会影响其他因变量，也不会受到其他因变量影响的变量。

independent-joint control 独立关节控制 指每一个关节的控制输入只取决于对应关节位移和速度的控制方式。这种控制方式的优点在于：① 避免关节之间的状态交互。② 控制器的计算负载减小，硬件需求降低。

indirect control 间接控制 指外界没有以一种特定或者明确的方式对系统施加控制，而是通过系统中的有关参数或条件来达到控制系统的目的，区别于直接控制。

indirect controlled system 间接受控系统 指处于间接控制状态下的系统，区别于直接控制系统。

individual axis acceleration 单轴加速度 指机械臂运动时单个轴的关节加速度。

individual axis velocity 单轴速度 指机械臂运动时单个轴的关节速度。可以通过雅克比矩阵得到关节速度与机械臂末端速度的关系。

individual joint PID control 单关节比例-积分-微分控制，单关节 PID 控制 是一种基于关节空间的关节式控制方法，将机器人的期望轨迹反解为每个关节的期望轨迹，通过对单个关节进行独立的比例-积分-微分控制，实现机器人的运动控制。参见 PID(比例-积分-微分)。

indoor exploration 室内探索 指机器人在室内环境下移动，根据自身的传感器观测信息确定自身位置，自主规划路径进行导航，并构建环境地图的过程。

indoor localization system (ILS) 室内定位系统 指在室内环境中实现定位的系统，主要采用红外运动捕捉、无线通信、基站定位、惯性导航等多种定位技术，实现人员、物体等在室内空间中位姿估计的定位系统。

indoor navigation 室内导航 指机器人在室内环境下，根据实时构建的环境地图或者结合先验地图的方式，依据传感器的实时观测信息进行定位，根据目标位置和环境信息规划路径，形成控制指令并下发至执行机构，最终移动到终点的行为。参见 navigation(导航)。

induction 感应;归纳法,归纳 (1) 是一个物体(如电导体、可磁化体、电路)内部由于另一类激发物体的接近或者由于磁通的变化而产生电压、静电场或磁场的过程。(2) 一般指归纳推理，是一种由个别到一般的推理。由一定程度的关于个别事物的观点过渡到范围较大的观点，由特殊具体的事例推导出一般原理、原则的解释方法。

inductive control 感应控制 指感应式信号控制，感应到目标后输出控制信号，在未感应到目标时不输出信号。

inductive encoder 感应式编码器,电感式编码器 利用电感原理进行工作的编码器，属于非接触式编码器。这种编码器具有完全密封的外壳形式，与被测量对象无须任何机械连接即可正常工作。其工作原理是利用电感的变化量对角度或者位移进行测量。

industrial control system 工业控制系统 指可使工业生产过程按期望规律或预定程序执行的控制系统。工业控制指在工业生产中对机器、工艺装备和生产过程的控制。工业控制系统从最初的 CCS(计算机集中控制系统)，到第二代的 DCS(分散控制系统)，发展到现在流行的 FCS(现场总线控制系统)。

industrial manipulator 工业机械臂 指用于工业现场，按固定程序抓取、搬运物件或操作工具的机械臂。工业机械臂可代替人的繁重劳动以实现生产的机械化和自动化，能在有害环境下操作以保护人身安全，因而广泛应用于机械制造、冶金、电子、轻工和原子能等部门。参见 manipulator(机械臂)。

industrial robot 工业机器人 是面向工业领域的一种具有较高自由度行动功能的自动化机器人。工业机器人通常包括操作机和控制系统，操作机由机械结构和驱动装置组成，控制系统由硬件和软件组成。工业机器人靠自身机械动力系统和控制系统来实现特定功能，具有工业现场的作业能力，如材料搬运能力、操作能力和测量能力，在工业制造过程中具有重要作用。典型的工业机器人包括码垛机器人、搬运机器人、焊接机器人等。工业机器人具有工作效率高、稳定可靠、重复精度好、能在高危环境下作业等优势，在传统制造业、特别是劳动密集型产业的转型升级中将发挥重要作用。

industrial robot cell **工业机器人单元** 指包含相关机器、设备，相关的安全防护空间和保护装置的一个或多个机器人系统。

industrial robot system **工业机器人系** 由（多）工业机器人、（多）末端执行器以及为使机器人完成任务所需要的全部设备装置，外部辅助轴或传感器构成的系统。

industrial robotics **工业机器人学［技术］** 是描述工业机器人各大组成部分及其应用的学科。主要内容包括工业机器人的机械结构、运动学及动力学、环境感知技术、控制、编程、系统等部分。

inertia matrix **惯量矩阵，惯性矩阵** 是转动惯量的矩阵表示。指度量三维空间中的刚体绕某个给定轴转动的惯量大小的矩阵。

inertial guidance **惯性制导** 指利用惯性原理控制和导引机器人或者飞行器自主导航移动到目标点的技术。惯性制导的原理是利用惯性测量装置测出机器人或飞行器的运动参数，形成制导指令，通过控制动力系统推力的方向、大小和作用时间，把机器人或者飞行器自动引导到目标区。惯性制导是以自主方式工作的，不与外界发生联系，所以抗干扰性强和隐蔽性好。现代的地对地战术导弹、战略导弹和运载火箭都采用惯性制导。

inertial guidance system **惯性制导系统** 通过惯性器件对运动体进行控制使之沿预定轨迹运动的制导系统。由惯性测量装置、计算机和控制器等组成。惯性测量装置包括测量角运动参量的陀螺仪和测量平移运动参量的加速度计。计算机对测得的参量数据进行运算以确定所需操纵指令。控制器接收计算机输出信号，经转换后输入执行机构以控制运动体实现期望的运动。惯性制导系统是一种自主式制导系统，广泛用于飞机、船舶、导弹、运载火箭和航天器的制导。

inertial measurement unit (IMU) **惯性测量单元** 是测量物体三轴姿态角（或角速度）以及加速度的装置。一个IMU通常包含了三个单轴的加速度计和三个单轴的陀螺仪，加速度计检测物体在载体坐标系统独立三轴上的加速度信号，而陀螺仪检测载体相对于载体坐标系的角速度信号。通过测量物体在三维空间中的角速度和加速度，并以此解算出物体的姿态。在导航中有着很重要的应用价值。

inertial navigation **惯性导航** 指利用惯性元件（陀螺仪和加速度计等传感器）来测量运载体本身的角速度、加速度等运动状态，经过预积分等运算得到速度和位置测量信息，从而达到对运载体导航定位的目的。组成惯性导航系统的设备都安装在运载体内，是一种内部传感器，工作时不依赖外界信息，也不向外界辐射能量，不易受到干扰，是一种自主式导航系统。

inertial reference frame **惯性参考坐标系** 经典力学中认为在绝对空间中静止不动或匀速直线运动的参考坐

标系。

inertial sensor 惯性传感器 是通过检测倾斜、旋转、平移等变化来测量加速度或角速度的传感器。惯性传感器常用于导航、定位和运动控制等任务。

inertial surveying system 惯性测量系统 利用惯性传感器建立并保持参照坐标系，按使用要求确定方位、三维坐标或测量垂线的惯性系统。

information filter 信息滤波器 是卡尔曼滤波器的对偶形式，和卡尔曼滤波器一样，信息滤波器也是用高斯分布表示置信度，不同的是它采用正则参数（信息矩阵和信息向量）表示高斯函数。

information fusion 信息融合 利用信息技术进行多方面信息采集和重新组织的过程。在处理中需要对多源信息进行关联组织和内容的重新组合。

infrared detection system 红外探查系统 是将入射的红外辐射信号转变成电信号输出，对电信号进行波形分析来探测外部信息的系统。

infrared guidance control 红外制导控制 指利用红外跟踪和测量的方法控制和引导导弹飞向目标的技术。导弹上的红外位标器（导引头）接收目标辐射的红外线，经光学调制和信息处理后得出目标的位置参数信号，用于跟踪目标和控制导弹飞向目标。红外制导多用于被动的制导系统，红外制导系统由红外位标器、计算机和执行机构等组成，其中红外位标器作为跟踪测量装置，由光学系统（包括罩、主镜、次镜、滤光片）、调制盘和红外探测器（光敏元件）组成。

infrared image 红外图像 将介于可见光与微波波段之间的电磁波辐射图像，经红外成像器件转换成的可见光图像，也称为“热像”。广泛用于军事侦察、遥感技术和医学疾病诊断中。

infrared measurement 红外测量 指测量目标辐射出的红外线。在工业自动化生产、生物研究、军事领域等都有应用。

infrared sensor 红外线传感器 指利用红外线的物理性质来进行测量的传感器，有灵敏度高等优点。其组成主要包括光学系统、检测元件和转换电路。红外线传感器常用于无接触温度测量，气体成分分析和无损探伤，在医学、军事、空间技术和环境工程等领域得到广泛应用。

in-hand manipulation 手中操作 指只用单只手操作对象，或者只用单个机械臂持有和操作对象。

inner-loop control 内环控制 指对多个控制环组成的控制系统的内环进行的控制。复杂的控制系统往往多个回路，每个控制回路控制不同的变量，控制精度和速度不同，内环作为外环的一部分，往往控制精度更高，速度更快，内环控制性能往往影响外环控制效果。如在机器人运动控制中，外环为位置控制，其内部还有控制速度环和控制电流环。

input-output stability 输入-输出稳定性 也称为有界输入有界输出稳定性（简称 BIBO 稳定性），是系统的一种稳定性，从系统的外部特性来考察系统稳定性行为。设 t_0 为初始时刻，若对零初始条件，每一个定义在 $[t_0, t_1)$ 上的有界输入产生一个在 $[t_0, t_1)$ 上的有界输出，则称系统是输入-输出稳定的。

input-output-to-state stability (IOSS) 输入-输出-状态稳定性 是由 Krichman 等人提出的稳定性概念，研究非线性系统实现输入输出到状态稳定的 Lyapunov 特征。系统输入输出到状态稳定的充分条件可以通过 Lyapunov 函数分析方法来进行分析。

input-to-state stability 输入-状态稳定性 是由 Sontag 教授提出的一种采用状态空间方法描述的，受迫系统（存在外加输入的系统）的稳定性概念，研究从输入到状态稳定是一种典型的非线性系统分析和设计方法。

InSAR 干涉式合成孔径雷达 interferometric synthetic aperture radar 的缩写。

insect-inspired robot 昆虫启发机器人 是依据昆虫的感知和行为方式设计的仿昆虫机器人。通常能够通过传感器的信号采集对环境进行感知，并产生类似于昆虫的行为动作。

insertion sort 插入排序 是一种简单直观的排序算法。它的工作原理是通过构建有序序列，对于未排序数据，在已排序序列中从后向前扫描，找到相应位置并插入。

in-site actuation 在现场驱动 指的是采用直接驱动的方式，驱动器直接作用于现场环境，或者指驱动器直接固定在关节内，对智能体直接进行驱动。

inspector 监测器 对系统运行数据进行监测和采集的终端设备。

installation 安装 机器人安装就位，并将其与动力电源和其他必要的基础设施部件等进行连接。

instantaneous rotation axis 瞬时转动轴 是某一时刻物体转动的转动轴。当物体转动时，它的各点都做圆周运动，这些圆周的中心在同一直线上，这条直线叫作转动轴。门、窗、砂轮、电动机的转子等都有固定转轴，只能发生转动，而不能平动。几个力作用在物体上，它们对物体的转动作用决定于它们的力矩的代数和。若力矩的代数和等于零，物体将用原来的角速度做匀速转动或保持静止。

instantaneous velocity 瞬时速度 指物体在某一时刻或经过某一位置时的速度，该时刻相邻的无限短时间内的位移与通过这段位移所用时间的比值。瞬时速度是矢量，既有大小又有方向。

Institute of Electrical and Electronic Engineers (IEEE) 电气与电子工程师学会 是一个国际性的电子技术与信息科学工程师的协会，是目前全球最大的非营利性专业技术学会，其会员人数超过 40 万人，遍布 160 多个国家。IEEE 致力于电气、电子、计算机工程和与科学有关的领域的开发和研究，在太空、计算机、电信、生物医学、电力及消费性电子产品等领域已制定了 901 多个行业标准，现已发展成为具有较大影响力的国际学术组织。

instrument (自动化)仪表 由若干自动化元件构成的自动化技术工具。一般同时具有数种功能,如测量、显示、记录或测量、控制、报警等,广泛应用于工业生产中。常用的有自动检测仪表、显示记录仪表、巡回检测装置、模拟调节仪表、单元组合仪表、综合控制装置、防爆仪表等。

instrument panel 仪表盘 用于安装仪表及有关装置的刚性平板或结构件。按形式分有屏式仪表盘、框架式仪表盘、通道式仪表盘、柜式仪表盘。

I

integer linear programming (ILP) 整数线性规划 变量取整数值的线性规划,它的一般形式为 $\min Z$,满足条件 $Ax = b, x > 0$,且取整数值。在一般线性规划的约束条件之上,增加要求变量为整数值之后,形成了整数线性规划特有分支。整数线性规划最优解不能按照实数最优解取整而简单获得,求解方法有分支定界法、割平面法、匈牙利法、蒙特卡洛法等。

integral control 积分控制 指在积分作用中,控制器的输出与输入的误差信号的积分成正比关系。对一个存在稳态误差的自动控制系统,为了消除稳态误差,在控制器中必须引入积分项。

integral governing 积分调节 是调节器的一种调节规律,它的最大特点是能消除累积误差。积分调节能够把偏差随着时间不断积累起来,积累的结果是使调节器的输出不断的增加或减少,只要偏差存在,积累就继续进行,调节作用就不会停顿下来,只有当偏差等于零时,积累作用才停止。

integrated manufacturing system (IMS) 集成制造系统 为了制造、处理、移动或包装零部件或组件,由原材料处理系统连接,并由控制器(即 IMS 控制器)实现互连,采用协同方式工作的一组机器。

integrated navigation 组合导航 将运载体上的某几个或全部导航设备组合成一个统一的有机整体,以提高精度和可靠性,并使之具有多种综合性功能的一种导航技术。大多数组合导航系统以惯导系统为主,以视觉相机、激光雷达等传感器定位系统为辅,其原因主要是由于惯性导航能够提供比较多的导航参数,还能够提供全姿态信息参数。

integrated proximity model 集成近似模型 为实现子系统分析模块与系统级模块之间的数据交换与融合,将系统进行集成并在不降低精度的情况下构造的计算量小、计算周期短,但计算结果为与数值分析或物理实验结果相近的数学模型。

integrated robotization 集成机器人化 将工业机器人与通用机电设备集成到一个自动化系统中,成为具备机器人操作功能的自动化平台。

integrated system 集成系统 是通过结构化的综合布线系统和计算机网络技术,采用技术整合、功能整合、数据整合、模式整合、业务整合等技术手段,将各个分离的设备、软件和信息数据等要素集成到相互关联的、统一和协调的系统之中,使系统整体的功能、性能符合使用要求，使资源达到充分共享，实现集中、高效、便利的管理。

integrating gyroscope　积分陀螺仪　用以直接测定运载器角速率的二自由度陀螺装置。把均衡陀螺仪的外环固定在运载器上并令内环轴垂直于要测量角速率的轴。当运载器连同外环以角速度绕测量轴旋进时，陀螺力矩将迫使内环连同转子一起相对运载器旋进。陀螺仪中有线性阻尼器限制这个相对旋进。由平衡时的内环旋进角即可求得陀螺力矩和运载器的角速率。当运载器作任意变速转动时，积分陀螺仪的输出量是绕测量轴的转角（即角速度的积分）。积分陀螺仪在远距离测量系统或自动控制、惯性导航平台中使用较多。

integration　积分；集成　(1) 是微积分学与数学分析里的一个核心概念。通常分为定积分和不定积分两种。(2) 将机器人和其他设备或其他机器（可能含其他机器人）组合成能完成如零部件生产的有益工作的机器系统。

intellectual science　智能科学　研究智能的本质和实现技术，是由脑科学、认知科学、人工智能等综合形成的交叉学科。脑科学从分子水平、细胞水平、行为水平研究自然智能机理，建立脑模型，揭示人脑的本质，构造脑机接口；认知科学是研究人类感知、学习、记忆、思维、意识等人脑心智活动过程的科学；人工智能研究用人工的方法和技术，模仿、延伸和扩展人的智能，实现机器智能。总之，智能科学不仅要进行功能仿真，而且要从机理上研究、探索智能的新概念、新理论、新方法及其应用过程的一门学科。

intelligence simulation　智能模拟　用计算机或其他自动机以及光电器件来模拟人脑的理论、方法和技术。

intelligent agent　智能自主体，智能体　指的是在信息技术，人工智能以及计算机领域，能够通过传感器感知环境，并通过执行器进行操作，产生智能行为的实体。

intelligent automation　智能自动化　具备智能化和集成化（或称综合化）基本特征的自动化技术。智能化指采用人工智能、知识工程、神经网络理论、大系统理论等，使系统具有人的某些智能，能替代或扩展人的脑力劳动，并实现脑力劳动自动化；集成化指集信息技术、系统控制技术、软件技术、微电子技术、光电子技术、通信技术、传感技术、机器人技术和专家系统等技术群于一体，实现一体化或综合化。

intelligent autonomous system　智能自主系统　是一种具有智能和自主性的系统，它不需要人为干预，利用先进智能技术实现各种操作与管理。典型自主智能系统包括陆、海、空、天自主无人载运操作平台、复杂无人生产加工系统、无人化平台等，例如无人车、无人机、轨道交通自动驾驶、空间机器人、海洋机器人、极地机器人、服务机器人、无人车间/智能工厂和智能控制装备与系统等。

intelligent backtracking　智能回溯法

是一个既带有系统性又带有跳跃性的搜索算法。它在包含问题的所有解的解空间树中，按照深度优先的策略，从根节点出发搜索解空间树。算法搜索至解空间树的任一节点时，总是先判断该节点是否肯定不包含问题的解。如果肯定不包含，则跳过对以该节点为根的子树的系统搜索，逐层向其祖先节点回溯。否则，进入该子树，继续按深度优先的策略进行搜索。

intelligent car　智能车　是计算机技术等最新科技成果与现代汽车工业相结合的产物。通常具有自动驾驶、自动变速、识别道路、自主规划行驶路径的功能，其原理主要是通过传感器感知环境信息，进行高速运算、智能决策，具备高度智能化以及自动化的水平。

intelligent computer architecture　智能计算机体系结构　指以符号处理为中心的，面向知识信息处理的智能结构。内含的计算机与传统计算机相比，在计算机内部有三个明显的演变，数据演变为知识、算法演变为推理、数据结构演变为知识表示。通常，这种智能机是由应用技术系统、软件技术系统和硬件技术系统这三大系统组成。

intelligent control　智能控制　指的是基于智能方法和技术的控制，是控制理论发展的高级阶段。智能控制包括模糊控制、神经控制、专家控制、学习控制、分层递阶智能控制等。智能控制常用于难以建立准确和简单数学模型的控制系统，应用领域包括智能机器人系统、计算机集成制造系统、复杂的工业过程控制系统、航天航空控制系统、交通运输系统、环保及能源系统等。

intelligent control system　智能控制系统　是具有智能信息处理、智能信息反馈和智能控制决策的控制系统，是控制理论发展的高级阶段的产物，主要用来解决那些用传统方法难以解决的复杂系统的控制问题。智能控制系统的控制对象主要特点是具有不确定性的数学模型、高度的非线性和复杂的任务要求。

intelligent coordination　智能协调　指多系统或者单个系统的各部分之间相互协调，自动发送和接收信号并进行处理，共同完成某种功能或者任务。

intelligent learning system　智能学习系统　依据人工智能的学习原理和方法，应用知识表达、知识存储、知识推理等技术，设计和构成的具有知识获取功能，并能逐步改善其性能的系统。系统可以采用示教式或自学习式。学习过程中可以采用指导、示例、类比等方法，进行演绎式、归纳式、联想式等学习。系统中具有知识库，知识库具有删增、修改、扩充和更新等功能。

intelligent machine　智能机器　能够在某些特定环境中自主地完成任务，并且高度自动化的机器。

intelligent peripheral　智能外设　指智能系统中为完成特殊智能业务所需的智能化终端与部件。在机器人领域指的是智能体带有的具有一定传感功能，能够采集外部信息并与智能体进行信息传输的外部设备。

intelligent robot　智能机器人　指发展到具有智能特征的高级阶段的机器人，能独立决策并进行自适应动作。大多数专家认为智能机器人至少要具备以下三个要素：一是感觉要素，用来认识周围环境状态；二是运动要素，对外界作出反应性动作；三是思考要素，根据感觉要素所得到的信息，思考出采用什么样的动作。感觉要素包括能感知视觉、接近、距离等的非接触型传感器和能感知力、压觉、触觉等的接触型传感器。这些要素实质上就是相当于人的眼、鼻、耳等五官，它们的功能可以利用诸如摄像机、图像传感器、超声波传感器、激光器、导电橡胶、压电元件、气动元件、行程开关等机电元器件来实现。对运动要素来说，智能机器人需要有移动机构，以适应诸如平地、台阶、墙壁、楼梯、坡道等不同的地理环境。可以借助轮子、履带、支脚、吸盘、气垫等移动机构来完成。在运动过程中要对移动机构进行实时控制，这种控制不仅要包括有位置控制，而且还要有力控制、位置与力混合控制、伸缩率控制等。智能机器人的思考要素是三个要素中的关键，也是人们要赋予机器人必备的要素。思考要素包括有判断、逻辑分析、理解等方面的智力活动。这些智力活动实质上是一个信息处理过程，而计算机则是完成这个处理过程的主要手段。智能机器人可以分为传感型（受控于外部计算机的机器人）、交互型（由操作员实现对机器人的控制与操作）和自主型（机器人无须人的干预，能够在各种环境下自动完成各项拟人任务）。

intelligent system　智能系统　指的是能产生智能行为的系统，其工作原理是通过传感器和外部环境进行交互，能够自主地获取、存储和处理外部信息，进行运算得到结果，并通过执行器作用于环境，实现特定的功能。

intelligent transportation system（ITS）　智能交通系统　将先进的信息技术、通信技术、传感技术、控制技术及计算机技术等有效率地集成运用于整个交通运输管理体系，并建立起一种在大范围及全方位发挥作用，实时、准确及高效率的综合运输和管理系统。ITS可以有效地利用现有交通设施、减少交通负荷和环境污染、保证交通安全、提高运输效率。在该系统中，车辆靠自己的智能在道路上自由行驶，公路靠自身的智能将交通流量调整至最佳状态，借助于这个系统，管理人员对道路状态、车辆的行踪都将获得实时而全面的信息。

intelligent voice　智能语音　基于语音输入的新一代交互模式，具备智能语音技术的设备可以实现语音识别，接收语音信息并转化为计算机可识别的格式，实现基于语音的自动控制。使用者通过说话就可以操纵机器，获得反馈结果。

intelligent wheelchair　智能轮椅　是一种配备相机、激光雷达等传感器，能够自动导航并能根据环境实时规划路径的机器人轮椅。智能轮椅主要有语音识别、机器人自定位、动态避障、多传感器信息融合、实时自适应导航控制等功能。在机器人轮椅中,轮椅的使用者应是整个系统的中心和积极的组成部分。

intentional cooperation 有意图合作,主动合作 指的是针对单个或多个机器人系统中存在的问题或者针对某个研究内容,以某种目的为理由进行多方合作解决问题或者开展研究。

intentionally cooperative system 主动合作系统 指的是以获取较优的结果为目的,对携带同构/异构观测传感器的多个机器人系统的数据进行有效融合并同时对其行为进行协调优化。

interaction 交互 指交流互动,智能体与环境之间,或多个智能体之间的信息传输;或者是系统的独立单元和控制中心之间的交流互动。

interaction control 交互控制 指利用人体动作、手势、语音等来控制机器人执行复杂繁琐的程序,简单方便地操纵机器人,向机器人发布命令,与机器人进行交互的控制方式。

interaction planning 交互规划 是一类求解多目标规划问题的方法,指以分析者的求解和决策者的抉择交互进行的求解多目标规划问题的一类方法。这是一种人机对话式的迭代求解过程,每一轮按分析求解所得的信息,提供给决策者作偏爱选择,反复进行,直至得到决策者认可的满意解。

interactive computer system 交互式计算机系统 是在实时环境下工作的一种计算机系统。交互系统属分布式计算机系统的一种类型,通过终端与计算机连接。数据的处理类似于对话方式交互的进行,用户用终端直接与系统对话。交互的过程一般为:用户向计算机输入命令或请求,系统将结果反馈给用户。

interactive proof 交互式证明 在计算复杂性理论中指一类计算模型。像其他计算模型一样,交互式证明体系由两个实体:验证者(verifier)和证明者(prover)组成,两者都可以看作是某类图灵机。

interactive robot 交互式机器人 指通过计算机系统与操作员或程序员进行人机交互的机器人。虽然其具有部分处理和决策功能,能够独立地实现一些诸如轨迹规划、简单的避障等功能,但是还要受到外部的控制。

interactive system 交互式系统 一般指人机交互系统,指计算机通过文字、语音和视觉图像等信息与操作者进行交互的系统。交互系统的输入一般包括键盘、鼠标、文字、语音、手势、表情等多种方式;输出包括文字、图形、语音、表情等多种交互信息。

interface design 交互设计,界面设计 对计算机系统和用户之间进行信息交换和交互的一切区域所进行的系统设计过程。一般包括屏幕版面设计、语音交互设计等内容,以实现信息的内部形式与人类可以接受的形式之间的有效转换。

interference 干扰 对所要接收的信号构成妨碍的任何不希望有的能量。人为干扰来源于电气设备的不适当运行，使得干扰信号或是作为电磁波通过空间被辐射，或是通过电源线被传送。大气现象如闪电也可能造成辐射干扰，无线电发射机在某些位置上可能会彼此干扰。

interferometric fiber optic gyroscope 干涉式光纤陀螺仪 是20世纪70年代出现的一种以Sagnac效应为基础的全固态角速率测量仪，利用全固态的光纤结构实现载体自转角速度的测量。将同一光源发出的一束光分解为两束，让它们在同一个环路内沿相反方向循行一周后会合，然后在屏幕上产生干涉，这就是Sagnac效应。

interferometric synthetic aperture radar (InSAR) 干涉式合成孔径雷达 是一种应用于测绘和遥感的雷达技术。使用卫星或飞机搭载的合成孔径雷达系统获取高分辨率地面反射复数影像，每一分辨元的影像信息中不仅含有灰度信息，而且还包含干涉所需的相位信号。

interlock 互锁 对某些抓握和释放运动有条件地进行使能和禁止。

internal combustion engine 内燃机 是一种动力机械，它是通过使燃料在机器内部燃烧，并将其放出的热能直接转换为动力的热力发动机。

internal force 内力 一般指物体内部各质点之间的相互作用力。在没有外力作用的情况下，其内部各质点之间均处于平衡状态，如物体内部原子与原子之间或者分子与分子之间既有吸引力又有排斥力，两种力是一种平衡力；这种平衡力能够使各质点之间保持一定的相对位置，从而使物体维持一定的几何形状，由此可见，一个完全不受外力作用的物体也是具有内力的。当物体受外力作用发生变形时，内部质点间的相对距离发生了改变，从而引起内力的改变，内力的改变量是一种“附加内力”，“附加内力”和外力的大小相等但方向相反，用来抵抗因外力作用引起的物体形状和尺寸的改变，并力图使物体回复到变形前的状态和位置。

internal friction 内摩擦 指材料在弹性范围内由于其内部各种微观因素的原因致使机械能逐渐转化成为材料内能的现象。

internal grasp 内抓取 指的是机械臂执行抓取动作时，作用在物体内表面的抓握动作，这种动作常用于完成一些特殊的操作任务。比较 external grasp（外抓取）。

internal model principle 内模（型）原理 自动控制理论中设计高精度反馈控制系统的一种原理，由加拿大控制科学家W·M·旺纳姆在20世纪70年代中期针对线性定常控制系统而首先提出。内模原理指出，对作用有外部扰动并要求跟踪参考输入的一个受控系统，在所构成反馈控制系统的控制器中“植入”外部扰动和参考输入的共同动力学模型，可使系统达到稳态时能完全抑制外部扰动的影响且无误差地跟踪参考输入，这个模型称为内模。内模原理为设计可完全消除外部扰动影响和实现对任意形式参考输入的无稳态误差跟踪的高精度伺服系统提供了有效的途径，广泛应用于各类武器控制系统中，如雷达天线伺服系统等。按内模原理构成的伺服系统的优点是对系统参数摄动具有很强鲁棒性，只要这种参数摄动下系统仍然是渐近稳定的，可完全消除外部扰动影响和实现对参考输入信号的无稳态误差跟踪。

internal moment　内力矩　对于一个质点系来说，质点之间相互作用的内力对某点的力矩的代数和即为内力矩。

internal sensor　内传感器　用来检测机器人自身的状态信息的机器人的内部传感器，常作为反馈单元用于控制系统中。

internal state sensor　内部状态传感器　用于测量机器人内部状态变量的传感器，测量量和传感器本身没有关系，只由机器人的状态变量决定，如关节位置、速度、力矩等。这类传感器包括码盘、电位计、测速发电机、加速度计和陀螺仪等。

international space station (ISS)　国际空间站　是一个在近地轨道上运行的科研设施，是人类历史上第九个载人的空间站。空间站的主要功能是作为在微重力环境下的研究实验室，研究领域包括生物学、物理学、天文学、地理学、气象学等，目前由六个国家或地区合作运转，包括美国国家航空航天局、俄罗斯联邦航天局、日本宇宙航空研究开发机构、加拿大太空局、巴西航天局和欧洲空间局。

interoperability　互用性；互操作性　(1) 衡量软件质量的一个重要指标，它指一个软件系统接收与处理另一软件系统所发送信息的能力，或者两个或多个系统交换信息并相互使用已交换信息的能力。(2) 指不同的计算机系统、网络、操作系统和应用程序一起工作并共享信息的能力。

interpolation　插值；插补　(1) 在已知值间找出观察点值并确定已知值和观察点值之间函数关系的过程；或者指用来填充图像变换时像素之间的空隙。(2) 已知曲线上的某些数据，按照某种算法计算已知点之间的中间点的方法。(3) 指当采用重定义尺寸、颜色减薄、变性或其他特殊效果使图像发生变化时，用来确定像素彩色值的算法。

interpolation error　插补误差　插值函数与被逼近函数的偏差。它可以用某种方式(如最大模、平方平均模等)来度量。

interpolation point　插补点　指在离散数据的基础上补插连续函数，使得这条连续曲线通过全部给定的离散数据点，插补点为该曲线上的其他点。

intersection collision avoidance　路口避碰　是一种利用通信、控制与咨询科技侦测车辆周遭的动态状况，以辅助汽车驾驶人防止碰撞的安全技术。

intrinsic error　固有误差　在参考条件下确定的测量仪器或测量系统的误差，又称基本误差。

intrinsic image　本征图像　表示景物的重要物理特性的图像，或称参数矩阵。本征图像记录了图像中像素的重要物理特性(如表面反射率、深度、方位、表面不连续性、封闭轮廓、速度等)。表示这些特性的参数称为本征参数。

intrinsic noise　固有噪声　指传感器等器件由于其工作时产生的内部噪声，

这种噪声使得传感器的测量值与真实值之间存在一定的误差。

intrinsic sensor　本征传感器　对表征机械臂内部状态变量(关节位置、关节速度、关节力矩等)进行在线测量的传感器,如位置传感器、速度传感器等。

intrinsic tactile sensing　本征触觉感知　是一种通过放置在接触面下的一组基本传感器测量力(或扭矩)来估算接触力、位置和扭矩的方法。

inverse differential kinematics　逆微分运动学　通过机器人末端执行器的速度求解关节速度的方法。比较 forward differential kinematics(正微分运动学)。

inverse dynamics　逆动力学　已知某一时刻机器人各关节的位置、关节速度及关节加速度,求此时施加在机器人各杆件上的驱动力(力矩)。比较 forward dynamics(正动力学)。

inverse dynamics control　逆动力学控制　指的是基于逆动力学的控制方法,常用于机械臂控制,将非线性项和耦合项直接作为控制输入的一部分,用以消除动力学方程中的非线性项和解耦每个连杆之间的动力学耦合,进而对每个回路进行单独的反馈控制。

inverse Fourier transformation　傅里叶反变换　指傅里叶变换的逆过程。比较 Fourier transformation(傅里叶变换)。

inverse instantaneous kinematics　逆瞬时运动学　是决定要达成所需要的瞬时姿态所要实时设置的关节可活动对象的参数的过程。

inverse Jacobian　逆雅克比　雅克比矩阵的逆。比较 Jacobian(雅各比)。

inverse Jacobian controller　逆雅克比控制器　指输入是末端操作空间中的速度,输出是机械臂关节空间中各个关节的速度的控制器。

inverse kinematics　逆运动学　即已知机器人末端的位置姿态,计算机器人全部关节变量。逆运动学往往有多个解而且分析较为复杂,难以建立通用的解析算法。逆运动学问题实际上是一个非线性超越方程组的求解问题,其中包括解的存在性、唯一性及求解的方法等一系复杂问题。比较 forward kinematics(正运动学)。

inverse manipulator kinematics　机械臂逆运动学　表征机械臂工作空间中的姿态与关节空间中每个关节变量之间的对应关系,即根据机械臂末端姿态反解出每个关节变量的值的过程。

inverted pendulum system (IPS)　倒立摆系统　是一个复杂的、不稳定的非线性系统,是进行控制理论教学及开展各种控制实验的理想实验平台。对倒立摆系统的研究能有效地反映控制中的许多典型问题:如非线性问题、鲁棒性问题、镇定问题、随动问题以及跟踪问题等。通过对倒立摆的控制,用来检验新的控制方法是否有较强的处理非线性和不稳定性问题的能力。同时,其控制方法在军工、航天、机器人和一般工业过程领域中都有着广泛的用途,如机器人行走过程中的平衡控制、火箭发射中的垂直度控制和卫星飞行中的姿态控制等。

IOSS 输入-输出-状态稳定性 input-output-to-state stability 的缩写。

IPS 倒立摆系统 inverted pendulum system 的缩写。

IRLS 迭代重加权最小二乘法 iteratively reweighted least squares 的缩写。

isomorphism 同构 在抽象代数中指的是一个保持结构的双射。在更一般的范畴论语言中指的是一个态射，且存在另一个态射，使得两者的复合是一个恒等态射。

isotropy 各向同性 指物体的物理、化学等方面的性质不会因方向的不同而有所变化的特性，即某一物体在不同的方向所测得的性能数值完全相同，亦称均质性。

ISS 国际空间站 international space station 的缩写。

iterated extended Kalman filter (IEKF) 迭代扩展卡尔曼滤波器 多次迭代的卡尔曼滤波器，计算状态估计不是作为条件均值(如 EKF 那样)，而是作为最大后验估计，EKF 是 IEKF 的一个特例，只进行了一次迭代。参见 extended Kalman filter(扩展卡尔曼滤波器)。

iteration 迭代 指的是为了逼近所需目标或结果而不断重复某一个过程。每一次对过程的重复称为一次“迭代”，而每一次迭代得到的结果会作为下一次迭代的初始值。

iterative closest point (ICP) algorithm 迭代最近邻算法 是一种迭代计算方法，用来最小化两点云之间差异，主要应用于从不同的扫描中重建 2D 或 3D 特征、机器人定位和计算机视觉中深度图像的精确拼合。通过不断迭代最小化源数据与目标数据对应点来实现精确的拼合。目前已经有很多变种，主要热点是怎样高效、鲁棒地获得较好的拼合效果。

iterative learning control 迭代学习控制 由 Uchiyama 于 1979 年首先提出，是一个在不断地迭代和重复过程中，不断学习和改进系统性能表现的过程。该控制方法适应于运行过程能够不断地重复的系统，通常用于跟踪某一特定目标，且跟踪目标往往保持不变。

iterative method 迭代算法 也称辗转法，是一种不断用变量的旧值递推新值的过程，跟迭代法相对应的是直接法，即一次性解决问题。迭代法又分为精确迭代和近似迭代。迭代算法是用计算机解决问题的一种基本方法。它利用计算机运算速度快、适合做重复性操作的特点，让计算机对一组指令(或程序)进行重复执行，在每次执行这组指令(或程序)时，都从变量的原值推出它的一个新值。

iteratively reweighted least squares (IRLS) 迭代重加权最小二乘法 是一类特殊的最小二乘法，它的主要思想是通过权重迭代，利用二范数来实现的最小范数解，用于非凸问题。

ITS 智能交通系统 intelligent transportation system 的缩写。

J

Jacobian　雅克比(矩阵)　描述机械臂关节速度与相应末端执行器线速度和角速度之间的关系,用一个矩阵来表示,称为雅克比(矩阵)。

Jacobian matrix　雅克比矩阵　是表示机构部件随时间变化的几何关系的矩阵。它可以将单个关节的微分运动或速度转换为感兴趣点的微分运动或速度,也可以将单个关节的运动与整个机构的运动联系起来。

Jacobian singular value　雅克比奇异值　是对雅克比矩阵计算求取的奇异值。在实际应用中,当机械臂的末端位置接近奇异位置时,雅克比矩阵是病态的,可能导致关节速度不能正确地得到。

Jacobian transpose　雅克比转置　是雅克比矩阵的转置。雅克比矩阵指从机械臂关节空间的速度到末端操作空间的速度的转换矩阵。参见 Jacobian matrix(雅克比矩阵)。

joint　关节　是连接在机械臂的相邻刚体连杆之间的结构。机器人关节主要分为平动关节与转动关节,平动关节可以实现两个连杆之间的相对平移,而转动关节可以实现两个连杆之间的相对转动。

joint angle　关节角　指机器人关节转角。

joint axis　关节轴　是描述关节连接的两个连杆相对运动关系的一条轴线。对于转动关节是旋转中心线,对于平动关节是沿平移运动的直线。

joint brake　关节制动器　是使机器人关节停止或减速的机械零件,主要由制动架、制动件和操纵装置等组成。

joint elasticity　关节弹性　指机器人关节在物体外力的作用下,发生弹性形变的情况。关节弹性会使执行器的位置与从动连杆的位置无法唯一相关,进而影响机器人的运动精度,甚至产生振动。

joint flexibility　关节柔性　指机器人在自身重量和末端负载的共同作用下,各传动元件产生弹性形变,进而在各关节处产生位置误差,产生关节柔性的主要原因是传动元件刚度较低。参见 flexible joint(柔性关节)。

joint limit　关节限制　是关节运动时能达到的最大和最小位置限制。关节限制可能由机械结构限制造成,也可能是出于安全考虑的人为限制。

joint rate　关节速率　是反映关节运动速度大小的变量。

joint redundancy　关节冗余　指使用比某项任务所需的关节数目更多的关节,以提供更多的自由度而达到更好的控制效果。

joint servo **关节伺服** 指以机器人关节运动的位置、速度及加速度等变化量为控制变量的反馈控制。

joint space **关节空间** 指 n 维关节变量向量的空间，n 维关节变量向量 q 的形式如 $q=[q_1, q_2, \cdots, q_n]$，$n$ 代表机器人的关节数目，对转动关节，q_i 代表关节的旋转角度，对平动关节，q_i 代表关节的位移距离。比较 operational space(操作空间)。

joint space control **关节空间控制** 指通过控制施加在关节上的广义力，使机器人关节变量的实际轨迹满足期望轨迹的控制策略。关节空间控制的目的是在令关节空间的关节变量形成的实际轨迹满足期望轨迹，与之相对，操作空间控制是令操作空间中，机械臂末端执行器的位置与姿态变量生成的轨迹满足期望轨迹。参见 joint space(关节空间)，比较 operational space control (OSC，操作空间控制)。

joint space path **关节空间路径** 指在关节空间中，机器人在执行指定运动时必须跟随的点的集合。

joint space trajectory **关节空间轨迹** 指一组满足轨迹约束条件的机器人关节变量时间序列。如果期望在关节空间中规划轨迹，必须首先从用户指定的末端执行器位置和方向确定关节变量的值。

joint torque sensor **关节力矩传感器** 是检测关节输出力矩的传感器，有利于提高机械臂位置控制的精度。其中，使用较多的关节力矩传感器是相位差式传感器。

joint travel **关节行程** 是反映关节空间中关节位置变化范围的值。

joint travel range **关节行程范围** 是关节空间中相隔最远的关节位置之间的距离。根据关节种类，它可以是长度、角度等单位。

joint variable **关节变量** 指在机器人中，利用 DH 表示法获得的关节角或偏距。对于旋转关节，关节角是关节变量，对于平动关节，偏距是关节变量。

jumping robot **跳跃机器人** 是以跳跃为主要运动方式的一类移动机器人。它的驱动方式普遍采用弹性机构或液压、气压驱动。

K

Kalman filter　卡尔曼滤波器　是一种利用线性系统状态方程，通过系统输入输出观测数据，对系统状态进行最优估计的算法。它通过建立系统方程与观测方程，令目标数据符合最小均方误差原则，由于观测数据中包括系统中的噪声和干扰的影响，所以也可看作是滤波过程。此算法是目前应用最为广泛的滤波方法，在通信、导航、制导与控制等多领域得到了较好的应用。

kernel density estimation　核密度估计　是在概率论中用来估计未知的密度函数，属于非参数检验方法之一，此方法不利用有关数据分布的先验知识，对数据分布不附加任何假定，是一种从数据样本本身出发研究数据分布特征的方法。

kernel function　核函数　根据模式识别理论，低维空间线性不可分的模式通过非线性映射到高维特征空间则可能实现线性可分，但是如果直接采用这种技术在高维空间进行分类或回归，则存在确定非线性映射函数的形式和参数、特征空间维数等问题，而最大障碍则是在高维特征空间运算时存在的维数灾难。采用核函数技术可以有效地解决这些问题。核函数将 m 维高维空间的内积运算转化为 n 维低维输入空间的核函数计算，从而巧妙地解决了在高维特征空间中计算的维数灾难等问题，从而为在高维特征空间解决复杂的分类或回归问题奠定了理论基础。

kernel method　核方法　是一类通过某种非线性映射将原始数据嵌入到合适的高维特征空间，并利用通用的线性学习器在新空间中分析和处理的模式识别算法。用途较广的核方法有支持向量机、高斯过程等。

kinematic algorithm　运动学算法　是通过求解机器人位移变换方程，获得物体在空间中的位置随时间的演进变化曲线的算法。

kinematic analysis　运动学分析　是对物体运动的专门分析，即分析物体在空间中的位置随时间的变化而作的改变。运动学分析分为正运动学分析与逆运动学分析两部分，正运动学分析是根据机器人各个关节变量求解末端执行器对于给定坐标系的位置和姿态。逆运动学分析是已知末端执行器相对于固定坐标系的位置和姿态，求解机器人各个关节变量的大小。

kinematic calibration　运动学标定[校准]　指标定 DH 模型或其他与 DH 模型等价的运动学模型中的几何参

数的过程。

kinematic chain 运动链 是机器人中两个或两个以上的连杆通过关节连接而构成的相对可动的系统。如果组成运动链的各连杆构成首末封闭的系统,则称其为闭式运动链,简称闭链,若未构成则称为开链。

kinematic configuration 运动学构型 是机器人系统可能处于的所有运动状态的集合。

kinematic constraint 运动学约束 指机械运动时运动变量必须遵循的数学表达式。

kinematic control 运动学控制 指基于运动学对机器人的控制,完全忽略作用力或质量等等影响运动的因素。通过从几何学的角度研究机器人的运动规律,包括机器人在空间,位置等随时间的变化。

kinematic coupling 运动学耦合 指描述机械运动时部分运动变量同时存在并互相影响时的数学表达式。

kinematic equation 运动学方程 是描述机械系统或机器人中速度和位移关系的数学表达式。

kinematic pair 运动副 是直接接触两连杆并能产生相对运动的活动连接。按照它的接触形式分类:面和面接触的运动副,被称为低副;而点或线接触的运动副称为高副。

kinematic redundancy 运动学冗余 指在多个自由度机器人中,关节自由度过多使得机器人灵活性高,同一运动可以通过多种方式实现。

kinematics 运动学 是从几何的角度(指不涉及物体本身的物理性质和加在物体上的力)描述和研究物体位置随时间的变化规律的力学分支。以研究质点和刚体这两个简化模型的运动为基础,并进一步研究变形体(弹性体、流体等)的运动。研究后者的运动,须把变形体中微团的刚性位移和应变分开。点的运动学研究点的运动方程、轨迹、位移、速度、加速度等运动特征,这些都随所选参考系的不同而异;而刚体运动学还要研究刚体本身的转动过程、角速度、角加速度等更复杂些的运动特征。

kinematic sensor 运动传感器 是一种将运动相关的非电量变化转变为电量变化的元件,常用的运动传感器包括:位移传感器、距离传感器、角度传感器、速度传感器、加速度传感器。

kinematic simulation 运动学仿真 是一种为专门分析物体的运动,而搭建物体在空间中位置随时间演进而变化的模型并模拟实现的仿真技术,运动学仿真忽略作用力或质量等影响运动的因素。

kinematic singularity 运动学奇异 是机器人机构的一个十分重要的运动学特性,机器人的运动、受力、控制以及精度等诸方面的性能都与机构的奇异位形密切相关。当机构处于奇异位形时其雅克比矩阵为奇异阵,行列式值为零,此时机构速度反解不存在,存在某些不可控的自由度。

kinematic skeleton 运动骨架 指关节间以刚体连接,且关节位置可运动的骨架模型。

kinematic synthesis 运动学综合 指描述两种或两种以上的基本运动合

成为一种运动的数学表达式。

kinematic tree **运动树** 指一类不包含运动环的开环机械结构，运动环，指机械结构形成的连通图中的环。

kinesics **人体动作学，体势学** 是反映身体运动交流的学科，如面部表情、手势等与身体或身体任何部分的运动相关的非语言行为。

kinesthesia **动觉** 是通过肌肉、肌腱和关节调节躯体的各部分的负重和运动的一种意识。

kinesthetic sensor **动觉传感器** 是一种将身体各部位的位置和运动状况的感觉等非电量的变化转变为电量变化的传感器。

kinetic control system **动力控制系统** 是一种控制受控对象的位移、速度、加速度等运行状态的系统。

kinetic energy **动能** 是物体由于做机械运动而具有的能。它的大小定义为物体质量与速度平方乘积的二分之一。

kinetic model **动力学模型** 指描述机器人运动过程中动态机制的模型。刚体机器人的动力学模型可以被描述为关于关节的位置、速度和加速度的线性参数方程。

kinetics **动力学** 是理论力学的一个分支学科，它主要研究作用于物体的力与物体运动的关系。研究对象是运动速度远小于光速的宏观物体。

kinetostatics **运动静力学** 是力学的一个分支，它主要研究物体在力的作用下处于平衡的规律，以及如何建立各种力系的平衡条件。

kinodynamic planning **运动动力规划** 指约束中同时涉及速度与加速度，力与力矩边界的机器人规划问题。

K-means algorithm **K 均值算法** 是一种聚类分析的算法，其步骤是随机选取 K 个对象作为初始的聚类中心，然后计算每个对象与各个种子聚类中心之间的距离，把每个对象分配给距离它最近的聚类中心。聚类中心以及分配给它们的对象就代表一个聚类。每分配一个样本，聚类的中心会根据聚类中现有的对象被重新计算。这个过程将不断重复直到满足某个终止条件。终止条件可以是没有（或最小数目）对象被重新分配给不同的聚类，没有（或最小数目）聚类中心再发生变化，误差平方和局部最小。

K-means clustering **K 均值聚类** 是一种基于距离的聚类算法，它采用距离作为相似性的评价指标，对样本进行聚类。参见 K-means algorithm（K 均值算法）。

k-nearest neighbors algorithm (kNN) **K 最邻近算法，K 近邻法** 是一类最邻近算法，算法原理是，给定一个训练数据集，对新的输入实例，在训练数据集中找到与该实例最邻近的 K 个实例，这 K 个实例的多数属于某个类，就把该输入实例分类到这个类中。

kNN **K 最邻近算法，K 近邻法** k-nearest neighbors algorithm 的缩写。

knowledge map **知识地图** 是一种知识导航系统，它可以显示不同的知识存储之间重要的动态联系，也是知识管理系统的输出模块，输出的内容包括知识的来源、整合后的知识内容、知识流和知识的汇聚。

knowledge model 知识模型 是将知识进行形式化和结构化的抽象。知识模型不是知识,而是知识的抽象。一个知识模型可以包含其他的知识模型。常见知识模型包括学习者知识模型与领域知识模型,学习者知识模型是对学习者知识背景,已有知识概念和认知状态的系统化,结构化的抽象和高度浓缩概括。领域知识模型是对学科领域知识系统化、结构化的抽象和高度浓缩概括。

knowledge representation (KR) 知识表示 指把知识客体中的知识因子与知识关联起来,便于人们识别和理解知识。知识表示的主要方法主要包括:谓词逻辑表示法、产生式知识表示法、语义网络表示法、基于本体论的知识表示法。

knowledge-based vision 基于知识的视觉 指充分利用关于景物的知识(如识别对象的形状模式和识别过程的控制信息)来有效地分析复杂景物。

KR 知识表示 knowledge representation 的缩写。

L

ladar　激光雷达　laser detection and ranging 的缩写。

Lagrange formalism　拉格朗日形式论　是拉格朗日力学的主要方程，可以用来描述物体的运动，特别适用于理论物理的研究。对于完整系统用广义坐标表示的动力方程，通常指第二类拉格朗日方程：$\mathrm{d}(\partial T/\partial \dot{q}_j)/\mathrm{d}t - \partial T/\partial q_j = Q_j$。式中 T 为系统用各广义坐标 q_j 和各广义速度 $\dot{q}_j$ 所表示的动能；Q_j 为对应于 q_j 的广义力。

Lagrange multiplier　拉格朗日乘子　是求函数在约束条件下的极值的方法。其主要思想是引入一个新的参数 λ（即拉格朗日乘子），将约束条件函数与原函数联系到一起，使能配成与变量数量相等的等式方程，从而求出得到原函数极值的各个变量的解。

Lagrangian dynamics　拉格朗日动力学　是在机器人研究中，用拉格朗日力学建立的系统动力学公式，拉格朗日力学。

Lagrangian mechanics　拉格朗日力学　是分析力学中的一种，由拉格朗日在 1788 年建立。它引入了广义坐标的概念，运用达朗贝尔原理，得到和牛顿第二定律等价的拉格朗日方程。

Lagrangian operator　拉格朗日算子　是当以拉格朗日乘数法寻找多元函数在其变量受到一个或多个条件的约束下极值时，为将一个有 n 个变量与 k 个约束条件的最优化问题转换为一个解有 $n+k$ 个变量的方程组的解的问题，引入的一个或一组新的未知数。

landmark　地标　是用于机器人定位，在某种传感器的观测下具有特殊特征的点。

landmark-based map　基于地标的地图　是机器人通过检测地标进行定位定向，构建的场景地图。基于地标的地图具有校准累计误差，提高定位精度及轨迹映射质量的优势。

lane changing　车道变更　指车辆在行驶中，因超车、避让障碍物或在路口转弯时，需要由一个车道进去邻近车道的驾驶行为。根据驾驶意图，它可分为两类：① 强制性变道，即由于车道使用受限或前方道路因事故阻碍通行等客观因素下，车辆为到达正常行驶目的而必须采取换道行驶的行为。② 自主性变道，即由于同一车道内前方车辆行驶速度过慢，为追求优于当前车道的行驶速度而采取的变道行为。

lane keeping　车道保持　指车辆系统中，当车辆偏离车道中心时，自动修正，微调方向盘，使得汽车保持在自己车道内行驶的功能。车道保持功能对自动驾驶车辆的功能性、安全性、稳定性与舒适性具有极大影响，其关键技术包括：车道线识别、偏离预警决策及横向控制。

lane tracking　车道跟踪　是通过识别车道标记线，并持续跟踪观察标记线，防止车辆偏离标记线的功能。现有的车道跟踪方法主要分为两类：基于感兴趣区域的方法和基于模型参数的方法。

language model　语言模型　是语言客观事实的形式化模拟。它是可从最终一组元素和规则出发描述特定语言无限多的语句的演算或算法，是语言客观事物的近似物，它与语言客观事物之间的关系，与数学上的抽象直线与客观世界中存在的各种各样的直线之间的关系类似。

LaSalle's theorem　拉塞尔定理　指当系统满足不变性原理时，所有可行域内的状态都将收敛到不变集内的原理。此定理常应用于李雅普诺夫稳定性理论中，当李雅普诺夫函数的导数为负半定时，可应用此定理判断系统的渐近稳定性。

laser detection　激光探测　是将接收的激光信号变化变成电信号，并通过不同的信息处理方法来获取不同的信息并实现探测目的的技术。

laser detection and ranging (ladar)　激光雷达　同 lidar(激光雷达)。

laser guidance　激光制导　指利用激光提高飞行体到达目标精度的技术。根据制导形式，激光制导可分为主动式制导，与半主动式制导。主动式激光制导使用位于载机或地面上的激光器照射目标，被导引物体上的激光导引头接收从目标反射的激光从而跟踪目标并把物体导向目标。主动式激光制导将激光照射器装在导引头上。照射器可以将被导引物体的预设轨道在激光器内编码，有从而由激光通过光的反射自主导航。

laser imaging radar　激光成像雷达　是激光雷达对硬目标探测的一种综合应用，其中结合了测角、测距、测速等多种激光雷达功能。

laser interferometer　激光干涉仪　是一种以激光器作为其光源的干涉仪。用于测量范围约达 5 m 的位移，其线性分辨率为 25 nm 左右，角度分辨率约为 0.1 rad。

laser length measure　激光长度测量　指利用激光精密测量长度。将激光和迈克尔逊干涉仪相结合，可得到激光干涉仪测长仪。

laser measurement system　激光测量系统　是利用激光精密测量技术，对物面上的测点按一定程序进行方位和距离测量，并将数据处理后给出被测物形状、空间位置或数学模型的测量系统。

laser processing robot　激光加工机器人　是应用于激光加工中，通过高精度工业机器人实现更加柔性的激光加工作业的机器人技术。

laser range finder　激光测距仪，激光雷达　是利用激光对目标的距离进行准确测定的仪器。激光测距仪在工作时向目标射出一束很细的激光，由光电元件接收目标反射的激光束，计时器测定激光束从发射到接收的时间,计算出从观测者到目标的距离。

laser ranging 激光测距 是以激光器作为光源进行测距的方式。根据激光工作的方式分为连续激光器和脉冲激光器。连续激光器是对回波信号采用光子计数和数学统计的方法得到目标的距离。脉冲式激光器是通过测量激光脉冲在被测距离往返一次的时间,间接计算出被测距离。根据测量范围,激光测距又可分为近程测距、中程测距和远程测距。

laser remote sensing 激光遥感 是运用紫外、可见光和红外的激光器作为遥感仪器进行对地观测的遥感技术。激光遥感技术的主要应用领域包括森林监测与管理、数字城市模型构建、限制进入地区或危险区域的地貌获取等。

laser scan 激光扫描 是借助激光光源,通过扫描来测量工件的尺寸及形状的一类扫描技术。与传统人工测量方法相比,激光扫描技术具有精确度高、测量速度快、人工成本低等优势。激光扫描技术通用与不同体积规模的物体测量,比如准确获取大型建筑的点云数据以规划建筑、测量精密物件的数据信息等。

laser sensor 激光传感器 是利用激光技术进行测量的传感器。它由激光器、激光检测器和测量电路组成。激光传感器是新型测量仪表,它的优点是能实现无接触远距离测量、速度快、精度高、量程大、抗光电干扰能力强等。

laser velocimeter 激光测速仪 一种具有连续波激光器的速度测量仪表。激光器对目标发出相干的光束,目标与光束成直角运动。由运动目标反射的针状衍射波瓣扫过接收机中的光栅,从而在光电倍增器中产生一连串的脉冲,由此即可确定速度并读出。在另一种类型的测速仪中,利用光电检测器检测散射光与非散射光之间的差拍信号,测量来自运动目标的散射光的多普勒频移。该差拍频率正比于目标的速度。它也称为“衍射测速仪”或“光学衍射测速仪”。

laser welding robot 激光焊接机器人 是以半导体激光器作为焊接热源的一类焊接机器人。半导体激光器又称激光二极管,是用半导体材料作为工作物质的激光器。

lateral magnification 横向放大率 是像高与物高之比,也就是像与物沿垂轴方向的长度之比,常用 β 表示。它表示物经光学系统所成的像在垂轴方向上的放大程度及取向。

lattice-type modular robot system 格式模块化机器人系统 是一类由标准且相互独立的制造模块组成的机器人系统,其中模块包括驱动模块、动力模块等,不同的模块组合在一起,由一个信息的控制系统集中控制,构成具有特殊功能的机器人。

layered control architecture 分层控制体系结构 是一种集中控制和分散控制结合的控制方式体系结构,在此控制体系结构中,管理组织被分为不同的层级,各个层级在服从整体目标的基础上,相对独立地开展控制活动。

LCD 光耦合器件 light coupled device 的缩写。

lead screw 导螺杆,丝杠 将转动运动转换成线性运动的螺杆。

leader 领航者 是与跟随者对应,常见于多机器人编队控制。在基于领航者-跟随者的编队控制方法中,往往定义一个或多个领航者,其他机器人为跟随者,通过保持跟随者和领航者之间的相对位置和姿态,来实现编队控制。参见 follower(跟随者)。

learning by demonstration 演示学习 参见 learning from human demonstration(人类演示学习)。

learning control 学习控制 指能自动的利用先前循环中所获得的经验来改变控制参数或算法的控制方式。

learning control system 学习控制系统 靠自身的学习功能来认识控制对象和外界环境的特性,并相应地改变自身特性以改善控制性能的系统。具有识别、判断、记忆和自行调整的能力。学习方式分受监视学习和自主学习。受监视学习方式除一般的输入信号外,还需要从外界的监视者或监视装置获得训练信息。训练信息用来对系统提出要求或对系统性能作出评价。如果发现不符合提出的要求,或受到不好的评价,系统能自行修正参数、结构或控制作用。重复这种过程直至达到监视者的要求。当提出新的要求时,系统就会重新学习。自主学习是不需要外界监视者的学习方式。只要规定某种准则,系统本身就能通过统计估计、自我检测、自我评价和自我校正等不断自行调整,直至达到准则要求。为了达到更好的效果,常将两种学习方式结合起来。学习控制系统的数学方法有采用模式分类器的训练系统和增量学习系统,理论研究工具包括贝叶斯估计、随机逼近方法和随机自动机理论。

learning controlled robot 学习控制型机器人 指具有学习控制功能的机器人。与以往的示教再现型机器人不同,它有着自己独特的"思维结构",并可以在程序设定的作业中不断"体会"并"自我总结"出一定工作经验,随之在接下来的作业中"学以致用",不断地产生自我超越行为。

learning from history 基于历史学习 是一类利用如观测时间序列等历史信息,帮助机器人学习,从而提高机器人应对动态非稳定环境的方法。

learning from human demonstration (LfD) 人类演示学习,人类示范学习 指在无编程参与的情况下,机器人通过多次观察用户的示教,学习执行任务能力的过程。

learning robot 学习机器人 是一类能模拟人类学习行为执行从而达到可执行各种决策控制任务的机器人。学习机器人的学习方法主要包括联想学习、增强学习与模仿学习。联想学习能帮助机器人实现机器人地图构建、定位和导航能力的应用。强化学习赋予机器人激励系统与行为选择能力,即在完成给定任务过程中利用强化学习决定何时进行状态转换。模仿学习帮助机器人对人体示教运动进行模仿,从而提升运动技能的实

用性

least median of squares (LMS)　最小中值二乘法　是一种稳健回归方法，与最小二乘不同，它的目标是最小化误差平方的中位数，因而对异常值或其他违背常规正态模型假设的情况不敏感，该方法可用于检测或修正模型误差。参见 least squares(最小二乘)。

least squares　最小二乘　是一种通过最小化误差的平方寻找和数据最佳匹配函数的数学优化技术。利用最小二乘可以简便地求得未知的数据，并使得这些求得的数据与实际数据之间误差的平方和为最小。最小二乘法还可用于曲线拟合。一些优化问题也可通过最小化能量或最大化熵用最小二乘来表达。

least squares estimation (LSE)　最小二乘估计　同 least squares(最小二乘)。

leg-arm hybrid robot　腿-臂混合机器人　指具有腿臂功能复用的结构，可同时实现行走与操作的一类机器人。此类机器人克服了其他类型机器人腿臂结构相互独立的缺点，又达到了扩大机构工作空间的目的。

leg exoskeleton　腿外骨骼　是安装在腿部，协助腿部运动的外骨骼机构。

legged crawling robot　腿式爬行机器人　指具有支撑行走的腿部结构，且以爬行方式运动的移动机器人。其优点在于能够在相对复杂的地形中行走，故与轮式爬行机器人、履带式爬行机器人相比，具有更好的复杂地形适应能力与较好的保持稳定行走的能力，但是由于其控制较为复杂，运动速度较为缓慢。

legged locomotion　腿式移动　指腿式机器人完成走、跑等行走动作且保持平衡的运动过程。与环境的接触力是生成并控制此运动过程的关键，研究中多从拉格朗日动力学、牛顿与欧拉动力学方程或接触模型角度对其进行建模。

legged robot　腿式机器人　是一种以仿生腿作为行走工具的仿生机器人。与轮式机器人和履带式机器人相比，腿式机器人由于其非连续支撑的特点，具有很强的地形适应性与运动灵活性。

leg-wheel hybrid robot　腿-轮式混合机器人　是一种综合腿部结构与轮式结构的混合结构机器人，它综合了腿式和轮式机器人的优点具有较强的地形适应能力。机器人的腿部机构由连杆和从动轮组成。根据轮与腿不同的结合方式，可以把它分为两大类：① 通过改进各种轮式机器人的底盘以增强其越野能力而产生的腿-轮式混合机器人。② 通过改进腿式机器人的腿部结构，在腿末端增加主动轮或被动轮，使轮与腿有机结合而产生的腿-轮式混合机器人。

level of biomimicry　仿生学等级　是仿生技术层次的度量，它主要分为有机体等级、行为等级和生态系统等级。

LfD　人类演示学习，人类示范学习　learning from human demonstration 的缩写。

librarian robot　图书馆管理机器人　指用以整理图书馆书籍的移动机器

人，可以通过机械臂抓取和摆放图书。

lidar (light detection and ranging) 激光雷达 是用激光器作为发射光源，采用光电探测技术手段的主动遥感设备。激光雷达是激光技术与现代光电探测技术结合的先进探测方式。由发射系统、接收系统、信息处理等部分组成。发射系统是各种形式的激光器，如二氧化碳激光器、掺钕钇铝石榴石激光器、半导体激光器及波长可调谐的固体激光器以及光学扩束单元等组成；接收系统采用望远镜和各种形式的光电探测器，如光电倍增管、半导体光电二极管、雪崩光电二极管、红外和可见光多元探测器件等组合。激光雷达采用脉冲或连续波 2 种工作方式，探测方法按照探测的原理不同可以分为米散射、瑞利散射、拉曼散射、布里渊散射、荧光、多普勒等激光雷达。

Lie algebra 李代数 是一类重要的非结合代数。它是与李群对应的一种结构，位于向量空间。是李群单位元处的正切空间。最初是由 19 世纪挪威数学家索菲斯·李创立李群时引进的一个数学概念，经过一个世纪，特别是 19 世纪末和 20 世纪的前叶，由于威廉·基灵、嘉当、外尔等人卓有成效的工作，李代数本身的理论才得到完善，并且有了很大的发展。参见 Lie group(李群)。

Lie group 李群 是具有群结构的实流形或者复流形，并且群中的加法运算和逆元运算是流形中的解析映射，李群理论与数学的几个主要分支都有联系：通过李变换群与几何学、拓扑学的联系，通过线性表示论与分析的联系等。李群在物理学和力学中也有着重要应用。

life-like robot 类生命机器人，仿生机器人 是一种将离体生命单元与传统的机电结构在分子、细胞和组织尺度上进行深度有机的物理和信息融合，形成一种的新型基于生命功能机制的机器人系统。它具有高能量效率、高本质安全性、高灵敏度以及可自修复等潜在优点。

lifelong localization 终生定位 指在半静态或动态等障碍物位置随时间持续变化的场景中，持续估计机器人位置姿态的研究问题。在此问题中，定位过程在整个机器人的运行时间内持续进行。

lifelong mapping 终生地图创建，终生建图 指在半静态或动态等障碍物位置随时间持续变化的场景中，为使地图永久适应场景变化，而在机器人运行过程中，持续进行地图构建的研究问题。

lifelong SLAM 终生同时定位与建图，终生 SLAM 指在半静态或动态且障碍物的位置随时间规律变化的场景中，对机器人定位与建图方法的研究问题。它要求建图过程贯穿机器人的整个运行过程，且在实时运行过程中，不断地依据当前机器人的观测信息，结合历史的数据进行建模、预测和修正，实时地执行地图维护与更新，持续地解算机器人的定位估计并提供给其他导航模块，使地图永久适应环境的变化。参见 SLAM(同时定位与建图，即时定位与地图构建，同步定位与地图构建）。

lift-drag ratio 升阻比 指飞行器在飞行过程中，在同一迎角的升力与阻力的比值。其值与飞行器迎角、飞行速度等参数有关，此值愈大说明飞行器的空气动力性能愈好。对一般的飞机而言，低速和亚音速飞机可达17～18，跨音速飞机可达10～12，马赫数为2的超声速飞机约为4～8。

light coupled device (LCD) 光耦合器件 是以光为媒介传输电信号，对输入、输出电信号有良好隔离作用的元件，在各种电路中得到广泛的应用。

light detection and ranging (lidar) 光检测和测距，激光雷达 同lidar（激光雷达）。

lighter-than-air unmanned aerial vehicle (LtA-UAV) 轻于空气的无人机 是一种依靠空气浮力来平衡自身重量的空中机器人。它具有灵活性高、反应速度快、成本低以及实时性强等特点，应用场景主要包括输电线路巡视或电力系统运行实时监测，基于数字摄影测量技术的精细场景建模等。

light-section method 光切法 指利用光切原理来测量表面粗糙度的一种非接触性测量测量方法，常用仪器是光切显微镜。

limbed robot 有肢机器人 是一种具有仿照生物在生存环境中所拥有的肢的功能而研制的"肢体结构"的机器人，其"肢体结构"结合移动机器人的移动机构与操作机构，兼具行走与操作的功能，当机器人需要移动时转变为行走机构用来行走，需要执行操作任务时转变为操作机构，可有效解决机器人本体体积及重量大、负载能力低以及系统结构复杂的问题。

limit environment 极限环境 指动物或机器设备可以承受的无限趋近于一个固定程度的环境，一般包括速度极限、真空状态极限、环境温度极限、海拔极限、辐射极限、承载极限、深海极限等。

limiting device 限位装置 是通过停止或导致停止机器人的所有运动来限制（机器人）最大工作空间的装置，并且该装置与控制程序及任务程序无关。

limiting load 极限负载 是由制造厂指明的、在限定的操作条件下、可作用于机械接口或移动平台且机器人机构不会被损坏或失效的最大负载。

linear acceleration 线加速度 指线速度的微分，它的方向沿运动轨道的切线方向。

linear actuator 线性驱动器 是线性驱动系统的核心部件，可把旋转运动转化为直线运动。适用于要求特殊的领域，相比于普通PWM开关型伺服驱动器，其特点是：驱动平滑，无力矩纹波，无电磁开关噪音，高带宽，并可驱动超小电感量的电机。它特别适用于要求低噪音、安静、对电磁辐射敏感和超平滑运动的应用。另外，线性驱动器可以大大减少电机发热，延长电机寿命。用户可方便设定电流极限、动态增益、伺服补偿、偏置量等。

linear classifier 线性分类器 用线性判别函数来作为分类准则的非参数

决策理论分类器。它是模式识别中常用的分类决策方法之一，在样本特征量较少时，使用其作为解决方案能够兼顾识别的精度与效率。

linear control system　线性控制系统　根据叠加原理，当系统存在几个输入信号时，系统的输出信号等于各个输入信号分别作用于系统时系统输入信号之和的控制系统。线性控制系统又分为时变系统和时不变系统两类。如果系统的动态特性只与控制过程的时间间隔有关，而与具体的初始时刻和终止时刻无关，则该系统称为时不变系统，又称定常系统；如果系统的动态特性与控制系统的初始时刻及终止时刻有关，则该系统称为时变系统，也称非定常系统。

linear control theory　线性控制理论　是经典控制理论中以线性定常系统为研究对象的一个主要分支。线性控制理论由于适用叠加原理所带来的数学处理上的简便性，已经建立起一整套比较成熟和便于应用的分析和设计线性控制系统的方法。在线性控制理论中，受控系统限于由单输入单输出的线性定常系统所表征的各类现实系统；一个基本假定是系统中各个变量和外输入作用在幅值上不受物理上的限制；主要的数学基础是拉普拉斯变换；采用系统外部输出输入关系的频率域描述传递函数和频率响应作为分析和设计线性控制系统的基础；基本的方法体系主要以作图、查表和便于手工计算的方法为基础；设计控制系统时所采用的性能指标具有形式简单和含义直观的特点，一类是典型输入函数（如单位阶跃函数）作用下控制系统输出过渡过程的特征量如上升时间、超调量、过渡过程时间等，另一类是控制系统频率响应的特征量如频带宽度、谐振峰值、相角裕量和增益裕量等。线性控制理论的价值在于它的实用性和基础性。实用性体现在大部分连续变量动态系统可以足够准确地归入线性定常系统的范畴，因此线性控制理论所提供的分析和设计方法在工程实际中是广泛可应用的；基础性表现在经典控制理论的其他分支如采样控制理论和非线性控制理论中，分析与设计控制系统的许多有效方法都是以线性控制理论的相关方法为基础的。

linear displacement transducer　直线位移传感器　是把直线机械位移量转换成电信号的传感器。为了达到这一效果，通常将可变电阻滑轨定置在传感器的固定部位，通过滑片在滑轨上的位移来测量不同的阻值。传感器滑轨连接稳态直流电压，允许流过微安培的小电流，滑片和始端之间的电压与滑片移动的长度成正比。

linear drive　线性驱动　是一种简单和直接的驱动方式，驱动的输入和输出呈线性关系。线性，参见 linear actuator（线性驱动器）。

linear interpolation　线性插值　线性插值指插值函数为一次多项式的插值方式，其在插值节点上的插值误差为零。线性插值相比其他插值方式，如抛物线插值，具有简单、方便的特点。

linear inverted pendulum model (LIP) 线性倒立摆模型 是对复杂的、不稳定的、非线性的倒立摆控制系统进行简化或参数线性化形成的线性模型。此模型通过将机器人的支撑脚看作是模型的支点,将机器人的质心看作是倒立摆的质点,将机器人的腿看作是一个可伸缩的无质量摆杆,常应用于足式机器人控制中。

linearity 线性度,线性 (1) 指在规定工作范围内,器件、网络或传输媒介符合叠加原理的工作属性。(2) 指量与量之间成比例的关系,在数学上可以理解为一阶导数为常数的函数。

linearization 线性化 (1) 在数学中,指的是寻找函数在给定点的线性逼近。函数的线性逼近是关于兴趣点的一阶泰勒展开。(2) 在动力系统的研究中,它是评价非线性微分方程或离散动力系统平衡点局部稳定性的一种方法。这个方法在工程、物理、经济和生态等领域都有应用。

linear matrix inequalities (LMI) 线性矩阵不等式 指变量为一阶实数变量,系数矩阵与参数均为实数矩阵的矩阵不等式。它的求解算法有替代凸投影算法、椭球算法及内点法。内点法又分为中心点法、投影法、原始-对偶法,这些方法的共同思路都是把线性矩阵不等式问题看成凸优化问题处理。鲁棒控制可将控制问题转化为一个线性矩阵不等式系统的可行性问题,或一个具有线性矩阵不等式约束的凸优化问题,求解线性不等式问题是其研究的重点。

linear optimization 线性优化 指用线性的目标函数和描述约束条件的线性方程求最优解的方法。

linear quadratic (LQ) optimal control 线性二次型最优控制 它指在系统是线性的,性能指标是状态变量和控制变量的二次型函数的情况下,动态系统的最优控制。

linear quadratic Gaussian control (LQG) 线性二次高斯控制 是最优控制基本形式中的一种,考虑含有加性高斯白噪声和不完整状态信息的线性系统在二次代价函数下的最优控制问题。

linear system 线性系统 指同时满足叠加性与齐次性的系统。叠加性指当几个输入信号共同作用于系统时,系统的总输出等于每个输入单独作用时产生的输出之和;齐次性指当输入信号增大若干倍时,系统的输出也相应增大同样的倍数。相对的,不满足叠加性和齐次性的系统为非线性系统。对于线性系统,还可进一步分为线性时不变系统和线性时变系统,线性时不变系统也称为线性定常系统或线性常系数系统,其特点是,在描述系统动态过程的线性微分方程或差分方程中,每个系数都是不随时间变化的常数。线性时变系统也称为线性变系数系统。其特点是,在表征系统动态过程的线性微分方程或差分方程中,至少包含一个参数为随时间变化的函数。在现实世界中,由于系统外部和内部的原因,参数的变化是不可避免的,因此严格地说几乎所有系统都属于时变系统的范畴。但是,从研究的角度来说,只要参数随时间的变化远慢于系统状态随时间的变化，那么就可将系统按时不变系统来研究，由此而导致的误差完全可达到忽略不计的程度。

linear velocity　线速度　指物体上某一点对定轴做圆周运动时的速度。它的方向沿运动轨道的切线方向，故又称切向速度。它是描述做曲线运动的质点运动快慢和方向的物理量。

line displacement　线位移　是力学中描述物体位置改变量的一个物理量。一点从原来的位置到新位置的连线称为其线位移。

line drive　线驱动　指用线的收放来对结构体进行驱动的方式，既具有柔性传动振动小的特点，同时也能达到刚性传动的精度。根据机构的并联与串联结构划分，线驱动的应用机构可分为两大类：线驱动并联装置和线驱动串联装置。

line extraction　线提取　指应用图像处理和分析方法自动检测和提取图像上的线特征的方法。常用的线提取方法包括基于拓扑细化的方法、基于距离变换的方法等。

line of sight (LOS)　视线；瞄准线　是以观测器材回转中心为起始点，通过目标中心的射线。

line vector　线向量，线矢量　指如果空间中的一个向量被约束在一条方向、位置固定的直线上，仅允许该向量沿着直线前后移动，这个被直线约束的矢量即为线向量。其位置和方向由向量和其线距决定。

link　连杆　是机器人的主要组成部分，不同连杆用关节相互连接，组成机器人的主体。

linkage　连杆；链接　(1) 指一系列的连杆由关节连接形成的机械机构。(2) 指在电子计算机程序的各模块之间传递参数和控制命令，并把它们组成一个可执行的整体的过程。

link flexibility　连杆柔性　指连杆受力后变形的特性，作用力失去之后自身不能恢复原来形状的一种物理性质。参见 flexible link(柔性连杆)。

link length　连杆长度　在机器人 DH 参数法中指机械臂连杆的两个关节轴之间公垂线的长度。

link offset　连杆偏移　在机器人 DH 参数法中指一个关节与下一个关节的公共法线和它与上一个关节的公共法线沿这个关节轴的距离。

link parameter　连杆参数　是反映机械臂连杆结构的参数，包括连杆长度(相邻两个关节轴线的公垂线段的长度)和扭角(相邻两个关节轴线间的夹角)构成。

LIP　线性倒立摆模型　linear inverted pendulum model 的缩写。

LMI　线性矩阵不等式　linear matrix inequalities 的缩写。

LMS　最小中值二乘法　least median of squares 的缩写。

load　负载　指机器人承受的配件以及物体的重量。

load-back method　负载反馈法　是一种运用反馈的概念分析和处理问题的方法。当任何偏差不论其来源如何，都可以按照这一方法不断地加以消除。当系统的工作受到种种不确定因素的干扰或者目标处于不断变化的情况下，这种控制方法就更加有力。

load capacity　负载能力 指机器人工作时，在满足性能需求的情况下能承受的最大载重。

load cell　称重传感器 是一种将重量量转变为电信号输出的装置，它通常由压变敏感的元器件构成。称重传感器按电信号转换方法可分为光电式、液压式、电磁力式、电容式、磁极变形式、振动式、陀螺仪式、电阻应变式等 8 类，其中以电阻应变式使用最广。

load force　负载力 指机械臂末端的负载对机械臂施加的外力。

loading effect　负载效应 指的是仅当由于负载的变化而引起输出量变化的效应。测量系统和被测对象之间、测量系统内部各环节之间互相连接必然产生相互作用。接入的测量装置，构成被测对象的负载；后接环节总是成为前面环节的负载，并对前面环节的工作状态产生影响。两者总是存在着能量交换和互相影响，以致系统的传递函数不再是各组成环节传递函数的叠加或相乘。

load rate　负载率，载荷率 指实际载荷与额定载荷的比值。

load ratio　载荷比 （1）在航空航天中，指飞行器的载重与飞行器总重量之比。（2）在电路中，指平均功率与峰值功率之比。

load sharing　负载分配 也称负载平衡。指对系统中的负载情况进行动态调整，以尽量消除或减少系统中各节点负载不均衡现象的方法。具体实现是将过载节点上的任务转移到其他轻载节点上，尽可能达到系统各节点的负载平衡，从而提高系统的吞吐量。负载共享有利于统筹管理分布式系统中的各种资源，便于利用共享信息及其服务机制扩大系统的处理能力。

load sharing coefficient　负载分配系数 是用于表示负载分配的系数，对于不同的负载分配算法它具有不同的意义，通过调节该系数可以使系统有更高的运行效率以及稳定性。

local asymptotic stability　局部渐近稳定性 如果某平衡状态是李雅普诺夫稳定的，并且当时间趋于无穷时，其状态轨线收敛于该平衡点，则称该平衡点是局部渐近稳定的。相对来说，如果以状态空间内任意初始状态为起点，状态轨线均可收敛于平衡点，则该平衡点具有全局渐近稳定性。比较 global asymptotic stability（全局渐近稳定性）。

local attractivity　局部吸引性 指微分方程的解在一定范围内，随时间趋于某个定值。相应的微分方程的所有解随时间均趋于一个定值，则称为全局吸引性。比较 global attractivity（全局吸引性）。

local control　本地控制 指在系统中，仅用机器自身的控制面板或示教盒对系统或部分系统进行操作。

local coordinate frame　局部坐标系 指所选对象相关的特定的坐标系。每个对象都拥有其自己的局部坐标系统和坐标系，由对象轴点的位置和方向定义。对象的局部坐标中心和坐标系组合起来可定义其对象空间。

localizability 定位能力,可定位性 指移动机器人计算自身位置的能力。若能够根据来自已知地图上的信息对机器人定位带来的不确定性进行评估、预测,即估计机器人的定位能力,将对指导移动机器人定位以及避障导航等提供重要的信息。

localizability estimation 定位能力估计,可定位性估计 指移动机器人根据传感器模型和栅格占据率,通过对费雪信息矩阵的离散化求得一个数值,用该数值表征定位能力的强弱。参见 localizability(定位能力)。

localizability matrix 定位能力矩阵,可定位性矩阵 是一种用来估计定位能力的矩阵,本质上是一个反映了定位的协方差矩阵。它在评估观测信息对定位能力的影响时,能够体现已知地图的结构和建图噪声。

local linearization 局部线性化 (1) 在数学中,指寻找函数在给定点及其邻域内的线性逼近。函数的线性逼近是关于兴趣点的一阶泰勒展开。(2) 在动力系统的研究中,它是评价非线性微分方程或离散动力系统平衡点局部稳定性的一种方法。这个方法在工程、物理、经济和生态等领域都有应用。

locally asymptotically stable 局部渐近稳定 指系统的初始状态在一定范围内时,系统状态能随时间渐近收敛到平衡状态的一种情况。相应的,如果在状态空间内任意一点均能收敛到平衡状态,则称为全局渐近稳定。比较 globally asymptotically stable(全局稳定性)。

locally degenerate mechanism 局部退化机构 指机构的某一部分由于腐蚀、老化等原因发生构造变化、机能减退。该机构的构件承载力、可靠性会降低。

local navigation 局部导航 指不使用全球定位系统等外部仪器,而仅使用激光传感器、视觉传感器等作为导航设备,并结合环境地图进行的导航作业。

local optimal 局部最优 在应用数学和计算机科学中,指优化问题在相邻候选解集内的最优解(最大值或最小值)。相应来说,全局最优解是所有可能解中的最优解,而不仅仅是那些在特定值附近的解。比较 global optimization(全局最优解)。

local optimization 局部(最)优化 指对于一个问题的解在一定范围或区域内最优,或是解决问题或达成目标的手段在一定范围或限制内最优。

local position control 本地位置控制 指在局部导航过程当中,利用设备自身带有的激光、视觉等传感器,结合环境地图,对该设备的位置进行控制,以到达导航目的地或对障碍物进行规避。

local potential function 局部势函数 是直接表示某一物体在局部空间中的势能的函数。

local reference frame 局部参考坐标系 在理论物理学和工程学中,它指只在有限时空的限制区域中起作用的坐标系。

local regression 局部回归 是移动平

均和多项式回归的推广，最初用于散点平滑。

location set covering problem (LSCP) 位置集合覆盖问题 指研究满足覆盖所有需求点顾客的前提下，服务站总的建站个数或建设费用最小的问题。它最早是由 Roth 和 Toregas 等提出的，用于解决消防中心和救护车等的应急服务设施的选址问题，他们分别建立了服务站建站成本不同和相同情况下集覆盖问题的整数规划模型。最近十几年来许多基于启发式的算法被用于解决该问题。

locator beacon 定位信标 是能够向移动终端发送定位信息的设备。移动机器人通过与定位信标的通信，来实现对自己位置的定位或者校正。

logic-based reasoning 基于逻辑的推理 指给定一个前提，一个规则或物质条件，得到一个结论或逻辑结果的过程。

logic control 逻辑控制 指由二进制输入信号通过逻辑运算产生二进制输出信号的控制。

logic sensor system (LSS) 逻辑传感器系统 一种隐藏物理实现，统一且有效地处理与表示来自不同传感器的不同类信息的方法。

logistic regression 逻辑回归，逻辑回归分析 是机器学习中的一种分类算法，它是在线性回归模型的基础上将线性回归的结果通过 sigmod 函数映射到 0 至 1 之间，映射的结果是数据样本点属于某一类的概率，如果结果越接近 0 或 1，说明分类结果的可信度越高。逻辑斯蒂回归模型学习时，可以应用极大似然估计法估计模型参数，从而得到逻辑斯蒂回归模型。

logistics robot 物流机器人 指应用于物流领域的一类智能机器人，如仓储机器人、运输机器人、派送机器人等。仓储机器人是用于完成仓库作业的一类智能机器人，主要完成拣选、搬运、装卸等作业，相比传统的人工或机器作业模式，它提高了作业效率，降低了错误率，并具有成本优势。运输机器人的任务是对物品进行较长距离的空间移动，如无人卡车，它可以依靠车内的智能运算系统，检测道路周围状况，从而引导卡车自主、安全行驶。配送机器人实现的是物品从供应地到接收地的流通，它涉及规划、实施和控制等过程。

logistics automation 物流自动化 指物流作业过程的设备和设施自动化，包括运输、装卸、包装、分拣、识别等作业过程，比如，自动识别系统、自动检测系统、自动分拣系统、自动存取系统、自动跟踪系统等。物流自动化是充分利用各种机械和运输设备、计算机系统和综合作业协调等技术手段，通过对物流系统的整体规划及技术应用，使物流的相关作业和内容省力化、效率化、合理化，快速、精准、可靠地完成物流的过程。物流自动化的设施包括条码自动识别系统、自动导向车系统(AGVS)、货物自动跟踪系统(如 GPS)等。物流自动化有：信息引导系统、自动分检系统、条码自动识别系统、语音自动识别系统、射频自动识别系统、自动存取系统、货物自动跟踪系统。物流自动化在物流管理各个层次中发挥重要的作用。它包括物流规划、物流信息技术及自动物流系统等各种软技术和硬技术。物流自动化在国民经济的各行各业中起着非常重要的作用，有着深厚的发展潜力。随着研究力度的不断加大，物流自动化技术将在信息化、绿色化方面进一步发展，其各种技术设备（如：立体仓库等）和管理软件也将得到更大的发展和应用。

long-baseline system　长基线系统　是一种水下导航定位系统，这种系统内部基元之间的连线较长，定位精度高。采用这种系统跟踪潜水器或为其导航，其优势在于在较大的范围内和在较深的海水中，导航定位具有较高的精度。

longitudinal velocity　纵向速度　指车辆沿轴向的运动速度。

long short-term memory (LSTM)　长短期记忆　是一种特殊的 RNN 神经网络，可以学习长期依赖信息，适合于处理和预测时间序列中间隔和延迟相对较长的重要事件。它是由 Hochreiter 和 Schmidhuber (1997) 提出，并在近期被 Alex Graves 进行了改良和推广。在很多问题中它都得到了广泛的使用，如语言翻译、机器人控制、语音识别、图像识别等。

long-term SLAM　长期同时定位与建图，长期 SLAM　指在变化环境中利用 SLAM 技术进行长时间持续的定位与建图，持续时间通常超过数周、数月甚至数年。长期 SLAM 面临的最大问题之一在于机器人的建图容易受到环境变化的影响。普通 SLAM 通常假设环境是不变的，然而在长期运行中，虽然一些动态的环境变化可以通过帧间匹配等方式滤除，但是大部分动态的环境变化在普通 SLAM 中则难以区别，如门的开关、光照的变化等。长期 SLAM 方法主要分为两类：静态地图构建法与地图预测法。静态地图构建法通过语义、数据收集等手段对环境中不变的区域进行提取并用于定位，而地图预测通过数据收集与建模等手段对环境的变化进行预测并用于定位。参见 SLAM（同时定位与建图，即时定位与地图构建，同步定位与地图构建）。

longwall automation　长壁开采自动化　是一种用于在长壁面开采地下煤矿的先进技术，能够提高煤矿的开采效率以及开采的安全性。

loop closure　闭环　指移动机器人在建图过程中识别出以前访问过的位置并将此时的地图与先前的地图进行匹配。典型的方法是计算某种传感器测得值的相似度，并在检测到匹配时重新设置位置先验。通过成功的闭环检测，可以显著地减小累积误差，帮助机器人更精准、快速地进行避障导航工作。而错误的检测结果会导致建图效果不佳。因此，闭环检测是非常有必要的。

loosely coupled system　松（散）耦合系统　指在系统中任一组件对其他组件的依赖性不强的系统。相对的，组件之间的相互依赖性强的系统称为紧耦合系统。

loosely coupled task 松耦合任务 指的是子任务之间互相耦合关联程度不大的任务。相对的，子任务之间耦合关联程度大的任务称为紧耦合任务。比较 tightly coupled task（紧耦合任务）。

LOS 视线；瞄准线 line of sight 的缩写。

loss function 损失函数 是将随机事件或其有关随机变量的取值映射为非负实数以表示该随机事件的“风险”或“损失”的函数。在应用中，它通常作为学习准则与优化问题相联系，即通过最小化损失函数求解和评估模型。例如在统计学和机器学习中被用于模型的参数估计，在宏观经济学中被用于风险管理和决策，在控制理论中被应用于最优控制理论。

lost motion 空转，无效运动 指的是机器、仪器等在没有任何负载时的运转状态，比如机车或汽车等的动轮在轨道上或路面上滑转而不前进。可能会造成牵引电动机高速旋转，使电机损伤。

low altitude environment 低空环境 是机器人的一种工作环境，该环境位于地表以上、地球大气层以内，处于其中的飞行器的运动升力全部来自空气。

low-earth-orbit operation 近地轨道操作 指在近地轨道进行的作业。近地轨道没有公认的严格定义，一般高度在 2 000 千米以下的近圆形轨道都可以称为近地轨道。

lower limb wearable system 下肢可穿戴系统 是穿戴在人体下肢，用于对下肢患者进行行走辅助或康复训练的一种人机系统。

lower pair 低副 指两构件通过面接触而构成的运动副。按两构件之间的相对运动划分，可分为转动副、移动副、螺旋副。

lower pair joint 低副关节 指运动副为低副的关节。参见 lower pair（低副）。

low gravity environment 低重力环境 指航天器在轨道运行时由于受到地球引力以及各种干扰力的作用，达到不完全失重的状态的环境，干扰力来源包括多个方面，既有外界的固有摄动力，也有航天器系统内部的各种作用力。

low temperature environment 低温环境 指温度低于 5℃的工作环境。

low temperature operation 低温作业 指在生产劳动过程中，其工作地点平均气温等于或低于 5℃的作业。

LQ 线性二次最优控制 linear quadratic control 的缩写。

LQG 线性二次高斯控制 linear quadratic Gaussian control 的缩写。

LSCP 位置集合覆盖问题 location set covering problem 的缩写。

LSE 最小二乘估计 least squares estimation 的缩写。

LSS 逻辑传感系统 logic sensor system 的缩写。

LSTM 长短期记忆 long short-term memory 的缩写。

LtA - UAV 轻于空气的无人机 lighter-than-air unmanned aerial vehicle 的缩写。

lumped parameter system 集总参数系统 指的所有参数都不具有空间分布性的系统。集总参数系统可以用有限个状态变量来表征，描述其状态（或输出）相对于输入间因果关系的数学模型为常微分方程，因而有时也称为有穷维系统。严格的集中参数系统在现实中是不存在的，通过合理地忽略系统参数的空间分布性可将系统近似看作为集总参数系统，从而简化对系统的分析过程。相对的，参数具有空间分布性的系统称为分布式参数系统。比较 distributed parameter system（分布式参数系统）。

Lyapunov-based control 基于李雅普诺夫的控制 指基于李雅普诺夫第一法或第二法得到系统稳定性判据，从而设计控制率的控制方法。参见 Lyapunov first method（李雅普诺夫第一法）与 Lyapunov second method（李雅普诺夫第二法）。

Lyapunov first method 李雅普诺夫第一法，间接法 由俄国学者李雅普诺夫提出的分析稳定性的方法，它通过研究系统的状态方程的解来判定系统稳定性。对于线性定常系统，只需求解特征方程的根即可得到稳定性判断，对于非线性系统则可通过线性化处理得到近似的线性化方程，再根据特征值判断稳定性。若系统所有特征值实部小于 0，则系统渐近稳定；若系统所有特征值实部均小于等于 0，且等于 0 的特征值无重根，则系统是李雅普诺夫稳定的；若存在特征值实部大于 0，则系统不稳定。参见 Lyapunov stable（李雅普诺夫稳定）。

Lyapunov function 李雅普诺夫函数 是李雅普诺夫第二法中用来判别系统稳定性的函数。李雅普诺夫第二法通过分析系统能量变化的趋势来判断系统的稳定性，对于一个给定系统，如果能找到一个正定的标量函数，且该函数的导函数负定，则这个系统是渐近稳定的。任何一个标量函数只要满足李雅普诺夫稳定性判据的假设条件，均可作为李雅普诺夫函数。

Lyapunov method 李雅普诺夫方法 是李雅普诺夫提出的分析稳定性的方法，包括第一法（间接法）和第二法（直接法）。其中李雅普诺夫第二法是一种普遍适用于线性系统、非线性系统及时变系统稳定性的分析方法。参见 Lyapunov first method（李雅普诺夫第一法）与 Lyapunov second method（李雅普诺夫第二法）。

Lyapunov second method 李雅普诺夫第二法，直接法 是一种通过构造李雅普诺夫函数，从能量的角度直接判断系统稳定性的方法。若一个系统储存的能量随时间逐渐衰减，最终达到最小值，则该系统渐近稳定；若系统不断从外界吸取能量，则系统不稳定，若系统储能既不增加也不消耗，则系统的该状态是李雅普诺夫稳定的。在李雅普诺夫第二法中，通常用李雅普诺夫函数作为虚构的广义能量函数来描述系统的能量关系，然后通过该函数导数的符号特征来判断系统的稳定性。参见 Lyapunov function（李雅普诺夫函数）和 Lyapunov stable（李雅普诺夫稳定）。

Lyapunov stable　李雅普诺夫稳定　在自动控制领域中，用于描述一个系统的稳定性。设系统的初始状态位于以某一平衡状态为球心的闭球域内，在时间趋于无穷的过程中，其状态轨线始终位于以该平衡点为圆心，任意规定半径的球域中，则称该平衡状态为李雅普诺夫稳定。

M

machine drive　机器驱动　主要指利用机械方式传递动力和运动的传动方式。分为两类：一是靠机件间的摩擦力传递动力的摩擦传动；二是靠主动件、从动件和中间件啮合传递动力或运动的啮合传动。

machine intelligence　机器智能　(1) 计算机科学的一个分支，主要研究用机器模拟人类的某些智力活动。如图形识别、学习过程、探索过程、推理过程及环境适应等有关理论和技术。(2) 指机器通过机器学习和人工智能的技术，主动学习工作。如果一台机器学会了提取各种数据，并通过自己的方式组合在一起，最后得出自己的结论，则称该机器有机器智能。(3) 在比较计算机与人类大脑的智能时使用这个术语。

machine interface　机器接口　泛指机器把自己提供给外界的一种抽象化物，用以由内部操作分离出外部沟通方法，使其能被修改内部而不影响外界其他实体与其交互的方式。

machine learning (ML)　机器学习　是一门专门研究计算机如何模拟或实现人类的学习行为，以获取新的知识或技能，重新组织已有的知识结构使之不断改善自身的性能的学科。R. S.Michalski 等人把机器学习研究划分为“从样例中学习”“在问题求解和规划中学习”“通过观察和发现学习”“从指令中学习”等种类，其中被研究最多、应用最广的是“从样例中学习”，即从训练样例中归纳出学习结果，他涵盖了监督学习，无监督学习等。主流的机器学习方法有统计学习，深度学习等，统计学习的代表性技术是支持向量机以及更一般的“核方法”；深度学习是基于神经网络技术，在涉及语音、图像等复杂对象的应用中它拥有优越的性能。

machine vision　机器视觉　是一项综合技术，包括图像处理、机械工程技术、控制、电光源照明、光学成像、传感器、模拟与数字视频技术、计算机软硬件技术（图像增强和分析算法、图像卡、I/O 卡等）。一个典型的机器视觉应用系统包括图像捕捉、光源系统、图像数字化模块、数字图像处理模块、智能判断决策模块和机械控制执行模块。机器视觉系统最基本的特点就是提高生产的灵活性和自动化程度。在一些不适于人工作业的危险工作环境或者人工视觉难以满足要求的场合，常用机器视觉来替代人工视觉。同时，在大批量重复性工业生产过程中，用机器视觉检测方法可以大大提高生产的效率和自动化程度。

macro-micro manipulator system 宏微机械臂系统 指一个大机械臂的末端装有小机械臂的系统。大的机械臂以地面为参考系，称为宏机械臂；小的机械臂以大机械臂末端为参考系，称为微机械臂。通常，宏机械臂拥有较大的运动范围，而微机械臂用于补偿宏机械臂的误差，达到高精度运动。宏、微机械臂组合起来构成的整体系统称为宏微机械臂系统。

magnetic encoder 磁(性)编码器 是一种以磁敏感元件为基础的旋变检测装置。它具有转速高、易用性好、可高度抗震、易于调整和安装维护，以及成本低廉的优势。

magnetic induction 磁感应 指由磁场在导体中产生或感应电流或电压的过程。一般说来，磁场必须是变化的或者导体和磁场之间必须有相对运动。

magnetic-rheological fluid (ERF) 磁流变液 是一种智能流体，当受到磁场作用时，该流体的黏度将会大大增加，达到黏弹性固体的程度。通过改变磁场强度，可以非常精确地控制流体在活动状态下的屈服应力。因此流体的传力能力可以通过电磁铁来控制，这就产生了许多的基于控制的应用。

magnetosensor 磁敏传感器 指感知磁性物体的存在或者测量磁性强度(在有效范围内)的传感器。这些磁性材料除永磁体外，还包括顺磁材料(铁、钴、镍及其合金)，也可包括感知通电(直、交)线包或导线周围的磁场。

magnetoencephalography (MEG) 脑磁图 是一种脑功能检测技术，通过高精度的磁力计检测大脑中活动产生的磁场，再通过仪器把这种脑磁波记录下来形成图形。它反映的是脑磁场的变化情况，与脑电图反映脑的电场不同，它不受颅骨及头皮各层的影响，图像清晰易辨。脑磁图检测过程中测量系统不会发出任何射线、能量或噪声，对人体的无侵害，无损伤，在功能神经外科中有着重要作用。目前脑磁图技术的发展主要受限于低温超导技术，以及周围噪声的处理等方面。

magnetostrictive actuator 磁致伸缩驱动器 指利用超磁致伸缩材料在交变磁场中可产生交变变形的特性，将材料棒置于一个可控的磁场中，实现对目标驱动的一种驱动器。超磁致伸缩材料因其磁致伸缩系数远高于普通铁磁材料而得名。根据超磁致伸缩材料的形状可将现有的磁致伸缩驱动器分为棒形器件和薄膜型器件两类，其中以棒型超磁致伸缩材料为核心的超磁致伸缩驱动器是在机电转换领域得到了广泛的应用。

Mahalanobis distance 马哈拉诺比斯距离，马氏距离 是由印度统计学家马哈拉诺比斯(P. C. Mahalanobis)提出的，表示数据的协方差距离。它是一种有效的计算两个未知样本集的相似度的方法。与欧氏距离不同的是它考虑到各种特性之间的联系。

manipulability 可操作性 它反映了机器人系统对力和运动的全局转换能力，也就是机器人在任意方向上的运动和施加力的能力，可以用来衡量机器人的整体灵活性，作为设计和分析机器人的准则。

manipulability ellipsoid　可操作性椭球 分为运动可操作性椭球和力可操作性椭球。运动可操作性椭球表现了关节速度矢量单位范数能产生的笛卡尔空间速度的效率，而力可操作性椭球表现的是关节加速度矢量单位范数能产生的笛卡尔空间加速度的效率。若将关节速度标准化为相应关节的最大角速度，可操作性椭球将不仅代表“效率”，而且将表示给定笛卡尔空间运动的“可行性”。运动可操作性椭球和力可操作性椭球的主轴是一致的且主轴的长度互为倒数。也就是说当运动可操作性椭球体积达到最大时，性能最优，力可操作性椭球的体积最小时则性能最差。

manipulator　机械臂，机械手，操作机，操纵器 由一系列刚性构件（连杆）通过链接（关节）联结构成的机械装置。它的特征在于具有用于保证可移动性的臂，提供灵活性的腕和执行机器人所需完成任务的末端执行器。机械臂的基础结构是串联运动链或并联运动链。机械臂的运动能力由关节保证。相邻两个连杆连接可通过移动关节或转动关节实现。从基关节开始，可以按臂的类型和顺序，将机械臂分为笛卡尔型、圆柱型、球型、SCARA 型和拟人型等。机械臂在工业制造、医学治疗、娱乐服务、军事、半导体制造以及太空探索等领域都得到广泛的应用。

manipulator dynamics　机械臂动力学 指通过拉格朗日方程或牛顿-欧拉方程等，得到的描述机械臂关节扭矩和关节变量之间关系的函数。除关节扭矩外，机械臂动力学还受到惯性、哥氏力、离心力、摩擦力、重力以及末端执行器所受的外力的影响。在基于动力学的机械臂控制中，通过输入每个关节的扭矩，可以控制关节的加速度和速度，最终可以实现轨迹和位置控制。基于动力学的控制方法常用于机械臂的力位混合控制中，即不但要控制机械臂的末端轨迹，还要控制机械臂施加给外部环境的力的大小。

manipulator kinematics　机械臂运动学 分为正运动学和逆运动学，正运动学指机械臂从关节空间到操作空间的映射，即根据已知的每个关节变量，解算机械臂末端的位置和姿态；逆运动学则是对于给定的末端执行器位姿，解算机械臂的关节变量。

man-machine communication　人机通信 人通过输入装置给计算机输入各种数据和命令，以进行操纵和控制，而计算机则执行命令和将数据处理的结果及时地显示出来的人机交互过程。

man-machine dialog　人机对话 是计算机的一种工作方式，即计算机操作员或用户与计算机之间，通过控制台或终端显示屏幕，以对话方式进行工作。操作员可用命令或命令过程告诉计算机执行某一任务。

man-machine interface　人机接口，人机界面 指人与计算机之间建立联系、交换信息的输入/输出设备的接口，常用设备包括键盘、显示器、打印机、鼠标器等。

manned vehicle　有人机,有人载具,有人车辆　指机体内需要驾驶人进行操作的一类飞行器、载具或车辆。比较 unmanned vehicle(无人机,无人载具,无人车辆)。

manual operation　手动操作,人工操作　指完全靠直接施加人力来操作,操作的速度和力取决于操作者的动作的一类操作方式。

MAP　最大后验概率　maximum a posteriori probability 的缩写。

MAPF　多智能体寻路　multi-agent path finding 的缩写。

map matching　地图匹配　指将当前传感器的数据与已知地图的数据进行搜索与匹配,用以确定机器人当前的位置。例如当采用相机作为传感器用于机器人的定位时,将当前图像与地图中的关键帧的图像或者直接与点云进行匹配,即用某个公式计算图像相似度,相似度高则可判定机器人处在地图中与之匹配上的位置。匹配的方法可以是通过暴力搜索进行匹配,也可通过图像特征建立树,加快搜索匹配速度。

mapping　地图构建,建图,绘制地图　指利用环境中几何的和可探测的特征、地标和障碍,基于相应的表示方法,手动、半自动或自动建立对环境的描述。

mapping algorithm　建图算法　指的是机器人通过激光雷达、视觉相机等传感器感知环境信息,生成周围环境地图的算法。常分为离线建图算法和在线建图算法两种,在线建图算法往往在机器人建图的同时需要知道自身的定位信息,即等价于同步定位与建图(SLAM)算法。建立地图的类型可以分为度量地图、拓扑地图和点云地图等。参见 SLAM(同时定位与建图,即时定位与地图构建,同步定位与地图构建)。

margin of error　最大容许误差　指在规定的参考条件下,测量仪器在技术标准、计量检定规程等技术规范上所规定的允许误差的极限值,又称为允许误差极限或允许误差限。允许误差极限有上限和下限,通常为对称限,所以用量值表示时应有"±"号。最大允许误差可用绝对误差、相对误差或引用误差等表述,它是人为规定的,是评定测量仪器是否合格的最主要的指标之一,直接反映测量仪器的准确度。

marginal noise　边缘噪声　指在数字图像处理领域中的一种集中在图像边缘的畸变,它可以进一步按空间和时间的特性进行划分。

marine robot　海洋机器人　指应用于海洋探索、开采等任务的一类机器人。它分为有缆遥控式和无缆遥控式两种,其中有缆遥控式又分为水中自航式、拖航式和能在海底结构物上爬行的爬行式三种。早期的海洋机器人主要用于海洋石油和天然气开发,如今的海洋机器人还可执行搜救,安检等更复杂的工作。典型的海洋机器人是由水面设备(包括操纵控制台、电缆绞车、吊放设备、供电系统等)和水下设备(包括中继器和潜水器本体)组成。潜水器本体在水下靠推进器运动,本体上装有观测设备(摄像机、照相机、照明灯等)和作业设备(机械臂、切割器、清洗器等)。

markerless motion capture system　无标记运动捕捉系统　是一种使用者无须佩戴特殊设备即可进行运动捕捉的系统。它通过特殊的计算机算法,分析多个光输入流,识别人体形态,并将其分解成多个组成部分进行跟踪。相对的,有些运动捕捉系统需要使用者佩戴相应的传感器,如光学运动捕捉系统等,参见 optical motion capture system(光学运动捕捉系统)。

market-based method　市场法　是一种优化算法,该方法解决了分布式复杂系统中的资源分配问题。市场法模拟一个理想化的经济体系的行为,以便在复杂的系统中分配资源。如同实体经济中的代理人一样,代理人在考虑供求关系的市场系统中交易资源。该方法可用于向多个机器人分配任务,各机器人在每执行完一次探索以后,根据剩余目标任务的完成间、能源消耗等指标进行投标、相互竞价,通过拍卖机制将任务最终分配到可以最高效用执行该任务的机器人。

Markov assumption　马尔可夫假设　是一种关于无后效性性质的假设,即当随机过程在某一时刻所处的状态已知的条件下,过程在此时刻之后所处的状态只和该时刻有关,而与该以前的状态无关。满足该假设的这种随机过程又称为马尔可夫过程。现实世界中,有很多过程都是马尔可夫过程,如液体中微粒所作的布朗运动、传染病受感染的人数、车站的候车人数等。

Markov chain　马尔可夫链　指概率论和数理统计中满足马尔可夫假设的随机过程。连续时间的马尔可夫链又称为马尔可夫过程,与离散时间马尔可夫链相对应。它可通过转移矩阵和转移图定义,除马尔可夫性外,马尔可夫链可能具有不可约性、重现性、周期性和遍历性。一个不可约和正重现的马尔可夫链是严格平稳的马尔可夫链,拥有唯一的平稳分布。遍历马尔可夫链的极限分布收敛于其平稳分布。参见 Markov assumption(马尔可夫假设)。

Markov chain Monte Carlo (MCMC)　马尔可夫链的蒙特卡罗方法　其基本思想是构造一条马尔可夫链,使其平稳分布为待估参数的后验分布,通过这条马尔可夫链产生后验分布的样本,并基于马尔可夫链达到平稳分布时的样本(有效样本)进行蒙特卡罗积分。

Markov decision process (MDP)　马尔可夫决策过程　是序贯决策(sequential decision)的数学模型,用于在系统状态具有马尔可夫性质的环境中模拟智能体可实现的随机性策略与回报。MDP 的得名来自俄国数学家安德雷・马尔可夫,以纪念其为马尔可夫链所做的研究。MDP 基于一组交互对象,即智能体和环境进行构建,所具有的要素包括状态、动作、策略和奖励。在 MDP 的模拟中,智能体会感知当前的系统状态,按策略对环境实施动作，从而改变环境的状态并得到奖励，奖励随时间的积累被称为回报。MDP 的理论基础是马尔可夫链，因此也被视为考虑了动作的马尔可夫模型。在离散时间上建立的 MDP 被称为离散时间马尔可夫过程，反之则被称为连续时间马尔可夫过程。此外 MDP 存在一些变体，包括部分可观测马尔可夫决策过程、约束马尔可夫决策过程和模糊马尔可夫决策过程。在应用方面，MDP 被用于机器学习中强化学习（reinforcement learning）问题的建模。通过使用动态规划、随机采样等方法，MDP 可以求解使回报最大化的智能体策略，并在自动控制、推荐系统等主题中得到应用。

Markov property　马尔可夫特性　是概率论中的一个概念，具体表现为当一个过程未来状态的条件概率分布仅取决于当前状态，而不取决于其之前的事件序列，则随机过程具有马尔可夫特性。

Markov random field (MRF)　马尔可夫随机场　是建立在马尔可夫模型和贝叶斯理论基础之上的一种概念，包含两层意思即马尔可夫性质和随机场。其中马尔可夫性质指的是一个随机变量序列按时间先后关系依次排开的时候，第 $N+1$ 时刻的分布特性，与 N 时刻以前的随机变量的取值无关；而随机场指按照某种分布随机赋予相空间的一个值的全体，包含位置（site）和相空间（phase space）。而马尔可夫随机场指在随机场的基础上添加马尔可夫性质，得到马尔可夫随机场。把马尔可夫随机场映射到无向图中，此无向图中的节点都与某个随机变量相关，连接着节点的边代表与这两个节点有关的随机变量之间的关系，所以，马尔可夫随机场其实表达出随机变量之间有些关系因素是必须要考虑的，而另外则有些是可以不用考虑的。

Marr-Albus model　马尔-阿布斯模型　又称为小脑关节控制模型（Cerebellar Model Articulation Controller, CMAC），是 J.S.Albus 在 Marr 理论上进行修正和扩展并提出的新的关于小脑功能的理论，它由含局部调整、相互覆盖接受域的神经元组成。它是模拟人的小脑的一种学习结构，是基于表格查询式输入输出的局部神经网络模型，提供了一种从输入到输出的多维非线性映射能力。

Mars exploration rover　火星探测漫游车　是一种用来探测火星的人造航天器。包括从火星附近掠过的太空船、环绕火星运行的人造卫星、登陆火星表面的着陆器、可在火星表面自由行动的火星漫游车以及未来的载人火星飞船等。

Mars Pathfinder　火星探路者　是美国国家航空航天局在 1997 年发射的一艘携带探测车登陆火星且建立基地的美国太空船。

marsupial robot　袋鼠机器人　是一种以有袋类动物为原型设计的机器人，指由一个大的母机器人携带一个或多个较小的子机器人。除了作为子机器人的传输工具外，母机器人可以为子机器人提供电力、通信保障和协助操作等，这种设计可以弥补单个机器人在步行、爬越障碍、能量和通信等方面的缺陷。

mass matrix 质量矩阵 是质量到广义坐标概念上的推广,它给出了系统广义坐标的变化率和系统动能的关系。

mass moment of inertia 质量惯性矩,转动惯量 指物体受力矩作用后阻碍本身旋转运动的一种度量,即在相同的力矩下,物体质量惯性矩越大,转动越慢。

master side 主端,主机端 (1) 在通信中是相对于从机端的主设备概念,具有对一个或多个其他设备的单向控制。(2) 在主从式遥操作机器人(例如在手术机器人中是一种由主控端操作人员或医生操控的操控端)。比较 slave side(从动端)。

master-slave concept 主从概念 是一种通信模型或方式,其中一个设备或进程具有对一个或多个其他设备或进程的单向控制。在一些系统中,从一组符合条件的设备中选择主设备,其他设备充当从设备的角色。

master-slave control 主从控制 指建立主设备和从设备之间的映射关系,并根据此映射关系设计相应的控制方法实现主设备对从设备的控制,即从设备复现主设备指令的控制方法。

master-slave manipulator 主从机械臂 指采用遥控或主从式控制的机械臂。

master-slave robotic system 主从式机器人系统 指系统中存在一组主机器人和一组从机器人,从机器人实时跟踪主机器人的动作或行为。常用于遥操作机器人系统(如外科医疗手术系统和危险环境下的远程操作系统),其中主机器人在远端,由人控制,控制信号通过网络传输给现场的从机器人进行实际操作,现场的感知信息(如反应环境和操作效果的传感器信息)通过网络反馈给远端,人再根据传感器信息对主机器人进行控制,以此形成回路。主从机器人系统研究的主要问题是从机器人对主机器人的跟踪性能(精度和实时性)以及网络传输的稳定性(通信时延和信息传输完整性)。

match accuracy 匹配准确度 是一种通过对象的内容、特征、结构、关系、纹理及灰度等对应关系,对待匹配目标的相似性和一致性的进行分析,得到相似性程度的度量方式。

matching error 匹配误差 在使用各类匹配算法或匹配方式的过程中,由于模板和目标不能对应或不能完全匹配而存在的误差。一般来说,匹配误差越小,说明模板与目标匹配得好。反之,匹配误差越大,则说明模板和目标匹配得不好。匹配误差最小为零。

maximally stable extremal region (MSER) 最大稳定极值区域 是一种用于在图像中进行斑点检测的方法。这个方法由 Matas 等人提出,用于在两个不同视角的图片中寻找对应关系。MSER 基于分水岭方法,先对图像进行二值化操作,二值化的阈值从小到大逐渐递增,使二值图从全黑至全白逐渐变化,在这个过程中,有些连通域的面积随阈值的增加变化很小,这类区域称作为 MSER。

M

maximum a posteriori probability (MAP) estimation　最大后验概率估计　指当从模型总体随机抽取 n 组样本观测值后，最合理的参数估计量应该使得从模型中抽取该 n 组样本观测值的概率最大，而不是像最小二乘估计法旨在得到使得模型能最好地拟合样本数据的参数估计量。

maximum covering location problem (MCLP)　最大覆盖位置问题　指研究在服务站的数目和服务半径已知的条件下，如何设立 P 个服务站使得可接受服务的需求量最大。是一种在计算机科学、计算复杂性理论和运筹学中的经典问题。

maximum likelihood estimation (MLE)　极大似然估计　也称为最大概率估计，是一种具有理论性的估计法，此方法的基本思想是通过从模型总体随机抽取 n 组样本观测值后，采用最合理的参数估计量应该使得从模型中抽取该 n 组样本观测值的概率最大。

maximum likelihood estimator (MLE)　极大似然估计器　在统计学中，极大似然估计(MLE)是一种在给定观察值的情况下估计统计模型的参数的方法。该方法通过找到使似然函数最大化的参数值来获得参数估计。

maximum load　最大负载　指设计所允许的最大安全使用载荷。

maximum payload　最大载荷　指在一循环负载中具有最大代数值的载荷，拉伸负载称为正的最大负载，压缩负载称为负。或指用来测定某一结构部件的强度，即构件破坏前所能承受的载荷。

maximum principle　极大值原理　是对分析力学中古典变分法的推广，能用于处理由于外力源的限制而使系统的输入(即控制)作用有约束的问题，由 20 世纪 50 年代中期苏联学者庞特里亚金提出。在最优控制理论中是一种求最优控制函数的方法，它使求最优控制的一大类泛函极值问题的解法系统化，用极大值原理求得的最优控制函数是一个时间函数，该函数是最优控制的必要条件，给出的解是一种开环控制解。极大值原理不仅可用于解决连续形式的受控系统的最优控制问题，而且还被推广到处理离散形式受控系统的最优控制问题。离散最优控制问题的极大值原理称为离散极大值原理。极大值原理对求解分布参数系统的最优控制问题也很有效，相应的方法称为分布参数系统的极大值原理。

maximum tensile force　最大拉力，最大拉伸力　是金属由均匀塑性形变向局部集中塑性变形过渡的临界值，也是金属在静拉伸条件下的最大承载能力。抗拉强度即表征材料最大均匀塑性变形的抗力，拉伸试样在承受最大拉应力之前，变形是均匀一致的，但超出之后，金属开始出现缩颈现象，即产生集中变形；对于没有(或仅有很小)均匀塑性变形的脆性材料，它反映了材料的断裂抗力。

maximum torsional moment　最大扭矩　指发动机运转时从曲轴端输出的最大力矩，是发动机性能的一个重要参数，最大扭矩越大，发动机输出的峰值力矩越大。

McKibben artificial muscle 麦吉本式人工肌肉 指 20 世纪 50 年代，美国医生 Joseph. L. Mckibben 发明的一种以其名字命名的气动人工肌肉，主要表现在其设计的能够辅助残疾手指运动的气动装置。与普通气缸驱动的肌肉比较优点体现在：① 在运行中，不会出现爬行现象；② 具有较高的动态特性，其最大运作频率可以达到 3 Hz～5 Hz；③ 通过调节充气压力，不仅可以轻松实现中间定位，而且可以改变其刚性或阻抗；④ 对于气缸来讲，活塞截面的大小将是决定它所产生的驱动力大小的一个重要因素，但麦吉本式气动肌肉却不同，它的整个纤维层与内管的接触表面；⑤ 麦吉本式人工肌肉在充压收缩时所产生的拉力与气动肌肉的缸径成正比，与输入气动肌肉的控制气压成正比，与气动肌肉的初始长度无关，与外层纤维的初始编织角有关，当初始编织角减小，气动肌肉所产生的最大拉力将增加，初始编织角的取值范围一般在 20°左右。

MCL 蒙特卡罗定位 Monte Carlo localization 的缩写。

MCLP 最大覆盖位置问题 maximum covering location problem 的缩写。

MCMC 马尔可夫链的蒙特卡罗方法 Markov chain Monte Carlo 的缩写。

MDP 马尔可夫决策过程 Markov decision process 的缩写。

mean-field approximation 平均场近似法 是一种通过研究一个更简单的模型从而来研究高维随机模型的方法，该模型通过平均自由度来近似原始模型。

mean-shift 均值漂移 是一种基于密度梯度上升的非参数方法，通过迭代运算找到目标位置，实现目标跟踪。

mean-square error (MSE) 均方误差 是一种度量样本离散程度的标准统计指标，是测量误差平方的平均值。

mean time between failures (MTBF) 平均故障间隔时间，平均无故障时间 是产品可靠性的一种基本参数，其度量方法为：在规定的条件下和规定的时间内，产品的寿命单位总数与故障总次数之比。

mean value 均值 也称平均数，指在一组数据中所有数据之和再除以这组数据的个数。它是反映数据集中趋势的一项指标。

mean value filter 均值滤波器 是一个简单的滑动窗口空间滤波器，它用窗口中所有像素值的平均值替换窗口中的中心值。窗口或内核通常是方形的，但可以是任何形状。属于典型的线性滤波算法，可以扩展到对其他信号的滤波。

measurement noise 测量噪声 指测量过程中测量仪器、测量算法或者环境等因素产生的噪声信号。

measuring instrument 检测仪表 利用各种变换原理把被测量自动转换成与其大小有确定关系的、便于读取输出量的自动化仪表。根据自动检测仪表的输出量可以判定被测量的大小。自动检测仪表依据物理、化学的原理，利用电子学、计算机、自动控制技术实现对信号的检出、变换、放大、运算、处理、传输、显示等功能。按照使用要求和条件的不同，输出量可以指示机构的角(线)位移，数字或图像显示等。有的还具有超限声、光报警和相应的自动控制功能。根据信号的检出、变换、放大、显示所用能源不同分为电动、气动等形式。带有微处理机的自动检测仪表除能完成一般的检测功能外，还具备记忆、复杂运算、自校正、自诊断、自动改变测量范围、数字通信等功能，提高了可靠性、精度和快速性。若只对某个参数进行自动检测的仪表叫作参数变送器。根据自动检测仪表在自动控制系统中发出的信号监视和控制生产设备的运行。

Mecanum wheel　麦克纳姆轮　是瑞典麦克纳姆公司的专利。这种全方位移动方式是基于一个有许多位于机轮周边的轮轴的中心轮的原理上，成角度的周边轮轴把一部分的机轮转向力转化到一个机轮法向力上面。依靠各自机轮的方向和速度，这些力的最终合成在任何要求的方向上产生一个合力矢量从而保证了这个平台在最终的合力矢量的方向上能自由地移动，而不改变机轮自身的方向。在它的轮缘上斜向分布着许多小滚子，故轮子可以横向滑移。小滚子的母线很特殊，当轮子绕着固定的轮心轴转动时，各个小滚子的包络线为圆柱面，所以该轮能够连续地向前滚动。麦克纳姆轮结构紧凑、运动灵活、可以实现全方位移动功能。

mechanical admittance　机械导纳　是机械阻抗的倒数，即简谐运动响应两者的复数式与简谐激振力之比。参见 mechanical impedance（机械阻抗）。

mechanical advantage　机械效益　指机械中载荷与驱动力的比值，它表征机械增力的程度。

mechanical arm　机械手臂　是一种能模仿人手的某些动作功能，按固定程序抓取、搬运物件或操作工具的操作装置。机械手臂主要由手部和运动机构组成。手部是用来抓持工件(或工具)的部件，根据被抓持物件的形状、尺寸、重量、材料和作业要求而有多种结构形式，如夹持型、托持型和吸附型等。运动机构使手部完成各种转动(摆动)、移动或复合运动以实现规定的动作，改变被抓持物件的位置和姿势。

mechanical governor　机械调速器，机械控制器　是一种用于测量和调节机器速度的装置。它是直接利用飞铁产生的离心力和调速弹簧张力之间的不平衡力去移动油量来调节机器转速，可使机器转速保持定值或接近设定值。

mechanical impedance　机械阻抗　是振动理论中线性定常系统的频域动态特性参量，经典定义为简谐激振力与简谐运动响应两者的复数式之比。

mechanical interface　机械接口　指位于机器人末端，用于安装末端执行器的安装面。

mechanical interference　机械干涉　指在装配过程中，或者在机器运行过程中，两个或两个以上的零件(或部件)同时占有同一位置而发生冲突的

M

情况。

mechanical property **机械性能,力学性能** 指材料在不同环境(温度、介质、湿度)下,承受各种外加载荷(拉伸、压缩、弯曲、扭转、冲击、交变应力等)时所表现出的力学特征。

mechanical resonance **机械共振** 指外加力的频率与机械系统的固有频率一致时,系统产生的振动。

mechanical shock **机械冲击** 指机械系统或其中的一部分受到突然、急剧、非周期性的激励时,发生的时间甚快于系统固有振动周期的状态的骤然变化。这类的冲击是一种瞬态的物理激发。

mechanical stiffness **机械刚度** 指受外力作用的材料、构件或结构抵抗变形的能力。

mechanical transmission **机械传动** 主要指利用机械方式传递动力和运动的传动方式。分为两类:一是靠机件间的摩擦力传递动力与摩擦传动,包括带传动、绳传动和摩擦轮传动等;二是靠主动件与从动件啮合或借助中间件啮合传递动力或运动的啮合传动,包括齿轮传动、链传动、螺旋传动和谐波传动等。

mechanical wear **机械磨损** 指相互接触产生相对运动的摩擦表面之间的摩擦将产生阻止机件相对运动的摩擦阻力,引起机械能量的消耗并转化而放出热量,使机械产生磨损。

mechanical zero **机械零位** 指设备上用刻度类的器具标记的机器参考零点。

mechanically independent finger **机械独立手指,无机械连接手指** 指运动上与其他手指无机械关联的机械手指。

mechanically interrelated finger **机械连接手指** 指运动上与其他手指有相互机械关联的机械手指。

mechanism **机构,机械装置;机制** (1)在工程中,机构或机械装置是一种将输入力和运动转换为所需输出力和运动的装置。(2)某物的机械作用、结构方式,现泛指产生某种作用的结构、组织或原理。

mechanism design **机械设计** 指根据使用要求对机械的工作原理、结构、运动方式、力和能量的传递方式、各个零件的材料和形状尺寸、润滑方法等进行构思、分析和计算并将其转化为具体的描述以作为制造依据的工作过程。

mechanism isotropy **机构的各向同性** 指机械结构上在不同方向上的性能参数相同。

mechanism optimization design (MOD) **机构优化设计** 指在给定约束条件下,按某种目标(如重量最轻、成本最低、刚度最大等)求出最好的设计方案。

mechanism synthesis **机构综合** 指根据对机构的结构、运动学和动力学要求进行机构设计。机构综合可视为双重迭代过程,一方面基于运动学和几何约束选择机械的尺寸,另一方面,也考虑影响机构机械效率的动力学约束。

mechanoreceptor **机械性感受器** 是一种感受压力、变形等机械性刺激的感受器。在人类光滑皮肤中主要包含如下四种类型：帕西尼氏小体、触觉小体、梅克尔触觉盘以及鲁菲尼小体。在生长毛发的皮肤中也存有机械感受器，尤其以耳蜗中的毛细胞最为敏感，该细胞负责将空气声波中的压力变化转换为声音信号。

mechatronics 机电学，机械电子学，机电工程，机电一体化 是一个多学科的工程分支，专注于电气和机械系统的工程，还包括机器人、电子、计算机、电信系统、控制和产品工程的组合。其目的是产生一种综合的设计解决方案，统一这些不同的技术分支。机电一体化领域是机械和电子学的结合，以大规模集成电路和微电子技术的发展向传统机械工业领域迅速渗透，同时以机械、电子技术高度结合的现代工业为基础，将机械技术、电力电子技术、微电子技术、信息技术、传感测试技术、接口技术等有机地结合并综合应用。

medical capsule robot 医疗胶囊机器人 是一种能进入人体胃肠道进行医学探查和治疗的智能化微型工具。它们比普通口腔胶囊略大，由生物相容的盒子组成，并具有捕获和传输图像的电子电路和机制。

medical electrical equipment 医用电气设备 指医用的电气设备，符合国际电工委员会制定的医用电气设备标准，如心电图机等。

medical electrical system 医用电气系统 指根据其制造商的规定符合国际电工委员会制定的医用电气设备标准，对设备的各零部件进行组合，其中至少有一个是通过功能连接或使用多个接口互连的医用电气设备。

medical image 医疗图像，医学图像 指为了医疗或医学研究，对人体或人体某部分，以非侵入方式取得内部组织影像的技术与处理过程。它包含以下两个相对独立的研究方向：医学成像系统(medical imaging system)和医学图像处理(medical image processing)。前者指图像形成的过程，包括对成像机理、成像设备、成像系统分析等问题的研究；后者指对已经获得的图像作进一步的处理，其目的是使原来不够清晰的图像复原，或者是为了突出图像中的某些特征信息，或者是对图像做模式分类等等。例如计算机断层扫描、磁共振成像、正电子发射断层成像等医学影像技术。

medical image processing 医学图像处理 指通过计算机技术对医学影像进行分析，以达到所需结果的技术，是一个非常广泛的领域，它包括医学信号采集、图像形成、图像处理和图像可视化，以及基于从图像中提取的特征进行医学诊断。随着深度学习技术的发展，越来越多的基于神经网络的技术应用在医学图像处理中，例如神经网络对医学图像的检测、分割及分类等。

medical image segmentation 医学图像分割 指通过计算机技术，将医学图像中具有某些特殊含义的部分分割出来，并提取相关特征，为临床诊疗和病理学研究提供可靠的依据，为辅助医生做出更为准确的诊断。

medical robot 医疗机器人 是医学中

M

使用的机器人。它们包括用于不同疾病诊断、干预和手术的机器人。其中用于疾病诊断和干预的机器人能够根据信号传感器进行生物机电进行分析以提供医疗保健、诊断确认、治疗康复及预防等功能;对于手术医疗机器人大多数使用遥控机械臂,它们一方使用医生的动作来控制另一方的执行器以进行手术操作。常用于医疗卫生领域(包括诊断、治疗、手术、看护、护理、陪护、教学等)。

medical robotics　医疗机器人学[技术]　是集医学、生物力学、机械学、材料学、计算机图形学、计算机视觉、数学分析、机器人等诸多学科为一体的新型交叉研究领域。医疗机器人学具有重要的研究价值,在军用和民用上有广泛的应用前景,是机器人领域的研究热点。医疗机器人主要用于伤病员的手术、救援、转运和康复。

MEG　脑磁图　magnetoencephalography 的缩写。

MEMS　微机电系统　microelectromechanical system 的缩写。

mental model　心智模型　是外在现实的一种内在象征或表征,在认知、推理和决策中起主要作用。

mesh　网格　(1) 指复杂网络分支中的完整闭合通路。(2) 指对所研究的连续区域进行的矩形网或三角网的划分。这些有限个节点的集合称为网络,也称“网络区域”。(3) 指无线网格网络,是“多跳(multi-hop)”网络,由 ad hoc 网络发展而来。

M-estimator　M 估计器　在统计学中,M 估计器是一类极值估计器,其目标函数是样本均值。非线性最小二乘和极大似然估计都是 M 估计的特例。

metal detector　金属探测器　是用于探测金属的电子仪器,主要包括三大类:电磁感应型,X 射线检测型,微波检测型。

metamorphic anthropomorphic hand　变胞拟人灵巧手　同 metamorphic hand(变胞手)。

metamorphic hand　变胞(机器人)手　是一类具有变胞结构的机器人手,这一新型结构能够根据环境和工况的变化和任务需求进行自我重组和重构,可以产生可变的拓扑结构并增强手的灵活性和多功能性。

metamorphic mechanism　变胞机构　指能在瞬时使某些构件发生合并、分离、或出现几何奇异,并使机构有效构件数或自由度数发生变化,从而产生新构型的机构。这类机构一般具有灵活性和多功能性。

metamorphic multifingered hand　变胞多指(机器人)手　指一种具有变自由度、变拓扑、可重构等特点的机器人手。通过变胞机构增加了手掌的柔性,增加了手掌与被抓持物体间的接触面积,能够实现多种构态间的灵活变换,具有捏、夹、握等多样化的抓持与操作能力,大大超越了传统多指机器手的功能范围。同时活动手掌的应用彻底打破了传统多指机器手采用刚性手掌的局面,极大地提高了多指灵巧手的工作空间和操作灵活度,在运动形态上最接近人手,能实现更多的抓持策略,由此完成传统多指灵巧手所不能实现的动作模式。

metastability 亚稳定性 是一种介于稳定与非稳定的状态,在不同稳定状态之间会出现迁移的现象。

metering equipment 测量仪器 原指专门用来测量水、气、电、油的压力、流量、温度的精密设备,随着微电子技术和通信技术的日益发展,计量囊括了几何计量、温度计量、力学计量、电磁学计量、光学计量、声学计量、电子学计量、时间频率计量、电离辐射计量、化学计量。

method of approach 渐近法,逐次逼近法 是一种求方程(近似)解的方法,它一般通过迭代的方式来实现,因此亦称逐次迭代法。它的步骤是:先取出(近似)解的一个初始估计值,然后根据方程构造其近似解序列的递推公式,再通过一系列的步骤逐步缩小估计值的误差。

method of approximation 逼近法,近似法 是一种近似求解方程的方法,可以产生接近实值函数的根(或零)的近似值。包括牛顿逼近法、逐次逼近法、快速逼近法等。

method of least squares (MLE) 最小二乘法 是一种数学优化的方法。它通过最小化误差的平方和寻找数据的最佳函数匹配。利用最小二乘法可以简便地求得未知的数据,并使得这些求得的数据与实际数据之间误差的平方和为最小。最小二乘法还可用于曲线拟合。

method of linearization 线性化法 是一种通过线性化求解问题的方法。现实环境中的对象往往是非线性的,但是线性关系是最简单的函数关系,比较方便分析处理对象。所以线性化方法就是采用线性化操作(如:取对数、取导数、微扰等等),把非线性对象优化为线性对象。

method of moments 矩量法 是一种将连续方程离散化为代数方程组的方法,对求解微分方程和积分方程均适用。

metric camera 量测相机 一种专为摄影测量目的设计制造的相机。内方位元素已知,具有框标,物镜畸变经严格校正。

metric map 尺度地图,度量地图 是一种上面任意地点都可以用坐标来表示的一种地图,通常指 2D/3D 的网格地图。

metric space 度量空间 在数学中,度量空间是集合以及集合上的度量。度量是一个函数,它定义集合中任意两个成员之间的距离概念。

Metropolis-Hastings algorithm 梅特罗波利斯-黑斯廷斯算法,M-H 算法 是一种具体的 MCMC 采样方法,用于从难以直接采样的概率分布中获得随机样本序列问题。是一类常用的构造马氏链的方法,其包括了梅特罗波利斯抽样、吉布斯抽样、独立抽样、随机游动抽样等。参见 MCMC(马尔可夫链的蒙特卡罗方法)。

microassembly 微装配 是一种综合运用高密度多层基板技术、多芯片组装技术、三维立体组装技术和系统级组装技术,将集成电路裸芯片、薄/厚膜混合电路、微小型表面贴装元器件等进行高密度互连,构成三维立体结构的高密度、多功能模块化电子产品的先进电气互联技术。在机器人领域，也指使用微型机器人的装配技术。

microbotics 微机器人学[技术]，微尺度机器人学[技术] 微机器人学(微尺度机器人学)指对微型机器人领域的一门研究性学科，特别是针对具有小于 1 mm 的特征尺寸的机器人。该术语还可用于针对能够处理微米尺寸部件机器人的研究。微型机器人的出现得益于微控制器的出现及微型机电系统在半导体上的实现(MEMS)。

microcontroller 微控制器 即单片微型计算机，通常包括微处理器、存储器和相应的 I/O 端口等，是单个集成电路上的小型计算机。亦称片上计算机(SoC)。微控制器包含一个或多个 CPU(处理器内核)以及存储器和可编程输入/输出外设。微控制器设计用于嵌入式应用，与个人计算机中使用的微处理器有所区别。

microelectromechanical system (MEMS) 微机电系统 是一种允许机械结构小型化并与电路完全集成的技术的微观设备技术。微机电系统在纳米尺度上融入纳米机电系统(NEMS)和纳米技术。微机电系统在日本也被称为微机械，或在欧洲被称为微系统技术(MST)。微机电系统由尺寸在 1～100 μm 之间的组件组成，并且微机电系统器件的尺寸通常在 20 微米到毫米之间，它们通常包括一个处理数据的中央单元和几个与周围环境相互作用的组件，通过机械组件和电气组件协同工作以实现所需的功能，如微传感器。

microfabrication 微制造，微加工，微型品制造 指尺度为毫米和微米量级的零件，以及由这些零件构成的部件或系统的设计、加工、组装、集成与应用技术。微加工是制造微米级和微米级微型结构的过程，主要概念和原理是微光刻、掺杂、薄膜、蚀刻、黏合和抛光。

microgravity environment 微重力环境 指重力或其他的外力引起的加速度不超过 $10^{-5}g \sim 10^{-4}g$。太空环境就是微重力环境。

micromechanical gyroscope 微机械陀螺仪 是一种微型的用高速回转体的动量矩敏感传感器，用于引导、控制和导航系统的主要信息传感器。

micromechatronics 微机电工程，微机电一体化 是以机电技术，尤其微机电技术为基础的，综合多种学科领域技术的新型交叉学科。研究领域包括微传感器、微加速度计、微陀螺和微惯导系统、微光学器件、微测量技术等。

microprocessor 微处理器 指具有中央处理机功能的、且由一块或多块大规模集成电路组成的处理器。这种处理器大多为微程序控制。其配置有单片或多片形式，包括通用寄存器、堆栈、中断逻辑、接口逻辑和存储器选择逻辑等。它具有运算和控制能力，是组成微型计算机的主要部件。

microprocessor technology 微处理器技术 指有关微处理器的技术。微处理器由一片或少数几片大规模集成

M

电路组成的中央处理器。这些电路执行控制部件和算术逻辑部件的功能。微处理器能完成取指令、执行指令,以及与外界存储器和逻辑部件交换信息等操作,是微型计算机的运算控制部分。它可与存储器和外围电路芯片组成微型计算机。

microrobotics 微机器人学[技术],微尺度机器人学[技术] 是关于微型机器人领域的科学和技术,特别是具有小于 1 mm 的特征尺寸的机器人。该术语还可用于能够处理微米尺寸部件的机器人。

microsurgery 显微手术,显微外科 是需要手术显微镜的手术的总称。指借助于手术显微镜放大,使用精细的显微手术器械及缝合材料,对组织进行精细手术。

microsyn 微动同步器,精密自动同步机 是一种广泛应用的单轴感应式信号传感器。有力矩型和信号型两类,前者是一种力矩输出装置,后者则适用于角位移的测量。微动同步器在航天、航空、航海仪表被广泛用来作为精密角度如加速度计、速率陀螺的角度传感器,将角度位移转换成正比的激流电压信号。在惯性导航、惯性制导、自动驾驶仪等制导或稳定系统中起着重要作用。涉及机械、电气、材料等领域的多种技术。

microwave radar 微波雷达 是雷达中的一种电学器具,它由微波的往返时间来测得阻波物的距离。

microwave remote sensing 微波遥感 是传感器的工作波长在微波波谱区的遥感技术,利用某种传感器接受地理各种地物发射或者反射的微波信号,借以识别、分析地物,提取地物所需的信息。

midvalue 中值 指一组数据按照某种方式排序后,处于最中间的那一个值。这一概念可以用于控制系统中的信号滤波等。

military robot 军用机器人,军事机器人 是一种自主机器人或遥控移动机器人,专为军事应用而设计,具有运输、搜救、侦察和攻击等功能。由移动载体、控制装置、自我保护装置和机载武器装备等系统组件组成,具有人工遥控、半自主或自主控制功能,可以执行战场抵近侦察监视、精确引导与毁伤评估、潜行突袭与定点清剿、作战物资输送、通信中继和电子干扰、核生化及爆炸物处理等多种任务。

millimeter-wave radar 毫米波雷达 指工作在毫米波波段的雷达。工作频率通常选在 30～300 GHz 范围内。

milling 铣削 是以铣刀作为刀具加工物体表面的一种机械加工方法。

MILP 混合整数线性规划 mixed integer linear programming 的缩写。

MIMO 多输入多输出 multiple-input multiple-output 的缩写。

mine clearance robot 地雷排除机器人 是专门用来扫除地雷和水雷的排爆机器人,它是用于战场排雷作业的军用机器人。根据排雷作业环境不同,地雷排除机器人可分陆用和海域用两类,陆用地雷排除机器人用于陆战场,它可以代替工兵探测、清除陆战场的地雷障碍;海域用水雷排除机器人用于探测、清除海域的水雷障碍，以避免不必要的人员伤亡。

min-entropy 最小熵 在信息理论中，最小熵是 Rényi 熵系中最小的，对应于测量一组结果的不可预测性的最保守方式，作为最可能结果概率的负对数。用于条件信息度量时，最小熵可以被解释为状态与最大纠缠状态的距离。

minimally invasive surgery 微创外科手术 指通过人体微小创伤或微小入口，将特殊器械、物理能量或化学药剂送入人体内部，完成对人体内病变、畸形、创伤的灭活、切除、修复或重建等外科手术操作，以达到治疗的目的。其特点是对病人的创伤明显小于相应的传统外科手术，该手术目前也利用机器人辅助技术实现。

minimum energy algorithm 最小能量算法 指的是一种是以能量最小化为优化目标的优化算法。如果初始构型离平衡态非常远，体系的受力可能过大，在这种情况下，需要先对体系进行稳健的能量最小化。能量最小化算法先在外层迭代中确定坐标改变的搜索方向，然后基于线搜索(line search)算法进行内层迭代，通过不断的计算力和能量来确定新的坐标。

minimum entropy 最小熵 同 min-entropy(最小熵)。

minimum phase system 最小相位系统 指传递函数的所有极点和零点的实部均为负值的线性定常系统。对应地，称传递函数包含非负值(正或零)的零点或极点的线性定常系统为非最小相位系统。

minimum spanning tree 最小生成树 一个有 n 个结点的连通图的生成树是原图的极小连通子图，且包含原图中的所有 n 个结点，并且有保持图连通的最少的边。最小生成树可以 Kruskal(克鲁斯卡尔)算法或 Prim(普里姆)算法求出。

mining robot 采矿机器人 指用于采矿业的地质勘查，矿井(场)建设，矿物采掘、运输、洗选等生产环节的机器人，以及采矿领域中进行安全检测、灾害救援等作业的机器人。

mirror neuron 镜像神经元 指动物在执行某个行为以及观察其他个体执行同一行为时都发放冲激的神经元，因而可以说这一神经元"镜像"了其他个体的行为，就如同自己在进行这一行为一样。这种神经元已在灵长类、鸟类等动物身上发现。对于人脑来说，在前运动皮质、运动辅助区、第一躯体感觉皮质、顶叶下皮质等中都有找到了这类神经元。对镜像神经元的研究成果已经被应用于人工智能的开发，在机器人对动作的识别和协调中有了一定的进展。

mixed integer linear programming (MILP) 混合整数线性规划 指一类既有实数又有整数约束的线性规划问题。一般对于整数线性规划优化模型，如果任意的决策变量不全是离散的，此时该规划模型为混合整数线性规划。

mixed model 混合模型 是几种不同模型组合而成的一种模型。它允许一个项目能沿着最有效的路径发展。也可定义为由固定效应和随机效应(随机误差除外)两部分组成的统计分析模型。如由几个高斯分布混合起来的模型叫高斯混合模型,几个线性模型混合在一起的模型叫线性混合模型。

ML 机器学习 machine learning 的缩写。

MLE 最小二乘法 method of least squares 的缩写。

mobile agent 移动代理 (1) 在计算机科学中,移动代理是计算机软件和数据的组合,本质上是能够展示自主行为的软件实体。与静态对应物不同,其能够自主地从一台计算机迁移到另一台计算机同时还保留其当前状态,并继续在目标计算机上执行。这些代理可以通过程序或数据的形式作为有效载荷,并进行智能携带,在它们置于主机节点时执行之。实际上,移动代理是移动的代码或对象,其在连接节点的网络内的行程中行进,能有效地降低分布式计算中的网络负载、提高通信效率、动态适应变化了的网络环境,并具有很好的安全性和容错能力。(2) 在机器人领域,移动代理也指具有自动导航、移动等功能的机器人单位,例如 AGV 小车。

mobile autonomous robot 移动自主机器人 是一种在复杂环境下工作的,具有自行组织、自主运行、自主规划的智能机器人,融合了计算机技术、信息技术、通信技术、微电子技术和机器人技术等,是执行具有高度自治的行为或任务的机器人。根据移动方式来分,可分为:轮式移动机器人、步行移动机器人(单腿式、双腿式和多腿式)、履带式移动机器人、爬行机器人、蠕动式机器人和游动式机器人等类型;按工作环境来分,可分为:室内移动机器人和室外移动机器人;按控制体系结构来分,可分为:功能式(水平式)结构机器人、行为式(垂直式)结构机器人和混合式机器人;按功能和用途来分,可分为:医疗机器人、军用机器人、助残机器人、清洁机器人等;在代替人从事危险、恶劣(如辐射、有毒等)环境下作业和人所不及的(如宇宙空间、水下等)环境作业方面,比一般机器人有更大的机动性、灵活性。

mobile communication network 移动通信网络 指通信双方有一方或两方处于运动中的通信。包括陆、海、空移动通信。采用的频段遍及低频、中频、高频、甚高频和特高频。移动通信系统由移动台、基台、移动交换局组成。若要同某移动台通信,移动交换局通过各基台向全网发出呼叫,被叫台收到后发出应答信号,移动交换局收到应答后分配一个信道给该移动台并从此话路信道中传送一信令使其振铃。

mobile computing 移动计算 是随着移动通信、互联网、数据库、分布式计算等技术的发展而兴起的新技术。移动计算技术将使计算机或其他信息智能终端设备在无线环境下实现数据传输及资源共享。它的作用是将有用、准确、及时的信息提供给任何时间、任何地点的任何客户。这将极大地改变人们的生活方式和工作方式。

mobile manipulator 移动机械臂 是一个广泛的术语，指的是由安装在移动平台上的机械臂构建的机器人系统。这种系统结合了移动平台和机械臂的优点。它既具有移动平台的运动性能又具有机械臂的执行功能，移动平台为操纵器提供无限的工作空间，移动平台的额外自由度也为用户提供了更多选择。最初的移动机械臂主要应用于太空探索方向，现在它的应用已遍及多个领域，并在工业、医疗、军事、家庭服务等方面具有广泛的应用前景。然而，由于其多自由度特点和通常运行在非结构化环境中，这种系统的控制具有很大挑战性。目前，移动机械臂是开发和研究中热点，其中具有自动或远程操作的移动机械臂应用得最为广泛。

mobile operating system 移动操作系统 又称移动平台(mobile platform)或手持式操作系统(handheld operating system)，它是一个软件平台，其他程序可以在移动设备上运行。操作系统负责确定设备上可用的功能，但是它们通常较为简单，而且提供了无线通信的功能。使用移动操作系统的设备有智能手机、PDA、平板电脑等，另外也包括嵌入式系统、移动通信设备、无线设备等。

mobile piece-picking robot 移动拣货机器人 指具有移动平台的物流分拣机器人。物流分拣机器人与机器人系统相结合，实现机器人室内自主定位和路径规划，智能移动到达目的地，再通过平台搭载的机械臂等装置对货物进行拣货操作。

mobile platform 移动平台 指能使移动机器人实现运动的部件。与机器人系统相结合，实现机器人室内自主定位和路径规划，智能移动到达目的地。平台往往部署简单，可搭载不同应用，能够进行二次开发，根据不同工作环境有不同构型，以适应特定工况下机器人的移动需求。另外也指移动操作系统和智能手机的操作系统。

mobile robot 移动(式)机器人 是一种由传感器、操纵机构和自动控制的移动载体组成的机器人系统。移动机器人具有移动功能，在代替人从事危险、恶劣(如辐射、有毒等)环境下作业和人所不及的(如宇宙空间、水下等)环境作业方面，比一般机器人有更大的机动性、灵活性。移动机器人随其应用环境和移动方式的不同，研究内容也有很大差别。其共同的基本技术有传感器技术、移动技术、操作器、控制技术、人工智能等方面。它有相当于人的眼、耳、皮肤的视觉传感器、听觉传感器和触觉传感器。移动机构有轮式(如四轮式、两轮式、全方向式、履带式)，足式(如 六足、四足、双足)，混合式(用轮子和足)，特殊式(如吸附式、轨道式、蛇式)等类型。轮子适于平坦的路面，足式移动机构适于山岳地带和凹凸不平的环境。移动机器人的控制方式从遥控、监控向自治控制发展，综合应用机器视觉、问题求解、专家系统等人工智能等技术研制自主型移动机器人。

M

mobile robotics　移动机器人学[技术] 指针对移动机器人技术的研究性科学，是机器人和信息工程的子领域。参见 mobile robot(移动机器人)。

mobile sensor network (MSN)　移动传感器网络 指使用移动传感器的通信网络，提供了一种监控物理环境的便捷方式。它们由大量具有传感、计算和通信能力的传感器组成，这些装置使用传感器协作监视和记录环境的物理条件并在中心位置组织所收集的数据，且可以在特定的感应区域中频繁地改变自身的位置。在过去，传感器被认为是静态的，但是当某些传感器被破坏时，网络功能会降低。如今，新兴的硬件技术推动了移动传感器的发展，向传感器引入移动性不仅可以提高其功能，还可以灵活地处理节点故障。

mobile service robot　移动服务机器人 指具有移动能力的服务机器人，通常通过执行污秽、无光、遥远、危险或重复的工作来帮助人类。它们通常是自主或由内置控制系统操作，具有手动控制选项。

mobile servicing system (MSS)　移动服务系统 是国际空间站(ISS)上的机器人系统。

mobile terminal　移动终端 指可以在移动中使用的计算机设备，具有用于查看信息的屏幕和用于输入信息的键盘或小键盘，并且可以连接到各种外围设备。

mobile wireless sensor network (MWSN)　移动无线传感器网络 可以定义为传感器节点是移动的无线传感器网络(WSN)。移动无线传感器网络比静态传感器网络更加通用，因为它们可以在任何场景中部署并应对快速的拓扑变化，而且可以在特定的感应区域中频繁地改变自身的位置。但是，它们的许多应用都很相似，例如环境监测或监视。通常，节点包括无线电收发器和由电池供电的微控制器，以及用于检测光、热、湿度、温度等的某种传感器。移动无线传感器网络的应用可以广泛地分为时间驱动、事件驱动、按需和基于跟踪的应用等。

MOD　机构优化设计 mechanism optimization design 的缩写。

modal analysis　模态分析 一种研究结构动力特性的方法，其中模态指机械结构的固有振动特性，每一个模态都有特定的固有频率、阻尼比和模态振型。分析这些模态参数的过程称为模态分析。按计算方法，模态分析可分为计算模态分析和试验模态分析。

modal stiffness　模态刚度 是模态分析中的一部分，主要分析结构动力学中的刚度特性。一般应用在工程振动领域。

model　模型 对于现实世界的事物、现象、过程或系统的简化描述，或其部分属性的模仿。通过研究或利用模型，着眼于掌握系统的本质和规律。模型可以取各种不同的形式。① 物理模型。根据相似性理论制造的按原系统比例缩小的实物，如风洞实验中的飞机模型、水力系统实验模型、建筑模型、船舶模型等。② 数学模型。根据系统的机理,用数学语言描述的模型。数学模型可以是代数方程、微分方程、差分方程、积分方程或统计学方程,也可以是它们的某种适当的组合,通过这些方程定量地或定性地描述系统各变量之间的相互关系或因果关系。③ 结构模型。反映系统的结构特点和因果关系的模型。结构模型中的一类重要模型是图模型。结构模型是研究复杂系统的有效手段。④ 仿真模型。通过数字计算机、模拟计算机或混合计算机上运行的程序表达的模型。采用适当的仿真语言或程序,物理模型、数学模型和结构模型一般能转变为仿真模型。在实验费用昂贵、系统不稳定时,实验可能破坏系统的平衡而造成危险。在系统的时间常数很大,实验需要很长时间,待设计的系统尚不存在等情况下,建立系统的仿真模型是有效的。

model-based adaptive controller 基于模型的自适应控制器 是一种基于数学模型的控制方法,与基于数学模型的控制方法不同的只是自适应控制所依据的关于模型和扰动的先验知识比较少,需要在系统的运行过程中去不断提取有关模型的信息,使模型逐步完善。具体地说,可以依据对象的输入输出数据,不断地辨识模型参数,这个过程称为系统的在线辨识。随着生产过程的不断进行,通过在线辨识,模型会变得越来越准确,越来越接近于实际。既然模型在不断改进,基于这种模型综合出来的控制作用显然也将随之不断改进。在这个意义下,控制系统具有一定的适应能力。

model-free control 无模型的控制 是一种无须建立过程模型的自适应控制方法,也指数据驱动控制方法不需要关于受控系统的任何模型,而是通过系统的 I/O 数据,以及状态信息数据来获得系统信息。

model identification 模型辨识 指在输入输出数据的基础上,从一组给定的模型类中,确定一个与所测系统等价的模型。传统上,模型识别理论需要进行正式的数学分析。此外,大多数结构方程建模计算机程序可以确定是否识别给定模型。有经验法则仍然有帮助,因为研究人员需要在估算模型之前了解模型的识别状态。此外,原则上确定的模型在实际估计时可能无法在实践中识别。研究人员需要知道模型是否由经验所确定。

model learning 模型学习 指通过网络或者数学模型对数据的模型进行学习和拟合,是一种结合硬件和软件的黑盒状态机模型的有效方法,模型学习技术可以通过全自动地提供黑盒系统的学习模型来补充测试和验证技术。

model predictive control (MPC) 模型预测控制 是一种控制方法,用于在满足一组约束的同时控制过程。指当前控制动作是在每一个采样瞬间通过求解一个有限时域开环最优控制问题而获得的一类控制方法。过程的当前状态作为最优控制问题的初始状态,解得的最优控制序列只实施第一个控制作用。模型预测控制器依赖于过程的动态模型，通常是通过系统识别获得的线性经验模型。MPC 的主要优点是它允许优化当前时隙，同时考虑未来时隙。这是通过优化有限时间范围来实现的，但是仅实现当前时隙然后重复再次优化，因此不同于线性二次调节器（LQR）。此外，MPC 还能够预测未来事件并相应地采取控制措施。

model reference adaptive control (MRAC) **模型参考自适应控制** 是一种重要的自适应控制方法，由严格的数学分析和有效的设计工具集支持。它由包含控制器的反馈控制法组成和生成控制器参数的调整机制更新，MRAC 的特点是它包含一个参考模型，该参考模型代表了从所需的输入到输出的行为，并且任何给定的参考输入，控制器和适应法则旨在强制输出的响应跟踪参考模型的响应。

model reference adaptive system (MRAS) **模型参考自适应系统** 是包含有理想系统模型并能以模型的工作状态为标准自行调整参数的适应控制系统，简称模型参考系统。模型参考适应控制技术已在飞机自动驾驶仪、舰船自动驾驶系统、光电跟踪望远镜随动系统、可控硅调速系统和机械臂控制系统等方面得到应用。

model uncertainty **模型不确定性** 指所建立的模型与实际对象相比存在的不确定性。模型的不确定性来源于三个方面：观测值的不确定性、模型的不确定性，以及参数的不确定性。

modern control theory **现代控制理论** 指建立在状态空间法基础上的一种控制理论，是自动控制理论的一个主要组成部分。在现代控制理论中，对控制系统的分析和设计主要是通过对系统的状态变量的描述来进行的，基本的方法是时间域方法。现代控制理论比经典控制理论所能处理的控制问题要广泛得多，包括线性系统和非线性系统，定常系统和时变系统，单变量系统和多变量系统。它所采用的方法和算法也更适合于在数字计算机上进行。现代控制理论还为设计和构造具有指定的性能指标的最优控制系统提供了可能性。

modular design **模块化设计** （1）对于模块化程序设计，其程序的编写不是开始就逐条录入计算机语句和指令，而是首先用主程序、子程序、子过程等框架把软件的主要结构和流程描述出来，并定义和调试好各个框架之间的输入、输出链接关系。（2）对于模块化机器人设计，模块之间可以实现快速的连接和分离，每个模块都是一个集通信、控制、驱动、传动为一体的单元，模块之间允许动力和信息的输入并且可以通过该模块输入到其他相邻的模块。（3）在设备组装中先将零件组成标准模块，然后再组装成一台完整的设备。模块化设计的特点是标准化，且便于设计、生产、组装和维修。

modular robot **模块化机器人** 是由标准的相互独立的制造模块组成的机器人，每个模块有驱动部分、动力源等。不同的模块组合在一起，由一个信息的控制系统控制，构成具有特殊功能的机器人。此类机器人能够完成普通的固定构型机器人所无法完成的复杂操作，特别适用于工作环境变化大、操作任务复杂的场合，在空间操作、抢险搜救、反恐侦察、核电站维护等领域有着广阔的应用前景。构成模块化机器人的模块需具备以下几个功能特性：一是每个模块都应该可以独立完成某一特定的功能，相互之间彼此独立；二是当模块分为主动模块和被动模块时，每一个主动模块都应该具有单独的控制和驱动系统，并且可以驱动被动模块完成特定的机械动作；三是各模块之间可以方便地组合装配。

modular robotics　模块化机器人学[技术]　指针对模块化机器人进行技术研究的一门科学。通过研究选择适当的模块机器人拓扑关系和标准模块，迅速组成模块机器人，缩短机器人设计周期和降低制作成本。

modularity　模块性(度)　(1) 由模块构成的硬件系统或软件系统的一种性能。对软件系统而言，模块性可以指逻辑模块性或物理模块性。对硬件系统而言，主要指物理模块性。(2) 使得一个程序易于进行智能管理的软件基本属性。把软件分成一些单独命名和可编址的元素，称为模块。把这些模块组成整体以满足问题的要求。一个系统的实现必须是整体的，即可以进行模块化设计。应该并且可以把模块性作为起统率作用的软件设计的基本原则。

modularization　模块化　使硬件系统或软件系统按功能模块构成的过程。如把一个程序按功能分解成若干个模块。模块是一种语言成分，在其中定义了类型、数据及对它们进行的操作，它像一座墙，隐匿了内部实现细节，而与外部的接口信息精确地被控制。模块化的好处在于程序结构清晰、层次分明，有利于把与机器有关和无关部分分开，有利于分工和控制程序复杂性。模块化也是一种设计方法，它将一个系统细分为更小的部分，称为模块或滑块，可以独立创建，然后在不同的系统中使用。模块化系统的特征是将功能划分为离散的、可伸缩的、可重用的模块。

modulation　调制　是一种将一个或多个周期性的载波混入想传送之信号的技术，常用于无线电波的传播与通信、利用电话线的数据通信等各方面，为了保证通信效果，克服远距离信号传输中的问题，必须要通过调制将信号频谱搬移到高频信道中进行传输，也广泛用于广播、电视、雷达、测量仪等电子设备。调制的作用是把消息置入消息载体，便于传输或处理。其主要性能指标是频谱宽度和抗干扰性。依调制信号的不同，可区分为数字调制及模拟调制，这些不同的调制，是以不同的方法，将信号和载波合成的技术。实际应用中，无论模拟信号还是数字信号，通常有三种最基本的调制方法：调幅、调频和调相。

modulation rate　调制速率　是信号码元理论最短持续时间的倒数。在电子通信领域又称“波特率”，指的是信号被调制以后在单位时间内的波特数，即单位时间内载波参数变化的次数。调制速率有时候会同比特率混淆，实际上后者是对信息传输速率（传信率）的度量。调制速率可以被理解为单位时间内传输码元符号的个数（传符号率），通过不同的调制方法可以在一个码元上负载多个比特信息。它是对信号传输速率的一种度量，通常以“波特每秒”（Bps）为单位。

module　模件，组件，模块　(1) 计算机中任何能独立完成某一特定功能的硬件独立块。模块是一种可以更换的有一定标准的部件，例如，集成电路组件、安装电子元件的印制电路插件板、磁盘存储模块等。(2) 具有独立功能的一段程序。可与其他功能独立的程序接口，实现更高级的功能。(3) 程序结构中的标准单元。把这些模块组合成较大的程序时，不要求了解各个模块的内部工作细节，而各个模块的正确性也不用置于整个程序中就可以检查。(4) 在程序设计语言中，一种语言结构，由过程或数据说明构成，能与其他模块相互作用。

modulus of elasticity　弹性模量　是测量当一个应力作用于物体或物质产生弹性变形的对应阻力的量。

moment　力矩　指涉及距离和另一物理量的乘积的表达式，并且以这种方式它解释了物理量的定位或排列方式。通常根据固定参考点定义力矩，它们处理的物理量是在距参考点一定距离处测量的。原则上，任何物理量都可以乘以距离来产生一个力矩。

moment of inertia　转动惯量，惯性矩，惯性力矩　是刚体绕轴转动时惯性（回转物体保持其匀速圆周运动或静止的特性）的量度，用字母 I 或 J 表示。

monocular range finder　单目测距仪　指利用单目视觉技术，获取跟踪目标距离信息的设备。是集成相机、图像处理模块、距离计算于一体的智能设备，通常用于机器人系统进行视觉反馈。

monocular SLAM　单目同时定位与建图，单目 SLAM　指通过单目相机进行的同时定位与地图构建。实现单目 SLAM 所需的硬件设备比较简单，仅需要单目相机即可以实现定位与地图构建，具有低成本、体积小的优势，但是由于无法从单个相机的单个图像直接推断出深度信息，需要通过连续帧之间的多视图几何关系来计算每一个图像帧之间的位姿关系，所以单目 SLAM 所需的算法比较复杂，而且存在初始化困难、尺度漂移等问题。比较 binocular SLAM（双目同时定位与建图，双目 SLAM）。

monocular vision　单目视觉　又称单眼视觉。单目视觉是双眼分开使用的视觉，具有视野范围小易暴露视野中的暗点、立体知觉差和对物体距离和大小判断不准确的特点。在机器视觉中，指通过一个视觉传感器对目标或环境进行数据采集的方法。通过以这种方式使用眼睛，与双目视觉相反，视野增加，而深度感知受到限制。比较 binocular vision（双目视觉）。

monocular vision measurement　单目视

觉测量　是一种通过单目相机对目标或场景进行测量的技术。

Monte Carlo filter　蒙特卡罗滤波器 是一种基于蒙特卡罗方法，通过蒙特卡罗模拟对贝叶斯滤时序滤波器的实现。其核心思想是采用对特定概率分布的一组随机采样和其相应权重的集合来表示待求后验分布，并根据这些采样计算后验分布的某种测度。根据蒙特卡罗特性，当采样数据趋于无穷多，算法可以无穷逼近后验概率的真实分布，从而可以得到无限接近最优解的估测结果。

Monte Carlo filtering　蒙特卡罗滤波 参见 Monte Carlo filter（蒙特卡罗滤波器）。

Monte Carlo localization (MCL)　蒙特卡罗定位　也称粒子滤波器定位，是机器人使用粒子滤波器进行定位的算法。给定环境地图，算法估计机器人移动和感知环境时的位置和方向。该算法使用粒子滤波器来表示可能状态的分布，每个粒子代表一种可能的状态，即机器人所处位置的假设。该算法通常从配置空间上的粒子的均匀随机分布开始，这意味着机器人没有关于它的位置的信息，并假设它同样可能在空间的任何点。每当机器人移动时，它会移动粒子以预测移动后的新状态。每当机器人感知某事物时，基于递归贝叶斯估计对粒子进行重新采样，即实际感测数据与预测状态的相关程度。最终，粒子应该朝向机器人的实际位置会聚。

Monte Carlo method　蒙特卡罗方法 又称统计模拟法、随机抽样技术，是一种随机模拟方法。以概率和统计理论方法为基础，是使用随机数（或更常见的伪随机数）来解决很多计算问题的方法。将所求解的问题同一定的概率模型相联系，用电子计算机实现统计模拟或抽样，以获得问题的近似解。为象征性地表明这一方法的概率统计特征，故借用赌城蒙特卡罗命名。由概率定义知，某事件的概率可以用大量试验中该事件发生的频率来估算，当样本容量足够大时，可以认为该事件的发生频率即为其概率。因此，可以先对影响其可靠度的随机变量进行大量的随机抽样，然后把这些抽样值一组一组地代入功能函数式，确定结构是否失效，最后从中求得结构的失效概率。蒙特卡罗法正是基于此思路进行分析的。

morphological communication　形态学通信　指物理上的作用力和偏移都作为一种非神经的信息管道进行通信，而不是像形态学计算的一般情况用于传递诸如动力或者平衡性等机械特性。而在机器人学中，形态学通信的形态、物理力和位移都扮演着非神经信息管道的角色，而不是像更一般的形态学计算那样，用来传递诸如力量或平衡等机械特性。形态学通信与生物力学被动动力学密切相关，它更被理解为显式地传递信息，而不是简单地增加系统的动态稳定性。

morphological computation　形态学计算　指在自然和人工智能中，身体对认知和控制的贡献越来越多地被描述为具身化，其中身体被称为执行形态学计算，通常形态学计算描述动物和机器人的行为。应用在解决机器人的设计和认知科学的问题时，不在于计算是否具身化，而是身体在多大程度上促进了认知和控制，即它如何有助于整体规划实施智能行为。

morphological operator　形态算子　指通过用一定形状的结构元素在图像中抽取出相应的某些结构，通常可以用于图像的滤波、分割、分类等处理。常见的形态学算子有腐蚀、膨胀、开和闭四种。

morphology　形态学　主要包括以下含义：(1) 是一种分析动植物形状和结构的生物学分支。其目的是描述生物的形态和研究其规律性，且往往是与以机能为研究对象的生理学相对应。(2) 在结构分析中，研究形态和形式的一门科学。一般指对模块层次和组织结构的分析。(3) 自然或人工语言学的一个分支，研究词的结构的理论。在机器人学中，形态学作为信息管道或形态学通信的概念，通过时间敏感的尖峰神经网络实现，为大型耦合模块化系统的分散控制提供了一种新的范式。

motion capture　运动捕捉　是一种用于准确测量运动物体在三维空间运动状况的技术，记录物体或人的运动的过程，被用于军事、娱乐、体育、医疗应用，以及计算机视觉和机器人的运动及轨迹跟踪。在电影制作和视频游戏开发中，它指的是人类演员的录制动作，并使用该信息为 2D 或 3D 计算机动画中的数字人物模型制作动画。当它包括面部和手指或捕捉微妙的表达时，它通常被称为性能捕获。在许多领域，动作捕捉有时被称为动作追踪，但在电影制作和游戏中，动作追踪通常更多地指移动。

motion control　运动控制　是自动化的一个子领域，包括以受控方式参与机器运动部件的系统或子系统。所涉及的主要组件通常包括运动控制器、能量放大器和一个或多个原动机或执行器。运动控制可以是开环或闭环。在开环系统中，控制器通过放大器向原动机或执行器发送命令，并且不知道是否实际实现了期望的运动。典型系统包括步进电机或风扇控制。当测量值转换为发送回控制器的信号，并且控制器补偿任何错误时，它将变为闭环系统。

motion controller　运动控制器　是控制电动机运行方式的专用控制器，运动控制在机器人和数控机床的领域内的应用要比在专用机器中的应用更复杂，因为后者运动形式更简单，通常被称为通用运动控制。是运动控制系统的中心，在基于反馈的系统中，运动控制器接收用户的输入命令，与电机的反馈信号进行比较并下发相应指令，使输出与期望位尽可能保持一致。

motion detection　运动检测　是检测物体相对于其周围环境的位置变化或周围环境相对于物体的变化的过程。可以通过机械或者电子两种手段实现。通常用的传感器有：红外传感器、光学传感器等。机械运动检测的最基本形式是开关或触发器的形式，例如打字机的每个键都是一个关闭或打开的手动开关。电子运动检测的主要方法是光学检测或者声学检测。红外光或激光技术可用于光学检测。运动检测设备,例如 PIR 运动检测器,具有检测红外光谱中的干扰的传感器。一旦检测到物体运动,信号可以激活警报或对运动物体进行拍照或者录像。

motion estimation **运动估计** 是确定描述从一个 2D 图像到另一个 2D 图像的变换的运动矢量的过程,通常来自视频序列中的相邻帧。运动估计是一个不适定问题,因为运动是三维的,但图像是 3D 场景在 2D 平面上的投影。运动矢量可以涉及整个图像(全局运动估计)或特定部分,例如矩形块,任意形状的块或甚至每个像素。运动矢量可以由平移模型或可以近似真实相机的运动的许多其他模型来表示,例如在所有三个维度中的旋转和平移以及缩放。

motion field **运动场** 是投影到相机图像上时 3D 运动的理想表示。给定简化的相机模型,图像中的每个点是 3D 场景中某点的投影,但固定点在空间中的投影位置可随时间变化。运动场可以定义为所有对应于固定的 3D 点的图像点的图像位置的时间导数。这意味着运动场可以表示为将图像坐标映射到二维矢量的函数。运动场是投影 3D 运动的理想描述,其意义在于它可以被正式定义,但是在实践中通常仅可以从图像数据确定运动场的近似规模。

motion model **运动模型** 是模拟机器人结构与运动的数学模型,从几何的角度描述和研究物体位置随时间的变化规律。以研究质点和刚体这两个简化模型的运动为基础,并进一步研究变形体(弹性体、流体等)的运动。在计算机视觉中,是将模型或已知场景或对象投影到观察到的场景或对象上的变换矩阵。

motion parallax **运动视差** 指从有一定距离的两个点上观察同一个目标所产生的方向差异。从目标看两个点之间的夹角,叫做这两个点的视差,两点之间的距离称作基线。只要知道视差角度和基线长度,就可以计算出目标和观测者之间的距离。视差可用观测者的两个不同位置之间的距离(基线)在目标处的张角来表示。

motion planning **运动规划** 是将期望的运动任务分解成满足运动约束并且可能优化运动的某些运动指标(如距离、时间、能量等)的离散运动的过程。运动规划常常需要在运动受到约束的条件下进行最优问题的求解。基本运动规划问题是产生连接起始状态和目标状态的连续运动,同时避免与已知障碍物的碰撞。

motion primitive **运动基元** 是距离较短的、运动学上可行的运动,是形成可由机器人执行的运动的基础。基于搜索的规划器可以通过组合一系列这些运动基元来生成从起始点到目标点的路径,形成平滑的运动学可行路径。

motion system **运动系统** 是测试和测量系统的组件,向一个或多个方向上的一个或多个负载提供运动。通常,由实现直线运动的线性组件与实现旋转的组件构成。通常由计算机进行控制,能够执行快速、可靠、可重复和精确的负载定位。

motion trajectory　运动轨迹　指物体在空间中位置随时间连续变化的形成的曲线,由位置和动量同时定义。

motor　马达;矩向量　(1) 是一种将一种形式的能量转换为机械能的机器,包括将内能转化为机械能的热机、将电能转化为机械能的电机等。参见 electric motor(电机)。(2) 是 moment and vector 的缩写。是两个或者更多旋转子的和,用以表示绕某个轴的旋转。例如,任意力系统的总和通常不是力,而是力和力矩的组合。参见 motor algebra(矩向量代数)。

motor algebra　矩向量代数　是一种利用矩向量表示的三维空间的代数。基本的几何学解释可以认为是将一个转子的旋转轴进行变换操作。矩向量代数的核心利用向量而不是坐标或者分量的方式来解决机械系统中的许多问题。和矢量计算相同,矩向量代数的所有计算不受坐标方向的影响,因此可以任意选择坐标原点。假设某刚体绕其一根轴 n 进行旋转 θ 与平移 d,则其矩向量可以表达为 $M=\cos\left(\frac{\theta}{2}+I\times\frac{d}{2}\right)+\sin\left(\frac{\theta}{2}+I\times\frac{d}{2}\right)l$。参见 motor(马达;矩向量)。

motor evoked potential　运动诱发电位　是在呈现刺激后从人或其他动物的神经系统记录的电势,最常见的是通过头皮无创刺激运动皮层引起的动作电位,反映了快速传导的皮质运动神经元投射的激活。其参数(阈值、潜伏期、振幅)用于临床实践和研究,以测试皮质脊髓系统的传导和兴奋性。

motor inertia　马达惯量,电机惯量　指马达或电机运动时产生的惯性,与其惯性矩正相关。对于马达惯量或电机惯量较大的马达或电机,用同样大小的转矩去使其转动到一定的转速需要的时间相对于惯性矩小的就要长。

motor schema　动作图式,运动模式　由美国学者 R. A. 施米特(R. A. Schmidt)于 1975 年提出的关于动作图式的理论,认为每种类型的动作均由该类型动作的规则决定,这种规则又由被称为“图式”的动作类型的抽象性表象产生。R. A.施米特认为,人做某种动作需要四种信息源: ① 原有的条件,即肌肉系统反应之前的状态,以及环境条件;② 动作程序所要求的反应的特殊性,如动作的速度、力量等特征;③ 作出反应之后的感觉,包括来自内感受器的反馈信息和来自外感受器的反馈信息;④ 动作的结果,即成功地反映原先预想的结果。这四种信息源在动作完成之后储存在一起,经多次完成动作之后,人即开始在这四种信息源中抽取出相互之间关系的信息,即动作类型的图式。这四种信息间关系的增强可提高同类型动作的成功率,可从动作的结果中提高反馈的精确性。个体能够通过动作图式决定针对具体的活动任务应选择何种动作类型,确定所做动作的特殊性，编制相应的动作程序。个体可根据已有的动作图式编制新的适宜的动作程序，还可利用动作图式将每个动作所期望的感觉结果与各种传入的感觉信息相比较。这就能使人从构成某种特殊动作的动作类型中选择有价值的动作参数(如力量、持续时间、动作的幅度等)，进而评价当时动作的正确性，并为下一次反复这一动作重新确定参数，以纠正错误。

motor torque 马达转矩，电机转矩 指马达或电机从曲轴端输出的力矩。在功率固定的条件下它与马达或电机转速成反比关系，转速越快扭矩越小，反之越大。它反映了马达或电机在一定范围内的负载能力。

M

motor torque constant 马达转矩常数，电机转矩常数 指对马达或电机的转矩进行计算的过程中只与其本身特征有关的参数。

movement detection 运动检测 同 motion detection(运动检测)。

MPA 多层压电驱动器 multi-layer piezoelectric actuator 的缩写。

MPC 模型预测控制 model predictive control 的缩写。

MRAC 模型参考自适应控制 model reference adaptive control 的缩写。

MRF 马尔可夫随机场 Markov random field 的缩写。

MRS 多机器人系统 multi-robot system 的缩写。

MRTA 多机器人任务分配 multi-robot task allocation 的缩写。

MSER 最大稳定极值区域 maximally stable extremal region 的缩写。

MSS 移动服务系统 mobile servicing system 的缩写。

MTBF 平均故障间隔时间，平均无故障时间 mean time between failures 的缩写。

MTSP 多旅行商问题 multiple traveling salesman problem 的缩写。

multi-agent path finding (MAPF) 多智能体寻路 指在保证不会相互冲突的前提下，寻找多智能体从其当前位置到其目标位置的路径，同时优化成本函数(例如所有智能体的路径长度之和)。多智能体寻路是寻路的推广。许多多智能体寻路算法是由A＊算法推广而来的，或是基于对其他有深入研究的问题(例如整数线性规划)的简化。但是，这种算法通常没有证明能够在多项式时间内求解。另一类算法通过牺牲性能的最优性来使用已知的导航模式或是问题空间的拓扑结构。

multi-agent system 多智能体系统 是由在一个环境中交互的多个智能体组成的集合，可以解决单个智能体或单个系统难以或不可能解决的问题。多智能体系统由智能体及其系统组成。通常，多智能体系统的研究指软件智能体(即代理)，但智能体同样可以指机器人、人类或是人类团队。多智能体的研究涉及智能体的知识、目标、技能、规划以及如何使智能体采取协调行动解决问题等。研究者主要研究智能体之间的交互通信、协调合作、冲突消解等方面，强调多个智能体之间的紧密群体合作，而非个体能力的自治和发挥，主要说明如何分析、设计和集成多个智能体构成相互协作的系统。多智能体系统可能包含人与机器人的协作。智能体能够按简单到复杂分类为被动智能体（障碍物等），具有简单目标的主动智能体（捕食模型中的狼和羊等）与具有知性的智能体（人类等）。多智能体系统在没有干预的情况下倾向于找到解决问题的最佳方案（例如物理现象中的能量最小化），防止故障传播与自恢复。多智能体的研究涉及智能体的知识、目标、技能、规划以及如何使智能体采取协调行动解决问题等。

multi-arm robot system　多臂机器人系统　指含有超过一个机器人手臂的机器人系统。多臂机器人系统能够同时或分开执行两个或多个不同的操作，还能够以协调的方式执行相同的处理操作，或者同时处理一个任务。比起单臂机器人系统，多臂机器人系统更适合在一些复杂环境中（例如海底、太空）工作，因为多臂机器人更适合应用于复杂的任务中。例如当该系统的两个或多个机器人手臂协同夹持一物体时，系统形成闭环构造，可视其为具有约束的多体系统。

multibody dynamics　多体（系统）动力学　是研究多体系统（一般由若干个柔性和刚性物体相互连接所组成）运动规律的科学。多体系统动力学包括多刚体系统动力学和多柔体系统动力学。机械系统的动力学通常研究系统各个刚体的位移、速度、加速度与其所受力或者力矩的关系。而多体动力学则将机械系统建成由一系列的刚体和柔性体，通过铰接建立它们相互之间的约束关系而形成完整的动力学系统，其中铰接主要是约束各个刚体之间的相对运动关系。

multi-camera system　多相机系统　指由多个相机按一定策略组成的视觉反馈系统，是计算机视觉中最常见的相机布置方式。在 3D 重建、运动捕捉、多视点视频等应用，常常需要各种不同相机、光源、存储设备组成的多相机系统才能得到。不同用户有不同需求。根据应用的不同，可以选择不同的阵列构建方式，如双相机、8 相机平行阵列、32 相机环形阵列、64 相机球形阵列等多种平台。

multi-channel feedback　多路反馈　指含有超过一个反馈回路的系统，如运动控制中的力反馈和速度反馈。参见 feedback（反馈）。

multidirectional pose accuracy　多方向位姿准确度　指从三个相互垂直方向多次趋近同一指令位姿时，所达到的实到位姿均值间的最大距离。

multifingered dexterous hand　多指灵巧手　指具有多个手指，每个手指具有多个自由度，可以实现仿人手的运动的机器人末端执行器。从机构形式上看大都是多指多关节手，并且最普遍的是其手指数目为 3～5 个，而且各手指的关节数目常常为 3 个转动关节，基本上能模拟人手的大部分动作。从现有多指灵巧手的机构组成看，均可以看作是由单个机器人臂在基体（手掌）上配置而成。因此多指手的抓持性能和操作性能，不仅取决于各手指（机器人臂）的性能，而且还与这些手臂之间的合理配置有关。

multi-layer piezoelectric actuator (MPA) 多层压电驱动器 是由若干片压电振子黏结而成的纵向换能器元件，可以实现现机械能和电能的相互转化。由于压电振子的特性，多层压电驱动器对于相同电压的各个元件的输出具有乘法效应。

multilegged robot 多腿机器人 是一种模仿多腿足动物运动形式的移动机器人，具有冗余驱动、多支链、时变拓扑运动机构，涉及生物科学、仿生学、机构学传感技术及信息处理技术等。主要设计用于崎岖地面上的运动，需要控制腿部执行器从而保持平衡并利用传感器确定腿部放置和规划算法以确定运动的方向与速度。所谓多腿一般指四腿及四腿以上。常见的多腿机器人包括四腿步行机器人、六腿步行机器人、八腿步行机器人。与轮式和履带式机器人相比，多腿机器人具有许多独特的优势，能够在粗糙和非结构化的地形上保持较高的运动效率，适用于不同环境下的灾难响应、远程检查和探索等应用。比较 wheeled robot（轮式机器人）。

multi-loop control system 多回路控制系统 是一种控制多个被调量，存在多个回路的调节系统。一个控制器根据多个输入量，按照一定的规则和算法来决定一个输出量，从而使输入和输出形成多个控制回路。参见 control system（控制系统）。

multi-loop feedback 多回路反馈 在闭环控制系统中输入信号到输出信号的前向通路和从输出信号引入输入信号的反馈通路构成回路，多回路反馈一般指有多个反馈通道。参见 feedback（反馈）。

multimodal 多模态的 是描述以文本、听觉、语言、空间和视觉资源（或模式）传递信息的通信方式，是一种交流理论和社会符号学。现实世界中的信息通常以不同的形式出现。例如，图像通常与标签和文本说明相关联；文本包含图像，以更清楚地表达文章的主要思想。不同的方式的特征在于非常不同的统计特性。例如，图像通常表示为像素强度或特征提取器的输出，而文本表示为离散字计数向量。由于不同信息资源的统计特性不同，发现不同形态之间的关系非常重要。

multimodal interaction 多模态交互 指为用户提供多种模式的与系统交互的方法。多模式接口为数据的输入和输出提供了几种不同的工具。例如，多模式问答系统在问题（输入）和答案（输出）级别使用多种模态（例如文本和照片）。

multimodal perception 多模态感知 是描述生物通过处理来自不同形态的感官刺激来形成连续、有效、强大的感知的科学术语。被多个物体包围并接受多种感官刺激，生物的大脑需要对物理世界中不同物体或事件产生的刺激进行分类。因此，神经系统负责基于这些刺激的空间和结构一致性程度来整合或隔离某些时间上重合的感觉信号组。多模态感知在认知科学、行为科学和神经科学中得到了广泛的研究。

multiple-input multiple-output (MIMO) 多输入多输出 指在控制回路中有多个输入多个输出的控制系统。比较 single-input single-output(单输入单输出),参见 multi-variable system(多变量系统)。

multiple mobile robots system 多移动机器人系统 指由多个移动机器人组成的系统,能够克服单个机器人操作、感知和通信能力有限的问题,常具有较高的冗余性和鲁棒性。常用于协作搬运、野外探索和搜索救援等应用中。

multiple traveling salesman problem (MTSP) 多旅行商问题 指给定一系列城市、一个站点和一个成本指标,确定多个旅行商的一系列路径来使路径的总成本指标最小的问题。路径的要求是:① 所有路径开始并结束于同一站点;② 每条路径至少经过一个城市;③ 每个城市至少在一条路径上。从图论的角度来看,该问题实质是在一个带权完全无向图中,找一个权值最小的哈密顿回路。由于该问题的可行解是所有顶点的全排列,随着顶点数的增加,会产生组合爆炸。最早的旅行商问题的数学规划是由丹齐格(Dantzig)等人于 1959 年提出,并在最优化领域中进行了深入研究。许多优化方法都用它作为一个测试基准。

multiplexer 多路转接器 是一种在几个模拟或数字输入信号之间进行选择并将其转发到单个输出线的设备。主要用于增加可在一定时间和带宽内通过网络发送的数据量,也可用于实现多个变量的布尔函数。

multi-query planner 多询规划器 指能为特定静态环境构建可用于多个查询的规划器。通常存在一个预处理阶段,在此阶段中多循规划器尝试将连接属性映射到包含属性的节点与包含路径的边组成的路线图上。

multi-robot control 多机器人控制 指通过协调、组织和控制机器人的硬件和软件系统来实现所需要完成的功能的多机器人的控制方法。通常分为群体体系结构控制和个体体系结构控制两部分。在多机器人系统中,由于任务的需求,可能包含多个不同层次的协调协作控制,许多控制方法、规则可以应用于不同层面上的系统控制与交互。

multi-robot cooperation 多机器人合作 指控制多个机器人通过进行交互以共同完成任务。多机器人合作算法旨在研究提高多个机器人共同合作高效率完成特定任务的方法。如何实现多机器人系统性能的提高是智能机器人研究领域的一个重要分支。

multi-robot coordination 多机器人协调 指多个机器人在完成一些集体活动时相互合作的性质,是多机器人系统的核心任务,其质量能够直接影响整个系统的性能。多机器人协调分为静态协调与动态协调。静态协调(也称为离线协调)指在任务开始前先离线通过一系列约定实现机器人协调,例如交通法规中的靠右行驶。动态协调(也称为在线协调)指在任务执行过程中,利用通过交流得到的信息的分析与结合来实现的机器人协调方法。静态协调可以处理复杂的任务,但其实时控制效果不佳,而动态协调可以很好地满足实时性,但很难处理复杂的任务。通常,针对不同任务的不同特点,可以适当地结合静态协调方法与动态协调方法来达到最佳的效果。

multi-robot formation　多机器人编队 指多机器人群体在向特定目标或特定方向运动的过程中,相互之间保持预定的几何形状,如三角形、四边形,同时又要适应环境约束的控制技术。它可以是领导者-追随者形式,具有一个或者多个领导者领导剩余的机器人,或者是没有领导者。在多机器人编队中,主要的挑战包括:控制追随者机器人在保持预定的形状的同时跟随领导者机器人、利用传感器检测环境与障碍物、保持特定的编队形状等。参见 formation control(编队控制)。

multi-robot localization　多机器人定位 指多个机器人通过数据融合与共享确定自身在环境地图中的位置的定位方法。当机器人确定另一个机器人相对于其自身的位置时,两个机器人都可以根据其他机器人的位置估计来优化其内部定位结果,从而提高其定位精度。在全局定位中,多个机器人在定位的同时进行信息交换能够显著地减少位姿估计的不确定性。参见 localization(定位)。

multi-robot mapping　多机器人建图 多个移动机器人通过传感器和学习感知环境和本身状态,通过多机器人之间的数据融合实现对外在环境与环境中的障碍物进行描述的过程。相对于单机器人建图,多机器人建图消耗时间短,且能通过合并重叠信息,提高建图精度,同时补偿传感器的不确定性与定位误差,尤其是在机器人具有不同传感器或定位能力的情况下。参见 mapping(建图)。

multi-robot path planning (MRPP)　多机器人路径规划 是在同一工作空间中为多机器人群体中的每一个机器人找到一条路径,并保证每一时刻机器人与机器人之间无碰撞,机器人与环境之间无碰撞的过程。其求解方法分为耦合法与解耦法。耦合法直接在整个多机器人的组合位形空间中进行规划,在位形空间的维度中需要计算时间指数,因此适用于简单的任务。解耦法可以进行集中式或者分布式计算,通过将问题分为几个部分对问题进行简化。参见 path planning(路径规划)。

multi-robot routing problem　多机器人路由问题 是移动机器人群体为某些目的访问一组位置的一类问题,其中路线需要根据某些参数进行优化,如消耗最少的能量等。多机器人路由的目标是找到机器人的目标分配,以及访问分配给它的所有目标的每个机器人的路径,以便优化团队目标。应用包括灾害发生地区的搜救、设施监视、传感器放置、部件交付和局部测量等。

multi-robot scheduling　多机器人调度

是将不同任务(按照各个机器人的当前位置和状态)分配至各个机器人,调度、控制和优化多机器人系统所承担的任务的过程。

multi-robot SLAM　多机器人同时定位与建图,多机器人 SLAM　指利用多机器人群体对环境进行全局联合建图的同时对每个机器人进行定位。与单机器人 SLAM 相比,多机器人 SLAM 在提高精度、效率的同时,由于机器人需要合作构建探索区域的全局联合地图,因此复杂性大大增加。为了融合由不同机器人创建的地图,通常需要确定它们的坐标系之间的变换。参见 simultaneous localization and mapping(同时定位与建图)。

multi-robot system (MRS)　多机器人系统　指由多个机器人组成的系统。在面对复杂的、需要高效的、并行完成的任务时,单个机器人难以胜任,为了解决这类问题,在现有机器人的基础上,通过多个机器人之间的协调工作来完成复杂的任务。即将分布式人工智能、复杂系统、社会学、管理学等其他领域的理论及方法引入机器人学的研究中。相对于单机器人系统,多机器人系统有以下优点:① 更好的空间分布;② 更好的系统性能(如完成任务的总时间等);③ 引入机器人之间的数据融合与信息共享,实现更好的鲁棒性与更高的容错率;④ 相对单个复杂的机器人,实现更低的价格;⑤ 更好的系统可靠性、灵活性、可扩展性与多功能性。

multi-robot task allocation (MRTA)　多机器人任务分配　指最佳地对一组机器人进行任务分配,以便根据一组约束优化整体系统性能的一种任务最优分配方式。多机器人任务分配通常涉及配备不同类型的传感器和执行器的机器人,并且需要在最佳路径中执行具有不同要求和约束的各种任务。

multi-sensor environment modeling　多传感器环境建模　指利用多个传感器,根据其获得的信息对环境进行建模的过程。通常采用融合一个或者多个传感器信息的状态估计技术实现。主要包含两种情况:对象识别和导航。两者的主要区别在于描述模型所需的抽象级别。参见 environment modeling(环境建模)。

multi-sensor fusion　多传感器融合　指融合来自多个传感器数据,从而使得到的信息具有比单独使用这些传感器数据时的不确定性更小的不确定性,即得到更准确、更完整、更可靠的信息。多传感器融合过程的数据源可以包含不同的传感器。主要包含直接融合、间接融合和这两者的结合三种融合方式。直接融合指来自一组相同或不同的传感器的数据和历史数据融合方式,而间接融合利用如环境、输入等先验知识。

multisensory fusion architecture　多传感器融合架构　指进行多传感器融合时使用的架构和方法,常使用滤波器、因子图优化、非线性优化等方式进行多传感器融合,如利用拓展卡尔曼滤波器实现视觉惯性等多传感器融合的方法。

multitarget observation　多目标观测

指在封闭的有限区域内,通过采用分布式控制策略使得机器人观测到尽可能多的目标的过程,其本质是一个多目标优化问题。主要方法包括基于虚拟力的静态传感器网络实现方法、multi-Bernoulli 滤波算法等。典型的应用包括多机器人多目标观测问题,即在机器人观测区域远小于整个任务区域的情况下,研究移动多机器人的控制策略,使得机器人在一段时间内观测的目标数最大化。参见 observation(观测)。

multi-variable system 多变量系统 具有多个输入量或输出量的系统。又称多输入多输出系统。同单变量系统相比,多变量系统的控制要复杂得多。在多变量控制系统中,被控对象、测量元件、控制器和执行元件都可能具有一个以上的输入变量或一个以上的输出变量。多变量系统的每个输出量通常同时受到几个输入量的控制和影响,这种现象称为耦合或交叉影响。对于交叉影响的处理,常采用两种方式:① 通过引入适当的附加控制器,实现一个输入只控制一个输出,称为解耦控制。② 协调各个输入和输出间的关系,使耦合的存在有利于改善系统的控制性能,称为协调控制。此外,也可采用其他形式的指标来设计多变量系统的控制器。参见 multiple-input multiple-output(多输入多输出)。

multi-vehicle coordination 多车辆协调 指多个移动车辆在完成一些集体活动时相互合作的性质,通常通过车辆之间的通信,利用从不同车辆收集的多种信息来改进状态估计的结果。通过多车辆协调,可以提供持续覆盖,保持连续轨道,并提供各个区域的广域采样,还能够提高对通信故障的鲁棒性。通过与附近车辆之间的未来轨迹共享,使导航更安全平稳。参见 multi-robot coordination(多机器人协调)。

muscle myoelectrical signal 肌肉肌电信号 肌电信号是众多肌纤维中运动单元动作电位在时间和空间上的叠加。表面肌电信号是浅层肌肉肌电信号和神经干上电活动在皮肤表面的综合效应,能在一定程度上反映神经肌肉的活动。

musculoskeletal walking model 肌肉骨架行走模型 包含肌肉与骨架的人体行走模型,用于对人体运动实现可视化、分析肌肉功能、设计改进外科手术等。

MWSN 移动无线传感器网络 mobile wireless sensor network 的缩写。

N

nanoelectromechanical system 纳米电子机械系统 是一类在纳米尺度上集成电气和机械功能的器件，形成了所谓的微机电系统（MEMS）器件。通常将类晶体管的纳米电子学与机械执行器、电机等集成在一起，从而可以形成物理、生物和化学传感器。一个典型应用是原子力显微镜，利用纳米电子机械系统实现的灵敏度提高，可以使用更小、更高效的传感器来检测应力、振动、原子力和化学信号。

nanoengineering 纳米工程 指在纳米尺度上的工程实践，在很大程度上是纳米技术的代名词，但强调工程而不是该领域的纯科学方面。通常涉及纳米尺度上的发动机、机器人与结构的设计、构建与使用等方面。纳米工程的核心是研究纳米材料如何相互作用以制造有用的材料、结构、装置和系统。参见 nanotechnology（纳米技术）。

nanoimprint 纳米压印 是一种通过压印抗蚀剂的机械变形和后续工艺制造纳米级图案的方法。是一种简单的纳米光刻工艺，具有低成本、高通量和高分辨率等特征。

nanorobotic manipulator 纳米机器人机械臂 指利用纳米机器人技术制造的，尺寸在纳米级别的机械臂，是将传统机器人技术与微纳米技术结合在一起的先进技术。纳米机器人机械臂允许精确定位从几纳米到微米，并且在三维空间中提供具有多个自由度的灵活移动能力。此外，它具有高可控性，可以根据计算机编程自动执行某些任务。现已广泛应用于生物领域。

nanorobotic system 纳米机器人系统 一种非常小的自主机器人系统，通常是接近纳米级别或者是生物细胞的大小，能够单独或大量协同工作以完成某项任务。设备尺寸范围通常为 0.1～10 nm，由纳米级或分子组件构成。

nanorobotics 纳米机器人学［技术］ 是创造组件处于或接近纳米级的机器或机器人的一个新兴的技术领域。具体而言，纳米机器人学（与微机器人学相对）指设计和构建纳米机器人的纳米技术工程学科，其设备尺寸范围为 0.1～10 nm，由纳米级或分子组件构成。纳米机器人的一个例子是具有大约 1.5 nm 宽的开关的传感器，能够对化学样品中的特定分子进行计数。纳米机器人的一个应用是纳米医学。例如，可用于识别和摧毁癌细胞的纳米机器人。另一个潜在的应用是在环境中检测有毒化学物质及其浓度的测量。由于纳米机器人通常具有较小的尺寸，因此可能需要大量纳米机器人进行合作以完成相应的任务。纳米机器人的生产方式通常包括生物芯片、基于病毒或3D打印等方法。

nanotechnology 纳米技术 是用单个原子、分子制造物质的科学技术，研究结构尺寸在0.1～100 nm范围内材料的性质和应用。纳米科学技术是以许多现代先进科学技术为基础的科学技术，它是现代科学（混沌物理、量子力学、介观物理、分子生物学）和现代技术（计算机技术、微电子和扫描隧道显微镜技术、核分析技术）结合的产物，纳米科学技术又将引发一系列新的科学技术，例如：纳米物理学、纳米生物学、纳米化学、纳米电子学、纳米加工技术和纳米计量学等。

natural frequency 自然频率 (1) 系统出现自由振荡的频率，即系统在没有约束和外力激发下的振动频率。(2) 也称为固有频率。由系统本身的质量和刚度所决定的频率。n自由度系统一般有n个固有频率，按频率的高低排列，最低的为第一阶固有频率。

natural language processing (NLP) 自然语言处理 是涉及计算机与人类（自然）语言之间的交互，特别是如何对计算机进行编程以处理和分析大量自然语言数据的一个学科，是计算机科学、信息工程和人工智能的交叉学科。研究能实现人与计算机之间用自然语言进行有效通信的各种理论和方法。目前存在的问题有两个方面：一方面，迄今为止的语法都限于分析一个孤立的句子，上下文关系和谈话环境对本句的约束和影响还缺乏系统的研究，因此分析歧义、词语省略、代词所指、同一句话在不同场合或由不同的人说出来所具有的不同含义等问题，尚无明确规律可循，需要加强语言学的研究才能逐步解决。另一方面，人理解一个句子不是单凭语法，还运用了大量的有关知识，包括生活知识和专门知识，这些知识无法全部贮存在计算机里。因此一个书面理解系统只能建立在有限的词汇、句型和特定的主题范围内；计算机的贮存量和运转速度大大提高之后，才有可能适当扩大范围。

navigation 导航 指移动机器人通过传感器感知环境和自身状态，实现在有障碍物的环境中面向目标的自主运动。导航主要解决三方面的问题：(1) 通过一定的检测手段获取移动机器人在空间中的位置、方向以及所处环境的信息；(2) 用一定的算法对所获信息进行处理并建立环境模型；(3) 寻找一条最优或近似最优的无碰路径，实现移动机器人安全移动的路径规划。自主定位导航包括定位、建图与路径规划。机器人导航领域一般包括下面几个类别：陆地导航、海洋导航、空中导航和空间导航。目前，移动机器人主要的导航方式包括：电磁导航、惯性导航、视觉导航、激光雷达导航、光反射导航、无线电定位导航和声音导航等。

navigation function **导航函数** 指用于规划通过环境的机器人轨迹的位置、速度、加速度和时间的函数。目标是创建可行且安全的路径、躲避障碍物、同时允许机器人从其起始位形移动到其目标位形。

ND **近域图，近似图** nearness diagram 的缩写。

nearest-neighbor association **最近邻关联** 利用最近邻方法进行数据关联的方法。参见 nearest-neighbor method(最近邻方法)。

nearest-neighbor method **最近邻方法** 是在给定集合中找到与给定点最接近(或最相似)的点的优化方法。接近度通常用不相似度函数表示：对象越不相似，函数值越大。最近邻问题形式化定义如下：给定空间 M 中的点集合 S 和查询点 $q \in M$，找到 S 中与 q 最接近的点。最近邻方法主要应用在以下几个方面：模式识别、统计分类、计算机视觉、计算几何、编码理论、机器人感知、数据压缩、数据库等。最近邻问题主要有以下方法：线性搜索法、空间划分法、近似法等，算法的质量和效果取决于查询的时间复杂度以及搜索数据结构的空间复杂性。

nearness diagram (ND) **近域图，近似图** 指通过提取周围环境信息来描述障碍区域和自由移动区域的图像。参见 nearness diagram navigation(近似图导航)。

nearness diagram navigation **近似图导航** 是一种利用近似图的几何实现的避障方法。基本的想法是利用基于情境的分治策略来简化位置与活动之后的避障问题。首先有一系列代表机器人的位置、障碍物与目标位置的所有可能性的情况。同时，每一种情况有一个与之相关的运动法则。在运行中的某时刻，识别其中一种情况，并利用其运动法则计算其运动。

network topology **网络拓扑** 是通信网络的元素(支路，节点等)的排列，可以在物理上或逻辑上描述，是图论的应用，其中通信设备被建模为节点，并且设备之间的连接被建模为节点之间的边。物理拓扑是网络的各种组件的位置关系，例如设备位置和电缆安装，而逻辑拓扑表示数据如何在网络内流动。节点之间的距离、物理连接、传输速率或信号类型在两个不同的网络之间可能不同，但它们的拓扑结构可能相同。

network topology control **网络拓扑控制** 是在保证网络连通性和覆盖性的前提下，充分考虑无线传感器网络特点，根据不同应用场景，通过节点发射功率调节和邻居节点选择，形成优化的网络结构，以保证完成预定任务。

networked communication **网络通信** 指通过网络将各个孤立的设备进行连接，通过信息交换实现人与人、人与计算机、计算机与计算机之间的通信。

networked multiple mobile robot system **网络化多移动机器人系统** 指在网络通信下多个移动机器人一起合作完成一项特定任务的机器人系统。通常这些移动机器人连接到诸如因特网或局域网之类的通信网络，装备有传感器、执行器和通信设备，通过互相通信来共同完成任务。参见 mobile robot（移动机器人），multi-robot system（多机器人系统）。

networked robot system 网络化机器人系统 是连接到诸如因特网或局域网之类的通信网络，装备有传感器、执行器和通信设备的机器人设备，能够以合作的方式与人或者其他机器人进行交互，有以下几个特征：① 至少具有包含硬件和软件能力的物理机器人，② 具有自主能力，③ 基于网络的合作，④ 包含对环境的传感器和执行器，⑤ 人机互动。网络化机器人系统主要包含两种：远程操作网络化机器人系统，以及自主网络化机器人系统。参见 multi-robot system（多机器人系统）。

N

networked robotics 网络化机器人学［技术］ 指研究通过因特网控制的机器人系统的学科，是一个跨越机器人和网络技术领域的学科，包括在线机器人系统、互联网机器人、分布式机器人系统等几种不同形式。网络化机器人学扩大了机器人学的范围，但引入了必须克服的挑战。网络机器人通过摆脱固定布线的限制，从而完成其他机器人无法完成的任务。

networked teleoperation 网络遥操作 指的是通过网络实现的远程操作方法。双边遥操作系统，传递例如力和位置的信息，受基于互联网传输的随机不确定延迟的影响。因网络受时变延迟和分组丢失问题的影响，因此如果网络遥操作系统没有有效的控制策略，会产生不稳定。网络遥操作系统广泛用于太空、军事国防、安全、水下、林业、采矿、远程手术和核工业。参见 teleoperation（遥操作）。

neural implant 神经植入 是一种将特定的设备直接连接到生物体大脑上（通常是放置在大脑表面或者附着于大脑皮层）的技术，也称为大脑植入，其目的是建立一个生物医学假体，以规避大脑中风或其他头部伤害后功能失调的区域（包括感觉替代）。例如视觉上的感觉替代。其他神经植入也在实验中用于记录大脑活动。一些脑植入物涉及在神经系统和计算机芯片之间创建接口。这项工作是一个更广泛的研究领域的一部分，称为脑计算机接口或者神经接口，参见 neural interface（神经接口）。

neural interface 神经接口 是增强型或有线型大脑与外部设备之间的直接通信途径。与神经调节的不同之处在于它允许双向信息流。通常用于研究、绘图、辅助、增强或修复人类认知或感觉运动功能。

neural-informatics 神经信息学 是位于神经科学与信息科学两大前沿学科领域的交叉学科。目前没有公认的定义，大致归纳为：其主要研究内容为不同层次的神经信息的获取、分析与管理；神经系统及其子系统中的信息编码、表达与存储；类脑的信息处理理论、技术与工程实现；脑机交互与脑机融合的理论与技术实现；相关理论、概念和方法技术在脑科学和脑疾病转化医学中的应用。这一定义以信息为主线，贯穿神经系统和神经活动全过程，并包括了目前正在进行的主要研究方向。

neural machine translation (NMT) 神经网络机器翻译 是一种使用大型人工神经网络来预测单词序列可能性的机器翻译方法，通常在单个集成模型中对整个句子进行建模。

neural network (NN) 神经网络 (1) 在生物学上，生物神经网络主要指人脑的神经网络，它是人工神经网络的技术原型。人脑是人类思维的物质基础，思维的功能定位在大脑皮层，后者含有大约 10^{11} 个神经元，每个神经元又通过神经突触与大量其他神经元相连，形成一个高度复杂高度灵活的动态网络。作为一门学科，生物神经网络主要研究人脑神经网络的结构、功能及其工作机制，意在探索人脑思维和智能活动的规律。(2) 在计算机科学和机器人学中一般指人工神经网络。参见 artificial neural network(人工神经网络)。

neural processing 神经处理 常用于描述模仿生物功能的计算机体系结构。在计算机科学中，神经处理式的软件能够适应不断变化的情况，并在有更多信息可用时改进其功能。在软件中通常使用神经处理来执行诸如识别人脸、预测天气、分析语音模式以及学习游戏中的新策略等任务。

neural Turing machine 神经图灵机 是由艾利克斯·格雷夫斯(Alex Graves)等人在 2014 年发表的递归神经网络模型。将神经网络的模糊模式匹配能力与可编程计算机的计算能力相结合。神经图灵机包含两个基本组成部分：神经网络控制器和记忆库。控制器通过输入输出向量和外界交互。不同于标准神经网络的是，控制器还会使用选择性的读写操作和记忆矩阵进行交互。

neuro-control 神经控制 将神经网络的方法与技术用于动态系统的建模与控制。又称神经网络控制，是智能控制的一种。神经网络是对生物神经网络的一种模拟和近似，由多个神经元组成的一个并行的和分布式的信息处理网络。每个神经元有一个单一输出被连接到多个其他的神经元，输入有多个连接通路。鲁梅哈特(Rumelhart, D.E.)等人在 1986 年提出的多层前馈网络的反向传播算法，被认为是神经控制形成的一个标志。神经控制的应用覆盖了控制理论中大多数领域，如建模与辨识、自适应控制、优化控制、预测控制、滤波与预测、容错控制、模糊控制、专家控制和学习控制等。神经控制的强大功能表现在：① 多层前馈神经网络能任意精度逼近任意的非线性映射，为复杂系统提供了有效的非传统建模工具。② 神经网络固有的学习能力能有效降低系统的不确定性和提高适应环境变化的能力。③ 神经网络并行计算的特点能快速的实现复杂的控制算法。④ 神经网络的分布式信息存储与处理结构使其具有容错性。⑤ 神经网络的连接机制融合定量数据与定性数据，提供了把常规控制方法与人工智能结合的可能性。

neuroethology 神经行为学 是研究动物行为及其神经系统机制控制的进化和比较方法的学科，致力于理解中枢神经系统如何将生物学相关的刺激转化为自然行为。例如，许多蝙蝠能够进行回声定位，用于猎物捕获和导航。蝙蝠的听觉系统经常被引用作为声音的声学特性如何被转换成声音的行为相关特征的感觉图的示例。

neuromorphic engineering 神经形态工程学 描述了使用包含电子模拟电路的超大规模集成（VLSI）系统来模拟神经系统中存在的神经生物结构。该术语已经被用于描述模拟或数字超大规模集成系统，以及实现神经系统模型的软件系统。

neuron 神经元 （1）构成神经系统最基本的单元。神经元包括神经细胞体、轴突和树突三部分。神经元可分为三类：直接与感受器相联系把信息传向中枢的称感觉神经元，或传入神经元；直接与效应器相联系，把冲动从中枢传到效应器的称运动神经元，或传出神经元；其余大量的神经元都是中间神经元，它们形成神经网络。（2）是人工神经网络的最小组成单元，参见 neural network（神经网络）。

neuroprosthetics 神经义肢技术 是一门涉及发育神经假体的、与神经科学和生物医学工程相关的学科。有时与脑计算机接口形成对比，后者将大脑连接到计算机而不是用于替换缺失的生物功能的设备。

neurorobotics 神经机器人学[技术] 是涉及例如大脑启发算法等体现自主神经系统的科学和技术的研究和应用的神经科学，机器人和人工智能的综合研究，体现自主神经系统的科学和技术。神经机器人的核心是基于大脑具身化并且身体嵌入环境的想法，因此，与模拟环境相反，大多数神经机器人需要在现实世界中运行。神经机器人学包括脑启发算法（例如连接网络），生物神经网络的计算模型（例如人工尖峰神经网络、神经微电路的大规模模拟）和实际生物系统（例如体内和体外神经网络）。这种神经系统可以体现在具有机械或任何其他形式的物理驱动的机器中，包括机器人、假肢或可穿戴系统，但也包括较小规模的微型机器以及较大规模的家具和基础设施。

Newton-Euler equations 牛顿-欧拉方程 指欧拉方程与牛顿平移运动方程。欧拉方程是欧拉运动定律的定量描述，欧拉运动定律是牛顿运动定律的延伸，该方程是建立在角动量定理的基础上的描述刚体的旋转运动时刚体所受外力矩与角加速度的关系式。方程的表达式为：$F = m\dot{v}$，$N = I\dot{\omega} + \omega \times I\omega$。

Newton-Raphson method 牛顿-拉夫森方法 是利用牛顿方程来求解非线性代数方程组的算法。对于定义在实数 x 上的函数 $f(x)$，其导数为 $f'(x)$，其根的初始猜测为 $x(0)$。如果函数满足相应的假设，则对 x 更好的估计为 $x(n+1) = x(n) - f(x(n))/f'(x(n))$。

Newton's equation 牛顿方程 （1）是一种在实数域和复数域上近似求解方程

的方法。参见 Newton-Raphson method(牛顿-拉夫森方法)。(2) 指欧拉方程与牛顿平移运动方程。参见 Newton-Euler formulation(牛顿-欧拉方程)。

NLP 自然语言处理 natural language processing 的缩写。

NMT 神经机器翻译 neural machine translation 的缩写。

NN 神经网络 neural network 的缩写。

non-autonomous system 非自治系统,非自主系统 (1) 在数学中,对于一个微分系统 $x' = f(x, t)$,若 f 中显含时间变量 t,则系统称为非自治系统。(2) 在力学中,指受时间依赖变换影响的非相对论机械系统。非自治力学系统(特别是非自治哈密顿力学)可以被表述为协变经典场论。

non-contact therapy robot 非接触治疗机器人 指在治疗过程中,使用末端装载激光、超声波、微波等非接触式治疗设备的机器人在不与患者发生接触的情况下对患者进行治疗的治疗方法。

non-deterministic polynomial-time (NP) 非确定性多项式时间,NP 在计算复杂度理论中,NP 问题是用于对决策问题进行分类的复杂性的一类。NP 问题是一组决策问题,其中答案为"是"的问题实例具有可在多项式时间内验证的证据。等价的定义是由非确定性图灵机在多项式时间内可解决的一组决策问题。

non-deterministic polynomial-time complete (NPC) 非确定性多项式时间完全,NPC 满足:① 该问题属于 NP 问题,② NP 问题中的所有问题能够在多项式时间内归约为该问题,这两个条件的决策问题。因此,若一个 NPC 问题具有一个多项式时间算法,则所有 NP 问题都能够在多项式时间内解决。NPC 问题既属于 NP 问题,又属于 NP-hard问题。参见 non-deterministic polynomial-time(非确定性多项式时间)和 non-deterministic polynomial-time hard(非确定性多项式时间难)。

non-deterministic polynomial-time hard (NP-hard) 非确定性多项式时间难,NP 难 在计算复杂度理论中,NP-hard 问题是用于对决策问题进行分类的复杂性的一类。通俗来讲,NP-hard 问题至少与最难的 NP 问题一样难。当 NP 问题中的每个问题 L 可以在多项式时间内归约到 H 时,问题 H 为 NP-hard 问题。

non-deterministic time-delay 非确定性时延 指通过网络等传输的情况下,数据从网络的一端传送到另一端所需要的时间是不确定的。参见 delay time(延迟时间)。

non-grasp-type gripper 非抓握型夹持器 不用手指型机器人末端搬运物体的夹持器,例如吸盘、软体机器人等。比较 grasp-type gripper(抓握型夹持器)。

nonholonomic constraint 非完整(性)约束 指不能够写成 $f(q_1, q_2, \cdots, q_n; t) = 0$ 的形式的约束,其中 $q_1, q_2, \cdots, q_n$ 为描述系统的 n 维坐标。非完整约束起源于近代分析力学,许多实际控制系统常常要考虑与外部环境的接触因素，这类系统带有一定的约束条件，被称为受限系统。例如轮式移动机器人，它无法横向运动，即轴向速度为零。通常与速度相关的约束为非完整约束。根据 Brockett 必要性原理，这种系统不能通过连续时不变状态反馈控制器实现任意精度的无误差控制。比较 holonomic constraint（完整性约束）。

nonholonomic mobile robot　非完整（约束）移动机器人　存在非完整性约束的移动机器人。例如轮式移动机器人，它无法横向运动，即轴向速度为零。非完整（约束）移动机器人的控制的一个难点在于其控制不能转化为线性控制问题，因此线性控制理论的方法不适用于非完整约束移动机器人的控制。另一个难点是在现实世界中，它们的建模存在不确定性。考虑到移动机器人的固有特性，例如实际车辆动力学，它们的动态方程不能被描述为简化的数学模型。

nonholonomic motion planning　非完整（约束）运动规划　指可控自由度小于机器人总自由度的情况下的运动规划。非完整约束是对系统广义坐标导数的约束，不减少系统的位形自由度，这使得系统的独立控制个数少于系统的位形自由度。常规路径规划假设空间中的任意运动都能够实现，因此只需要进行避障操作。如果系统包含非完整约束，则许多这些路径规划器无法直接应用，因为它们会生成违反约束的路径。因此，了解如何有效地计算非完整约束系统的路径非常重要。非完整运动规划的目标是在移动机器人系统的配置空间中提供无碰撞的可通过路径。运动规划器需要计算出能够转化为轨迹的路径。参考 nonholonomic constraint（非完整约束）。

nonlinear autonomous system　非线性自治系统　即输出与输入的关系为非线性关系的不显含时间 t 的系统。参见 autonomous system（自治系统）。

nonlinear computational instability　非线性计算不稳定性　指将线性方程稳定的计算方法，应用到相应的非线性方程上可能出现的计算不稳定的问题，说明非线性差分方程有其特殊的不稳定性。这种不稳定性不同于线性不稳定性，不能用缩小时间步长来克服。

nonlinear control system　非线性控制系统　是一种涉及非线性、时变或者两者兼有的控制系统。非线性控制涵盖了一系列不遵守叠加原理的系统，适用于更贴近真实世界的系统，因为所有真实的控制系统都是非线性的。这些系统通常由非线性微分方程或差分方程来粗略描述。通常的方法包括极限环理论、庞加莱映射、李雅普诺夫稳定性理论和描述函数法。如果只关注稳定点附近的解，那么非线性系统通常可以通过线性系统近似来线性化，通过扩展一系列非线性解得到的线性系统，然后可以使用线性技术。非线性系统通常使用计算机上的数值方法进行分析。比较 linear control system（线性控制系统）。

nonlinear dynamic inversion　非线性动

N

态逆(方法)　是一种控制非线性系统的简便方法,通过对系统固有逆的抵消与对参考模型的逆的加强实现线性化。除此之外,它通过称为增量非线性动态逆的扩展方法提供了非常可靠的控制的可能性。

nonlinear feedback　非线性反馈　指通过非线性环节来构成状态反馈或输出反馈的反馈方式。对于某些工程控制系统,采用非线性反馈常比采用线性反馈容易获得更好的性能。非线性反馈也常被用来达到其他的目的,如简化控制系统的结构、简化系统的分析和设计方法等。

nonlinear force function　非线性强制[迫]函数　指只是时间的函数,而不是其他任何变量的函数的非线性函数。

nonlinear least squares　非线性最小二乘　指一种以误差的平方和最小为准则来估计非线性静态模型参数的一种参数估计方法。通过最小二乘分析,用 m 个观察点来拟合有 n 个参数的非线性模型 $(m > n)$。它被用于某些形式的非线性回归。这种方法的基础是通过线性方法来逼近模型,然后再通过连续迭代提取参数。参见 least squares(最小二乘)。

nonlinear observer　非线性观测器　指根据系统的外部变量(输入变量和输出变量)的实测值得出状态变量估计值的一类动态系统,也称为状态重构器。对于非线性系统而言,由于缺少线性这个条件,关于能观性的研究便极大地复杂起来。系统的能观性不再直接蕴含状态观测器的存在。非线性观测器的设计方法大致可分为类李雅普诺夫函数法、微分几何设计方法、扩展的龙贝格观测器方法。

nonlinear optimal control　非线性最优控制　指为给定的非线性系统找到实现某个最优化标准的控制律的问题。主要有以下几种方法:幂级数展开法、Galerkin 逐次逼近法、广义正交多项式级数展开法、有限差分和有限元法、Riccati 方程法。参见 optimal control(最优控制)。

nonlinear optimization　非线性优化　是解决一些约束或目标函数是非线性的优化问题的过程。是应用数学的一个分支,涉及找到几个变量的函数的最大值或最小值,且满足以下要求:① 变量被一组等式和不等式约束,② 要最大化或最小化的函数,或者至少一个约束函数是非线性的。比较 linear optimization(线性优化)。

nonlinear programming　非线性规划　是具有非线性约束条件或目标函数的数学规划,是运筹学的一个重要分支。非线性规划是 20 世纪 50 年代才开始形成的一门新兴学科。1951 年 H.W.库恩和 A.W.塔克发表的关于最优性条件(后来称为库恩-塔克条件)的论文是非线性规划正式诞生的一个重要标志。在 50 年代还得出了可分离规划和二次规划的 n 种解法,它们大都是以 G.B.丹齐克提出的解线性规划的单纯形法为基础的。20 世纪 80 年代以来,随着计算机技术的快速发展,非线性规划方法取得了长足进步,在信赖域法、稀疏

N

拟牛顿法、并行计算、内点法和有限存储法等领域取得了丰硕的成果。非线性规划在工程、管理、经济、科研、军事等方面都有广泛的应用，为最优设计提供了有力的工具。

nonlinear system　非线性系统　指状态变量和输出变量相对于输入变量的运动特性呈非线性特征的控制系统。从数学上看，非线性系统的特征是叠加原理不再成立。比较 linear system(线性系统)。

nonlinear vibration　非线性振动　指系统中某些参数有非线性特征，只能用非线性微分方程描述的振动。恢复力与位移不成线性比例或阻尼力与速度不成线性比例的系统的振动。尽管线性振动理论早已相当完善，在工程上也已取得广泛和卓有成效的应用，但在实际问题中，总有一些用线性理论无法解释的现象。一般说，线性振动只适用于小运动范围，超过此范围，就变成非线性振动。

nonlinearity　非线性　指两个变量间的数学关系无法通过线性关系组合得到。非线性是自然界复杂性的典型性质之一；与线性相比，非线性更接近客观事物性质本身，是量化研究认识复杂知识的重要方法之一。

non-maxima suppression　非极大值抑制　本质是搜索局部极大值，抑制非极大值元素。这种算法主要是为了更精确的定位某种特征，比如用梯度变化表征边缘时，梯度变化较大的区域通常比较宽，所以利用 x 和 y 方向的梯度确定一个法向 $\arctan\left(\frac{y}{x}\right)$，然后在法向上判断当前梯度测量是否是一个峰值(或局部极大值)，如果是就保留，不是极大值就抑制(如设置为 0)。

non-uniform rational B-spline　非均匀有理 B 样条　是计算机图形中常用的数学模型，用于生成和表示曲线和曲面。它为处理分析(由常见数学公式定义的表面)和建模形状提供了极大的灵活性和精确性。常用于计算机辅助设计、制造和工程，并且是众多行业标准的一部分。

normal operating condition　正常操作条件　为符合制造厂所给出的机器人性能而应具备的环境条件范围和可影响机器人性能的其他参数值(如电源波动、电磁场)。

normalized energy stability margin (ESM)　归一化能量稳态裕度　是多足机器人在崎岖环境下行走时的判别标准之一。由能量稳态裕度修正得到。与能量稳态裕度相比，本质上没有区别，但有以下几个优点：① 当发生干扰时，能够以合适的方式计算稳定性；② 以毫米为单位，更容易通过几何方式得出增益；③ 相当于重心接触地面情况下的能量稳态裕度，具有连续关系并且更容易直观地理解。此外，归一化能量稳态裕度能够被无量纲化。参见 energy stability margin(能量稳定裕度)。

NP　非确定性多项式时间，NP　non-deterministic polynomial-time 的缩写。

NPC　非确定性多项式时间完全，NPC　non-deterministic polynomial-time complete 的缩写。

numerical analysis 数值分析 为数学的一个分支，是研究分析用计算机求解数学计算问题的数值计算方法及其理论的学科。它以数字计算机求解数学问题的理论和方法为研究对象，为计算数学的主体部分。

numerical control system 数字控制系统 指用代表加工顺序、加工方式和加工参数的数字码作为控制指令的数字控制系统，又称数控系统。通常配有专用计算机，事先将加工要求、工艺和参数编成程序，记录在存储设备上。工作时，读数机构依次将数字代码送入计算机并转换成相应形式的电脉冲，每个脉冲代表一个位移增量，控制机械按照加工的顺序、工艺和要求完成加工。如果采用步进电机作为驱动机械，数控系统多采用开环控制。对于精密机床，采用闭环控制方式，以伺服机构为驱动系统。数控系统按运动轨迹分为点位控制、直线控制和轮廓控制。点位控制只控制加工点的定位，用于数控钻床、冲床等。直线控制按直线插补方式加工，用于简易数控车床。轮廓控制能加工曲线、曲面、凸轮和锥面等复杂形状的零件。数控系统采用微型计算机，称为计算机数值控制（CNC）。采用一台计算机直接管理和控制一群数控设备，称为群控。数控系统的精度和效率较高，广泛应用于机械加工、工具制造、汽车制造和造船工业。

numerical method 数值方法 应用计算机进行数值计算所采用的方法。

numerical solution 数值解 指给出一系列对应的自变量，采用数值方法求出的解。采用的方法有限元法、数值逼近、插值法。求解步骤就是将独立变量带入，求得相依变量的近似解。因此得到的解空间是一个个分离的数值，而非连续分布。

nursing robot 护理机器人 一般指为需要护理的人的身体功能和生活提供支援，或者为护理人员的工作提供支援的机器人。

Nyquist criterion 奈奎斯特判据 是由贝尔实验室的瑞典裔美国电气工程师哈里·奈奎斯特于 1932 年发现，用于确定动态系统稳定性的一种图形方法。由于它只需检查对应开环系统的奈奎斯特图，可以不必准确计算闭环或开环系统的零极点就可以运用，因此可以用在由无理函数定义的系统，如时滞系统。与波德图相比，它可以处理右半平面有奇点的传递函数。此外，还可以很自然地推广到具有多个输入和多个输出的复杂系统，如飞机的控制系统。

Nyquist diagram 奈奎斯特图 对于一个连续时间的线性非时变系统，将其频率响应的增益及相位以极坐标的方式绘出，图上每一点都是对应一特定频率下的频率响应，该点相对于原点的角度表示相位，和原点之间的距离表示增益。奈奎斯特图可以提供一些有关传递函数的信息。例如曲线进入原点时的角度可以计算极点个数和零点个数的差。

Nyquist stability criterion 奈奎斯特稳定性判据 同 Nyquist diagram（奈奎斯特图）。

O

object　目标;物体;对象　(1) 指射击、攻击或寻求的对象,也指想要达到的境地或标准。(2) 指自然界客观存在的一切有形体的物质。(3) 指行动或思考时作为目标的事物。

object coordinate system　目标坐标系;物体坐标系　(1) 指为了描述机器人末端在结束运动时的位姿所定义的坐标系,通常根据工作台坐标系定义。(2) 又称为模型坐标系,与特定的物体相关联,当物体发生平移或旋转时该坐标系会进行同步运动。

object detection　目标检测;物体检测　是计算机视觉和图像处理领域的一项技术,用以找出图像中所有感兴趣的目标或物体并确定它们的位置、大小。广泛应用于计算机视觉任务,如人脸检测、视频对象协同分割、物体跟踪、视频监控等。

object frame　目标坐标系;物体坐标系　同 object coordinate system(目标坐标系;物体坐标系)。

object geolocation　目标定位;物体定位　指获取图像中感兴趣目标或物体的位置信息。

object identification　目标标识;物体标识　指从目标(物体)模型中标识出一类目标(物体),每个目标(物体)实例都具有唯一不变的标识。

object learning　目标学习;物体学习　指通过学习的方法对图像中的感兴趣目标或物体进行检测识别。

object model　目标模型;物体模型;对象模型　(1) 指描述原型目标几何形体、物理特性等的实体模型或数学模型。(2) 通过主观意识借助实体或者虚拟表现构成客观阐述形态结构的一种表达目的的物件。(3) 也称作要素模型,将研究的整个地理空间看成一个空域,地理现象和空间实体作为独立的对象分布在该空域中。按其空间特征分点、线、面、体四种基本对象,每个对象对应一组相关属性。对象也可能由其他分离的对象保持特定关系,如点、线、面、体的拓扑关系。

object-oriented programming (OOP)　面向对象的编程　是一种程序设计范型,同时也是一种程序开发的方法。对象指的是类的实例。它将对象作为程序的基本单元,将程序和数据封装其中,以提高软件的重用性、灵活性和扩展性。

object recognition　目标识别;物体识别　是从图像或视频序列中查找和识别目标(物体)的技术,一般指将一个特殊目标或一种类型的目标从其他目标或其他类型的目标中区分出来的过程。包括两个非常相似目标的识别和一种类型的目标同其他类型目标的识别。该技术是计算机视觉领域的一个重要研究方向,已广泛应用于国民经济、空间技术和国防等领域。

object representation 目标表示;物体表示;对象表示 指在目标(物体、对象)识别之前通过特征或图像信息对匹配的目标(物体、对象)进行内部表示。

observability 能观(测)性 系统的初始状态可由系统输出来确定的一种性质。在不考虑外输入的情况下,如果对应于某个非零初始状态,系统在一个有限时间区间内的输出恒等于零,就称这个状态为不能观测。如果系统所有可能的非零状态都不是不能观测的,就称系统为完全能观测。如果系统为不完全能观测,可以通过对系统引入特定的坐标变换,把系统结构明显分为能观测部分和不能观测部分。

observation matrix 观测矩阵 将物体从世界坐标系下变换到观察坐标系下的变换矩阵。

observation model 观测模型 指系统状态与相应观测数据之间的映射关系,如机器人定位中,机器人位姿与传感器对环境的观测数据之间的对应关系即观测模型。

obstacle 障碍,障碍物 在机器人领域一般指对机器人运动或操作起妨碍或者阻碍作用的物体或特殊环境因素。

obstacle avoidance 避障,障碍物躲避 指机器人在运动或执行任务过程中,通过自身或外部传感器感知周围环境产生的阻碍,并实时规划无碰撞的运动或操作路径,最后达到目标位姿的过程。常用的传感器包括超声传感器、雷达传感器和视觉传感器等。

obstacle avoidance path modification 避障路径修正 指机器人在运动过程中,通过传感器感知到与原避障路径冲突的因素时,按照避障要求生成新的路径。

obstacle detection 障碍物检测 指机器人在运动或执行任务过程中,通过自身或外部传感器对周围环境进行检测,识别并定位对自身操作起阻碍作用的环境因素的相关技术。常用的传感器包括雷达传感器和视觉传感器等。该技术已被广泛应用于移动机器人、工业机器人、智能驾驶等领域。

obstacle potential field 障碍物势场 指人工势场法中障碍物的斥力合成的斥力场。

obstacle region 障碍物区域 指对机器人导航有影响的存在障碍物或障碍物集群的区域。

occlusion 遮挡 是图像序列中前景物体阻碍对后景物体观察的现象,分为三种类型:自遮挡、物体相互遮挡、背景遮挡。

occlusion analysis 遮挡分析 判定图像中宏块是否存在遮挡及确定块内运动分量的分析算法,在视觉定位及基于视觉的机械臂抓取等领域应用较多。

occupancy grid 占据栅格 指将环境

离散化为由很多个小部分，每一个小部分称为一个占有栅格。

occupancy grid map 占据栅格地图 是一种用于移动机器人的尺度地图，将环境地图表示为均匀分割的二进制随机变量，每个二进制随机变量表示在环境中该区域的障碍物存在状态。

occupancy map 占据地图 同 occupancy grid map（占据栅格地图）。

OCR 光学字符识别 optical character recognition 的缩写。

octopus robot 章鱼机器人 是一种多臂、多功能的依据仿生学原理设计的类章鱼机器人。其中每个章鱼臂都是一个多自由度、灵活高效的软体机械臂，可以独立完成设定任务。多臂结构则具有良好的复杂环境适应能力，可在核辐射、水下和火灾等极端环境下完成搬运、搜索、探测和救援作业等任务。

octree 八叉树 是一种用于描述三维空间的树状数据结构。一般以一个空间作为根节点，当需要细分内部区域时，将空间划分为八个子空间，即八个子节点，若某个节点还需要细分，则继续往下划分八个子节点，从而将一个空间不断的划分为子空间，不同子空间之间通过根节点相连，这样的树状存储结构就是八叉树。

odometer 里程表，里程计 一般指汽车仪表盘中的一个仪表，用以显示一辆车行走过的距离。在机器人领域指利用从移动传感器获得的数据估计物体位置随时间变化的传感器，常用于轮式或腿式机器人。

odometry 测程法；里程计 （1）使用来自运动传感器的数据来估计位置随时间的变化。常用于机器人估计自身相对于起始位置的位置。由于该方法一般利用速度对时间的积分来估算里程，因此对误差较为敏感，在大多数应用场景下需要快速准确的数据收集和仪器校准，以便获取高精度的数据。（2）同 odometer（里程表，里程计）。

offline calculation 离线计算 指在计算开始前已知所有输入数据，输入数据不会产生变化，且在解决一个问题后就要立即得出结果的前提下进行的计算。

offline motion planning 离线运动规划 指在离线状态下进行运动规划。比较 online motion planning（在线运动规划）。参见 motion planning（运动规划）。

offline path planning 离线路径规划 指在离线状态下进行路径规划。比较 online path planning（在线路径规划）。参见 path planning（路径规划）。

offline programming 离线编程 指操作者在编程软件里构建整个机器人工作应用场景的三维虚拟环境，然后根据加工工艺等相关需求，进行一系列操作，自动生成机器人的运动轨迹，即控制指令，然后在软件中仿真与调整轨迹，最后生成机器人执行程序传输给机器人的编程控制方法。优点是减少机器人停机时间，并且使操作者远离危险的工作环境。

offline task planning 离线任务规划

指在离线状态下进行任务规划。比较 online task planning(在线任务规划)。参见 task planning(任务规划)。

offline trajectory planning 离线轨迹规划 指在离线状态下进行轨迹规划。比较 online trajectory planning(在线轨迹规划)。参见 trajectory planning(轨迹规划)。

offset ratio 偏移系数 信号偏移量与信号真实值之比。

offsite robotics 现场外机器人学[技术] 指不在机器人使用场所而对机器人进行操作或控制研究的机器人学科。

omni-bearing navigation system 全方位(角)导航系统 指能进行全方位 360 度导航包括定位、目的地选择、路径计算和路径指导等一些基础功能的集合的系统。

omni-directional camera 全向相机 是一种具有能够覆盖整个球体或至少覆盖水平面的整个圆弧视野的相机,在全景摄影和机器人技术中应用较广。根据镜头数目的不同一般可分为单目相机、双目相机及多目相机,其中双目全向相机使用较多。

omni-directional mobile mechanism 全向移动机构 能使移动机器人实现朝任一方向即时移动的轮式机构。

omni-directional mobile robot 全向移动机器人 指能够实现朝任一方向即时移动的移动机器人,可以实现原地调整姿态和二维平面上任意连续轨迹的运动。同 omnimobile robot(全向移动机器人)。参见 omni-directional vehicle(全向车辆,全向载具)。

omni-directional vehicle 全向车辆,全向载具 指能够实现朝任一方向即时移动的车辆或移动平台。参见 omni-directional mobile robot(全向移动机器人)和 omnimobile robot(全向移动机器人)。

omnimobile robot 全向移动机器人 同 omni-directional mobile robot(全向移动机器人)。参见 omni-directional vehicle(全向车辆,全向载具)。

one-dimensional space 一维空间 指只由一条线内的点所组成的空间,它只有长度,没有宽度和高度,只能向两边无限延展。

one-dimensional stress 一维应力 指的是单方向的应力,单向受力与受力面积的比值。

one-shot learning 一次性学习 一种模仿人类学习特征的机器学习方法,一般针对训练样本只有一个或很少的情况。来源于人们可以从仅仅一个或一小撮样本中学习一个新的概念,而机器学习的标准算法通常需要几十或几百个表现类似的样本。

online machine learning 在线机器学习 在计算机科学中,在线机器学习是机器学习的一种方法,顺序地得到数据,并且用于在每个步骤更新对未来数据的最佳预测,而不是对整个训练数据集进行一次学习来产生最佳预测器。

online motion planning 在线运动规划 指在线进行的运动规划。比较 offline motion planning(离线运动规

划）。参见 motion planning（运动规划）。

online planning 在线规划 指在线制定或实施计划的行为或过程。参见 planning（规划）。

online trajectory planning 在线轨迹规划 指在线进行的轨迹规划技术，通常应用在实时性要求比较高的机器人系统中。比较 offline trajectory planning（离线轨迹规划）。参见 trajectory planning（轨迹规划）。

ontogenetic robotics 个体发育机器人学［技术］ 是研究使用发展心理学和神经生理学等学科的思维来发展自主机器人思维的学科。

OOP 面向对象的编程 object-oriented programming 的缩写。

open agent architecture 开放式智能体架构 是一种用于在分布式环境中集成异构软件智能体的框架，是 SRI 国际人工智能中心的一个研究项目。

open kinematic chain 开式运动链 指由组成运动链的各连杆未构成封闭系统的运动链。比较 closed kinematic chain（闭式运动链）。参见 kinematic chain（运动链）。

open-loop control 开环控制 控制输入免受输出影响的控制方法。又称无反馈控制。开环控制的缺点是控制精度和抑制干扰的性能都比较差，而且对系统参数的变动很敏感，一般仅用于可以不考虑外界影响，或惯性小、精度要求不高的场合，如步进电机的控制、简易电炉炉温调节、水位调节等。比较 closed-loop control（闭环控制）。

open-loop controller 开环控制器 根据系统的固有规律，由一个或多个变量作为输入变量影响作为输出变量的其他变量的过程。

open-loop mechanism 开环机构；开环机制 (1) 机器人各组成部分若没有形成回路，则称为开环机构。比较 closed-loop mechanism（闭环机构，闭链机构）。(2) 同 open-loop control（开环控制）。

open roboethics initiative 开放式机器人伦理倡议 是一个机器人伦理思维库，探索不同方式将机器人利益相关者聚集起来以便通过他们的反馈来为机器人相关设计和政策提供参考。

open-source robotics (OSR) 开源机器人学［技术］ 是机器人学的一个分支，利用开源硬件和免费开源的软件提供蓝图、原理图和源码。相比于非开放类机器人和组件具有低成本、长期可用性、可重复性、易于修改等优点。可以应用于科学研究和教学中。其主要特点体现在机器人硬件或软件的开放性。由于硬件和软件资源的对外开发，极大地方便了机器人技术开发人员的技术交流及二次开发。随着开源机器人的逐步普及，机器人技术的发展将会被推到新的高潮。

open system 开放系统 指与外界环境存在物质、能量、信息交换的系统。比较 closed system（封闭系统）。

open world assumption 开放世界假设 是当前没有陈述的事情是未知的假设。比较 closed world assumption（封闭世界假设）。

operating environment 运行环境,操作环境 (1) 机器人运行的物理环境。例如湿度、温度、电源和结构配置等。(2) 是用户界面和执行软件的非物理环境。

operating instruction 操作指令 在运行过程中,指挥机器人工作的指示和命令。它作为程序的一部分工作,概括了机器人操作员进行的各种操作的指令,以有效地运行程序,如所需要的外围设备的类型及要输入给程序的常数和参数等。

operating point 操作点 是机器人装置的操作特性中的特定点。由于系统的性质和外界参数的影响,这个点将被预先设定。

operating space 操作空间 指机器人末端执行器运动描述参考点所能达到的空间点的集合,一般用水平面和垂直面的投影表示。同 operational space(操作空间)。

operating system (OS) 操作系统 是管理和控制计算机硬件与软件资源的计算机程序,是直接运行在裸机上的最基本的系统软件,是用户和计算机的接口,同时也是计算机硬件和其他软件的接口。功能包括管理计算机系统的硬件、软件及数据资源,控制程序运行,改善人机界面,为其他应用软件提供支持,让计算机系统所有资源最大限度地发挥作用,提供各种形式的用户界面,使用户有一个好的工作环境,为其他软件的开发提供必要的服务和相应的接口等。

operational reliability 运行可靠性 指在实际应用环境中运行的可靠性。在实际运行环境中,系统或子系统的可靠性,和规定环境或测试环境中的可靠性有很大的差别。

operational space 操作空间 同 operating space(操作空间)。比较 joint space(关节空间)。

operational space control (OSC) 操作空间控制 是在机器人操作空间中,机械臂末端执行器的位置与姿态变量生成的轨迹满足期望轨迹的控制策略,适用于末端执行器与环境因素接触较多的应用场合,如混合力位控制及部分避障控制算法。参见 operating space(操作空间),比较 joint space control(关节空间控制)。

operational space inertia matrix 操作空间惯性矩阵 在笛卡尔操作空间中,操作力与末端加速度之间的关系称为操作空间动力学方程。指该方程中的线性项的值。

operation control unit 操控单元 用于实现操作者与机器人信息交互,达到操作、控制机器人的装置。

operator 操作者;算子;操作器 (1) 人机系统中操作机器的人。(2) 从一个函数空间到另一个函数空间(或它自身)的映射。(3) 实现机组启动、停机、并网后的能使机组带上额定负荷,以及接受事故信号后能使机组自动停机的装置。

optical character recognition (OCR) 光学字符识别 (1) 一种使用光学手段通过光学特征识别,将图像信息转换成文本信息的技术。生成的文本信息文件可用任何文本编辑器编辑,从而实现图形字符识别。(2) 向计算机系统送入数据的一种技术。使用光学扫描的方法,识别出按照一定格式印刷或书写的字符,再把这些字符变成计算机能够理解的电信号,具有这些功能的设备称为光学字符阅读机,也叫光学阅读机。利用这种原理研制成能识别汉字,并在专门程序帮助下直接转变成汉字内码的设备叫汉字光学阅读机或简称汉字阅读机。

optical encoder　光(学)编码器　是一种通过光电转换将输出轴上的机械几何位移量转换成脉冲或数字量的传感器,是目前应用最多的传感器,一般由光栅盘和光电探测装置组成。

optical flow　光流法　图像点的速度场,可由序列灰度图像的局部瞬时空间变化求得。它可用于求解刚体三维运动参数和三维结构。从生理学的角度看,光流是当人的眼睛与周围环境有相对运动时,产生在眼球视网膜上的一种光的模式。它不仅能向人的大脑提供有用的人与景物相对运动的信息,而且能够提供有关景物三维结构的信息。

optical flow constraint equation　光流约束方程　改进光流法中的基本方程。根据视觉感知原理,客观物体在空间上一般是相对连续运动的,在运动过程中,投射到传感器平面上的图像也是连续变化的。为此可以假设瞬时灰度值不变,从而得到该基本方程,即灰度对时间的变化率等于灰度的空间梯度与光流速度的点积。

optical information processing　光信息处理　借助光学技术(诸如激光技术,全息照相技术等)并使用计算机对各种数据进行处理的技术,亦是一门新学科。其主要内容是:图像的规整和纠正技术;图像的改善与增强;图样识别;信息的储存、编码和试图技术;也包括电信号和声信号的光学处理。

optical motion capture system　光学运动捕捉系统　是一种利用光学传感器来准确测量运动物体在三维空间运动状况的高精度系统。基于计算机图形学原理,通过排布在空间中的数个视频捕捉设备将运动物体的运动状况以图像的形式记录下来,然后使用计算机对该图像数据进行处理,得到不同时间计量单位上不同物体的空间坐标。

optical pick-up system　光学拾波器系统　利用光学传感器进行测量的系统,常用的光学传感器有光电传感器、光纤传感器、红外传感器。

optical plummet　光学垂直仪,光学对中器　是运用气浮原理实现精密导向的精密仪器,包括导向装置、测量装置、驱动装置、气源控制装置、辅助夹具、电脑等。

optical radiation　光辐射　一般指以电磁波形式或粒子(光子)形式传播的能量,可以用光学元件反射、成像或色散。一般认为其波长在 10 nm 至 1 mm。按照辐射波长及人眼的生理视觉效应可以分成三类:紫外辐射、可见光和红外辐射。一般在可见到紫外波段波长用纳米、在红外波段波长用毫米表示。

optical sensor　光敏传感器,光学传感

器 指利用光敏元件将光信号转换为电信号的传感器，它的敏感波长在可见光波长附近，包括红外线波长和紫外线波长。不只局限于对光的探测，还可以作为探测元件组成其他传感器，对许多非电量进行检测，只要将这些非电量转换为光信号的变化即可。

optimal control 最优控制 在运动方程和允许控制范围的约束下，对以控制函数和运动状态为变量的性能指标函数（称为泛函）求取极值（极大值或极小值）。解决最优控制问题的主要方法有古典变分法（对泛函求极值的一种数学方法）、极大值原理和动态规划。最优控制已被应用于综合和设计最速控制系统、最省燃料控制系统、最小能耗控制系统、线性调节器等。研究最优控制问题有力的数学工具是变分理论，而经典变分理论只能够解决控制无约束的问题，但是工程实践中的问题大多是控制有约束的问题，因此出现了现代变分理论。现代变分理论中最常用的有两种方法。一种是动态规划法，另一种是极小值原理。它们都能够很好地解决控制有闭集约束的变分问题。值得指出的是，动态规划法和极小值原理实质上都属于解析法。此外，变分法、线性二次型控制法也属于解决最优控制问题的解析法。最优控制问题的研究方法除了解析法外，还包括数值计算法和梯度型法。

optimal control theory 最优控制理论 是现代控制理论的一个主要分支，着重于研究使控制系统的性能指标实现最优化的基本条件和综合方法。

optimal path 最优路径 首先定义机器人路径的代价或性能指标，指其中代价最小或性能指标最优的路径。

optimal planning 最优规划 指在数学规划问题的解空间中找到使目标函数或标准最优，即取得条件极值的解。

optimal solution 最优解 在满足约束的情况下，系统的性能指标达到最优时的解。

optimal task assignment 最优任务分配 以最小代价或最大效用分配给定的一系列任务给机器人的方法。

optimization （最）优化 应用数学的一个分支，主要指在一定条件限制下，选取某种研究方案使目标达到最优的一种方法。在当今的军事、工程、管理等领域有着极其广泛的应用。

optimization method （最）优化方法 指在某些约束条件下，决定某些可选择的变量应该取何值，使所选定的目标函数达到最优的问题。即运用最新科技手段和处理方法，使系统达到总体最优，从而为系统提出设计、施工、管理、运行的最优方案。求解方法一般可以分成解析法、直接法、数值计算法、智能算法和其他方法。

orbital robot 轨道机器人 是一种能够适应空间环境，并执行勘探、装配、施工、维护等任务的机器人，机器人必须能够独立工作以及与其他机器人或人类一起完成工作。其中一些机器人还需要执行某些在设计时期未完全定义的特殊任务。一般根据操作方式不同可分为两类,人工遥操作控制和自主控制,目前大多数太空机械臂、外星探测器等机器人都是以人工遥操作控制为主。

orbital robotics 轨道机器人学[技术] 是一项为在轨服务如停靠、升级、维修、装配、轨道清理等提供方法与技术保障的机器人学科。主要研究对象为空间中为不同任务设计的各类在轨机器人,包括轨道服务机器人与机器人探测器等。是目前空间探索的主要技术之一。

ordering constraint 顺序约束 对一系列在时间上发生的事件在时刻或顺序上的约束。

orientation 姿态,朝向,方向 在三维空间里,刚体的定向涉及整个刚体的定位。假若一个刚体内中一点已被固定,刚体仍旧能够绕着固定点旋转。单独固定点的位置并不能完全地描述刚体的位置。一个刚体的位置有两个部分:平移位置与角位置。平移位置可以用设定于刚体的一个参考点来表示。这参考点时常会是刚体的质心或刚体与地面的接触点。角位置或定向通常由刚体的体轴与空间坐标轴的夹角来设定;或者,定义固定于刚体的坐标轴为体坐标轴,由空间坐标轴转动至体坐标轴所需的转动角参数设定。

orientation accuracy 姿态准确度 描述机器人实际姿态与设定姿态之间的偏差情况。

orientation angle 姿态角,方向角 指的是机器人模型在运动过程中的朝向角度。

orientation control 姿态控制 在飞行器领域中,指的是姿态稳定和姿态机动。前者是保持已有姿态,后者是从一个姿态到另一个姿态的转变。不同结构飞行器的控制要求有很大差异。

orientation quaternion 方向四元数 用于表示三维空间里的旋转的四元数。它与三维正交矩阵和欧拉角是等价的,但优点在于:避免了欧拉角表示法中存在的万向锁问题;由四个数字表示旋转,相比需要九个数字的旋转矩阵表示法更为简单;两个四元数更容易插值且可以通过相乘运算表示两次旋转。

orientation repeatability 姿态重复性 指机器人重复到达某一目标姿态的差异程度。或在相同的姿态指令下,机器人连续执行若干次其姿态的分散情况。用来衡量一系列误差值的密集程度。

orientation singularity 姿态奇异性 指机器人朝向的导数不存在或者朝向不连续。

ornithopter 扑翼机 指机翼能像鸟和昆虫翅膀那样上下扑动的重于空气的航空器,又称振翼机。扑动的机翼不仅产生升力,还产生向前的推动力。随着现代材料、动力、加工技术,特别是微机电技术的进步,已经能够制造出接近实用的扑翼飞行器。从原理上可以分为仿鸟扑翼和仿昆虫扑翼,以微小型无人扑翼为主,也有大型载人式。仿鸟扑翼的扑动频率低,翼面积大,类似鸟类飞行,制造相对容易;仿昆虫扑翼扑动频率高,翼面积小,制造难度高,但可以方便的实现悬停。现代扑翼虽然能够实现较好的飞行与控制,但距实用仍有一定差距,在近期内仍无法广泛应用,只能用在一些有特殊要求的任务中,例如城市反恐中的狭小空间侦查。需要解决的主要问题是气动效率低、动力及机构要求高、材料要求高、有效载荷小。

orthesis　矫形器,矫正法　用于支撑、对准、防止或矫正畸形或提升身体可移动部位功能的矫形器具或装置。

orthogonal group　正交群　在实数域上,全体 $n \times n$ 正交方阵在矩阵乘法下构成的群称为 n 次正交群,记为 $O(n)$。

orthogonal matrix　正交矩阵　矩阵与其转置矩阵相乘结果为单位矩阵的矩阵。矩阵中各行和各列向量组都是正交单位向量组。

orthogonal rotation matrix　正交旋转矩阵　在线性代数中,正交矩阵的实数元素的列与行是正交单位向量,可用来在欧几里得空间产生一个旋转。

orthogonal transformation　正交变换　线性变换的一种,它从实内积空间映射到自身,且保证变换前后内积不变。

orthographic projection　正交投影　用正交平面上的投影视图表示三维物体的方法。一个立体图形可用俯视图、前视图、左或右视图来表示。这种投影不具有透视效果。同 parallel projection(平行投影),比较 perspective projection(透视投影)。

orthonormal matrix　标准正交矩阵　指与自身转置矩阵点乘后结果为单位矩阵的实数矩阵。

orthopaedic surgical robot　骨科手术机器人　指用于完成或辅助医生完成骨科手术的机器人。可按照与医生之间关系分为三类:主动型、半主动型和被动型。

OS　操作系统　operating system 的缩写。

OSC　操作空间控制　operational space control 的缩写。

OSR　开源机器人学[技术]　open-source robotics 的缩写。

outdoor robotics　户外机器人学[技术]　机器人学的一个分支,主要研究在户外环境中作业或完成指定任务的机器人相关技术。

outlier　异常值,极端值,离群值　(1) 指一组测定值中与平均值的偏差超过两倍标准差的测定值。若与平均值的偏差超过三倍标准差,称为高度异常。(2) 指在数据中有一个或几个数值与其他数值相比差异较大。一般规定如果一个数值偏离观测平均值的概率小于等于 $1/2n$(其中 n 为观察例数),则该数据应当舍弃。

outer-loop control　外环控制　指对多个控制环组成的控制系统的外环进行的控制。复杂的控制系统往往包含多个回路,每个控制回路控制不同的变量,控制精度和速度不同,其中包含其他回路的控制环称为外环。比较 inner-loop control(内环控制)。

overactuated system　过驱动系统　是一类控制输入数多于输出数的系统,这种冗余控制的特点为控制器的设计提供更大自由度同时对控制分配提出较高要求，优点是对驱动器故障具有一定的容错能力。目前该系统广泛应用于航空航天、航海、汽车、机器人以及工业过程等领域。比较 underactuated system（欠驱动系统）。

over-approximation 过近似 指比真实值更高的估计值。

overconstrained mechanism 过约束机构 指具有比移动准则所预测的更多自由度的连杆机构。移动准则用来评估在关节连接连杆形式约束下的刚体系统的自由度。

overcorrection 过校正，过调 指调制信号的某些峰值超过所考虑的系统或设备的最大允许值的状态。

overdamped system 过阻尼系统 指受到外界作用或系统本身固有原因引起振动时，由于自身阻尼较强，阻尼振子几乎不发生振动，振幅逐渐减小达到稳定平衡的振动系统。

overload 过载 （1）输入计算机的数据速率过高，计算机跟不上响应的情况。（2）模拟计算机的计算单元内部或计算单元输出端所处的一种状态。在这种状态下，计算单元内部或计算单元输出部件都处于饱和状态，由此引起计算错误。（3）对于模拟输入，指某一个绝对电压值，超过此值，模-数转换器就不能识别其变化。超载的值，对于正、负输入可以是不同的。（4）超越系统本身能力的一种运行状态。（5）在实时系统中，当输入的信息过于集中而使计算机实时系统来不及处理输入的信息流时的状态。

oversampling 过采样 一种每条信道中的每个字节都被抽样多次的时分多路复用技术。

overshooting 超调 是控制系统的一种动态性能指标，是控制系统在阶跃信号输入下的响应过程曲线也就是阶跃响应曲线分析动态性能的一个指标值。对于稳定的定值调节系统，是被调参数第一个波峰值与给定值的差。

P

painting robot　喷涂机器人　又叫喷漆机器人，是可进行自动喷漆或喷涂其他涂料的工业机器人。主要由机器人本体、计算机和相应的控制系统组成，多采用5或6自由度关节式结构，手臂有较大的运动空间，并可做复杂的轨迹运动，其腕部一般有2～3个自由度，可灵活运动。腕部多采用柔性手腕，既可向各个方向弯曲，又可转动，其动作类似人的手腕，能方便地通过较小的孔伸入工件内部，喷涂其内表面。广泛用于汽车、仪表、电器、搪瓷等工业生产部门。

palletizing robot　码垛机器人　一种将装有货物或产品的箱子放置于托盘上的自动装置，在码垛行业有着相当广泛的应用。特点是结构简单、零部件少、占地面积小、运作灵活精准、控制简单、稳定性高、作业效率高。

palstance　角速度　在物理学中定义为角位移的变化率，描述物体转动时，在单位时间内转过多少角度以及转动方向的矢量，通常用希腊字母Ω或ω来表示。在国际单位制中，单位是弧度每秒。在日常生活，通常量度单位时间内的转动周数，即每分钟转速。方向垂直于转动平面，可通过右手定则来确定。

panning　(移动摄像机)追拍，平移　是一种摄影技术，它将慢速快门速度与摄像机运动相结合，以创建移动物体周围的速度感。这是一种在模糊背景的同时保持拍摄对象清晰度的方法。通常在水平移动的对象上完成，例如移动的汽车或跑动中的动物；也可以垂直完成，如跟踪某人从高处跳板进入游泳池的动作。

pan-tilt camera　左右-上下移动相机，云台相机　是带有云台的相机。它带有承载相机进行水平和垂直两个方向转动的装置，把相机装云台上能使相机从多个角度进行摄像。云台内装两个电动机。水平及垂直转动的角度大小可通过限位开关进行调整。

parallel　并联；并行；平行　(1)电路内各元件或电源并列连接起来的工作方式。各支路两端的电压相等。(2)多个设备或通道中两个或多个有关的活动同时发生。(3)指平面上两条直线、空间的两个平面以及空间的一条直线与一平面之间没有任何公共点的状态。

parallel algorithm　并行算法　适于在并行处理计算机上解题和处理信息的算法。这种算法由一些独立、可并行运算的模块组成，模块间可互相通信。根据不同的特征，可以分类为

SIMD(单指令流多数据流)算法和MIMD(多指令流多数据流)算法、同步算法和异步算法、数值算法和非数值算法等。

parallel axis theorem　平行轴定理　该定理反映了刚体绕不同轴的转动惯量之间的关系,它给出了刚体对任意转轴的转动惯量和对此轴平行且通过质心的转轴的转动惯量之间的关系。能够很简易地,从刚体对于一支通过质心的直轴(质心轴)的转动惯量,计算出刚体对平行于质心轴的另外一支直轴的转动惯量。

parallel gripper　平行夹持器　有相互平行运动的平移手指的夹持器。

parallel kinematic machine (PKM)　并联运动机床　又称并联结构机床、虚拟轴机床。是基于空间并联机构平台原理开发的一种新概念机床,是并联机器人机构与机床结合的产物。

parallel link robot　并联杆式机器人　同 parallel robot(并联机器人)。

P

parallel manipulator　并联机械臂　一种并联结构机械臂,包括机架、末端执行器和控制系统,其特征在于:末端执行器通过多个相互关联的臂体与机架联接,每个臂体由唯一的移动副或转动副驱动,控制系统控制运动副的运动。一般具有动态性能与运动精度高、多功能灵活性强、使用寿命长等优点。

parallel mechanism　并联机构　动平台和定平台通过至少两个独立的运动链相连接,机构具有两个或两个以上自由度,且以并联方式驱动的一种闭环机构。从运动形式来看,并联机构可分为平面机构和空间机构;细分可分为平面移动机构、平面移动转动机构、空间纯移动机构、空间纯转动机构和空间混合运动机构。

parallel projection　平行投影　将三维物体投影到二维平面上的一种方式。将观察者(投影中心)置于无穷远处,则视点与物体之间的连线为一组平行线,此时物体在投影平面上的映像保持了线段的平行关系,因而简化了几何运算,但视图的真实感较差。参见 orthographic projection(正交投影)。

parallel robot　并联机器人　指动平台和定平台通过至少两个独立的运动链相连接,机构具有两个或两个以上自由度,且以并联方式驱动的一种闭环机构。特点为无累积误差、精度较高;驱动装置可置于定平台上或接近定平台的位置,重量轻、速度高、动态响应好。并联机器人在需要高刚度、高精度或者大载荷而无须很大工作空间的领域内得到了广泛应用。比较 serial robot(串联机器人)。

parallelism　并行性,平行性　(1) 在同一时刻或是在同一时间间隔内完成两种或两种以上性质相同或不同的工作。包含三重含义,即时间重叠、资源重复和资源共享。从广义上来说,并行性既包含同时性,又包含并发性。同时性指两个或多个事件在同一时刻发生,并发性指两个或多个事件在同一时间间隔里发生。(2) 指互相独立的算法步骤同时执行的性质。在一些问题中存在着自然并行性,即在算法中明显存在互相独立的操作，如线性代数算法、偏微分方程算法、蒙特卡洛算法、有限元算法等，在另外一些问题中虽然没有明显的并行性，但是可以通过引入附加操作或采用新方法实现并行处理，这类并行性称之为人工并行性。

parameter 参数 （1）表示某一事物，现象或设备在其运动过程中某一特性的量。如电阻、电感是电路的参数。可以把参数定义为一种值，用来控制可随其组成元素变化而变化的状态。（2）一种变量，对一个规定的应用赋予一个常数值，而且它可能表示这种应用。（3）在程序之间或过程之间传递的数据。

parameter estimation 参数估计 统计推断的一种，是根据从总体中抽取的随机样本来估计总体分布中未知参数的过程。从估计形式看，可以区分为点估计与区间估计；从构造估计量的方式，可分为矩法估计、最小二乘估计、似然估计、贝叶斯估计等。要处理的两个问题一是求出未知参数的估计量，二是在一定信度下指出所求的估计量的精度。信度一般用概率表示，精度用估计量与被估参数之间的接近程度或误差来度量。

parameter identification 参数辨识 是一种将理论模型与实验数据结合起来用于预测的技术。根据实验数据和建立的模型来确定一组模型的参数值，使得由模型计算得到的数值结果能最好地拟合测试数据，从而可以对未知过程进行预测。在具体研究中，首先会建立一个粗略的模型，用这个模型对实验测量结果进行预测。当计算得到的数值结果与测试值之间的误差较大时，就认为该数学模型与实际的过程不符或者差距较大，进而修改模型，重新选择参数。当预测结果与实测结果相符时，认为此模型具有较高的可信度。

parametric equation 参数方程 （1）一般地，在坐标系中，如果曲线上任意一点的坐标都是某个变量的函数，并且对于该变量的任意取值，由坐标方程组所确定的点都在这条曲线上，那么坐标方程组就称为这条曲线的参数方程。（2）由一些在指定的集的数，称为参数或自变量，以决定因变量的结果。用参数方程描述运动规律时，常常比用普通方程更为直接简便。对于解决求最大射程、最大高度、飞行时间或轨迹等一系列问题都比较理想。

parametric model 参数模型 是一类可以通过结构化表达式和参数集表示的模型。是以代数方程、微分方程、传递函数等形式表达的。

parametric uncertainty 参数不确定性 指在系统模型中，很多参数往往无法精确测量的特性，如机械臂动力学方程中的哥氏力和离心力参数，实际控制中往往通过自适应方法来在线估计。

parcel handling robot 包裹处理机器人 用于快递行业执行包裹分拣、处理等任务的机器人，相比于人为处理包裹效率更高、作业时间更长，目前已经被广泛用于快递和物流行业。

parking assistance system 泊车辅助系统 一种辅助驾驶员在拥挤停车场

等环境进行无碰撞泊车的系统。通过安装在车身上的摄像头、超声波传感器以及红外传感器，探测停车位置，绘制停车地图，并实时动态规划泊车路径，将汽车指引或者直接操控方向盘驶入停车位置。

partially observable Markov decision process (POMDP) 部分可观测马尔可夫决策过程 是一种通用化的马尔可夫决策过程，描述在当前世界模型部分可知的情况下，智能体如何采取有效的策略来决策行动序列的过程。由于部分可感知模型中不仅要考虑动作的不确定性，还要考虑到状态的不确定性，因此这种世界模型能够更客观的描述真实世界，应用十分广泛。参见 Markov decision process(马尔可夫决策过程)。

particle deprivation problem 粒子匮乏问题 指粒子滤波算法中粒子的权重逐渐趋向于权重高的粒子，导致粒子多样化缺失的一类问题。

particle filtering (PF) 粒子滤波 是一种蒙特卡罗算法，用于解决信号处理和贝叶斯统计推断中出现的滤波问题。滤波问题包括在进行部分观测时估计动态系统中的内部状态，并且在传感器以及动态系统中存在随机扰动。目标是计算一些马尔可夫过程的状态的后验分布，给出一些噪声和部分观测。“粒子滤波器”这个术语最初是由 Del Moral 在 1996 年提到的，它涉及自 20 世纪 60 年代初以来在流体力学中使用的平均场相互作用粒子方法。粒子滤波使用一组粒子(也称为样本)来表示给定噪声和/或部分观察的一些随机过程的后验分布。状态空间模型可以是非线性的，初始状态和噪声分布可以采用任何形式。粒子滤波技术提供了一种成熟的方法，用于从所需分布生成样本，而无需对状态空间模型或状态分布进行假设。粒子滤波算法被广泛应用在移动机器人的定位问题上。

particle swarm optimization (PSO) 粒子群优化 又翻译为粒子群算法、微粒群算法或微粒群优化算法，是通过模拟鸟群觅食行为而发展起来的一种基于群体协作的随机搜索算法，通常认为它是群集智能的一种。它通过在粒子的位置和速度上根据简单的数学公式得到一组候选解决方案(这里称为粒子)并在搜索空间中移动这些粒子来解决问题。每个粒子的运动受其局部最优值的影响，但也被引导到搜索空间中全局最优值的位置，这些位置随着其他粒子找到更好的位置而更新。预计这会将群体推向全局最优解。

passive compliance 被动柔顺性 指机器人凭借一些辅助的柔顺机构，使其在与环境接触时能够对外部作用力产生自然顺从，而不需要对部件的接触状态进行主动和明确的识别和推理。参见 compliance(柔顺)。

passive dynamic walking 被动动态行走 指在不采用能量驱动和主动控制的情况下，利用机器人的内在动力学特性，在重力作用下沿倾斜地面向下行走，获得了自然、高效、与人类相似的稳定步态。20 世纪 90 年代，

P

McGeer首次提出被动动态行走的概念，这种没有任何驱动和控制的被动动态行走称为纯被动行走。被动动态行走分为纯被动动态行走和半被动动态行走。半被动行走机器人又称可控被动行走机器人，指机器人存在被动关节，仅在部分自由度施加驱动，对步行过程中的能耗进行补偿，实现在平地、上坡和下坡的动态行走。

passive localization　被动定位　指在进行导航定位时，利用卫星、信标台或其他发射台站的信号，而不需在测量地区范围内自行布设发射台，进行导航定位的方法。目前的被动定位技术主要有3种类型：三元子阵定位、目标运动分析(TMA)和匹配场处理(MFP)。

passive sensor　无源传感器　指不需要使用外接电源的传感器，或可以通过外部获取到无限制的能源的传感器。比较active sensor(有源传感器)。

passive SLAM　被动同时定位与建图，被动SLAM　此问题可以描述为：机器人在未知环境中从一个未知位置开始移动，其运动轨迹和运动状态是预先给定，或者由人为控制，在移动过程中根据传感器的测量信息进行位姿估计和地图构建，同时在自身定位的基础上建造增量式地图，实现机器人的自主定位和导航，被动指由人操作机器人在环境中建图，并且机器人感知信息完全取决于环境信息，不会自主地去进行探测和路径规划。比较active SLAM(主动同时定位与建图)，参见SLAM(同时定位与建图，即时定位与地图构建，同步定位与地图构建)。

passive training　被动训练　指在训练中默默地观察举例或示范，借以形成技能的学习活动过程。一般用于学习的初期，借以了解某种技能的梗概。

passive vision　被动视觉　与主动视觉相对，指视觉系统或观察者不能主动调整观测场景或者自身的参数。例如运动捕捉系统就是典型的被动视觉系统。

passivity　无源性，被动性　指系统只消耗能量而不产生能量，系统无源可以保持系统的内部稳定。

passivity-based control　无源控制　是鲁棒控制方法的一种，其设计核心是使得闭环系统无源。常见的无源控制方法有级联与阻尼配置、PID无源控制、互联控制、能量守恒无源控制等。无源控制把控制理论的研究框架从传统的信号处理的角度转到能量处理(传输)的角度，其物理概念非常直观，易于被工程师接受，目前在诸多实际的物理系统中存在着广泛的应用。其核心是从能量的角度入手，使得闭环系统满足无源性。相关的无源控制理论自1989年提出至今的30年里，取得飞速的发展。

path　路径　(1)在机器人领域，指机器人两个位姿之间的运动路径。(2)在计算机领域，指用户在磁盘上寻找文件时，所历经的文件夹线路，路径分为绝对路径和相对路径。

path acceleration　路径加速度　指在连续轨迹控制中，末端执行器或工具中心沿指定运动达到预定速度前的合成加速度。

path accuracy　路径准确度　指指令路径和实到路径均值间的差值。所有离线轨迹规划方法都采用动态模型来准确描述真实机器人的行为。在实践中,通常不是这种情况,并且仅估计一些机器人参数,一些动态效果保持未建模,并且系统参数可能在操作期间改变。如果是这种情况,则所得到的机器人运动不再最优,或超过最大驱动器力或扭矩,这导致指定路径和执行路径之间产生差异。

path optimization　路径优化　指寻找一条路程最短、时间最短或能量消耗最小的路径,比如考虑路径的曲率限制、工作空间的避障和减少能量消耗等等。

path planning　路径规划　指依据某种最优准则,在工作空间中寻找一条从起始状态到目标状态的避开障碍物的最优路径。路径规划用于解决不同领域的问题,从简单的空间路线规划到选择达到某个目标所需的适当动作序列。机器人路径规划需要解决的问题包括:① 起于初始点,终于目标点;② 避障;③ 尽可能优化路径。常见的机器人路径规划算法有:基于几何构造的方法、栅格法、智能化路径规划方法、人工势场法等。

path repeatability　路径重复性　指对于同一指令路径,机器人多次实到路径间的不一致程度。

path velocity accuracy　路径速度准确度　指当运行同一指令路径时,指令路径速度和实到路径速度均值间的差值。

path velocity fluctuation　路径速度波动　指按给定的指令速度沿给定的指令路径运行时产生的最大和最小速度间的差值。

pattern matching　模式配对,模式匹配　指模式分类系统中将输入模式与样本配对的过程;也指对给定的条件进行匹配求值,同时搜索适当对象的过程。当完全匹配不成立时,也可应用部分匹配求得最佳匹配。

pattern recognition　模式识别　指对表征事物或现象的各种形式的信息进行处理和分析,以对事物或现象进行描述、辨认、分类和解释的过程,是信息科学和人工智能的重要组成部分。模式识别研究主要集中在两方面:一是研究生物体(包括人)是如何感知对象的,属于认识科学的范畴;二是在给定的任务下,如何用计算机实现模式识别的理论和方法。模式识别已经在天气预报、卫星航空图片解释、工业产品检测、字符识别、语音识别、指纹识别、医学图像分析等许多方面得到了成功的应用。

payload　有效负载,有效载荷　指机器人在工作范围内,任何位姿上所能承受的最大质量。它不仅取决于负载的质量,而且还和机器人的运行速度和加速度的大小和方向有关。

PBVS　基于位置的视觉伺服　position-based visual servoing 的缩写。

PCWF　有摩擦点接触　point contact with friction 的缩写。

PD control　比例-微分控制　指在控

制系统中，当被控变量发生偏差时，调节器的输出信号增量与偏差大小及偏差对时间的微分成正比的一种控制方法。是广泛应用于工业控制系统和各种其他需要连续调节控制应用的控制反馈机制。同 proportional-derivative (PD) control(比例微分控制)。

PDOP 位置精度因子 positional dilution of precision 的缩写。

peg-in-hole task 轴孔任务 指将轴推入孔中，同时避免楔入和卡住的装配任务。

pendant 示教盒，示教器 同 teach pendant(示教器)。

pendulus gyroscope 钟摆式陀螺仪 指拥有两个完全自由度和一个不完全自由度的陀螺仪。它是根据陀螺仪的定轴性和进动性这两个基本特性，并考虑到陀螺仪对地球自转的相对运动，使陀螺轴在测站子午线附件作简谐摆动的原理而制成。由于它的灵敏部和钟摆相似(重心位于过中心的铅垂线上，且低于中心)，所以称为钟摆式陀螺仪。

perception 感知 指机器人通过视觉、接触或者其他方法，使用各种传感技术获取信息并处理，来识别、判断自身、周围环境及人的状态。

perception system 感知系统 在机器人学的研究中，机器人感知系统一直是人们关注的焦点之一，是实现机器人与人交互、环境互操作的重要部分。要使机器人和人的功能更为接近，以便从事更高级的工作，要求机器人能有判断能力，这就要给机器人安装传感器，特别是视觉传感器和触觉传感器等，使机器人通过视觉对物体进行识别和检测，通过触觉对物体产生压觉、力觉、滑动感觉和质量感觉。

performance evaluation 性能评价 指对系统的性能进行分析预测。性能评价包括建立模型、筛选情景、情景分析、灵敏度分析、不确定性分析、后果分析、模型验证和评价计算结果等步骤。

performance testing 性能测试 指通过自动化的测试工具模拟多种正常、峰值以及异常负载条件来对系统的各项性能指标进行测试。负载测试和压力测试都属于性能测试，两者可以结合进行。通过负载测试，确定在各种工作负载下系统的性能，目标是测试当负载逐渐增加时，系统各项性能指标的变化情况。

period 周期，循环；时期 (1) 是单位时间或是任何特定的时间间隔的单位时间，用作测量或表示持续时间的标准方式。(2) 在物理学中，指重复事件中一个循环的持续时间。

permanent magnetic DC motor 永磁式直流电机 是一种直流电机，由定子磁极、转子、电刷、外壳等组成，定子磁极采用永磁体(永久磁钢)，有铁氧体、铝镍钴、钕铁硼等材料。按其结构形式可分为圆筒型和瓦块型等几种。录放机中使用的电力多数为圆筒型磁体，而电动工具及汽车用电器中使用的电动机多数采用专块型磁体。

permeameter 磁导计 是磁化开磁路材料试样(即试样本身未形成闭合磁路)的装置。用以配合其他磁测量仪器测量材料的磁特性。分中场磁导计和强场磁导计两种。中场磁导计于磁化开磁路软磁材料试样,又称软磁磁导计。强场磁导计用于磁化永磁材料(即硬磁材料)试样,又称永磁磁导计。

persistence of vision 视觉暂留 指光对视网膜所产生的视觉在光停止作用后,仍保留一段时间的现象。视觉暂留又称余晖效应,于 1824 年在《移动物体的视觉暂留现象》一文中最先提出。

perspective camera 透视投影相机 指利用透视投影原理工作的相机。这种投影模式旨在模仿人眼看到的方式,它是用于渲染 3D 场景的最常见投影模式。参见 perspective projection(透视投影)。

perspective projection 透视投影 是用中心投影法将形体投射到投影面上,从而获得的一种较为接近视觉效果的单面投影图。它具有消失感、距离感、相同大小的形体呈现出有规律的变化等一系列的透视特性,能逼真地反映形体的空间形象。透视投影符合人们心理习惯,即离视点近的物体大,离视点远的物体小,远到极点即为消失,成为灭点。它的视景体类似于一个顶部和底部都被切除掉的棱锥,也就是棱台。这个投影通常用于动画、视觉仿真以及其他许多具有真实性反映的方面。比较 parallel projection(平行投影)和 orthogonal projection(正交投影)。

perspective transformation 透视变换 指利用透视中心、像点、目标点三点共线的条件,按透视旋转定律使透视面绕透视轴旋转某一角度,破坏原有的投影光线束,仍能保持承影面上投影几何图形不变的变换。参见 perspective projection(透视投影)。

perturbation 摄动 指在系统中存在的微小扰动。

perturbation analysis 摄动分析 摄动分析是控制理论研究中的一种工具。摄动方法的基本思路是:如果一个系统 S_ε 中包含有一个难以精确确定或作缓慢变化的参数 ε,就可以令 $\varepsilon = 0$,使系统 S_ε 退化为 S_0,而把 S_ε 看作是 S_0 受到(由于 $\varepsilon \neq 0$ 而引起的)摄动而形成的受扰系统。问题因而简化成为在求解 S_0 的基础上来找出系统 S_ε 的运动表达式。这样做往往能达到简化数学处理的目的。摄动方法所提供的系统 S_ε 的运动 Γ_ε 的形式是 s 的幂级数(可能包含负幂次项),级数的各项系数是有关变量(时间、状态变量等)的函数。如果在这些变量的容许变化范围内,当 ε 趋于零时,Γ_ε 的表达式一致地(均匀地)趋于 S_0 的运动表达式 Γ_0,就称表达式 Γ_ε 为一致有效的。摄动问题可分为正则摄动和奇异摄动两类形式。参见 perturbation(摄动)。

pervasive computing 普适计算 又称普存计算、普及计算、遍布式计算、泛在计算。是一个强调和环境融为一体的计算概念,而计算机本身则从人们的视线里消失,它最早起源于 1988 年 Xerox PARC 实验室的一系列研究计划。在普适计算的模式下,人们能够在任何时间、任何地点、以任何方式进行信息的获取与处理。普适计算是一个涉及研究范围很广的课题，包括分布式计算、移动计算、人机交互、人工智能、嵌入式系统、感知网络以及信息融合等多方面技术的融合。普适计算的目的是建立一个充满计算和通信能力的环境，同时使这个环境与人们逐渐地融合在一起。在这个融合空间中人们可以随时随地、透明地获得数字化服务。在普适计算环境下，整个世界是一个网络的世界，数不清的为不同目的服务的计算和通信设备都连接在网络中，在不同的服务环境中自由移动。同 ubiquitous computing(泛在计算)。

Petri net　佩特里网　指一种分布式系统模型，由德国科学家 C. A. Petri 于 1962 年提出。一个佩特里网由一个网(基网)配置以一个初始标识构成，基网描述系统的结构，标识反映系统的状态。佩特里网有图表示和数学表示两种表示法。佩特里网是由圆圈和短线两类节点构成的网状结构。圆圈表示地点或条件，短线表示变迁或事件。连接圆圈和短线的有向弧称为流关系，圆圈中的黑点叫作码子，标志着网中的信息，信息的流动即用码子的位置和数量的变化模拟。码子在网中的分布构成网的标识，又称状态。上述要素所构成之网状结构满足以下五个条件才是佩特里网：① 至少有一个节点；② 每个有向弧的起止点必须是一个圆圈和一条短线，两条有向弧的起止点不能完全相同；③ 每个节点至少必须是一条有向弧的起点或终点；④ 每个地点都有固定的容量，即最多能容纳的码子个数，容量可以是无穷的；⑤ 每个网都有一个初始标识。

phase　相位　是描述信号波形变化的度量，通常以度(角度)作为单位，也称作相角或相。当信号波形以周期的方式变化时，波形循环一周即为 360°。

phase difference　相位差　指两个频率相同的波在相同时间点的相位之差，数值上等于两个初相角之差。

phase plane method　相平面法　该方法通过图解法将一阶和二阶系统的运动状态过程转化为位置和速度平面上的相轨迹，从而比较直观、准确地反映系统的稳定性、平衡状态和稳态精度以及初始条件及参数对运动系统的影响。相轨迹的绘制方法步骤简单、计算量小，适用于分析一阶、二阶的非线性系统。

pheromone　信息素　(1) 指生物体之间起化学通信作用的化合物的统称。(2) 在蚁群算法中，路径较短的蚂蚁释放的信息素量较多，随着时间的推进，较短的路径上累积的信息素浓度逐渐增高，选择该路径的蚂蚁个数也愈来愈多。最终，整个蚂蚁群会在正反馈的作用下集中到最佳的路径上，此时对应的便是待优化问题的最优解。

photo encoder　光电编码器　是一种通过光电转换将输出轴上的机械几何位移量转换成脉冲或数字量的传感器。一般的光电编码器主要由光栅盘和光电探测装置组成。在伺服系统中，由于光电码盘与电动机同轴，电动机旋转时，光栅盘与电动机同速旋转，经发光二极管等电子元件组成的检测装置检测输出若干脉冲信号，通过计算每秒光电编码器输出脉冲的个数就能反映当前电动机的转速。

photoconductive cell　光电导管；光敏电阻　(1) 一种半导体元件，其电导与其受光量成正比例。(2) 是利用半导体的光电效应制成的一种电阻值随入射光的强弱而改变的电阻。入射光强时，电阻减小；入射光弱时，电阻增大。光敏电阻一般用于光的测量、光的控制和光电转换。

photoconductive element　光敏元件　是一种对光源敏感的电子元件，基于半导体光电效应的光电转换传感器，能实现对光量的无接触、远距离、快速和精确测量，还常用来间接测量能转换成光量的其他物理或化学量。分为光导型元件(如光敏电阻)和光生伏特型元件(如光电二极管、光电三极管、光电池、光电场效应管和光控可控硅等)。

photodiode　光电(光敏，光控)二极管　在两种半导体间的 PN 结附近，或在半导体与金属间的结附近，由于吸收辐射而产生光电流的光电探测器件。

photoelectric effect　光电效应　指光束照射物体时会使其发射出电子的物理效应。光电效应分为光电子发射、光电导效应和光生伏特效应。前一种现象发生在物体表面，又称外光电效应。后两种现象发生在物体内部，称为内光电效应。

photoelectric sensor　光电传感器　指以光电器件作为转换元件的传感器。它可用于检测直接引起光量变化的非电量，如光强、光照度、辐射测温、气体成分分析等；也可用来检测能转换成光量变化的其他非电量，如零件直径、表面粗糙度、应变、位移、振动、速度、加速度，以及物体的形状、工作状态的识别等。参见 photoelectric effect(光电效应)。

photogrammetry　摄影测量法　是一种利用被摄物体影像来重建物体空间位置和三维形状的技术。它的三个发展阶段分别是模拟摄影测量、解析摄影测量、数字摄影测量。摄影测量法应用于多个领域，如地形图绘制、建筑学、工程学、生产制造、质量控制、警方侦察和地质学等。

photomodulator　光调制器　将一个携带信息的信号叠加到载波光波上的一种调制器件。是高速、短距离光通信的关键器件，是最重要的集成光学器件之一。光调制器按照其调制原理来讲，可分为电光、热光、声光、全光等，它们所依据的基本理论是各种不同形式的电光效应、声光效应、磁光效应、Franz-Keldysh 效应、量子阱 Stark 效应、载流子色散效应等。

photo-potentiometer　光电电位器　是调整入射光在光敏层上的位置，达到改变输出目的的电位器。

photoreceptor　光感受器，感光器　指一种通过捕获光子来探测光的装置，可以检测光的变化和颜色的变化。

photoresistor　光敏电阻器，光电导管　是利用光电导效应的一种特殊的电阻，简称光电阻，又名光导管。它的电阻和光线的强弱有直接关系。光强度增加，则电阻减小；光强度减小，则电阻增大。

photoswitch 光开关 是一种具有一个或多个可选的传输端口的光学器件，其作用是对光传输线路或集成光路中的光信号进行物理切换或逻辑操作。

physical vapor deposition (PVD) 物理气相沉积 表示在真空条件下，采用物理方法，将材料源(固体或液体)表面气化成气态原子、分子或部分电离成离子，并通过低压气体(或等离子体)过程，在基体表面沉积具有某种特殊功能的薄膜的技术。

pick-and-place operation 拾放操作 指机器人从一个位置拾取东西并将它们放在另一个位置的行为，它是工业机器人的一个主要功能。

picture compression 图像压缩 指以较少的比特有损或无损地表示原来的像素矩阵的技术，也称图像编码。图像压缩可以是有损数据压缩也可以是无损数据压缩。对于如绘制的技术图、图表或者漫画优先使用无损压缩，这是因为有损压缩方法，尤其是在低的位速条件下将会带来压缩失真。如医疗图像或者用于存档的扫描图像等这些有价值的内容的压缩也应尽量选择无损压缩方法。有损方法非常适合于自然的图像，例如一些应用中图像的微小损失是可以接受的(有时是无法感知的)，这样就可以大幅度地减小位速。

picture distortion 图像畸变 指成像过程中所产生的图像像元的几何位置相对于参照系统发生的挤压、伸展、偏移和扭曲等变形，使图像的几何位置、尺寸、形状、方位等发生改变。

picture element (pixel) 像素，像元 是在由一个数字序列表示的图像中的一个最小单位。

picture processing 图像处理 一般指数字图像处理，用计算机对图像进行分析，以达到所需结果的技术，又称影像处理。图像处理技术一般包括图像压缩、增强和复原、匹配描述和识别等。参见 digital image processing(数字图像处理)。

picture segmentation 图像分割 指把图像分成若干个特定的、具有独特性质的区域并提出感兴趣目标的技术和过程。它是由图像处理到图像分析的关键步骤。图像分割的目的是简化或改变图像的表示形式，使得图像更容易理解和分析。现有的图像分割方法主要分以下几类：基于阈值的分割方法、基于区域的分割方法、基于边缘的分割方法以及基于特定理论的分割方法等。从数学角度来看，图像分割是将数字图像划分成互不相交的区域的过程。图像分割的过程也是一个标记过程，即把属于同一区域的像素赋予相同的编号。

PID 比例-积分-微分 proportional-integral-derivative 的缩写。

PID control law 比例积分微分控制律，PID 控制律 使用比例单元(P)、积分单元(I)、微分单元(D)环节的控制系统特征及规律。PID 控制的基础是比例控制；积分控制可消除稳态误差，但可能增加超调；微分控制可加快大惯性系统响应速度以及减弱超调趋势。参见 control law(控制律)。

PID gain tuning 比例积分微分增益整定,PID 增益整定 即 PID 参数整定。PID 控制器中,需对 P、I、D 三个参数进行设置,一般通过工程人员的经验技巧进行凑试,此过程即为 PID 整定,目前对 PID 参数自动整定已有大量研究。参见 PID control law(比例积分微分控制律,PID 控制律)。

piecewise linearization 分段线性化 是通过把非线性特性作分段线性化近似处理来分析非线性系统的一种方法。把非线性特性曲线分成若干个区段,在每个区段中用直线段近似地代替特性曲线,这种处理方式称为分段线性化。在分段线性化处理后,所研究的非线性系统在每一个区段上被近似等效为线性系统,就可采用线性系统的理论和方法来进行分析。将各个区段的分析结果,如过渡过程曲线或相轨迹(见相平面法),按时间的顺序加以衔接,就是所研究非线性系统按分段线性化法分析得到的结果。

piezo crystal 压电晶体 指在机械力作用下,产生形变,使带电质点发生相对位移,从而在晶体表面出现正、负束缚电荷的非中心对称晶体。压电晶体极轴两端产生电势差的性质称为压电性。压电晶体是用量仅次于单晶硅的电子材料,用于制造选择和控制频率的电子元器件,广泛应用于电子信息产业各领域。

piezo effect 压电效应 指电介质材料中一种机械能与电能互换的现象。压电效应有两种,正压电效应及逆压电效应。当对压电材料施以物理压力时,材料体内之电偶极矩会因压缩而变短,此时压电材料为抵抗这变化会在材料相对的表面上产生等量正负电荷,以保持原状。这种由于形变而产生电极化的现象称为“正压电效应”。正压电效应实质上是机械能转化为电能的过程。当在压电材料表面施加电场(电压),因电场作用时电偶极矩会被拉长,压电材料为抵抗变化,会沿电场方向伸长。这种通过电场作用而产生机械形变的过程称为“逆压电效应”。逆压电效应实质上是电能转化为机械能的过程。压电效应在声音的产生和侦测、高电压的生成、电频生成、微量天平和光学器件的超细聚焦上有着重要的运用。

piezocoupler 压电耦合器 指使用耦合振荡原理的压电换能器。

piezoelectric accelerometer 压电式加速度仪 又称压电加速度计,属于惯性式传感器。它是利用某些物质如石英晶体的压电效应,在加速度计受振时,质量块加在压电元件上的力也随之变化。当被测振动频率远低于加速度计的固有频率时,则力的变化与被测加速度成正比。

piezoelectric actuator 压电执行器,压电驱动器 压电驱动器是一种通过对压电材料外加特定频率和幅值的电压、利用逆压电效应和振动摩擦激发运动的驱动器。参见 piezo effect(压电效应)。

piezoelectric ceramic 压电陶瓷 是一类具有压电特性的电子陶瓷材料。

与典型的不包含铁电成分的压电石英晶体的主要区别是：构成其主要成分的晶相都是具有铁电性的晶粒。由于陶瓷是晶粒随机取向的多晶聚集体，因此其中各个铁电晶粒的自发极化矢量也是混乱取向的。为了使陶瓷能表现出宏观的压电特性，就必须在压电陶瓷烧成并于端面被复电极之后，将其置于强直流电场下进行极化处理，以使原来混乱取向的各自发极化矢量沿电场方向择优取向。经过极化处理后的压电陶瓷，在电场取消之后，会保留一定的宏观剩余极化强度，从而使陶瓷具有了一定的压电性质。

piezoelectric material　压电材料　压电材料会有压电效应是因晶格内原子间特殊排列方式，使得材料有应力场与电场耦合的效应。根据材料的种类，压电材料可以分成压电单晶体、压电多晶体(压电陶瓷)、压电聚合物和压电复合材料四种。根据具体的材料形态，则可以分为压电体材料和压电薄膜两大类。

piezoelectric motor　压电电机　是一种利用压电体的逆压电效应进行机电能量转换的电动机。

piezoelectric polymer　压电聚合物　又称有机压电材料，如聚偏氟乙烯(PVDF)(薄膜)及以它为代表的其他有机压电(薄膜)材料。具有材质柔韧、低密度、低阻抗和高压电电压常数等优点，在水声超声测量，压力传感，引燃引爆等方面获得应用。不足之处是压电应变常数偏低，使之作为有源发射换能器受到很大的限制。

piezoelectric sensor　压电式传感器　是基于压电效应的一种自发电式和机电转换式传感器。它的敏感元件由压电材料制成。压电材料受力后表面产生电荷。此电荷经电荷放大器和测量电路放大和变换阻抗后就成为正比于所受外力的电量输出。压电式传感器用于测量力和能变换为力的非电物理量。它的优点是频带宽、灵敏度高、信噪比高、结构简单、工作可靠和重量轻等。缺点是某些压电材料需要防潮措施，而且输出的直流响应差，需要采用高输入阻抗电路或电荷放大器来克服这一缺陷。

piezoelectric stack　压电叠堆　指若干片压电陶瓷片使用物理串联，电学并联或者串联连接。

pilot signal　控制(导频、指示)信号　指在电信网内为测量或监控的目的而发送的信号，这种信号通常为单一频率。

pinch effect　收缩(收聚)效应　指流过等离子体的强电流和此电流产生的磁场之间的相互作用，能引起等离子体向中心区域压缩，并使等离子体密度和温度增加的效应。

pinhole camera　针孔相机　是一种没有镜头的相机，取代镜头的是一个小孔，称为针孔。利用针孔成像原理，产生倒立的影像。结构相对简单，由不透光的容器、感光材料和针孔片组成。其中，感光材料可以是底片，也可以是相纸。为了控制曝光，还要有快门结构，通常是简单的活门。由于进光量少，用针孔相机拍照，需要较长的曝光时间。曝光时间由数秒至数十分钟不等,通常把相机安装在三脚架上,或把相机放在稳固的地方。

pinhole camera model 针孔相机模型 指一种描述三维空间中点的坐标与其在理想针孔相机的图像平面上的投影之间的数学关系的模型,其中相机光圈被描述为点并且没有透镜用于聚焦光。该模型不包括例如由透镜和有限尺寸的孔引起的未聚焦物体的几何变形或模糊。它也没有考虑到大多数实用的相机只有离散的图像坐标。这意味着针孔相机模型只能用作从 3D 场景到 2D 图像的映射的一阶近似。其有效性取决于相机的质量,并且通常随着镜头失真效应的增加从图像中心向边缘减小。

pipeline robot 管道机器人 是一种可沿管道内部或外部自动行走、携带一种或多种传感器及操作机械,在工作人员的遥控操作或计算机自动控制下,进行一系列管道作业的机、电、仪一体化机器人系统。根据管道机器人的不同驱动模式,大致可以分为八种,分别是流动式机器人、轮式机器人、履带式机器人、腹壁式机器人、行走式机器人、蠕动式机器人、螺旋驱动式、蛇型机器人。

pitch 俯仰;高度;音量 (1) 参见 pitch angle(俯仰角);(2) 指从地面或基准面向上到某处的距离;(3) 指人耳对所听到的声音大小强弱的主观感受,其客观评价尺度是声音的振幅大小。

pitch angle 俯仰角 一般定义载体的右、前、上三个方向构成右手系,绕向右的轴旋转就是俯仰角。比较 yaw angle(偏航角),roll(横滚)。

pixel 像素 指基本原色素及其灰度的基本编码。数字图像是由按一定间隔排列的亮度不同的像点构成的,形成像点的单位称“像素”,也就是说,组成图像的最小单位是像素,像素是图像的最小因素。从计算机技术的角度来解释,像素是硬件和软件所能控制的最小单位。

pixel coordinate system 像素坐标系 相机采集的数字图像在计算机内可以存储为数组,数组中的每一个元素(像素,pixel)的值即是图像点的亮度(灰度)。在图像上定义 $u-v$ 直角坐标系,每一像素的坐标 (u,v) 分别是该像素在数组中的列数和行数。故 (u,v) 是以像素为单位的图像坐标系坐标。

PKM 并联运动机床 parallel kinematic machine 的缩写。

planar joint 平面关节,平面副 指相对两个关节的关节面平坦而光滑、大小一致,可作轻微滑动或转动的一种关节。

planar projection 平面投影 指以平面作为投影面的一类投影。平面投影又称方位投影、天顶投影。

planar two-arm system 平面二臂系统 指由两根连杆组成,所有构件都在相互平行的平面内运动的系统。

plane homogeneous coordinates 平面齐次坐标 指将原本平面的二维向量用三维向量来表示。

planet gear 行星齿轮 是齿轮结构的一种,通常由一个或者多个外部齿轮围绕着一个中心齿轮旋转。

P

planetary gear reduction　行星齿轮减速　又称为行星减速机，伺服减速机。在减速机家族中，行星减速机以其体积小、传动效率高、减速范围广、精度高等诸多优点，而被广泛应用于伺服电机、步进电机、直流电机等传动系统中。其作用就是在保证精密传动的前提下，主要被用来降低转速增大扭矩和降低负载或电机的转动惯量比。行星齿轮减速机主要传动结构为：行星轮、太阳轮、内齿圈。

planning　规划　指一种模拟人类求解复杂问题过程的问题求解方法。主要研究避免大空间搜索组合爆炸的基本策略（如生产测量方法，实施手段和方式）。它对搜索空间进行分解，把问题分成若干子问题进行求解，并根据子问题之间的联系，决定问题的求解顺序和子问题之间的信息交流，选择适当的求解规则，在较小的搜索范围内是问题得到求解。用规划求解较为复杂的问题可求得一个操作系列，求解步骤。求解过程按步骤执行操作，最终达到目标。在执行操作的同时，规划还监视执行过程。一旦发现意外情况并影响到操作的继续执行，它能及时处理。规划经常用于为机器人指定动作序列。目前主要的规划技术有层次规划、非层次规划、演绎规划、脚本规划等。

planning algorithm　规划算法　指求解从初始状态到目标状态，并满足约束条件的算法。机器人规划算法包括：动作规划算法、轨迹规划算法、运动规划算法、任务规划算法等。

planning under uncertainty　不确定性规划　指在存在人为的或客观的不确定性，如随机性、模糊性、粗糙性、随机模糊性的环境下如何建立并求解优化模型的方法。

playback operation　示教再现操作，重现操作　指可以重复执行示教编程输入任务程序的一种机器人操作。

playback robot　示教再现机器人，重现机器人　是一种可重复再现通过示教编程存储起来的作业程序的机器人。它指通过下述方式完成程序的编制：由人工导引机器人末端执行器（安装于机器人关节结构末端的夹持器、工具、焊枪、喷枪等），或由人工操作导引机械模拟装置，或用示教盒（与控制系统相连接的一种手持装置，用以对机器人进行编程或使之运动）来使机器人完成预期的动作。作业程序（任务程序）为一组运动及辅助功能指令，用以确定机器人特定的预期作业，这类程序通常由用户编制。由于此类机器人的编程通过实时在线示教程序来实现，而机器人本身凭记忆操作，故能不断重复再现。

PLC　可编程逻辑控制器　programmable logic controller 的缩写。

Plücker coordinate　普吕克坐标　是一种在投影空间中为每条线分配六个齐次坐标的方法，由尤利乌斯·普吕克于 1844 年给出。因为它们满足二次约束，所以它们在三维投影空间中的线的四维空间和五维投影空间中的二次曲线上的点之间建立一对一的对应关系。作为格拉斯曼坐标的前身和特例，普吕克坐标在几何代数中自然产生。它们已被应用在计算机图形学中，并且还可以扩展应用于机器人控制。

pneumatic actuator　气动执行器，气动驱动器　指用气压力驱动启闭或调节阀门的执行装置，气动控制阀致动器将能量（通常以压缩空气的形式）转换成机械运动。根据执行器的类型，运动可以是旋转运动或线性运动。气动执行器主要由活塞或隔膜组成，其产生动力。它将空气保持在汽缸的上部，允许空气压力迫使隔膜或活塞移动阀杆或旋转阀控制元件。阀门操作压力很小，通常是输入力的两倍或三倍。活塞的尺寸越大，输出压力就越大。

pneumatic cylinder　气缸　涡轮或压气机部件，为圆筒形静止结构。它容纳工质、支承和安装透平或压气机的其他静止零件。

pneumatic motor　气动马达　指将压缩空气的压力能转换为旋转的机械能的装置。一般作为更复杂装置或机器的旋转动力源。

pneumatic system　气动系统　是为以压缩气体为工作介质，它通过各种元件组成不同功能的基本回路，再由若干基本回路有机地组合成的整体，进行动力或信号的传递与控制。工业中使用的气动系统通常由压缩空气或压缩惰性气体提供动力。位于中央的电动压缩机为气缸，气动马达和其他气动装置提供动力。

point-based value iteration　基于点的值迭代　指求解部分可观察马尔可夫决策过程问题的一类近似解法，它选择一小部分有代表性的置信点，追踪记录这些点的值和它们的衍生值来近似得到一些较为确切的收敛值。

point cloud　点云　是空间中的一组数据点。通常使用三维坐标测量机所得到的点数量比较少，点与点的间距也比较大，叫稀疏点云；而使用三维激光扫描仪或照相式扫描仪得到的点云，点数量比较大并且比较密集，叫密集点云。根据激光测量原理得到的点云，包括三维坐标（*XYZ*）和激光反射强度。根据摄影测量原理得到的点云，包括三维坐标（*XYZ*）和颜色信息（*RGB*）。结合激光测量和摄影测量原理得到点云，包括三维坐标（*XYZ*）、激光反射强度和颜色信息（*RGB*）。

point cloud registration　点云配准　指是找到对齐两个点云数据集的空间变换的过程。找到这种转换的目的包括将多个点云数据集合并到全局一致的模型中，并将新的测量值映射到已知的数据集以识别特征或估计其姿态。

point cloud representation　点云描述，点云表达　指通过视觉图像或者三维激光数据的特征提取、匹配、三维重建技术来对点云进行表示、特征描述及其可视化等操作。参见 point cloud（点云）。

point contact with friction (PCWF)　有摩擦点接触　指机器人与被操作物体的接触面上除法向力外，还存在切向摩擦力。比较 point contact without friction(无摩擦点接触)。

point contact without friction (PwoF)　无摩擦点接触　指机器人与被操作

P

物体的接触面之间只能施加法向力。比较 point contact with friction(有摩擦点接触)。

point estimation　点估计　是用样本统计量来估计总体参数,因为样本统计量为数轴上某一点值,估计的结果也以一个点的数值表示,所以称为点估计。

point feature histogram　点特征直方图　指一种通过参数化查询点与邻域点之间的空间差异,并形成一个多维直方图对点的 k 邻域几何属性进行描述的描述符。

point-to-point (PTP)　点到点　指机器人在规定时间内从初始位姿移动到终点位姿,在此情形下,不关注实际的运动路径。

point-to-point (PTP) control　点位控制　指用户只将指令位姿加于机器人,而对位姿间所遵循的路径不规定的控制步骤。

polar robot　极坐标(型)机器人　指手臂有两个回转关节和一个棱柱关节,其轴按极坐标配置的机器人。主要用于处理机床、点焊、压铸、气焊和电弧焊等。

polar system　极坐标系　指在三维空间内由极点、极轴和极径组成的坐标系。在空间上取定一点 O,称为极点。从 O 出发引一条射线 Ox,称为极轴。再取定一个长度单位,通常规定角度取逆时针方向为正。这样,空间上任一点 P 的位置就可以用线段 OP 的长度 ρ 以及从 Ox 到 OP 的角度 θ 来确定,有序数对 (ρ, θ) 就称为 P 点的极坐标,记为 $P(\rho, \theta)$;ρ 称为 P 点的极径,θ 称为 P 点的极角。

pole　极点　控制系统中,当系统输入幅度不为零且输入频率使系统输出为无穷大(系统稳定破坏,发生振荡)时,此频率值即为极点。对于实数的极点,在微分方程的解中就会有一个指数项与它相对应。这个指数是以 e 为底的,它可以是不断减少的,也可以是不断增大的。对于复数形式的极点,微分方程的解就会有一个振荡的项同它对应,并且振幅会根据复数极点的实部的大小不停的变化。正是由于每个控制系统都有不同的微分方程,从而有不同的极点。

pole assignment　极点配置　指在系统设计时设法使闭环系统的极点位于 s 平面上一组合理的、具有期望的性能品质指标的期望极点上的控制系统设计方法。

policy iteration　策略迭代　是动态规划和强化学习中求最优策略的基本方法之一。它借助于动态规划基本方程,交替使用"求值计算"和"策略改进"两个步骤,求出逐次改进的、最终达到或收敛于最优策略的策略序列。首先以某种策略开始,计算当前策略下的价值函数;然后利用这个价值函数,找到更好的策略;接下来再用这个策略继续前行,更新价值函数,这样经过若干轮的计算,如果一切顺利,我们的策略会收敛到最优的策略,这样的方法称为策略迭代。比较 value iteration(值迭代)。

polymeric actuator　聚合物驱动器　是一种基于聚合物的能够根据环境条件的变化改变其形状并因此在纳米,

微米和宏观上执行机械工作的材料和装置。

polynomial time 多项式时间 在计算复杂度理论中,指的是一个问题的计算时间 $O(n)$ 不大于问题大小 n 的多项式倍数。此类包括可于此机器以多项式时间求解的问题。多项式时间在确定型机器上是最小的复杂度类别。比较 non-deterministic polynomial-time complete(非确定性多项式时间)。

polynomial trajectory 多项式轨迹 是从动件位移用凸轮转角或时间的代数多项式表示的运动轨迹。

POMDP 部分可观测马尔可夫决策过程 partially observable Markov decision process 的缩写。

Pontryagin's maxmum principle 庞特里亚金极大值原理 同 Pontryagin's minmum principle(庞特里亚金极小值原理)。

Pontryagin's minmum principle 庞特里亚金极小值原理 是最优控制中的理论,是在状态或是输入控件有限制条件的情形下,可以找到将动力系统由一个状态到另一个状态的最优控制信号。此理论是前苏联数学家列夫·庞特里亚金及他的学生在 1956 年提出的。这是变分法中欧拉-拉格朗日方程的特例。同 Pontryagin's maxmum principle(庞特里亚金极大值原理)。

pool cleaning robot 水池清洁机器人 指一种用于清洗水池的机器人,包括行进部分、驱动部分、随动毛刷部分、必要的防水外罩、远程控制部分和蓄电池等,通过各部分的有效配合可同时清理出水池的每个需要清理的面,可代替人工清理的传统方式。

Popov hyperstability 波波夫超稳定性 指系统输入输出乘积的积分值受限制的条件下的稳定性,即描述了系统的一种特性,要求当系统的输入限定在所有可能输入集合的一个子集时,系统的状态向量应保持有界。

pose 位姿 空间位置和姿态的合称。机械臂的位姿通常指末端执行器或者机械接口的位置和姿态,移动机器人的位姿可包括绝对位姿下的移动平台以及可能装于其上的任一机械臂的位姿组合。

pose accuracy 位姿准确度 从同一方向趋近指令位姿时,指令位姿和实到位姿均值间的差异。

pose estimation 位姿估计 求解不同坐标系下同一物体相对位姿变换的任务,可以指估计移动平台以及传感器在不同坐标系的下的相对位姿变换,也可指估计机械臂末端执行器相对基座坐标系的位姿。

pose overshoot 位姿超调(量) 机器人给出"到位"信号后,趋近(指令)路径和实到位姿间的最大距离。

pose repeatability 位姿重复性 从同一方向重复趋近同一指令位姿时,实到位姿散布的不一致程度。

pose stabilization time 位姿镇定时间 从机器人发出"到位"信号开始至机械接口或移动平台的震荡衰减运动或阻尼运动达到规定界限为止所经历的时间段。

pose-to-pose control 点位控制,位姿到

位姿的控制 用户只将指令位姿加于机器人,而对位姿间所遵循的路径不做规定的控制步骤。同 point-to-point control(点位控制)。

pose transformation 位姿变换 物体自身坐标系在不同坐标系下位姿的变换。

position 位置 物体自身坐标系原点相对于参考坐标系的位置坐标。

position accuracy 位置准确度 指空间点位置的估计坐标值与其真实坐标值的符合程度。例如:在若干次重复试验中,机器人从相同初始位置经过程序指令后到达的平均位置和程序指令的目标位置之间的偏差。

position and orientation 位置与姿态,位姿 参见 pose(位姿)。

position control 位置控制 在工业机器人中,通过末端或关节的位置反馈控制使机器人末端及各个关节达到目标位置的控制过程。在移动机器人中,通过外部传感器得到的位置反馈使得移动平台达到目标位置的控制过程。

position encoder 位置编码器 一种将位置信息转化为成比例电信号的传感器,分为绝对式和增量式。增量式编码器是将位移转换成周期性的电信号,再把这个电信号转变成计数脉冲,用脉冲的个数表示位移的大小。绝对式编码器的每一个位置对应一个确定的数字码,因此它的示值只与测量的起始和终止位置有关,而与测量的中间过程无关。

position feedback 位置反馈 指传感器测量位置信息之后将其传给控制器的过程,以便于执行器进行控制。

position repeatability 位置重复性 在若干次重复试验中,机器人从相同初始位置出发,经过相同程序指令后到达的位置分布的不一致程度。

position singularity 位置奇异性 雅克比矩阵为不满秩时的机器人构型,这时雅克比矩阵行列式值为零,为保持笛卡尔空间中的速度,关节空间中的关节速度可以无限大,在实际操作中,笛卡尔空间内定义的运动会在奇异点附近出现操作员无法预料的高转速,可能造成机器人的损坏,应该避免其发生。

position tolerance 位置公差 指实际要素的位置相对于基准所允许的变动量,用来限制被测要素对基准要素几何关系上的误差。

position transducer 位置传感器[变送器] 用于将线位移或角位移转化为成比例的电信号的一类传感器。电位计、线性差动变换器以及感应同步器等可以用来测量线性位移。电位计、编码器、旋转变压器及同步器等可以用来测量角位移。

position vector 位置向量 三维空间中一个点相对于参考点位置的一种表示方法,即相对某参考系的点的坐标,就是相对于这个参考系原点的位置向量。

positional dilution of precision (PDOP) 位置精度因子 表示三维位置定位精度与导航台几何配置关系的一个参数,在 GPS 中,等于用户位置的径向误差与用户到卫星的距离的测量误差的比值。

position-based visual servoing (PBVS) 基于位置的视觉伺服 视觉伺服的一种,指根据得到的图像,由目标的几何模型和相机模型估计出目标相对于相机的位置,得到当前机器人的末端位姿和估计的目标位姿的偏差,通过视觉控制器进行调节。这种反馈既可以采用解析方法实现,也可以采用数值迭代算法实现。其优点是考虑了对操作空间变量直接进行作用的可能性,对稳态和暂态过程,都可以在适当指定的基础上,利用末端执行器运动变量的时间响应来选择控制参数。比较 image-based visual servoing(基于图像的视觉伺服)。

position-force hybrid control 力位混合控制 同 hybrid force position control(力位混合控制)。

positioning accuracy 定位准确度 指通过传感器观测数据计算得到的位置估计结果与真实位置之间的偏差量的一种度量,偏差越小,则定位准确度越高,偏差越大,则定位准确度越低。

positioning repeatability 定位重复性 指机器人多次进行位置估计的分布的分散程度。

positioning system 定位系统 指以确定空间位置为目标而构成的相互关联的一个集合体或系统,例如全球定位系统(Global Positioning System)。

posture 姿态,位姿 指机器人的位置和姿态。参见 pose(位姿)。

potential energy 势能 物体由于位置或位形而具有的能量,或具有做功的形势而具有的能量。它是存储于一个系统内的能量,可以释放或者转化为其他形式的能量。

potential field 势场,位场 当质点在有势力作用下运动时,其所做的功只取决于运动的始末位置而与路径无关。这种性质称为有势性,具有这种性质的场称为势场。

potential field method 势场法 是由 Oussama Khatib 提出的一种路径规划方法。它的基本思想是将机器人在周围环境中的运动,设计成一种抽象的人造引力场中的运动,目标点对移动机器人产生引力,障碍物对移动机器人产生斥力,最后通过求合力来控制移动机器人的运动。该法结构简单,便于底层的实时控制,在实时避障和平滑的轨迹控制方面,得到了广泛应用,其不足在于存在陷入局部极小的可能,容易产生死锁现象。

potential function 势函数 指表征物体在势场空间的势能表达式,可以通过求一个矢量场的不定积分得到,是间接求矢量场中的线性积分的重要公式,并且可以与物体的动力学方程一同推导出能量守恒方程。

power system 能源动力系统 机器人系统的能源部分,将电能、化学能、热能或流体能转化为机械能的动力装置,按照控制系统发出的指令信号,借助于动力元件使机器人完成指定的工作任务。

powered suit of armor 动力机甲 大型双足或多足战争机器人。经常出现在科幻电影和游戏中,即有人操纵战斗机器人,多采用人物直接操作或者远程信息连接,通过智能化的计算

P

机系统控制机体战斗。

pragmatics **语用学** 在机器人与人机交互中,研究语言符号及其解释和用途之间的关系的一种理论,是形式语言理论的一部分,重点研究形式语言的操作含义。对于程序语言来说,用户比较强调语言的功能方面,而机器则更强调语言的操作方面。

precedence constraint **优先约束** 在多任务系统中,指某个任务的开始必须始终在其他指定任务结束之后。

precision **精度,精确度** 指对同一样本重复测定时,每次测定结果与平均值的接近程度,即重复测定值之间的符合程度,一般可用标准差或者方差表示。比较 accuracy(准确度)。

precision lathe **精密车床** 进行车削精密加工的机床。加工时,工件旋转车刀作进给运动,可加工内外圆柱面、端面、圆锥面、成形面和螺纹等。在车床上还可用钻头、铰刀、丝锥、板牙等进行加工。

predictive control **预测控制** 一类基于模型、滚动实施、利用反馈信息实时校正的优化控制的总称。又称模型预测控制。预测控制包括 3 个基本过程:预测模型、滚动优化和反馈校正。预测控制的算法因被控对象的模型形式、优化策略、优化性能指标、约束条件等不同以及与不同控制策略和结构的结合而呈现出多样性。预测控制在 20 世纪 70 年代成功应用于电厂锅炉、化工精馏塔、石油加工装置等的控制,目前已遍及化工、炼油、电力、冶金、轻工、医药等领域的过程控制系统,被认为是最有效的先进过程控制方法,并扩展到电机、机器人等快速系统的控制及气体传输网络等大型系统的优化控制。

prehensile grasping **适于抓握的抓取** 指机器人末端执行器通过多个点接触包围物体,并能使物体固定在机器人上的操作。与之相对的是不需要将物体固定在机器人上,并改变物体位姿的操作。

prehensile pattern **适于抓握的模式** 指根据抓取任务目标将机械手姿态分为一些典型构型,这些构型易于执行特定的抓取任务。

prehension **抓持能力** 指工业机器人末端执行器,对不同尺寸形状工件的抓取与夹持的性能,可用稳定抓持域、平衡抓持域等度量。

pressure angle **压力角** 若不考虑各运动副中的摩擦力及构件重力和惯性力的影响,机构运动时从动件所受的驱动力的方向与该力作用点的速度方向之间的夹角。压力角越大,传动角越小,其传动效率越低。

pressure gauge **压力计** 测量流体压力的仪器。通常都是将被测压力与某个参考压力(如大气压力或其他给定压力)进行比较,以相对压力或压力差来表示。

pressure indicator **压力指示器** 指用于测量气体和液体压力的仪表,通常分为机械压力型、电子压力型和机械电子压力型。

pressure relay **压力继电器** 是将压力转换成电信号的液压元器件,客户根据自身的压力阈值,通过调节压力继电器,实现达到或低于某一设定的压力时，输出一个电信号的功能。

pressure sensor 压力传感器 是工业实践中最为常用的一种传感器，将流体的空间压力信号转化为电信号，按工作原理的不同，压力测量器可分为液柱式、弹性式和传感器式三种类型。其广泛应用于各种工业自控环境，涉及水利水电、铁路交通、智能建筑、航空航天、石油化工、船舶海洋等众多行业。

Prewitt operator 普里威特算子 指一种一阶微分的边缘检测，它利用像素点上下左右邻点的灰度差在边缘处达到极值来检测边缘，去掉部分伪边缘，对噪声具有平滑作用。

primary axis 主关节轴 机械臂上一组互相连接的长型杆件和主动关节，用以定位手腕。

primary control element 主控元件 又称初级检测元件，指能够灵敏地感受被测量并做出响应的元件，是传感器中能直接感受被测量的部分。

principal axis 主轴 (1) 指从发动机或电动机接受动力并将它传给其他机构的轴。(2) 亦称光轴，是主光轴的简称，在光具组中具有对称性。如球镜的主轴是通过镜面中心与镜面垂直的直线。

principal point 主点 是厚透镜光轴上的一对共轭点。平行于光轴的一条入射光线穿过透镜后的折射光线会经过焦点，入射和折射两条光线的延长线会相交于一点，所有这类的交点构成一个曲面。该曲面近似一个平面，称之为主面。主面与光轴的交点，即为主点。

principle of virtual work 虚功原理 分析静力学的重要原理，又称虚位移原理，是拉格朗日于 1764 年建立的。其内容为：一个原为静止的质点系，如果约束是理想双面定常约束，则系统继续保持静止的条件是所有作用于该系统的主动力对作用点的虚位移所做的功的和为零。

prismatic joint 棱柱关节，平移关节，移动副 两杆件间的组件，能使其中一杆件相对于另一杆件作直线运动。

PRM 概率路线图法 probabilistic roadmap method 的缩写。

PRN 伪随机噪声 pseudo-random noise 的缩写。

probabilistic fusion 概率融合 利用随机分布函数表达数据的不确定性，并用概率理论进行数据融合的方法。

probabilistic method 概率法 将基本变量作为随机变量的计算方法，采用以概率理论为基础所确定的失效概率来度量结构的可靠性。

probabilistic roadmap method (PRM) 概率路线图法 是机器人中的一种运动规划算法，解决机器人从起始点到目标点的无碰路径规划。首先在机器人的运动环境中随机配置路标点，以模拟机器人工作环境中产生的运动。从起始点出发，采用某种方法(如最近邻法)连接到某个邻点，把获得的配置和连接增加到路标图中，直到路标图足够密集。利用路标点间无碰撞的局部连接路径扩展成路标连接图，最终得到一条从起始位置至目标位置的无碰撞路径。

probabilistic robotics 概率机器人学

［技术］ 是与智能和控制相关的机器人学的一个分支领域。其特点是利用概率与统计的方式进行信息的记录与行动的决策。采用概率论的算法设计在近年来已经成为机器人学中一个强有力的框架。其主要思想在于用概率论的运算去明确表示机器人感知和行为的不确定性，不只依赖可能出现的情况的单一最优预测，而是用概率算法来表示在整个预测空间的概率分布信息，从而根据不确定性选择相对鲁棒的控制方式。

probability hypothesis density 概率假设密度 指采用多目标随机概率分布的一阶矩（moment）进行迭代运算，将复杂的多目标状态空间问题转换为单目标状态空间问题。

procedure-oriented language 面向过程语言 也称为结构化程序设计语言，是高级语言的一种。在面向过程程序设计中，问题被看作一系列需要完成的任务，函数则用于完成这些任务，解决问题的焦点集中于函数。它的主要观点是采用自顶向下、逐步求精的程序设计方法，使用三种基本控制结构构造程序，即任何程序都可由顺序、选择、循环三种基本控制结构构造。比较 object-oriented language（面向对象语言）。

process control system 过程控制系统 指以表征生产过程的参数为被控制量使之接近给定值或保持在给定范围内的系统，即进行过程控制的系统。过程控制是在工业系统中，为了控制过程的输出，利用统计或工程上的方法处理过程的结构、运作方式或其演算方式。

product of inertia 惯性积 构件中各质点或质量单元的质量与其到参考点或参考平面的距离之积的总和。

professional service robot 专业服务机器人 指用于盈利性任务的、一般由培训合格的操作员操作的服务机器人。如用于公共空间的清洁机器人、办公室或医院的运送机器人、消防机器人、康复机器人和外科手术机器人等。

program 程序 计算任务的处理对象和处理规则的描述。在低级语言中，程序一般是一组指令和有关的数据或信息。在高级语言中，程序是一组说明和语句。程序是软件的本体，又是软件的研究对象，程序的质量决定软件的质量。在设计级语言中，是设计规约；在功能级语言中，是功能规约；在需求级语言中，是需求定义。

program control 程序控制 通过机器人系统固有控制指令实现对机器人或机器人系统的能力、动作和响应度进行控制，通常这类控制是由安装之前生成且以后仅能由制造厂修改的固有程序所完成的。

program-controlled industrial robot 程控工业机器人 指通过外部程序控制，让面向工业领域的多关节机械臂或多自由度的机器装置自动执行工作，是靠自身动力和控制能力实现各种功能的一类机器人。它可以接受人类指挥，也可以按照预先编写的程序运行，程控工业机器人还可以根据人工智能技术制定的规则运行。

programmable assembly machine 可编

程装配机器 指通过外部程序控制将产品的若干个零部件通过紧配、卡扣、螺纹连接、黏合、铆合、焊接等方式组合到一起，得到符合预定尺寸精度及功能的成品（半成品）的机械设备。

programmable controller **可编程控制器** 指一种可以编程计算输出的控制器，在工业中用于电子机械控制等任务，具有稳定、可靠等优点。

programmable logic controller (PLC) **可编程逻辑控制器** 是一种专门为在工业环境下应用而设计的数字运算操作的电子装置。它采用可以编写程序的存储器，用来在其内部存储执行逻辑运算、顺序运算、计时、计数和算术运算等操作的指令，并能通过数字量或模拟量的输入和输出，控制各种类型的生产过程。与其有关的外围设备都应该按易于扩展功能及易于与工业控制系统形成一个整体的原则而设计。

programmable measuring apparatus **可编程测量仪器** 一种能够根据程序指令，改变仪器的测量功能、工作频段、输出电平、测量量程以及输出测量数据的工作状态等的测量仪器。

programmable power supply **可编程电源供应** 指通过外部程序控制来设定输出电压、输出电流的稳压或稳流的电源。程控电源的编程方式一般有无源和有源两种。其采用微机控制，有全程控制、全按键操作、体积小、重量轻、携带方便等优点。

programmable pulse generator **可编程脉冲发生器** 指通过外部程序控制来设定脉宽、幅值、频率、延时和多路输出等功能的脉冲发生器。

programmable robot **可编程机器人** 智能机器人的一种，指不仅能够按照事先设定的程序（包括顺序、条件及位置等）逐步动作的机器人，也包括能够人为调整程序对其进行控制的机器人，其特点在于可编程性。

programmable terminal **可编程终端** 可编程以执行用户自定义功能的终端。也称智能终端。

programmed automatic test equipment **程控自动检测设备** 指通过外部程序控制自动地对质量、材料、性质进行相应测试的专用仪器设备。

programmed computer **程控计算机** 是一种用于高速计算的现代电子计算设备，可以进行数值计算和逻辑计算，还具有存储记忆功能。是能够按照程序运行，自动、高速处理海量数据的现代化智能电子设备。

programmed numerical control **程控数字控制** 指外部程序依次将数字码送入计算机并转换成相应形式的电脉冲，用以控制工作机构按照顺序完成各项任务。

programmed pose **编程位姿，指令位姿** 由任务程序给定的位姿。参见 attained pose（实到位姿）。

programming environment **编程环境** 广义地说，它指进行程序设计工作的计算机系统条件（包括硬件与软件）。狭义地说，它指进行程序设计工作时的软件条件，包括有关的操作系统、各种语言及编译程序、解释程序、编辑程序、调试程序、验证程序等各种软件工具箱。

program verification 程序验证 为确认机器人路径和工艺性能而执行一个程序任务。验证可包括任务程序执行中工具中心点跟踪的全部路径或部分路径,可以执行单个指令或连续指令序列。程序验证被用于新的程序和调整或编辑原有程序。

projection 投影 (1) 指图形的影子投到一个面或一条线上。一般来说,用光线照射物体,在某个平面上得到的影子叫做物体的投影。(2) 在线性代数和泛函分析中,投影是从向量空间映射到自身的一种线性变换,当其两次作用于某个值,与作用一次得到的结果相同(即幂等)。

projection coordinate system 射影坐标系 是在射影几何学和在研究图形的射影性质时,常采用的一种坐标系。它在射影几何中的作用,就像直角坐标系在欧氏几何中及仿射坐标系在仿射几何学中的作用。建立射影坐标系的方法很多,常用的有几何方法和解析方法。

projection drawing 投影图 指工程制图中的物体在某个投影面上的正投影。

projection geometry 射影几何学 是研究图形的射影性质,即它们经过射影变换后,依然保持不变的图形性质的几何学分支学科。与初等几何不同,射影几何有不同设定的射影空间及一套基本几何概念。在特定维度上,射影空间比欧氏空间拥有更多的点,且允许透过几何变换将这些额外的点(称之为无穷远点)转换成传统的点,反之亦然。射影几何中有意义的性质均与新的变换概念有关,这些变换比仿射变换更为基础。射影几何的许多想法来源于对透视图的理论研究。

projection matrix 投影矩阵 指投影的线性变换所对应的矩阵,即当其两次作用于某个值,与作用一次得到的结果相同(即幂等矩阵)。机器人控制中广义力向量投影到被控力子空间及其补空间的矩阵是投影矩阵。参见 projection(投影)。

projection model 投影模型 指相机成像模型,即描述相机将三维世界中的坐标点映射到二维图像平面的模型,一般有三种:透镜投影模型(小孔相机模型)、正交投影模型和透视投影模型。小孔相机模型是常用、有效的模型,它描述了一束光线通过针孔之后,在针孔背面投影成像的关系。正交投影变换忽略物体远近变化时的大小缩放变化,而透视投影并不保持距离和角度的大小不变,而是利用了近大远小的透视原理。参见 camera model(相机模型)。

projection space 射影空间 是代数几何中最简单的一类几何对象。一维射影空间称为射影直线,它就是直线添上一个无穷远点。二维射影空间称为射影平面,它就是平面添上一条无穷远直线。n 维射影空间是最简单的紧的、单连通、不可定向流形(n 为偶数时不可定向,奇数时可定向),也是最简单的代数簇。它可以用若干个开集覆盖住,每个开集恰是 n 维仿射空间。

projection transformation 投影变换，射影变换 指满足任何共线三点的像仍是共线三点且共线四点的交比不变的平面上点的一一对应。从广义上讲，投影变换是将整个向量空间映射到它的其中一个子空间，并且在这个子空间中是恒等变换。

proportional action coefficient 比例作用系数 指比例控制器的输出量变化对相应输入量变化之比，即比例控制器的控制动作变化对被控量偏差之比。比例作用系数越小比例作用越强，动态响应越快，但是系统输出可能存在稳态误差。

proportional component 比例环节 自动控制系统的典型环节之一，一般可将自动控制系统看作由若干个典型环节（比例环节、惯性环节、积分环节、微分环节、振荡环节以及时滞环节等）组成，比例环节成比例地反映控制系统的偏差信号，偏差一旦产生，控制器立即产生控制作用，以减小偏差。比例作用系数越小比例作用越强，动态响应越快，但当仅有比例控制时系统输出可能存在稳态误差。比较 integral component（积分环节），derivative component（微分环节）。

proportional control 比例控制，P 控制 指控制器的输出与输入误差信号成比例关系，是一种最简单的控制方式，但是当仅有比例控制时系统输出可能存在稳态误差。

proportional-derivative (PD) control 比例微分控制，PD 控制 指控制器的输出信号既能成比例地反应输入信号，又成比例地反应输入信号的导数。比例微分控制能够在被调节的偏差快速变化时使调解量在最短的时间内得到强化调节，动态性能好，有调节静差，适用于大滞后环节。

proportional-integral-derivative (PID) control 比例积分微分控制，PID 控制 指通过将误差、误差的积分和微分分别乘以相应的系数，作为反馈输入，实现控制调节效果的方法，简称 PID 控制，又称 PID 调节。当被控对象的结构和参数不能完全掌握，或得不到精确的数学模型时，控制理论的其他技术难以采用时，系统控制器的结构和参数必须依靠经验和现场调试来确定，这时应用 PID 控制技术最为方便。PID 控制器问世至今已有近 70 年历史，因其结构简单、稳定性好、工作可靠、调整方便而成为工业控制的主要技术之一。

proportional-integral-derivative (PID) regulator 比例积分微分调节器，PID 调节器 对被调量与给定值的偏差分别进行比例、微分和积分运算，取其叠加构成连续信号以控制执行器的模拟调节器。输出变化量包含输入变化量的比例项、输入变化量对时间的积分项和微分项，它们分别称为比例作用、积分作用和微分作用。比例作用的校正作用稳定性好，但对被调量的调节作用最终达不到给定值，始终存在余差（又称静态误差）。积分作用能消除余差。微分作用有超前作用力图阻止被控量的变化，能克服调节对象和传感器惯性的影响，增加系统的稳定性。参见 proportional-integral-

P

derivative (PID) control(比例-积分-微分控制)。

proprioception 本体感受,内部感受 指机器人通过本体传感器(如码盘、陀螺仪等)获取的自身状态信息,如运动距离,当前朝向等,也称为内部感知。比较 exteroception(外部感受)。

proprioceptive sensor 本体感受传感器,内部传感器 用于测量机器人内部状态的机器人传感器,如码盘、电位计、测速发电机、加速度计和陀螺仪等惯性传感器。比较 exteroceptive sensor(外部传感器)。

propulsion system 推进系统 利用反作用原理为飞行器提供推力的装置。

prosthetic device 假肢设备 一种用于替代人体肢体实现操作或移动功能的设备。

prosthetic hand 仿生手,假手 指采用了前沿的电子机械技术,并由高强度的塑料、硅胶等材料制成的假肢产品。仿生手的手腕活动自如,五根手指都可以自由转动,并且能独立活动。

protected area 保护区 指工业机器人的操作空间中不允许末端执行器到达的区域,也可以指移动机器人本体不允许到达的区域。

protection level 保护等级 指工业机器人保护区按照重要性分级进行运动规划,按等级优先顺序避开各部分保护区,也可以指移动机器人本体禁止到达的区域危险等级程度。

protective device 保护装置 用于保护机器人、周边环境以及人员安全的装置或系统。

protective stop 保护性停止 为安全防护目的而允许运动停止并保持程序逻辑以便重启的一种操作中断类型。

prototype 样机,模型机,原型 指机器人为验证设计方案的合理性、正确性以及生产可行性而制作的样品,在投入量产之前用来测试各项性能指标,由于低成本便于修改完善模型方法。

prototype testing 样机实验 指为了测试样机性能并对模型进一步改进而做的实验。

proximity sensor 接近传感器 是一种具有感知物体接近能力的器件,它利用位移传感器对接近的物体敏感的特性来识别物体是否接近,并输出相应开关信号,通常又把接近传感器称为接近开关。

pseudocode 伪代码 是一种算法描述语言。使用伪码的目的是使被描述的算法可以容易地以任何一种编程语言(C、Java 等)实现。因此,伪代码必须结构清晰、代码简单、可读性好,并且类似自然语言。其介于自然语言与编程语言之间,以编程语言的书写形式指明算法职能,但是不用拘泥于具体实现,相比程序语言,它更类似自然语言。

pseudo-color 伪彩色 指图像的每个像素值实际上是一个索引值或代码,该代码值作为色彩查找表 CLUT(Color Look-Up Table)中某一项的入口地址,根据该地址可查找出一幅图像包含实际 R、G、B 的强度值。这种用查找映射的方法产生的色彩称为伪彩色。

P

pseudo-correspondence　伪相关，伪对应　指在两个没有因果关系的事件之间，基于一些干扰因素或潜在变量，推断出因果关系。这会引致"两个事件是有所联系"的假象，但这种联系并不能通过客观的试验，常用于统计学中分析实验结果。

pseudo-random noise（PRN）　伪随机噪声　既具有随机噪声的性质又具有明确的产生规则，便于重复产生和处理的噪声。

pseudo-range　伪距　是由GPS观测得到的GPS观测站到卫星的距离，由于未消除卫星时钟与接收机时钟之间的同步误差，该距离包含时钟误差因素。

PSO　粒子群优化　particle swarm optimization 的缩写。

PTP　点到点　point-to-point 的缩写。

publish-subscribe　发布-订阅　一种通讯模型，可见于机器人操作系统（ROS）中，通过发布者发布消息和订阅者订阅消息实现信息的通讯。主要分为事件监听和广播模型，当发布者有消息需要发布时注册广播器发布消息，订阅者向发布者注册一个监听器，通过监听器触发事件实现消息订阅。

pulse-code-modulation telemetry system　脉冲编码调制遥测系统　指用串行二进制脉冲编码序列传送按时间划分原理进行多路采样的数字式遥测系统。脉冲编码（PCM）遥测分为普通PCM方式和编码PCM方式。普通PCM方式是在发送端将多路被测信号按时间分割采样、量化为二进制码组，并插入特定的码组作为同步，形成串行PCM数据流；接收端先恢复位同步，然后形成帧同步和字同步，借助这些同步信号完成多路数据的分路。编码PCM方式是将普通脉冲编码数据流经过变换或再编码，接收端相应地要先作反变换或译码。脉冲编码遥测是目前应用最广泛的遥测体制。

pulse-counting equipment　脉冲计数设备　指通过统计时钟脉冲的个数，实现计数操作的基本数字逻辑器件，可用于分频、定时、产生节拍脉冲和脉冲序列等。例如，计算机中的时序发生器、分频器、指令计数器等都要使用计数器。应用范围主要有电表、水表、煤气表以及光电器件等。

pulse engine　脉冲发动机　一种发动机，其前部装有单向活门，之后是含有燃油喷嘴和火花塞的燃烧室，最后是有特殊长尾喷管的发动机装置。发动机工作时，首先把压缩空气打入单向活门，或使发动机在空中运动使气流进入燃烧室，然后油嘴喷油，火花塞点火燃烧。产生的燃气从长尾喷管喷出后，由于燃气流的惯性作用仍会继续向外喷，所以在燃烧室内造成空气稀薄的现象，使压强显著降低到小于大气压。于是再次打开单向活门，使空气流入燃烧室，喷油点火燃烧，开始第二个循环。脉冲发动机具有可原地起动、构造简单、重量轻、造价便宜等优点。

pulse rate　脉冲频率　是脉冲持续时间的倒数，脉冲持续时间是两个相邻脉冲之间的时间间隔。

P

pulse width　脉冲宽度　指是一个周期中电流或者电压脉冲超过一定阈值所持续的时间，或指电磁阀开启的时间长度。

PVD　物理气相沉积　physical vapor deposition 的缩写。

PwoF　无摩擦点接触　point contact without friction 的缩写。

Q

QFT　定量反馈理论　quantitative feedback theory 的缩写。

quadrature encoder　正交编码器　指用于检测旋转运动系统的位置和速度的传感器，又名增量式编码器或光电式编码器。正交编码器常见于伺服电机中，可以对多种电机控制应用实现闭环控制，如开关磁阻电机和交流感应电机等。参见 position encoder（位置编码器）。

quadrotor　四旋翼飞行器　是一种有四个螺旋桨且螺旋桨呈十字形交叉的飞行器。采用两对相同的固定螺旋桨作为飞行的直接动力源：两个顺时针螺旋桨和两个逆时针螺旋桨。旋翼对称分布在机体的前后、左右四个方向，每个转子的速度独立变化。通过调节四个电机转速来改变旋翼转速，实现升力的变化，从而控制飞行器的姿态和位置。四旋翼飞行器与传统直升机不同，传统直升机使用的转子是能够在叶片绕旋翼毂转动时动态改变叶片间距的转子。四旋翼飞行器被认为是解决垂直飞行中一些持续性问题的可能方案。

quadtree　四叉树　是一种树状数据结构，在每一个节点上有四个子区块，常应用于二维空间数据的分析与分类。它将数据区分成为四个象限，数据范围可以是方形或矩形或其他任意形状。这种数据结构由拉斐尔·芬科尔（Raphael Finkel）与 J. L. Bentley 在 1974 年发展并提出。

quantitative feedback theory（QFT）　定量反馈理论　指将经典控制理论中的频域设计思想推广到具有不确定性被控对象的鲁棒控制设计理论。将被控对象的不确定性范围和闭环性能指标用定量的方式在对数幅相图上形成边界，进而以开环频率曲线满足边界条件为要求，对系统进行设计与综合。该理论于 20 世纪 60 年代提出，70 年代形成了基本的理论，90 年代形成了完整的理论。

quaternion　四元数　是一种超复数，可以表示三维空间中的旋转，用来描述机器人的旋转运动。四元数的形式为 $q = a + bi + cj + dk$，其中 a，b，c，d 为标量，称为欧拉参数；i，j，k 是复数单位。最先由爱尔兰数学家哈密顿于 1843 年提出并应用于三维空间中。四元数表达角度的优点是可以平滑插值，可以快速连接和角位移求逆，能和矩阵形式快速转换，仅用四个数。缺点是可能会因坏的输入数据或浮点数舍入误差积累引起运算不合法，这一点可以通过四元数标准化解决。

queueing network (QN) 排队网络 若系统是由很多相交的服务站(节点)组成,且每个站提供不同类型的服务并分别有各自的队列供等待的实体排队,这样的系统则可用排队网络模型加以描述。

queueing (queuing) theory 排队论 运筹学的一个分支。它对随机服务系统中的服务对象的等待时间,排队长度及服务机构的繁忙持续时间进行统计研究,得出其统计规律。进而根据这些规律来改进服务系统的结构或重新组织服务对象,使服务系统既能满足服务对象的需求,又能使服务机构的费用最省或使某种指标最佳。

quick forging manipulator 快锻机械臂 是机械臂的一种,与快锻液压机配套使用,两者组成快锻机组,通过数控装置实现联动操作。主要用于合金钢尤其是高合金钢的开坯和压力加工,能完成墩粗、拔长等自由锻造工艺。能够实现手动、半自动、自动、联动的工作制度。一般由机械臂由机架、钳杆、吊挂系统、液压系统、检测系统、润滑系统、供电供水拖链、行走轨道装置及电气控制等部件组成。能完成钳口夹紧松开、钳杆平行升降及上下倾斜、钳杆在水平面的移动、钳杆左右摆动、钳杆正反旋转、操作机行走等动作。

R

radar　雷达　是 radio detection and ranging 的缩写。意思为无线电探测和测距。是一种使用无线电波来确定物体的范围、角度或速度的探测系统。可用于探测飞机、船舶、航天器、导弹、机动车辆、天气和地形。雷达系统包括在无线电或微波域中产生电磁波的发射器、发射天线、接收天线(通常用于发射和接收的相同天线)以及用于确定物体属性的接收器和处理器。来自发射器的无线电波反射物体并返回接收器,提供有关物体位置和速度的信息。

radar resolution　雷达分辨率(力)　是衡量雷达系统分辨两个邻近目标能力的指标。脉冲雷达的分辨能力分为距离分辨力、角度分辨力和速度分辨力以及联合分辨力等。距离分辨力指雷达在距离上区分邻近目标的能力,通常以最小可分辨的距离间隔来度量;角度分辨力指雷达在角度上区分邻近目标的能力,通常以最小可分辨的角度来度量;速度分辨力指雷达在径向速度上区分目标的能力,雷达的速度分辨力取决于雷达工作波长和相干信号处理器的积累时间。

radial basis function (RBF)　径向基函数　指一个取值仅依赖于离原点距离的实值函数,此时形式为 $\Phi(x)=\Phi(\|x\|)$;或者取值依赖于到一些中心点 c 的距离,此时形式为 $\Phi(x, c)=\Phi(\|x-c\|)$。范数通常使用欧几里得距离,其他距离函数也可行。

radial basis function (RBF) network　径向基函数网络　指使用径向基函数作为激活函数的人工神经网络。网络的输出是输入和神经元参数的径向基函数的线性组合。它具有许多用途,包括函数逼近、时间序列预测、分类和系统控制。最早由 Broomhead 和 Lowe 在 1988 年提出。参见 radial basis function(径向基函数)。

radial distortion　径向畸变　指矢量端点沿长度方向发生的变化,也就是矢径的变化。图像径向畸变是图像像素点以畸变中心为中心点,沿着径向产生的位置偏差,从而导致图像中所成的像发生形变。图像的径向畸变的存在不仅影响了图像视觉效果,而且增加了后续识别、跟踪等图像处理算法的难度。比较 tangential distortion(切向畸变)。

radiation environment　辐射环境　指辐射和放射性水平超过一定标准的环境,一般是核设施运行的周围环境。

radiation source 辐射源 指确定具有发射电离辐射、且辐射量已知的放射性同位素。辐射源可用作辐射计量源，用于辐射测量过程和辐射防护仪器的校准；还可以用于工业过程测量，例如造纸业和冶金业中的厚度测量等。

radio control 无线电控制 指利用无线电信号对被控对象实施远距离控制的技术。它的传播媒介是无线电波，通常使用的频率为几兆赫至几百兆赫。

radio direction finder (RDF) 无线电测向 (1) 在船舶工程的船舶通信导航学科中，指通过测量无线电信号到来方向或其他特性来确定方位的方法；(2) 在航空科技的航空电子与机载计算机系统学科中，指利用无线电测向仪测量无线电发射台所在方位的方法。

radio frequency (RF) beacon 无线电信标 指发射带有自身标识的无线电信号的无线电台。用于航空导航的无线电信标台称为归航台或导航台，它是用规定频率发射标识信号的地面无方向性信标台，其信号可以用等幅波、音频调制波或带有代码的任何调制波。

radio frequency (RF) identifier tag 射频标识 指射频识别中的标签，标签包含电子存储信息。无源标签从附近的 RFID 读写器查询无线电波得到能量，有源标签具有本地电源，可以在距 RFID 读写器数百米处操作。

radio frequency identification (RFID) 射频识别 指利用射频来阅读一个小器件（称为标记，也称“电子标签”）上的信息的技术。可通过无线电信号识别特定目标并读写相关数据，而无须识别系统与特定目标之间建立机械或光学接触。射频识别可识别高速运动物体并可同时识别多个标签，识别工作无须人工干预，可工作于各种恶劣环境。射频识别系统通常由读卡器（阅读器）和应答器（卡）两部分组成。其识别数据被储存在应答器电路中。应答器是一种非接触卡，该卡自身不带电源，当卡进入阅读器的电磁场范围内时，便可通过耦合无线电波的能量并经整流稳压后获得工作电源。这样，在激活状态下，卡上储存的数据便可通过编码、调制送往阅读器以实现识别。射频识别被认为是身份识别、公交票据、动物芯片、门禁管制、物流、物联网等方面的重要识别技术。

radio-location equipment 无线电定位设备 指无线电定位系统中的设备。无线电定位系统是利用无线电波直线恒速传播特性通过测量固定或运动的物体的位置以进行定位的技术。

radio-navigation 无线电导航 指使用无线电设备对机器人进行定位和引导，使其从一个地方移动到另一个地方的技术。利用无线电波的传播特性可测定机器人的导航参量（方位、距离和速度），算出与规定航线的偏差，从而消除偏差以保持正确航线。

random process 随机过程 设 (Ω, F, P) 为一概率空间，另设集合 T 为一指标集合。如果对于所有 $t \in T$，均有一随机变量 $\xi_t(\omega)$ 定义于此概率

R

空间,则集合$\{\xi_t(\omega) \mid t \in T\}$为一随机过程。随机过程的实例如股票和汇率的波动、语音信号、视频信号、体温的变化,随机运动如布朗运动、随机徘徊等等。随机过程的理论产生于20世纪初期,是应物理学、生物学、管理科学等方面的需要而逐步发展起来的。目前,在自动控制、公用事业、管理科学等方面都有广泛的应用。

random sample consensus (RANSAC) 随机抽样一致性算法 指从一组包含离群值的观测数据集中,通过迭代方式估计数学模型参数的算法。是一种不确定的算法,它只能以一定的概率得出一个合理的结果,当迭代次数增多时概率会增加。该算法最早由Fischler和Bolles于1981年提出,他们用随机抽样一致性算法解决位置确定问题(LDP)。

random test 随机试验 指在相同条件下对某随机现象进行的大量重复观测。任何随机试验都包含试验条件和试验结果两个方面,试验条件必须相同,而试验结果具有随机性。所以,随机试验具有以下特点:在试验前不能断定其将发生什么结果,但可明确指出或说明试验的全部可能结果是什么;在相同的条件下试验可大量地重复;重复试验的结果是以随机方式或偶然方式出现的。

random tree 随机树 指在随机过程中建立的树或者树状图。类别有均匀生成树、随机最小生成树、随机二叉树、随机递回树、选择性快速拓展随机树、布朗树、随机森林和分枝过程等。

random variable 随机变量 指表示随机现象结果的变量。具体来说,随机变量被定义为将不可预测的过程的结果映射到数值的函数。

randomized sampling 随机抽样 是一种完全依照机会均等的原则进行的抽样调查,调查对象总体中每个部分都有同等被抽中的可能。随机抽样有四种基本形式,简单随机抽样、等距抽样、类型抽样和整群抽样。在机器人领域,有基于随机抽样的运动规划方法,应用最广的两种是概率路标法和快速探索随机树法。这种方法避免了对整个规划空间的建模,即对障碍空间和自由空间进行描述的复杂的前期计算,能够处理高维空间和复杂系统的运动规划问题。

range (值)域;极差,全距;量程 (1)指函数输出值的集合;(2)指集合中最高值与最低值之差,用来表示统计资料中的变异量数;(3)指度量工具的测量范围,由度量工具的分度值、最大测量值决定。

range and bearing sensor 距离和方位传感器 指将感受到的距离和方位信息按一定规律变换成为电信号或其他所需形式的信息输出的检测装置。

range finder 测距仪 是一种测量长度或者距离的工具,常见的测距仪从量程上可以分为短程、中程和高程测距仪;从测距仪采用的调制对象上可以分为光电测距仪、声波测距仪。

range sensing 距离感知 指将距离信息进行有组织的处理,并依次对事物

R

存在形式进行理解认识。

ranging module　测距模块　是用来测量距离的一种设备。如超声波测距模块,通过发送和就接收超声波,利用时间差和声音传播速度,计算出模块到前方障碍物的距离。

ranging sonar　测距声呐　指利用声波进行探测、定位和通信的电子设备。分为主动声呐和被动声呐。主动声呐是声呐主动向目标发射声波目标,而后根据接收目标反射的回波时间以及回波参数以测定目标的参数。被动声呐指声呐被动接收目标产生的辐射噪声和相应设备发射的信号,测定目标的方位和距离。

RANSAC　随机抽样一致性算法　random sample consensus 的缩写。

rapidly-exploring dense tree (RDT)　快速搜索稠密树　指包括快速搜索随机树的一系列规划算法,是增量式采样和搜索方法,在使用时不需要参数调整就能产生良好的性能。算法的思想是逐步构建一棵不断提高分辨率但不需要显式设置任何分辨率参数的搜索树。在极限情况下,树密集地覆盖空间。密集的样本序列作为树构造增量的指导。如果样本序列是随机的,则生成的树称为快速探索随机树(RRT)。一般而言,无论序列是随机的还是确定性的,这一系列树都将被称为快速探索密集树,来表示获得密集的空间覆盖。

rapidly-exploring random tree (RRT)　快速搜索随机树　是一种通过随机构建一个空间填充树来高效搜索非凸高维空间的算法。它以一个初始点作为根节点,通过随机采样增加叶子节点的方式,生成一棵随机扩展树,当随机树中的叶子节点包含了目标点或进入了目标区域,便可以在随机树中找到一条由从初始点到目标点的路径。它由 Steven M. LaValle 和 James J. Kuffner Jr 提出,已被广泛用于自主机器人运动规划。

rated current　额定电流　指用电设备在额定电压下,按照额定功率运行时的电流。也可定义为电气设备在额定环境条件(环境温度、日照、海拔、安装条件等)下可以长期连续工作的电流。

rated load　额定负载　在机器人领域,指在规定性能范围内,机器人所能承受的最大负载允许值。

rated power　额定功率　(1) 机械设备的额定功率指设备所能达到的最大输出功率,机械设备的实际输出功率不会大于额定功率。(2) 电器的额定功率指用电器正常工作时的功率。它的值为用电器的额定电压乘以额定电流。若用电器的实际功率大于额定功率,则用电器可能会损坏;若实际功率小于额定功率,则用电器无法正常运行。

rated pressure　额定压力　指在满足设备正常工作需求下的最大压力。一般实际工作压力小于或等于额定压力。

rated speed　额定速率　正常工作时,允许达到的最大速率。

rated velocity　额定速度　正常工作时,允许达到的最大速度,是一个矢量。

rated voltage 额定电压 指电气设备长时间正常工作时的最佳电压。当电气设备的工作电压高于额定电压时容易损坏设备，而低于额定电压时将不能正常工作。

rate gyroscope 速率(微分)陀螺仪 指用来直接测定运载器角速率的二自由度陀螺装置。20 世纪 20 年代初，速率陀螺仪首先用作飞机的基本飞行仪表。继而用来为防空火力控制瞄准器提供前置角数据。速率陀螺仪的用途很广，它不仅用于飞行器、车辆、火炮控制等方面，在有关角度控制的伺服系统中也常常用它来改善系统的动态品质。在飞行器上，速率陀螺仪能为导航、制导系统提供角速度信号，而更多的是利用它输出的角速度信号来改善自动驾驶仪的动态品质。

rate-integrating gyroscope (RIGS) 速率积分陀螺仪 指输出与角速率成正比的直流电压信号的装置。主要由信号器、电机、浮筒、力矩器、浮子支承结构、信号传输结构、浮液、波纹管和控制回路等组成。它的精度和稳定性决定了控制系统的精度和可靠性。衡量陀螺稳定性的主要指标是漂移误差，漂移误差是控制系统的主要误差之一。

rate-of-turn gyroscope 角速度(积分)陀螺仪 是单自由度陀螺仪的一种，与两自由度陀螺仪相比，它在结构上缺少一个外框架，即转子缺少一个转动自由度。角速度陀螺仪绕输出轴的转动主要受弹性约束，在稳态时用弹性约束力矩平衡陀螺力矩，其输出信号与输入角速度成比例关系。角速度陀螺仪不仅可以用于测量角速度信息，也可以用于惯导系统中用于求解姿态信息。

rate sensor 速率传感器 指测量速率的传感器。如测速发电机、激光测速传感器、雷达测速传感器等，分为接触式和非接触式两类。

rating test 标定试验 使用标准的计量仪器对所使用仪器的准确度或参数进行检测或配准的实验。

ratio of damping 阻尼系数 是描述系统的振荡如何在干扰后衰减的无量纲值。当许多系统在静态平衡位置受到干扰时，会表现出振荡，有时损耗会使系统振荡逐渐衰减到零，阻尼系数是振荡衰减速度的度量。阻尼系数是系统的参数，由 ζ 表示，其可以从无阻尼 ($\zeta = 0$)，欠阻尼 ($\zeta < 1$) 到临界阻尼 ($\zeta = 1$) 到过阻尼 ($\zeta > 1$) 变化。

ratio of gear 变速比，传动比 指机构中两转动构件角速度的比值。构件 a 和构件 b 的传动比为 $i = \omega_a / \omega_b = n_a / n_b$，式中 ω_a 和 ω_b 分别为构件 a 和 b 的角速度(弧度每秒)；n_a 和 n_b 分别为构件 a 和 b 的转速(转每分)。

ratio of revolution 转速比 指机械的传动结构中，两个传动构件的转动速度之比。

ratio of transmission 传动比 同 ratio of gear(变速比，传动比)。

RBF 径向基函数 radial basis function 的缩写。

RBM 受限玻尔兹曼机 restricted Boltzmann machine 的缩写。

RCC 远中心柔顺性 remote center compliance 的缩写。

RCS 实时控制系统 real-time control system 的缩写。

RDF 无线电测向 radio direction finder 的缩写。

RDT 快速搜索稠密树 rapidly-exploring dense tree 的缩写。

reachability 可达性 (1) 在图论中，指在图中从一个顶点到另一个顶点的能力。在无向图中，可以通过识别图的连通分量来确定所有顶点对之间的可达性。当且仅当它们属于相同的连通分量时，图中的任何顶点对可以彼此到达。(2) 在机器人领域，指机器人是否能到达地图中某一点，或者机械臂末端是否能到达某一指定位置的能力。

reachable and dexterous workspace 可达且灵巧的工作空间 是机器人工作空间类型的一种。给定连接在机械臂上的参考点 P，例如球形腕的中心，可达工作空间被定义为 P 可以到达的物理空间的点的集合；灵巧工作空间是空间中 P 可以通过任何方向到达的点的集合。

reachable workspace 可达工作区 机器人末端可达位置点的集合。机器人可达工作区的形状和大小十分重要，在执行作业时可能会因存在不能到达的作业死区而不能完成任务。

reactive control 反应式控制 在人工智能领域中，指简单地对外部刺激产生响应的控制方式，反应式控制没有任何内部状态。每个反应式控制的智能体既是受刺激体，又是产生响应的客体，根据外部刺激直接做出响应。反应式智能体的这种直接把感知和动作连接起来的规则，被称为条件作用规则。比较 deliberative control(慎思控制)。

reactive robot system 反应式机器人系统 在机器人领域，指将机器人的控制器嵌入到预编程的集合中，以最小的内部状态实现快速实时响应的机器人控制系统。它与传感器输入紧密耦合，通常不涉及介入推理，允许机器人对动态和非结构化环境做出快速响应。反应式机器人系统的灵感来自刺激-反应的生物学概念，不需要模型的获取和维护世界模型，不依赖复杂的推理过程。比较 deliberative control(慎思控制)。

real-time (realtime) 实时 指计算机的一种数据处理方式。实时操作是机器的工作与人的时间感知相匹配的操作，或计算机操作与物理的或外部的处理同步进行。如一种过程控制系统，能以足够快的速度响应外部对计算机的输入，并足以影响其后的输入。

real-time control 实时控制 指通过实时处理器来实现高实时性要求系统的一种控制方法。

real-time control system (RCS) 实时控制系统 指用于控制现场物理过程的实时计算机系统。当现场发生一个事件，通过传感器和计算机系统后，计算机及时对其进行分析、处理之后，发出指令对现场实施有效的控制。实时系统的响应时间必须严格不超过临界时间。

R

real-time data requisition　实时数据采集　指对现场数据在其发生的实际时间内进行采集。其中数据采集指采集信号对象的数据信息，并通过处理机制分析过滤数据和储存数据。

real-time processing　实时处理　(1) 指与信息或数据产生同时进行的处理，处理的结果可以立即用来影响或控制进行中的现象或过程。(2) 指数据处理系统在执行实时任务时所处的工作方式。

real-time system　实时系统　指能以足够快的速度处理外来信息，并在一定的时间内做出响应的计算机系统。实时系统通常都与某一物理过程或生产过程相联系，对输入信息做出反应的时间长短也因系统的服务对象而有很大差别。还可以利用通信线路将计算机和远程终端连接起来，远地产生的数据，不经延迟或积压就能及时地予以处理，并将处理结果及时送回远程终端。例如航空防撞系统必须处理雷达的输入信息，检测可能的碰撞，并在空中交通管制人员或飞行员仍有时间作出反应前就警告他们。

reconfigurable mechanism　可重构机构　指可以根据任务或环境的变化而改变构型的机械结构。能够迅速地响应新的生产环境带来的工艺过程、生产能力和制造功能变化等需求。

reconfigurable robot　可重构机器人　是一种可以根据任务或环境的变化而改变构型的机器人。能够通过对模块进行组合，简单快速地装配成适合不同任务的几何构型。重构时不仅进行简单的机械重构，还可以进行控制系统的重构，重构后的机器人能适应新的工作环境和工作任务。

rectangular robot　直角坐标(型)机器人　指运动自由度建成空间直角关系的多用途机器人，也称桁架机器人或龙门式机器人，其工作的行为方式主要是通过完成沿着 *XYZ* 轴上的线性运动来进行的。参见 gantry robot(高架机器人，桁架机器人，龙门机器人)。同 Cartesian robot （笛卡尔坐标机器人)。

rectified linear unit (ReLU)　线性修正单元　是一种人工神经网络中常用的激活函数，通常指代以斜坡函数及其变种为代表的非线性函数。比较常用的线性整流函数有斜坡函数 $f(x) = \max(0,x)$，以及带泄露整流函数，其中为 x 神经元的输入。线性整流被认为有一定的生物学原理，并且由于在实践中通常有着比其他常用激活函数(譬如逻辑函数)更好的效果，而被如今的深度神经网络广泛使用于诸如图像识别等计算机视觉和人工智能领域。

recurrent neural network (RNN)　递归神经网络　是一种人工神经网络，它节点之间的连接形成沿时间序列的有向图。这种网络的内部状态可以展示动态时序行为。不同于前馈神经网络，RNN 可以利用它内部的记忆来处理任意时序的输入序列，当前网络的隐藏状态会保留先前的输入信息，这让它可以更容易处理不分段的如手写识别、语音识别等任务。

recursive filtering　递归滤波　指输出

既依赖于输入及滤波响应函数，又依赖于以前输出的滤波过程，也称为反馈滤波。在这种滤波过程中，输出在经过延迟后被加到输入端。以这种方式，可以用一个短滤波器实现一个长滤波器的功能。与常规的时空域滤波相比，递归滤波的优点是计算量小，计算速度快。

recursive least squares filter　递归最小二乘滤波器　是一种自适应滤波算法，递归地找到使加权线性最小二乘代价函数最小的系数，其中代价函数与输入相关。在递归最小二乘滤波器中，输入信号被认为是决定性的，而对于其他类似算法，输入信号被认为是随机的。与大多数其他滤波算法相比，递归最小二乘滤波器表现出极快的收敛速度。然而，这种速度以高计算复杂性为代价。

recursive Newton-Euler algorithm (RNEA)　迭代牛顿-欧拉算法　是一种用来计算逆动力学的时间复杂度为 $O(n)$ 的算法。通过给定关节位置和速度变量，计算出产生给定关节加速度所需的关节力矩。首先通过从固定基到叶子结点的向外递归计算连杆的速度和加速度，在递归过程中用牛顿-欧拉方程计算每个连杆上所需的力。然后使用每个连杆处的力平衡方程来计算每个关节在空间中的力和每个关节的扭矩。

reduction-transmission system　减速传动系统　是一种常用作原动件与工作机之间的减速传动的机械装置。减速系统在原动机和工作机或执行机构之间起匹配转速和传递转矩的作用，在现代机械中应用极为广泛。

redundancy　冗余，冗余度　在机器人领域，当机械臂的自由度大于执行给定任务所需的自由度时，就会发生运动学冗余。运动学冗余可以提高机器人的灵活性，来避免奇点、关节限制和工作空间障碍，并且最小化关节扭矩和所需能量。

redundancy rate　冗余率　指冗余的信息或结构在总信息或结构中所占的比率。

redundant degree of freedom (DOF)　冗余自由度　从运动学的观点看，完成某一特定作业时机器人具有的多余的自由度。

reference frame　参考坐标系　同 frame of reference(参考坐标系)。

reference plane　参考面，基准面　指在位置、运动方向以及空间上均随时间而发生不断变化的参考平面，作为测量、物探或地质分析的参考面。

reference point　参考点　指提供参考标准的点。(1) 电位参考点指在电路中选定某一点为电位参考点，规定该点的电位为零，其他点电位根据这一点确定；(2) 机器人参考点是机器人坐标系的基准，用于确定机器人各部分的位置。

reflective beacon　反射式信标　指通过反射其他设备发出的信号来提供导航信息的信号标记。

region growth procedure　区域生长过程　指将成组的像素或区域发展成更大区域的过程。从种子点的集合开始，从这些点的区域增长是通过将与每个种子点有相似属性像强度、灰度级、纹理颜色等的相邻像素合并到此区域。

region of interest (ROI)　感兴趣区域 指图像处理中从被处理的图像以方框、圆、椭圆、不规则多边形等方式勾勒出需要处理的区域，这个区域是图像分析所关注的重点，圈定该区域以便进行进一步处理。

register ratio　机械传动比 指利用机械方式传递动力和运动时两转动构件角速度的比值。

regulation control　调节控制，整定控制 指通过系统状态的反馈自动校正系统的误差，使目标参量保持恒定或在给定范围之内。须以反馈为基础。

rehabilitation robot　康复机器人 指用于身体功能障碍者进行康复训练的能自动执行任务的人造机器装置，可通过助力等方式提高人体机能或者辅助使用者进行工作，用以取代或协助人体的某些功能。康复机器人是医工技术和机器人技术结合的产物，属于医疗机器人领域，主要用作治疗辅助。目前康复机器人的研究主要集中在康复机械手、医院机器人系统、智能轮椅、假肢和康复治疗机器人等几个方面。按照针对的肢体部分不同，康复机器人可分为上肢康复机器人、下肢康复机器人、脊柱康复机器人等。

rehabilitation training　康复训练 是康复医学的一个重要手段，主要是通过训练这种方法使病人患肢恢复正常的自理功能，用训练的方法尽可能使残疾者的生理和心理康复，达到治疗效果。

reinforcement learning (RL)　强化学习 是机器学习中的一个领域，强调如何基于环境而行动，以取得最大化的预期利益。智能体(agent)以试错的方式进行学习，通过与环境进行交互获得的奖赏指导行为，目标是使智能体获得最大的奖赏。其灵感来源于心理学中的行为主义理论，即有机体如何在环境给予的奖励或惩罚的刺激下，逐步形成对刺激的预期，产生能获得最大利益的习惯性行为。这个方法具有普适性，因此在其他许多领域都有研究，例如博弈论、控制论、运筹学、信息论、仿真优化、多智能体系统学习、群体智能、统计学以及遗传算法。强化学习与监督学习和无监督学习一起被认为是三种机器学习范式之一。它与监督学习的不同之处在于，不需要提供正确的输入输出对，不需要明确地校正次优动作。

relative motion　相对运动 指某一物体对另一物体而言的相对位置的连续变动，即此物体相对于固定在第二物体上的参考系的运动。牛顿运动定律只适用于惯性参考系。研究相对于非惯性参考系的运动，通常采用两种方法：① 通过坐标变换，把相对于惯性坐标系的已知运动规律变换成相对于非惯性坐标系的运动规律；② 直接写出相对于所考察的非惯性坐标系的运动微分方程，然后求积分。这时如果希望利用牛顿第二定律的形式，就必须对作用于质点的力附加惯性力。

relative movement　相对运动 同 relative motion(相对运动)。

relative orientation 相对朝向，相对姿态 指刚体相对于固定坐标系的方向，也可以表示物理学中移动参考系的方向或三维线性代数中通用基的方向。

relaxation algorithm 松弛算法 （1）指一种求解大型稀疏线性系统的迭代算法，产生微分方程的有限差分离散值；还可以用于求解线性最小二乘问题的线性方程，或求解线性规划中出现的线性不等式系统，也被改进用于求解非线性方程组。（2）指优化问题中一种求解下界的方法，通过一个更简单的问题来解决一个难题，其"松弛"解决方案提供了有关原始问题解决方案的信息。（3）指在数字图像处理中，使算法既具有并行性质又具有逐步迭代自适应能力的一种运算方法。

reliability 可靠性 指元件、产品、系统在一定时间内、在一定条件下无故障地执行指定功能的能力或可能性。可通过可靠度、失效率、平均无故障间隔等来评价产品的可靠性。

ReLU 线性修正单元 rectified linear unit 的缩写。

remote center compliance（RCC） 远中心柔顺性 是一种自动化装配技术，远中心柔顺手腕使机器人具有一定的柔顺能力，可完成间隙为微米级的插销入孔装配作业。

remote control 远程控制，遥控 指由计算机或其他装置通过有线或无线，对在一定距离以外的或人无法接触到的（如高温、有毒、辐射等）的物体或系统所进行的控制。如用无线电控制航空模型、人造卫星的飞行、导弹的发射等。遥控技术综合应用自动控制、计算机和通信技术，实现远距离控制，并对远距离控制进行检测。一般遥控系统的核心是计算机。

remote control system 遥控系统 指能对相隔一定距离的被测对象进行控制，并使其产生相应的控制效果的系统。该系统由控制信号产生机构、传输设备、执行机构组成。

remote handling 遥处理 指通过通信媒体对远距离被控对象进行控操作。

remotely operated tool（ROT） 遥控操作工具 指用来远距离操纵机器人或系统的工具。如红外遥控器，通过红外发光二极管来发出经过调制的红外光波，对编码式红外线遥控型电器进行遥控。

remotely operated vehicle（ROV） 遥控无人潜水器，水下机器人 指用于水下观察、检查和施工的水下机器人。是无人水下航行器（unmanned underwater vehicle）的一种，系统组成一般包括动力推进器、遥控电子通信装置、黑白或彩色相机、俯仰云台、用户外围传感器接口、实时在线显示单元、导航定位装置、自动导航单元、辅助照明灯和凯夫拉零浮力拖缆等单元部件。不同类型的 ROV 可用于执行不同的任务，被广泛应用于军队、海岸警卫、海事、海关、核电、水电、海洋石油、渔业、海上救助、管线探测和海洋科学研究等领域。

remotely piloted vehicle（RPV） 遥控飞行器 是一种无人飞行器，由操纵人员远程控制。根据其用途和性能的差异，可分为玩具、航模、军用等几类。

remote manipulator 遥控机械臂 是一种通过电子、液压或机械连杆使操作人员可以控制的手状设备。这种装置的目的通常是移动或操纵危险材料，保障人员的安全。

remote metering system 遥测系统 指具有对一定距离的被测对象的某些参数进行测量、传输和处理功能的系统，即是将对象参量的近距离测量值传输至远距离的测量站来实现远距离测量的系统。遥测系统一般由输入设备、数据传输设备、终端设备三大部分组成。其中，数据传输设备包括把从输入设备来的多路信号进行多路复用、发射、接收和分路的设备。遥测系统的工作原理涉及信息采集、信息传输和信息处理等方面。遥测系统实质上是一类多路数据传输系统。为了能用一个信道来完成多路信息传输，可采用多路传输技术。

remote operation 远程操作 同 teleoperation（遥操作）。

remote sensing 遥感 指非接触的、远距离的探测技术。一般指运用传感器或遥感器对物体的电磁波的辐射、反射特性的探测。遥感是通过遥感器这类对电磁波敏感的仪器，在远离目标和非接触目标物体条件下探测目标地物，获取其反射、辐射或散射的电磁波信息，并进行提取、判定、加工处理、分析与应用的一门科学和技术。

remote sensor 遥感器 指用来远距离检测地物和环境所辐射或反射的电磁波的仪器。

rendezvous docking (RVD) 交会对接 指两个航天器在空间轨道上会合并在结构上连成一个整体的技术，是实现航天站、航天飞机、太空平台和空间运输系统的空间装配、回收、补给、维修、航天员交换及营救等在轨道上服务的先决条件。它是载人航天活动的三大基本技术之一。

repeatability 重复（合）性，重复精度 （1）是机器人对同一指令位姿从同一方向重复响应 n 次后实到位姿的一致程度；（2）指在相同测量条件下进行相同被测量的连续测量，结果之间的一致性的接近程度。当再测试时的变化小于预定的接受标准时，可以称测量是可重复的。

repetitive control 重复控制 指用于伺服系统重复轨迹的高精度控制。控制过程中，加到被控对象的输入信号除偏差信号外，还叠加了一个过去的控制偏差，把上一次运行时的偏差反映到现在，和现在的偏差一起加到被控对象进行控制。这种控制方式，偏差重复被使用，称为重复控制。经过几个周期的重复控制之后可以大大提高系统的跟踪精度，改善系统品质。这种控制方法不仅适用于跟踪周期性输入信号，也可以抑制周期性干扰。

resampling 重采样 指根据源样本序列得到目标序列的过程。在遥感中，重采样是从高分辨率遥感影像中提取出低分辨率影像的过程。常用的重采样方法有最邻近内插法、双线性内插法和三次卷积法内插。

rescue robot　救援机器人　指为救援而研制的机器人，如消防救援机器人、地震救援机器人、矿山救援机器人、核事故救援机器人和水下救援机器人等。灾后空间复杂，空间狭小，不利于救援人员进入。使用救灾机器人代替救援人员进入灾难现场进行救援，对于避免或减少救援人员伤亡，提高救援效率具有十分重要的意义。救援机器人的共性关键技术包括 4 种能力：良好的移动性能、感知能力、通信能力与续航能力。随着技术的发展，救援功能的集成化、救援行为的自主化、救援任务的协同化与救援装备的轻量化都将是救援机器人的发展方向。

residual　剩余误差，残差　指观测值之间的差值。通过残差所提供的信息，分析出数据的可靠性、周期性或其他干扰；残差的分布趋势可以帮助判明所拟合的模型是否满足有关假设。

resilience　恢复力，弹力，顺应力　指物体受外力作用发生形变后，若撤去外力，物体能恢复原来形状的力。它的方向跟使物体产生形变的外力的方向相反。

resonance　共振　指机械系统所受激励的频率与该系统的某阶固有频率相接近时，系统振幅显著增大的现象。共振时，激励输入机械系统的能量最大，系统出现明显的振型称为位移共振。此外还有在不同频率下发生的速度共振和加速度共振。在一般情况下共振是有害的，会引起机械和结构很大的变形和动应力，甚至造成破坏性事故。防共振措施有：改进机械的结构或改变激励，使机械的固有频率避开激励频率；采用减振装置；机械起动或停车过程中快速通过共振区。

resonant frequency　共振频率　指物理系统产生共振时的特定频率。共振频率下，很小的周期振动便可产生很大的振动，这是因为系统储存了动能。当阻力很小时，共振频率基本与系统自然频率或称固有频率相等。

restricted Boltzmann machine (RBM)　受限玻尔兹曼机　是一种可通过输入数据集学习概率分布的随机生成神经网络。受限玻兹曼机可应用于降维、分类、协同过滤、特征学习和主题建模。根据任务的不同，受限玻兹曼机可以使用监督学习或无监督学习的方法进行训练。最初由保罗·斯模棱斯基于 1986 年提出，直到杰弗里·辛顿及其合作者在 21 世纪第一个十年中叶发明快速学习算法后，受限玻兹曼机才变得知名。

restricted space　受限空间，限定空间　是一种特种机器人作业环境，指工厂的各种设备内部和其他一些封闭、半封闭的设施及场所。

retro-reflective marker　反光标记　指在采用激光器实现机器人定位与导航时，能够对激光进行反射的标志。将平面形或圆柱形固定安装于导航路径周围。

revolute joint　旋转关节，转动副　指机械中使用的单自由度运动副，提供单轴旋转功能，区别于平动关节，在两个连杆之间产生相对旋转运动。

reward function　奖励函数，回报函数

是强化学习中用于评价智能体动作的好坏，来奖赏指导智能体行为的一种函数。

RF 射频 radio frequency 的缩写。

RFID 射频识别 radio frequency identification 的缩写。

RGB 红绿蓝 以红绿蓝三种基本颜色的混合来表示色彩的彩色模式，通过对红(R)、绿(G)、蓝(B)三个颜色通道的变化以及它们相互之间的叠加来得到各种颜色。

RGB-D 红绿蓝-深度，RGB-D 在红(R)绿(G)蓝(B)的基础上，叠加深度(D)的信息，深度是传感器距离物体的实际距离。通常 RGB 图像和深度图像的像素之间具有一对一的对应关系。

RGB-D camera 红绿蓝-深度相机，RGB-D 相机 指可以得到环境 RGB-D 信息的相机。从功能上来讲，是在 RGB 普通相机的功能上增添了深度测量。从实现功能的技术层面分析，有双目、结构光、TOF 三种主要技术。双目的测距是被动式测距，软件比较复杂，硬件成本较低，对户外具有良好的适用性，但在黑暗环境里不可以工作。结构光的测距方式为主动式测距，工作原理是激光散斑编码。软件设计难度居中，硬件成本居中，户外使用的对其效果有影响，室外需用功率大、成本高的配置，在黑暗环境里可以工作。TOF 的测距方式是主动式测距，测距原理是发射与反射信号时间差。其分辨率偏低、面帧率较高、软件相对结构光和双目比较简单、硬件成本高，在黑暗环境里可以正常工作。

right-handed coordinate frame 右手坐标系 在空间直角坐标系中，让右手拇指指向 x 轴的正方向，食指指向 y 轴的正方向，如果中指能指向 z 轴的正方向，则称这个坐标系为右手直角坐标系。

rigid-body 刚体 指在运动中和受力作用后，形状和大小不变，而且内部各点的相对位置不变的物体。

rigid-body assumption 刚体假设 指物体在外力作用下不会发生变形的假设，目的是简化问题分析。

rigid-body displacement 刚体位移 指物体的形状不发生变化产生的位移，与变形位移相对应。

rigid-body dynamics 刚体动力学 指基于刚性假设下，研究有外力作用时相互连接的物体系统的运动的一门学科。刚性假设指的是物体系统在施加的力的作用下不会变形，因此流体、高弹性和塑性的物体不属于刚体。刚体系统的动力学由运动学定律和牛顿第二定律或其衍生形式拉格朗日力学的应用来描述。这些运动方程将系统中各个物体的位置、速度和加速度表示成时间的函数，因此，刚体动力学是机械系统分析与综合的重要工具。

rigid-body model 刚体模型 指将刚体当作一个特殊的质点组(质量连续分布且各质点间的距离保持不变)的模型。

rigid motion 刚性运动 指只有物体的位置(平移变换)和朝向(旋转变换)发生改变，而形状不变的运动。

R

rigid robot 刚性机器人 指一种机器人的理论模型，其特点是连杆均为绝对刚体，不会因外力而产生形变。

rigid transformation 刚性变换 指只有物体的位置（平移变换）和朝向（旋转变换）发生改变，而形状不变所得到的变换。

RIGS 速率积分陀螺仪 rate-integrating gyroscope 的缩写。

ring laser gyroscope（RLG） 环形激光陀螺仪 是一种陀螺仪，在同一光路中反向传播同一光源输出的激光，通过萨格纳克效应来检测外界环形的旋转角速度。

RL 强化学习 reinforcement learning 的缩写。

RLG 环形激光陀螺仪 ring laser gyroscope 的缩写。

RMS 均方根，均方根值 root-mean-square 的缩写。

RNEA 迭代牛顿-欧拉算法 recursive Newton-Euler algorithm 的缩写。

RNN 递归神经网络 recurrent neural network 的缩写。

roboethics 机器人伦理学 指与机器人道德问题有关的学科。讨论的问题有：机器人在长期或短期内是否会对人类构成威胁，机器人的某些用途是否会造成严重伦理问题（例如医疗保健或作为战争中的“杀手机器人”）。

robot 机器人 是自动执行工作的机器装置。它既可以接受人类指挥，又可以运行预先编排的程序，也可以根据以人工智能技术制定的原则纲领行动。它的任务是协助或取代人类的工作，例如生产作业、建筑作业，或是危险的工作。它是高级整合控制论、机械电子、计算机、材料和仿生学的产物。机器人一般由执行机构、驱动装置、检测装置、控制系统、机械装置等组成。从应用环境出发，将机器人分为两大类，即工业机器人和服务机器人。所谓工业机器人就是面向工业领域的多关节机械手或多自由度机器人。而服务机器人则是除工业机器人之外的、用于非制造业并服务于人类的各种先进机器人，包括：家庭服务机器人、水下机器人、娱乐机器人、军用机器人、农业机器人、特种机器人等。机器人能力的评价标准包括：智能，指感觉和感知，包括记忆、运算、比较、鉴别、判断、决策、学习和逻辑推理等；机能，指变通性、通用性或空间占有性等；物理能，指力、速度、可靠性、联用性和寿命等。

robot arm 机器人臂 指一种具有类似人手功能的可编程的动力机构。该动力机构由旋转或平移关节连接而成，从而按照固定程序实现抓取、搬运物件或操作工具等自动化操作。

robot combat 机器人格斗 指一种多机器人竞赛形式。在该竞赛中，将有两台或多台定制的机器人利用各种方式（如在机器人上安装斧头、锤子、拳头等具有攻击性的模块）摧毁对方。

robot companion 机器人伙伴 指一类能够以积极开放的方式学习新的技能和任务，并与人类不断互动和合作而服务人类的机器人。

robot cooperation **机器人合作** 指多个机器人之间交流信息和动作，共同确保其运动的有效作用，以完成任务。

robot gripper **机器人夹持器** 是末端执行器的一种形式，该装置安装在机器人手腕上用来进行某种操作或作业的附加装置，主要执行物件抓取、工件加工和装配等操作。根据机器人所握持的工件形状不同，主要可分为三类：机器人手爪，又称为机械夹钳，包括2指、3指和变形指；包括磁吸盘、焊枪等的特殊手爪；通用手爪，包括2指到5指。

robotic arm **机器人手臂** 指一种机械臂，通常是可编程的，与人手臂具有相似的作用。机器人手臂可以是整个机电系统，也可以是更复杂的机器人的一部分。机器人手臂的连杆由可移动或转动的关节连接而成。

robotic exoskeleton **机器人外骨骼** 指一种可穿戴的机电装置。该装置可以增强穿戴者身体机能，也可以帮助穿戴者进行步态康复或运动辅助等。

robotic kitchen **机器人厨房** 指一种可实现全自动化的厨房，可以从数字商店中下载食谱，并通过机器人简单快捷地制作美食。

robotic leg **机器人腿** 指通过往复运动和与行走面的周期性接触来支撑及推进移动机器人的杆件机构。

robotic spacecraft **机器人航天器** 一种基于计算机控制和遥控的无人航天器。分为人造地球卫星、空间探测器和货运飞船。

robotic workstation (RWS) **机器人化工作站** 是以一台或多台机器人为主，配以相应的周边设备，如变位机、输送机、工装夹具等，或借助人工的辅助操作一起完成相对独立的一种作业或工序的一组设备组合。

robotics simulator **机器人学仿真器** 指为实物机器人创建的一种应用程序，该程序有多种应用，如用于机器人及其环境的3D建模和渲染，模拟真实机器人在真实工作环境内的运动，从而大大节省了机器人开发的成本和时间。

robot kinematics **机器人运动学** 指机器人正向运动学和逆向运动学的总称。正向运动学即给定机器人各关节变量，计算机器人末端的位置姿态；逆向运动学即已知机器人末端的位置姿态，计算机器人对应位置的全部关节变量。

robot language **机器人语言** 是在人与机器人之间的一种记录信息或交换信息的程序语言。

robot learning **机器人学习** 是机器学习与机器人学交叉的学科领域。该领域的研究重点是如何利用机器学习算法让机器人获取某种新技能（包括像运动、抓取、物体分类这样的感觉运动技能和人机协作、语言技能这样的交互式技能）或者适应周围环境。

robot navigation **机器人导航** 指机器人在参考系内确定自己位置和方向，并规划去往某个目的地的路线的能力。导航可视为自定位、路径规划、地图构建和理解三种基本能力的组合。

robot operating system (ROS) 机器人操作系统 是专为机器人软件开发所设计出来的一套电脑操作系统架构。它是一个开源的元操作系统，提供类似于操作系统的服务，包括硬件抽象描述、底层驱动程序管理、共用功能的执行、程序间消息传递、程序发行包管理，它也提供一些工具和库用以获取、建立、编写和执行多机融合的程序。它的运行架构是一种使用 ROS 通信模块实现模块间 P2P 的松耦合的网络连接的处理架构，它执行若干种类型的通讯，包括：基于服务的同步 RPC(远程过程调用)通讯；基于 topic 的异步数据流通信，还有参数服务器上的数据存储。

robot peripheral 机器人外围设备，机器人外设 指机器人根据需要定制外围设备，可完成焊接、喷漆、裁剪、冲压、搬运物体、感知温度、压力等任务。

robot programming language 机器人编程语言 是一种程序描述语言，它用于描述工作环境和机器人的动作，能把复杂的操作内容通过简单的程序实现。机器人编程语言也和一般的程序语言一样，应当具有结构简明、概念统一、容易扩展等特点。

robot restaurant 机器人餐厅 指以机器人为主题的餐厅，在餐厅内行走的机器人服务员不仅可以与顾客打招呼，而且可以为顾客制作菜品、点菜以及传菜等。

robot telescope 机器人望远镜 指一种可以在没有人类干预的情况下进行观测的天文望远镜和探测器系统。

robust control 鲁棒控制 是控制理论中的一个分支，是专门用来处理存在不确定性情况下的控制器设计。鲁棒控制方法一般应用于只要在一些集合(特别是紧集合)中存在不确定参数或者扰动的情况。鲁棒控制意在使系统具有鲁棒性，并在存在有界建模误差的情况下使系统稳定。在系统中存在不确定参数和干扰的情况下，鲁棒控制方法能够确保系统正常工作。鲁棒控制开始于 1970 年代末期和 1980 年代早期，并迅速发展出了许多处理有界系统不确定性的技术方法。典型的鲁棒控制方法有 H_∞ 控制理论、滑模控制、量化回授理论、增益调度理论等。

ROI 感兴趣区域 region of interest 的缩写。

rolling contact 滚动接触 指两物体接触点相对静止的接触方式。

rolling contact theory 滚动接触理论 是研究相互接触的物体之间相对运动、相互作用以及由此引起的弹塑性变形、磨损失效等问题的重要学科分支，滚动接触理论正是在轮轨和滚动轴承接触问题的迫切需求下逐步完善并成为固体力学的重要组成部分。

root locus method 根轨迹法 是在控制理论和稳定性理论中常用的一种图形方法，它用于观察系统极点如何随着某个参数(通常是反馈系统中的增益)的变化情况。该方法可以确定系统的稳定性。

root-mean-square (RMS) 均方根，均方根值 指在数据统计分析中，将所有值平方求和，求其均值，再开平方得到的值。

ROS 机器人操作系统 robot operating system 的缩写。

ROT 遥控操作工具 remotely operated tool 的缩写。

rotary joint 旋转关节 指连接两杆件的组件，该组件能使其中一杆件相对于另一杆件绕固定轴线转动。

rotary motion 旋转运动 简称转动，指的是机械运动的一种最基本的形式。运动物体上，除转动轴上各点外，其他各点都绕同一转动轴线作大小不同的圆周运动，物体上各点的运动轨迹是以转轴为中心的同心圆。

rotary motor 旋转电机 是依靠电磁感应原理而运行的旋转电磁机械，用于实现机械能和电能的相互转换。其原理基于电磁感应定律和电磁力定律。按其作用分为发电机和电动机，按电压性质分为直流电机与交流电机，按其结构分为同步电机和异步电机。异步电动机按相数不同，可分为三相异步电动机和单相异步电动机；按其转子结构不同，又分为笼型和绕线转子型。

rotary optical encoder 旋转光学编码器 是用来测量转速并配合 PWM 技术可以实现快速调速的装置，该装置通过光电转换，可将输出轴的角位移、角速度等机械量转换成相应的电脉冲以数字量输出。

rotate vector (RV) reducer 旋转矢量减速器，RV 减速器 指一种基于传统摆线齿轮的减速机，具有传动比大、网孔多、承载能力强、传动效率高、工作性能稳定等优点。

rotation 旋转 指物体围绕一个点或一个轴所做的圆周运动。

rotational inertia 转动惯量，惯性矩 是刚体绕轴转动时惯性(回转物体保持其匀速圆周运动或静止的特性)的量度。在经典力学中，转动惯量(又称质量惯性矩，简称惯距)通常以 I 或 J 表示，国际标准单位为 $kg \cdot m^2$。对于一个质点，$I = mr^2$，其中 m 是其质量，r 是质点和转轴的垂直距离。

rotational joint 转动关节 同 revolute joint(旋转关节)。

rotational operator 旋转算子 是用来表示一个点或一个向量绕某一轴旋转某一角度的算子。

rotational speed 旋转速度，转速 是做圆周运动的物体单位时间内沿圆周绕圆心转过的圈数。

rotational stiffness 转动刚度 指在结构力学中杆端对转动的抵抗能力，它在数值上等于使杆端产生单位转角时需要施加的力矩。

rotational symmetry 旋转对称性 是一种图形的性质。具有该性质的图形在绕过中心的任意轴旋转某一角度后，其形状和位置都不显现任何可觉察的变化的特性。

rotation axis 旋转轴 是旋转对称动作据以进行的几何直线。

rotation matrix 旋转矩阵 是在线性代数中用于在欧几里得空间中执行旋转的矩阵。

roughing 粗加工，粗选 指原材料经过简单加工或初级加工而成的产品，一般是为半精加工、精加工做准备，便于后续加工过程更快、更方便地进行,粗加工产品具有加工精度低,表面质量较差等特点。

roughness **粗糙度** 指加工表面具有的较小间距和微小峰谷的不平度,属于微观几何形状误差。

ROV **遥控无人潜水器,水下机器人** remotely operated vehicle 的缩写。

RPV **遥控飞行器** remotely piloted vehicle 的缩写。

RRT **快速搜索随机树** rapidly-exploring random tree 的缩写。

RV **旋转矢量** rotate vector 的缩写。

RVD **交会对接** rendezvous docking 的缩写。

RWS **机器人化工作站** robotic workstation 的缩写。

S

safeguarded space **安全防护空间** 指由周边安全防护(装置)确定的空间。

safe state **安全状态** 指机器或设备部件不存在即将发生危险的状态。

safety reliability **安全可靠性** 是与安全有关的一种可靠性参数,其度量方法为:在规定条件下和规定时间内,在任务过程中不发生由于系统或设备故障造成灾难性事故的概率。

safety switch **安全开关** 是一种可在所有安全条件得到满足以前防止人员进入危险区域的开关,种类包括插销式开关、安全磁开关、安全门锁开关、安全拉绳开关、紧急停止按钮、绞链连锁开关、安全使能开关、安全限位开关、防爆开关等。

safety technology **安全技术** 指为防止人身事故和职业病的危害,控制或消除生产过程中的危险因素而采取的专门的技术措施。

sample-and-hold device **采样保持器** 是一种开关电路或装置,它在固定时间点上取出被处理信号的值。该装置把这个信号值放大后存储起来,保持一段时间,以供模数转换器转换,直到下一个采样时间再取出一个模拟信号值来代替原来的值。

sampled-data control system **采样数据控制系统** 指间断地对系统中某些变量进行测量和控制的系统。

sampling **采样,样本抽取,抽样,取样** (1) 指把时间域或空间域的连续量转化成离散量的过程。也指把模拟音频转成数字音频的过程。(2) 指从总体中抽取个体成样品的过程,即对总体进行试验或观测的过程。分随机抽样和非随机抽样两种类型。

sampling frequency **采样频率** 指每秒从连续信号中提取并组成离散信号的采样个数,它用赫兹(Hz)来表示。

sampling theorem **采样定理** 又称香农采样定理、奈奎斯特采样定理,在进行模拟/数字信号的转换过程中,当采样频率 f_s 大于信号中最高频率 f_{max} 的 2 倍时($f_s > 2f_{max}$),采样之后的数字信号完整地保留了原始信号中的信息,一般实际应用中保证采样频率为信号最高频率的 2.56~4 倍。

SAN **半自主导航** semi-autonomous navigation 的缩写。

SAN **模拟退火算法** simulated annealing 的缩写。

SAR **社会辅助机器人学[技术]** socially assistive robotics 的缩写。

SAR **合成孔径雷达** synthetic aperture radar 的缩写。

satellite navigation **卫星导航** 指利用

卫星进行地理空间自主定位的过程。该过程中，一些小型电子接收器能够高精度地（几米内）地确定自己的位置（经度、纬度、高度）。

SBL 短基线 short-baseline 的缩写。

SBO 基于仿真的优化 simulation-based optimization 的缩写。

scale factor 尺度因子 指将函数按照一定比例缩小或放大的比例因子。

scan matching 扫描匹配 指机器人根据传感器实时扫描到信息与事先建立的环境模型进行匹配，从而进行机器人的定位。

SCARA 选择性柔顺装配机器人臂，SCARA 机械臂 selective compliance assembly robot arm 的缩写。

screw joint 螺旋关节，螺旋副 指利用螺纹旋合实现的一种机械联接，可以用于联接和传动。

screw motion 螺旋运动 是一种空间变换，指空间中一个旋转和一个移动方向与旋转轴平行的平移变换之积。旋转的轴也称为螺旋运动的轴，旋转的角也称螺旋运动的角。

scroll chuck 三爪自动定心卡盘 是一款工业产品，具有自动定心的作用。用伏打扳手旋转锥齿轮，锥齿轮带动平面矩形螺纹，然后带动三爪向心运动，因为平面矩形螺纹的螺距相等，所以三爪运动距离相等，有自动定心的作用。

SEA 串联弹性驱动 serial elastic actuation 的缩写。

search tree 搜索树 是一种常用的数据结构，包括：二叉搜索树、AVL 树（平衡二叉树）、红黑树、B 树等，能实现数据的有效组织，例如利用查找时效率比一般的线性查找效率高很多。在机器人领域经常应用在路径规划之中。

second-order dynamic system 二阶动态系统 是可以用二阶微分方程或二阶差分方程描述的系统。它包含有两个独立的状态变量，系统数学模型可以用来研究其动态性能。通常会根据系统的特征方程研究其单位阶跃响应，对应的也会有一些动态特性性能指标来描述系统。许多高阶系统在一定的条件下，常常近似地作为二阶系统来研究。

second-order linear system 二阶线性系统 指包含两个独立状态变量的线性系统，可以用二阶线性微分方程或二阶差分方程来描述。相较于二阶非线性系统，它的特性比较简单，同时满足叠加性和齐次性，可分为二阶线性负反馈系统和二阶线性正反馈系统。比较 second-order nonlinear system（二阶非线性系统）。

second-order nonlinear system 二阶非线性系统 可以用二阶微分方程或二阶差分方程描述的非线性系统。比较 second-order linear system（二阶线性系统）。

sectional architecture 拼合架构 是模块化的一个基本形式，指所有接口都是同一类型，没有一个单独的元件与所有其他组件相连，也就是说没有基础组件。组装是通过相同的接口连接在一起形成的。

security 安全（性） 指不发生事故的能力，是判断、评价系统性能的一个重要指标。它表明系统在规定的条件和时间内不发生事故的情况下，完成规定功能的性能。机器人安全性极其重要，指机器人在执行任务或关机待机状态时，不会突然做出伤害人类的动作。

security assessment　安全评估　狭义指对一个具有特定功能的机器人工作系统中固有的或潜在的危险及其严重程度所进行的分析与评估，并作出定量的表示。广义指利用系统工程原理和方法对拟建或已有工程、系统可能存在的危险性及其可能产生的后果进行综合评价和预测。

security detector　安全检测器　是用于检测并评估系统或工程安全性的设备。

security robot　安防机器人　指半自主、自主或者在人类完全控制下协助人类完成安全防护工作的机器人。安防机器人作为机器人行业的一个细分领域，立足于实际生产生活需要，用来解决安全隐患、巡逻监控及灾情预警等。从而减少安全事故的发生，减少生命财产损失。具体功能可能会有安保巡检、现场信息采集与传输，执行排爆、侦查以及协助警察进行搜集证据、控制现场，执行灭火、排烟、破拆、洗硝、救人、搬运物品等。

segmentation of human motion　人体运动分割　指运动捕捉技术中，为了提高运动数据应用的灵活性、效率和降低成本，以人体运动数据为基础，可以对运动数据进行分割处理并在此基础上进行人体运动研究的一种方法。分割的原理是人类的运动状态具有一定的规律性，任何运动都是由一些简单的原始运动组成的，它们可以相互叠加。这些基本运动通常是描述不同运动特征的运动单元，如跑、跳、走等。

SEIF　稀疏扩展信息滤波　sparse extended information filtering 的缩写。

selection matrix　选择矩阵　在决策与选择过程中，有一种高效的结构化的工具可反映决策者的偏好，理想的情况下应统一构建一个矩阵的形式即选择矩阵。一般分为四个象限，每个象限根据所属横纵属性的不同，决定了不同的战略方向。例如在机器人的力位混合控制中，利用选择矩阵来区分力控制子空间和位置控制子空间。

selective compliance assembly robot arm (SCARA)　选择性柔顺装配机器人臂，SCARA 机械臂　是一种圆柱坐标型的特殊类型的工业机器人。该机器人有 3 个旋转关节，其轴线相互平行，在平面内进行定位和定向，另一个关节是移动关节，用于完成末端在垂直于平面方向的运动。SCARA 系统在 x，y 方向上具有顺从性，而在 z 轴方向具有良好的刚度，此特性特别适合于装配工作，例如将一个圆头针插入一个圆孔，故 SCARA 系统首先大量用于装配印刷电路板和电子零部件；SCARA 的另一个特点是其串接的两杆结构，类似人的手臂，可以伸进有限空间中作业然后收回，适合于搬动和取放物件，如集成电路板等。它可以被制造成各种大小，如今 SCARA 机械臂还广泛应用于塑料工业、汽车工业、电子产品工业、药品工业和食品工业等领域。

selective filter 选频滤波器 指容许特定频率的信号通过,而减弱其他频率信号的滤波器,其四种基本类型为低通滤波器、高通滤波器、带通滤波器和带阻滤波器。

self-assembling system 自组装系统 又称自组装模块化机器人系统,它是一些模块的集合,这些模块能够与相邻的模块自动合并和连接,形成更大的结构。一个系统是否能够自组装,与它是自由形式的链、晶格还是基于桁架的系统无关。几乎所有上述的模块化机器人系统都依靠人工干预进行组装。为了使制造复杂模块化机器人系统的过程自动化,研究人员正在试图模拟和改进自然的自组装系统。

self-balancing system 自平衡系统 指以机器人在垂直方向上的角度或者水平方向上的位移为控制对象,使其维持在一定范围内的系统。

self-calibration 自标定[校准] (1) 一般指利用测量设备自带的校准程序或功能(比如智能仪器的开机自校准程序)进行的校准活动。(2) 在地面移动机器人、类人机器人和水下机器人等具有移动基座的自主操作机器人中,系统需要在非结构化的环境中执行任务,而无须人为的持续监督,这时候就需要机器人能够自我评估周围环境情况的系统,它包括基于传感器信息进行自标定的过程。

self-configurable system 自配置系统 (1) 机器人技术中,指能重排自身拓扑结构的机器人系统。目前已经有很多种类的自配置系统,它可以由很多相同的模块通过重新排列组成一系列的形状和配置,具有极高的拓展性。它可以用具有成百上千,甚至百万计的模块的仿真系统去拓展,具有极高的拓展性。(2) 在计算机技术中,指能够在运行环境动态变化时自动地对系统进行调整。从系统功能上可将自配置系统划分为政策管理层、配置决策层、监视和执行层、应用层。

self-correcting 自校正(的) 机器人上的测量设备利用自带的校准程序或功能而进行校准活动。

self-coupling 自耦合(的) 指系统自身两个或两个以上的状态变量之间或输入与输出之间存在紧密配合与相互影响的现象。

self-damping 自阻尼(的) 指物质或系统在无外力作用下停止自身振动的性质。

self-evolution 自演化 指在演化机器人的基础上会进步和发展为一种新型的机器人种类,能够在环境中自我进化,不需要过多的人为干预。参见 evolutionary robot(演化机器人)。

self-feedback 自反馈 指系统运行所产生的结果(或部分结果)又成为本系统进一步行动的条件或原因。

self-feeder 自馈器 指机器人系统中自我进行反馈的部分或元件。

self-healing 自修复 在多机器人领域,许多复杂的实际任务和应用可以分解为一系列的运动同步,例如大型物体的运输和操作、编队生成和维护、未知环境中的探索和地图构建以及军事任务中的侦查和监视。自恢复可以看作是这些基于运动同步的复杂任务中的一种，指从故障机器人中恢复网络拓扑结构和系统性能的过程。不同于一般网络，移动机器人网络具有物理拓扑的移动性，因此该网络自修复的目标是不仅要保持网络的逻辑拓扑结构，还要保持网络的物理拓扑结构，从而解决能量消耗和盲区问题。

self-holding　自保持(的)　指让某个物体的状态发生瞬间的改变，改变之后无须施加外力，而物体本身却能够一直保持改变后的状态。

self-hunting　自动寻线(的)　指移动机器人能够沿预先布置好的标志线(磁条，黑线等)行进。

self-learning　自学习　又称为无监督学习(unsupervised learning)，指根据类别未知(没有被标记)的训练样本解决模式识别中的各种问题的方法。比较 supervised learning(监督学习)。

self-localization　自定位　指由两个或多个侦测点测得同一辐射源的示向度，输入到方位信息处理显示装置后，自动计算、显示辐射源的位置的技术。移动机器人在未知环境中就需要自定位，一般是使用各种传感器对环境进行感知，并利用各种算法建立周围环境地图，实现自定位自主移动的功能。

self-lock　自锁　指的是如果作用于物体的主动力的合力的作用线在摩擦角之内，则无论这个力怎样大，总有一个全反力与之平衡，物体保持静止的一种现象。反之，如果主动力的合力的作用线在摩擦角之外，则无论这个力多么小，物体也不可能保持平衡。这种与力大小无关而与摩擦角有关的平衡条件称为自锁条件。物体在这种条件下的平衡现象称为自锁现象。

self-optimizing control　自优化控制　指根据控制对象本身参数或周围环境的变化，自动调整控制器参数以使控制系统的性能指标实现最优化。不论外界发生巨大变化或系统产生不确定性，控制系统能自行调整参数或产生控制作用，使系统仍能按某一性能指标运行在最佳状态的一种控制方法。

self-organization　自组织　是系统内部组织化的过程，通常指一个开放系统在没有外部来源引导或管理之下会自行增加复杂性。自组织是从最初的无序系统中各部分之间的局部相互作用，产生某种全局有序或协调的形式的一种过程。这种过程是自发产生的，它不由任何中介或系统内部或外部的子系统所主导或控制。

self-organizing feature map　自组织特征映射　是一种聚类神经网络，用于机器人的自适应控制。其原理是：当某类模式输入时，输出层某节点得到最大刺激而获胜，获胜节点周围的节点因侧向作用也受到刺激。这时网络进行一次学习操作，获胜节点及周围节点的连接权值向量朝输入模式的方向作相应的修正。当输入模式类别发生变化时，二维平面上的获胜节点也从原来节点转移到其他节点。网络通过自组织方式用大量样本数据来调整其连接权值，最后使得网络输出层特征图能够反映样本数据的分布情况。

self-organizing network 自组织网络 是机器人组织网络的一种，机器人个体可以在网内根据任务目标移动并且保持通信。

self-organizing system 自组织系统 在一般系统论中，指能自行演化或改进其组织行为结构的一类系统。在多机器人系统领域中，指通过学习规划算法使多个机器人自行协调实现某一共同目标的系统。

self-reconfigurable 可自重构的 指可以根据任务或环境的变化而改变构形的，通过对模块进行组合，这种组合不仅仅是简单的机械重构，还包括控制系统的重构。具有模块简单、系统结构多样、适应性和鲁棒性强、容错性和自修复等突出优点。

self-reconfiguring modular robot 自重构模块化机器人 是一种由许多自动化智能模块组成的机器人，它不需要外部帮助就能自主改变构形，这种自重构特点使它能实现许多新的独特功能，如自组装、自维修。它能够完成普通的固定构形机器人所无法完成的复杂操作，特别适用于工作环境变化大、操作任务复杂的场合，在空间操作、抢险搜救、反恐侦察、核电站维护等领域有着广阔的应用前景。它可以构成能够穿越狭小空间的蛇形机器人、能够在不平路面上运动的多足行走机器人、可快速运动的滚动机器人、适于空间应用的柔性操作手等。由于电子学、微型机电系统及微型传感器技术的发展使得计算单元及微驱动、微传感器单元的体积越来越小，功能越来越强大，也有力地推动了自重构机器人由理论研究向工程实践发展。根据自重构机器人模块连接的拓扑结构，可以将其分为阵列式、串联式和混合式三类：阵列式机器人模块的连接是以规则的网格结构为参照，类似于晶体中原子之间的方位关系；串联式机器人模块以串联方式相互连接，构成不同的树状结构，其中可能包含闭环结构；混合式自重构机器人兼具阵列式和串联式的特点。

self-recovery 自修复(的) 指在机器人网络中，某一个机器人发生故障的情况下，可通过算法控制修复机器人替代故障机器人的位置，修复整个机器人网络的过程。

self-relocatable 可自重定位的 指自动重新确定机器人自身的位置的一种能力。

self-repairing 自修复 指机器人系统在执行任务时，当构型中有模块出现故障时，机器人能够检测到故障模块，并自主地把它从整体构型中分离出去，然后用备用模块来代替原故障模块，从而保持整体构型的完整性，继续执行任务，实现预期的目标。也指多机器人系统中，当一个或多个机器人失效后，系统修复失效机器人而继续完成系统设计目标的过程。

self-replication 自我复制 (1) 是动力系统的一种行为，这种行为可以产生

S

出和自身相同的结构。(2) 是机器人学中的一种高级目标，指机器人能按照自身的硬件和软件配置，通过模块化机器人技术、微纳机器人技术、或 3D 打印技术等，完全复制出另外一个一模一样机器人的能力。

self-tuning 自调节(的)，自整定(的) 指可以自动完成控制器参数整定的方法。具有自动整定功能的控制器，能通过一按键就由控制器自身来完成控制参数的整定，不需要人工干预，它既可用于简单系统投运，也可用于复杂系统预整定。运用自动整定的方法与人工整定法相比，无论是在时间节省时间还是在整定精度上都得以大幅度提高，这同时也就增进了经济效益。一般而言，如果过程的动态特性是固定的，则可以选用固定参数的控制器，控制器参数的整定由自动整定完成。对动态特性时变的过程，控制器的参数应具有在线自校正的能力，以补偿过程时变。可将自整定方法分成两大类：辨识法和规则法。

self-tuning regulator (STR) 自校正调节器 是以递归最小二乘法参数估计方法在线估计最优预报模型，并在此基础上以输出方差最小为调节指标的一种可以适应参数未知或慢时变的自适应控制系统。它具有对系统或控制器参数进行在线估计的能力，可通过实时地识别系统和环境的变化来相应地自动修改参数，使闭环控制系统达到期望的性能指标或控制目标，具有一定的适应性。

semantic 语义的 是数据所对应的现实世界中的事物所代表的概念的含义，以及这些含义之间的关系，是数据在某个领域上的解释和逻辑表示。语义是对数据符号的解释，而语法则是对于这些符号之间的组织规则和结构关系的定义。对于信息集成领域来说，数据往往是通过模式(对于模式不存在或者隐含的非结构化和半结构化数据，往往需要在集成前定义出它们的模式)来组织的，数据的访问也是通过作用于模式来获得的，这时语义就指模式元素(例如类、属性、约束等等)的含义，而语法则是模式元素的结构。

semantic data model 语义数据模型 是在关系模型基础上增加全新的数据构造器和数据处理原语，用来表达复杂结构和丰富语义的一类新的数据模型。软件工程中的语义数据模型：① 是包含语义信息的概念数据模型。该模型描述了其实例的含义。这样的语义数据模型是定义存储的符号(实例数据)如何与现实世界相关的抽象。② 它是一种概念数据模型，其中包括表达信息的能力，使信息交换方能够从实例中解释意义(语义)，而无须了解元模型。这种语义模型是面向事实的(而不是面向对象)。事实通常由数据元素之间的二元关系表示，而高阶关系被表示为二元关系的集合。通常二进制关系具有三元组的形式：对象-关系-对象。

semantic interpretation 语义解释 根据语义规则对句法部分生成的句法结构所表达的意义进行说明。

semantic map 语义地图 形式上通常

S

是一个拓扑地图,每个节点是地图中的地点、物体等,包括了类别及其相关属性等信息,边缘表示这些地点、物体之间的关系。

semantic memory 语义记忆 在语义网络模型中,认为语义记忆的基本单元是概念,每个概念具有一些特征。有关概念按照逻辑的上下级关系组成一个具有层次的网络系统。该模型是一种预存模型,表明由一些概念的联系构成的知识,预先就已贮存在语义记忆中。当需要从记忆中提取信息时,可以沿着连线进行搜索。

semantic network 语义网络 是一种以网络格式表达人类知识构造的形式。是人工智能程序运用的表示方式之一。开始是作为人类联想记忆的一个明显公理模型提出,随后在人工智能中用于自然语言理解,表示命题信息。它是由结点和结点之间的弧组成,结点表示概念(事件、事物),弧表示它们之间的关系。在数学上语义网络是一个有向图,与逻辑表示法对应。它具有可以深层次地表示知识,包括实体结构、层次及实体间的因果关系;推理的非有规则,无推理规律可循;知识表达的自然性直接从语言语句强化而来这三个常见特点。

semantic recognition 语义识别 是对包含的语义信息进行特征提取、整理、分析与识别的过程,涉及人的视觉机理、图像识别、机器学习、模式识别和深度学习等领域。它可以分为三层:应用层、NLP 技术层、底层数据层。应用层包含行业应用和智能语音交互系统技术应用。NLP 技术层包括以语言学、计算机语言等学科为背景的,对自然语言进行词语解析、信息抽取、时间因果、情绪判断等等技术处理,最终达到让计算机"懂"人类语言的自然语言认知,以及把计算机数据转化为自然语言的自然语言生成。底层数据层指词典、数据集、语料库、知识图谱,以及外部世界常识性知识等都是语义识别算法模型的基础。

semantics 语义,语义学 (1) 对语言构成成分含义的解释。(2) 程序设计语言的语义,一般在语言文本中用自然语言描述,说明语言中每个基本结构对应什么样的意义以及每个组合结构的语义怎样由它的组成部分复合而来。语言的语义定义确定了用该语言写的程序的意义。(3) 字符或字符组与其含义之间的关系。这种关系是与它们的解释和使用方法无关的。(4) 一门研究各种符号表示与其内在含义之间关系的学科。

semi-automatic control 半自动控制 在有人参与的情况下,利用控制装置使被控对象或过程自动地按预定规律运行。

semi-autonomous navigation (SAN) 半自主导航 也称共享导航,一种人机结合的导航方式。

semiconductor strain gauge 半导体应变计 利用半导体单晶硅的压阻效应制成的一种敏感元件,又称半导体应变片。压阻效应是半导体晶体材料在某一方向受力产生变形时材料的电阻率发生变化的现象。半导体应变片需要粘贴在试件上测量试件应变或粘贴在弹性敏感元件上间接地感受被测外力。利用不同构形的弹性敏感元件可测量各种物体的应力、应变、压力、扭矩、加速度等机械量。半导体应变片与电阻应变片相比,具有灵敏系数高、机械滞后小、体积小、耗电少等优点。

semiglobal matching　半全局匹配　指试图通过影像上多个方向上一维路径的约束,来建立一个全局的马尔可夫能量方程的方法。每个像素最终的匹配代价是所有路径信息的叠加,每个像素的视差选择都只是简单通过赢家通吃规则(winner takes all)决定的。

semi-gripped　半夹持　指物体既受末端执行器的约束也受环境约束的状态。

semi-Markov decision process (SMDP)　半马尔可夫决策过程　是马尔可夫链的一种推广。指决策者周期地或连续地观察具有马尔可夫性的随机动态系统,序贯地作出决策。即根据每个时刻观察到的状态,从可用的行动集合中选用一个行动作出决策,系统下一步(未来)的状态是随机的,并且其状态转移概率具有马尔可夫性。半马尔可夫决策过程中的状态持续的时间可以满足任意的分布,但是马尔可夫过程中状态的持续时间必须满足指数分布。比较 Markov decision process(马尔可夫链)。

semisupervised learning　半监督学习　是模式识别和机器学习领域研究的重点问题,是监督学习与无监督学习相结合的一种学习方法。半监督学习出现的背景为,实际问题中,通常只有少量的有标记的数据,因为对数据进行标记的代价有时很高,比如在生物学中,对某种蛋白质的结构分析或者功能鉴定,可能会花上生物学家很多年的工作时间,而大量的未标记的数据却很容易得到。半监督学习使用大量的未标记数据,以及同时使用标记数据,来进行模式识别工作。和监督学习相比较,半监督学习的成本较低,但是又能达到较高的准确度。常见的两种半监督学习方式是直推学习和归纳学习。比较 supervised learning(监督学习)和 unsupervised learning(无监督学习)。

sense-plan-act (SPA) paradigm　传感-规划-执行范式　机器人范式是根据三种基元(传感、规划、执行)之间的关系,以及传感器数据在系统中的处理和分布方式定义的。目前常见三种组织形式为:分级范式、层次范式、慎思/反应混合范式。传感-规划-执行范式就是其中的层次范式。它是按照"传感-规划-执行"的模式串行的进行信息处理和控制的。这种范式的优点是系统的功能明了、简单。但处理方式费时,只适用在已知的结构环境下完成比较复杂的工作。

sense unit　传感元件　从广义上讲,即能感知外界信息并能按一定规律将这些信息转换成可用信号的装置;一般是将外界信号转换为电信号的装置。它由敏感元器件(感知元件)和转换器件两部分组成,有的半导体敏

S

感元器件可以直接输出电信号，本身就构成传感器。同 sensor(传感器)。

sensing coverage 传感覆盖 是研究无线传感网络配置要面对的基本问题，反映了一个无线传感网络某区域被检测和跟踪的状况，其基本目标是在部署传感器节点的时候，如何使用相同的节点数覆盖尽可能大的区域。

sensing device 传感装置 同 sensor(传感器)。

sensing element 传感元件 同 sensor(传感器)。

sensing function 感知功能 感知即意识对内外界信息的觉察、感觉、注意、知觉的一系列过程。感知可分为感觉过程和知觉过程。感觉过程中被感觉的信息包括有机体内部的生理状态、心理活动，也包含外部环境的存在以及存在关系信息。感觉不仅接收信息，也受到心理作用影响。知觉过程中对感觉信息进行有组织的处理，对事物存在形式进行理解认识。那么感知功能指能够感受环境变化，对环境刺激做出反应的能力。

sensing uncertainty 感知不确定性 指感知过程中获得信息和实际信息之间具有一定的不可预测或估计的差异。

sensing-via-manipulation 通过操作的感知 需要人工参与或操作，利用传感器去感知获取所需要的环境信息或参数。

sensitivity 灵敏度 (1) 也称敏感度，是控制系统的特性，指控制系统容易受外部干扰或是参数变异而影响的程度。敏感度越大，表示控制系统容易被干扰或变化所影响。(2) 指某方法对单位浓度或单位量待测物质变化所致的响应量变化程度，它可以用仪器的响应量或其他指示量与对应的待测物质的浓度或量之比来描述。(3) 是衡量物理仪器的一个标志，特别是电学仪器注重仪器灵敏度的提高。

sensor 传感器 是一种检测装置，能感受到被测量的信息，并能将感受到的信息按一定规律变换成为电信号或其他所需形式的信息输出，以满足信息的传输、处理、存储、显示、记录和控制等要求。传感器的特点包括：微型化、数字化、智能化、多功能化、系统化、网络化。它是实现自动检测和自动控制的首要环节。传感器的存在和发展，让物体有了触觉、味觉和嗅觉等感官，让物体慢慢变得活了起来。通常根据其基本感知功能分为热敏元件、光敏元件、气敏元件、力敏元件、磁敏元件、湿敏元件、声敏元件、放射线敏感元件、色敏元件和味敏元件等十大类。传感器也有其他不同的定义，如国家标准 GB7665—87 对传感器下的定义是："能感受规定的被测量并按照一定的规律(数学函数法则)转换成可用信号的器件或装置，通常由敏感元件和转换元件组成"。

sensor aliasing 传感器混叠 指的是在对连续信号进行等间隔采样时，如果采样信号不能满足采样定理，则采样后信号的频率就会发生重叠，即采样信号中高于采样频率一半的频率成分将被重建成低于采样频率一半的信号。这种传感器信号频谱的重叠导致的失真称为混叠。

sensor-based control 基于传感器的控制 根据传感器信息决定控制量的控制方法，一般是将传感器信息作为反馈信号的闭环控制。

sensor-based controller 基于传感器的控制器 指基于传感器测量信号决定控制输出的控制器，一般属于反馈控制器。参见 sensor-based control（基于传感器的控制）。

sensor calibration 传感器标定［校准］ 指通过实验建立传感器输出与输入之间的关系并确定不同使用条件下的误差的一个过程。对传感器进行标定时必须以国家和地方计量部门的有关检定规程为依据，选择正确的标定条件和适当的仪器设备，按照一定的程序进行。

sensor coordinate system 传感器坐标系 指以传感器为基准的坐标系，可将其转换至全局坐标系。

sensor fusion 传感器融合 是将分布在不同位置的多个同类或不同类传感器所提供的局部数据资源加以综合，采用计算机技术对其进行分析，消除多传感器信息之间可能存在的冗余和矛盾，加以互补，降低其不确定性，获得被测对象的一致性解释与描述，从而提高系统决策、规划、反应的快速性和正确性，使系统获得更充分的信息。其信息融合在不同信息层次上出现，包括数据层融合、特征层融合、决策层融合。

sensorimotor control 感觉运动控制 是触觉目标定位中使用的一种方法。在数据采集过程中，对机械臂的每一个感测运动都采用了某种形式的感觉运动控制，以获取机械臂控制的信息。除了少数例外，感应运动往往是拨动运动，而不是跟随表面。这是由于机器人通常无法对机械臂的所有部件进行感知，因此，选择拨动运动以最小化非感知接触发生意外的可能性。

sensorimotor learning 感觉运动学习 指调节中枢神经系统的各种结构或某些加工结构的内部参数的过程，在这种情况下，令人满意的运动性能将导致感觉运动转换格式，感觉运动学习可以被视为复杂的平行分布信息。

sensor integration 传感器整合，传感器集成 即多个相同或不同的传感器配置在同一设备上以增强其感知能力。

sensor model 传感器模型 描述传感器感受到的被测量的信息，并能描述传感器将感受到的信息，按一定规律变换成为电信号或其他所需形式的信息输出，以及输入输出之间的数量关系的数学模型。

sensor network 传感器网络 是由大量部署在作用区域内的、具有无线通信与计算能力的微小传感器节点通过自组织方式构成的能根据环境自主完成指定任务的分布式智能化网络系统。传感网络的节点间距离很短，一般采用多跳的无线通信方式进行通信。传感器网络可以在独立的环境下运行，也可以通过网关连接到网络，使用户可以远程访问。

sensor noise 传感器噪声 指传感器感知、测定各种物理量时，掺杂在其中的无用信号。

sensor protection 传感器保护装置 保护传感器的安全装置，使得传感器保持正常工作状态。

sensory control 传感控制 是以传感器为核心，通过一定的控制电路进行信息采集、分析、处理，进而实现温度、压力、开关、物位等对被控对象的控制。

sensory information 传感信息 是大脑从感觉器官(味觉、嗅觉、视觉、听觉、触觉)收集的信息。信息从感觉受体收集，然后通过神经通路发送到大脑，并被处理。在机器人领域指通过传感器获得的信息。

sensory-motor coordination 感知-运动协调 指个体动作对外部环境节奏在时间上的协调，是运动表现和外界环境的重要枢纽。感知运动协调是影响个体日常生活和工作的一项重要能力，尤其在音乐、舞蹈、竞技运动等领域。感知运动协调已逐渐成为音乐、舞蹈、神经科学领域的热点话题。目前，国外关于感知运动协调的研究主要包含了敲击研究(手指动作的同步性/负同步效应、错误纠正、反馈控制、跨通道节律感知能力等)、连续动作控制(音乐旋律的时机预测、身体协调共振、知觉动作追踪、步态等)和人际互动协调(双手协调、音乐表现)等方面。随着认知神经科学领域的飞速发展，越来越多的研究者利用脑电波及功能性磁共振成像等技术进一步探讨了感知运动协调的神经机制，并取得了一定的进展。虽然已有研究探讨了音乐家和舞蹈者的感知运动协调特点，但在竞技运动和大众健身领域的研究还较少。感知运动协调控制及其神经机制的研究，在提高竞技运动成绩，科学指导大众健身等方面均具有重要意义。同时，感知运动协调干预可改变大脑神经皮质功能的可塑性，可用于延缓大脑衰老，这一运动干预方案在缓解帕金森综合征中的运用和评价也将成为今后的热点话题。

sensory system 传感系统 (1) 是神经系统中处理感觉信息的一部分。包括感受器、神经通路以及大脑中和感觉知觉有关的部分。通常而言感觉系统包括那些和视觉、听觉、触觉、味觉以及嗅觉相关的系统。简单而言，感觉系统是物理世界与内心感受之间的变换器。(2) 机器人传感系统是机器人与外界进行信息交换的主要窗口，机器人根据布置在机器人身上的不同传感元件对周围环境状态进行瞬间测量，将结果通过接口送入计算进行分析处理，控制系统则通过分析结果按预先编写的程序对执行元件下达相应的动作命令。

sentient computing 感知计算 使用传感器感知并对环境做出反应的一种广泛计算形式。目前许多科技公司都在研究计算机的自然输入方式，例如通过眼球、手势及语音来实现控制。

sequential control 顺序控制，序贯控制 是一种步进完成控制动作的开环控制形式。由上一步到下一步的转移是由程序按规定转移条件确定的。顺序控制的步，取决于技术过程顺次的离散操作条件，如几个终端被控变量或几个参比变量。

serial chain　串联链　是运动链的一种形式，将刚体组件通过一系列的关节串联连接，以提供约束(或期望)的运动，是一种机械系统的数学模型。比较 parallel chain(并联运动链)。

serial elastic actuation (SEA)　串联弹性驱动　指在传统电机驱动的基础上串联一个弹性元件的驱动器，为其提供一定的柔顺性，能够实现腿部关节仿生，提高行走机器人的动力学效果。与传统刚性连接的位置伺服关节相比，串联弹性驱动关节通过在减速器输出端与负载端之间加入弹性元件，以达到对外界扰动进行缓冲的效果，并通过控制弹性元件的压缩量对关节的输出力矩进行控制。根据不同的应用需求可以设计不同种类的串联弹性驱动关节。常用的串联弹性驱动分为液压驱动和电机驱动。

serial kinematic chain　串联式运动链　同 serial chain(串联链)。

serial-link robot　串联连杆机器人　同 serial robot(串联机器人)。

serial robot　串联机器人　是一种最常见的工业机器人。它是一种开式运动链机器人，由一系列连杆通过转动关节或移动关节串联形成的，采用驱动器驱动各个关节的运动从而带动连杆的相对运动，使末端执行器达到合适的位姿。常见的 PUMA560，SCARA 机械臂均是典型的串联机器人。比较 parallel robot(并联机器人)。

series elastic actuator (SEA)　串联弹性驱动器　是一种低输出阻抗的力输出驱动装置，其特点是采用液压或电机作为驱动源，在其上串联一个弹性装置，进而实现精确的力控制，该驱动器具有低阻抗、体积小、能量密度高、力输出稳定以及对外部冲击载荷可以很好缓冲的优点。参见 serial elastic actuation(串联弹性驱动)。

serpentine robot　蛇形机器人　是一种能够模仿生物蛇运动的新型仿生机器人。蛇形机器人具有很多优点，能够应用到很多复杂和危险的环境中。虽然蛇形机器人的研究尚处在实验阶段，但蛇形机器人有广泛的应用前景，例如可以应用在科学探险和状况检查、防恐防爆和灾难救援、医疗、航空航天、军事等领域。目前蛇形可重构机器人系统的研究是很多学者探索的一个方向。

service robot　服务机器人　是一种半自主或全自主工作的机器人，它能完成有益于人类的服务工作，帮助人类提高生活和工作的效率。服务机器人可以根据用途分为两大类：专业服务机器人，个人或家庭服务机器人。(1) 专业服务机器人的主要应用包括以下六个方面：① 物流系统。指制造环境中以及非制造环境中的自动导航车辆。② 安防应用。包括无人驾驶飞行器、无人地面车辆以及排雷机器人等。③ 公关机器人。包括远程临场机器人、移动导航和信息机器人等。④ 专用领域机器人。包括挤奶机器人、农业机器人、畜牧机器人等。⑤ 人体外骨骼。包括用于康复辅助、利用人体工程学支持来减轻患者负载的机器人等。⑥ 医疗机器人。主要用于辅助手术或诊断，是目前最具潜力的专业服务机器人种类。除了以上六个方面的主要应用，还包括专业清洁、拆卸和施工机器人、检查和维护系统、救援和安全应用、水下系统和一般用途的移动平台。(2) 个人或家庭服务机器人主要应用有吸尘和地板清洁机器人、割草机器人、娱乐和休闲机器人等。其中娱乐服务机器人主要指一些用于休闲或教育的玩具机器人。

servo actuator　伺服驱动器　是伺服系统中的执行机构和控制阀组合体，是系统中必不可少的一个重要组成部分。它的作用是接受控制器送来的控制信号，改变被控介质的大小，从而将被控变量维持在所要求的数值上或一定的范围内。伺服执行器按其能源形式可分为气动、液动、电动三大类，伺服系统中最常见的就是伺服电机这一种执行器形式。

servo component　伺服元件　包括伺服放大器，有刷电机、无刷电机、步进电机、齿轮头、线性电机，线性丝杠驱动器、旋转编码器等在伺服系统中使用的元件。

servo control　伺服控制　指对物体运动的位置、速度及加速度等变化量的有效控制。一般有三种控制方式：① 速度控制。通过模拟量的输入或脉冲的频率可以进行转动速度控制，在有上位控制装置的外环 PID 控制时速度模式也可以进行定位，但必须把电机的位置信号或直接负载的位置信号给上位反馈以做运算用。② 转矩控制。通过外部模拟量的输入或直接的地址赋值来设定电机轴对外输出转矩的大小，主要应用在对材质的受力有严格要求的缠绕和放卷装置中。③ 位置控制。通过外部输入的脉冲频率来确定转动速度的大小，通过脉冲的个数来确定转动的角度，有些伺服可以通过通信方式直接对速度和位移进行赋值。由于位置模式对速度和位置都有严格的控制，所以一般应用于定位装置。

servo driver　伺服驱动器　是用来控制伺服电机的一种控制器，其作用类似于变频器作用于普通交流电机，属于伺服系统的一部分，主要应用于高精度的定位系统。一般是通过位置、速度和力矩三种方式对伺服电机进行控制，实现高精度的传动系统定位。

servo error　伺服误差　伺服系统跟踪控制信号的误差。分为稳态误差与动态误差两种。

servoing　伺服　源于希腊语“奴隶”的意思。能够根据设定目标与实际目标之间的偏差自行调整的一类系统的总称。

servo manipulator　伺服机械臂　用伺服系统控制的机械臂，其传动机构靠伺服电机驱动。伺服机械臂输出的机械位移(或转角)、速度(角速度)、加速度(角加速度)准确地跟踪输入的位移(或转角)、速度(角速度)、加速度(角加速度)。伺服机械臂有精确度高、稳定性好等优点。

servo mechanism　伺服机构　指经由闭回路控制方式达到一个机械系统位置、速度、或加速度控制的系统。

一个伺服系统的构成通常包含受控体、致动器、传感器、控制器等几个部分。

servo motion system　伺服运动系统　指在自动控制系统中，把输出量能以一定准确度跟随输入量的变化而变化的系统，也称随动系统。

servo motor　伺服电机　指在伺服系统中控制机械元件运转的发动机，是一种补足马达间接变速装置。伺服电机可使控制速度，位置精度非常准确，可以将电压信号转化为转矩和转速以驱动控制对象。伺服电机转子转速受输入信号控制，并能快速反应，在自动控制系统中，用作执行元件，且具有机电时间常数小、线性度高、始动电压等特性，可把所收到的电信号转换成电动机轴上的角位移或角速度输出。分为直流和交流伺服电动机两大类，其主要特点是，当信号电压为零时无自转现象，转速随着转矩的增加而匀速下降。

servo unit　伺服单元　指组成伺服系统的各个部分，包括伺服电机、伺服模块、数控电缆、伺服放大器等等。

servo valve　伺服阀　主要指电液伺服阀，它在接受电气模拟信号后，相应输出调制的流量和压力。它既是电液转换元件，也是功率放大元件，它能够将小功率的微弱电气输入信号转换为大功率的液压能（流量和压力）输出。在电液伺服系统中，它将电气部分与液压部分连接起来，实现电液信号的转换与液压放大。电液伺服阀是电液伺服系统控制的核心。

set-point　设定点，设定值　是控制理论中的名词，指系统想要达到的状态，常用来描述系统标准的组态。

set-point regulation　设定点调节　常用于机器人控制中，指提前规划好期望运动轨迹上的几个位姿，通过控制机器人运动分别到达这些位姿，从而实现轨迹控制。

sex robot　性机器人　又称性伴侣机器人，是一种满足人的性爱需求的智能机器人。一般来讲性机器人外表高度仿真人皮肤和体态，能类脑反应人的语言和动作。目前国内外在该领域发展较快，低档的具有性爱、简单对话和触觉传感功能；高档的除自然视觉聊天对话外还有情感反应，能够认人认物。因法律和伦理原因，性机器人在国内仅是聊天的性机器人，距国外情感性机器人还有差距。随着技术进步、成本降低，能走路上下楼梯、白天做家务，晚上陪聊天睡觉的性机器人未来会普及。

SfM　运动恢复结构　structure from motion 的缩写。

SGD　随机梯度下降　stochastic gradient descent 的缩写。

shaft drive　轴传动　就指联轴器的传动，其中包括牙嵌、齿轮、弹性、万向连轴、梅花接轴等联轴器，其传动效率高于其他任何传动形式，主要是不发生相对滑动位移，也就不产生热量，其效率可达 99%。

shallow learning　浅层学习　指机器学习中的一种学习模型，主要特征是这种模型的结构基本上可以看成只带有一层隐层节点，或者没有隐层节点。例如常见的支撑向量机（SVM），

Boosting,最大熵方法等等,它是机器学习的第一次浪潮。比较 deep learning(深度学习)。

Shannon entropy 香农熵 又称信息熵,指某种特定信息的出现概率(离散随机事件的出现概率)。一个系统越是有序,香农熵就越低;反之,一个系统越是混乱,香农熵就越高,香农熵可以说是系统有序化程度的一个度量。

Shannon's information theory 香农信息论 是研究信息的量化、存储和通信的理论。它最初由美国数学家、信息论创始人香农(Claude E. Shannon)在 1948 年提出。现在这个理论已经在许多其他领域中得到应用,包括统计推理、自然语言处理、密码学、神经生物学、分子代码的进化和功能、生态学中的模型选择、量子计算、语言学、剽窃检测、模式识别和异常检测。信息理论中的一个关键指标是"熵"。熵量化随机变量的值或随机过程的结果所涉及的不确定性的量。信息理论中的一些其他重要措施是互信息、信道容量、误差指数和相对熵。信息理论的基本主题的应用包括无损数据压缩、有损数据压缩和信道编码。该领域处于数学、统计学、计算机科学、物理学、神经生物学和电气工程的交叉点。它的影响从航海家到深空探测、光盘的发明、手机的可行性、互联网的发展、语言学和人类知觉的研究、对黑洞的理解、和许多其他领域。信息理论的重要子域包括源编码、信道编码、算法复杂性理论、算法信息理论、信息理论安全和信息度量。

shape deposition manufacturing 形状沉积制造 是将材料添加过程和材料去除过程相结合的快速原型制造技术。许多复杂成形件的新型结构不能单独用材料添加过程或材料去除过程制造出来,却可以用形状沉积制造的方法来制造。

shape matching 形状匹配 就是在形状描述的基础上,依据一定的判定准则,计算两个形状的相似度或者非相似度。两个形状之间的匹配结果用一个数值表示,这一数值称为形状相似度。形状相似度越大,表示两个形状越相似。

shape-memory alloy (SMA) 形状记忆合金 是一种在加热升温后能完全消除其在较低温度下发生的变形,恢复其变形前原始形状的合金材料,即拥有记忆效应的合金。另一种重要性质是伪弹性,又称超弹性,表现为在外力作用下,形状记忆合金具有比一般金属大得多的变形恢复能力,即加载过程中产生的大应变会随着卸载而恢复。这一性能在医学和建筑减震以及日常生活方面得到了普遍应用。例如用形状记忆合金制造的眼镜架,可以承受比普通材料大得多的变形而不发生破坏。形状记忆合金由于具有许多优异的性能,因而广泛应用于航空航天、机械电子、生物医疗、桥梁建筑、汽车工业及日常生活等多个领域。

shape-memory alloy (SMA) actuator 形状记忆合金驱动器 指利用形状记忆效应的合金作为驱动,能够按照确定的控制规律对控制对象施加控制力来实现对结构的控制。

shape reconstruction 形状重建 指通过物体外部测量的数据，经数字处理获得三维物体的形状信息的技术。

shared control 共享控制 指将直接控制可实现的基本可靠性和存在感与自主控制的智能和可能的安全保证结合起来的一种控制方式。这可以应用于多个不同的场景，例如伺服机器人可能需要修正运动指令，调整关节或子任务的子集或叠加附加指令，由于通信延迟较大，操作人员可能只能指定总路径指令，这时希望伺服机器人也可以有子任务的控制权。

shared manipulation control 共享操作控制 在协同搬运，尤其在指长、大、重或者灵活的物体的搬运场景中，被动作业的机器人在控制设备下可以得到自己的负载搬运路径，同时可以允许操作人员完全控制该路径上的负载移动。简单理解就是，机器人与操作人员协调工作，同时操作人员可以在机器人自主工作基础上去控制它，共同完成任务。

shear stress 剪应力 是应力的一种，定义为单位面积上所承受的剪力，且力的方向与受力面的法线方向正交。

Shepard's interpolation 谢帕德插值 又称反距离加权平均法，基本思想就是定义其插值函数的函数值为节点处函数值按 (x,y) 与节点距离的某种形式反比作为权重的加权平均，即某一点的函数值受周围各点的影响，较近的点影响较大，较远的点影响较小，其影响权数与距离平方成反比。

short-baseline (SBL) system 短基线系统 是用于跟踪水下运载器和潜水员的定位系统之一，系统可以实现海底目标的精确定位，适合于高精度的勘测工作。其工作原理是问答机接受来自信标(或应答器)发出的信号，根据信号到达各基元的时间求得斜距，据此计算出水面船相对于信标(或应答器)的位置。

shortest path 最短路径 在图论中，最短路径就指最短路径问题求解的目标结果。是在图的两个顶点(或节点)之间找到一条路径，从而使其组成边的权重之和最小化。

short-range navigation 近程导航 仅在短距离可用的辅助导航系统。

short-time rating 短时额定 机器、装置或设备可以承载指定短时间的负载的额定值。

shotcrete manipulator 混凝土喷射机械臂 指操纵喷头进行喷射作业的混凝土喷射机配套机械。有轨轮和轮胎两种行走方式。前者适用于矿山巷道喷射，后者多用在隧道和大断面硐室工程喷射。工作机构由喷头转动机构、四连杆自动平行支臂、套筒伸缩臂、摆角扫描臂组成。

shoulder joint 肩关节 人体中，指上肢与躯干连接的部分，包括臂上部、腋窝、胸前区及肩胛骨所在的背部区域等身体很大的一部分。在机器人中，仿人机械手臂的肩关节是实现大臂旋转，抬起前伸的动作的部分。

shuttle remote manipulator system (SRMS) 航天飞机遥控机械臂系统 也称为加拿大臂(Canadarm)，是一系

列机械臂，用于航天飞机轨道器上部署、操纵和捕获有效载荷。

side slip　侧滑　(1) 当汽车以较高的车速在表面潮湿或有冰雪的路面上紧急制动时，很可能会出现这样一些危险的情况：车尾在制动的过程中偏离行进的方向，严重的时候会出现汽车旋转掉头，汽车失去方向稳定性，这种现象称为侧滑。(2) 移动机器人在实际工作环境中，由于道路湿滑、结冰、快速转弯等原因，不可避免地会产生侧滑和滑动，破坏了非完整约束，目前有大量研究为了解决这一问题。

Sigmoid function　S 型函数　(1) 是一个在生物学中常见的 S 型函数，也称为 S 型生长曲线。公式定义：$s(x)=1/(1+e^{-x})$，其对 x 的导数可以用自身表示：$s'(x)=s(x)[1-s(x)]$。(2) 在信息科学中，由于其单增以及反函数单增等性质，常被用作神经网络的阈值函数，将变量映射到 0 和 1 之间，是神经网络中常用的非线性作用函数，又分为 log-sigmoid 函数和 tan-sigmoid 函数。

signal-to-noise ratio　信噪比　指一个电子设备或者电子系统中信号与噪声的比例。这里面的信号指来自设备外部需要通过这台设备进行处理的电子信号，噪声指经过该设备后产生的原信号中并不存在的无规则的额外信号(或信息)，并且该种信号并不随原信号的变化而变化。信噪比的计量单位是 dB。

simple harmonic vibration　简谐振动　物体在与位移成正比的恢复力作用下，在其平衡位置附近按正弦规律作往复的运动称为简谐振动。振动的数学表达式：$x=A\sin(\omega_n t+\psi)$，其中 A 为振幅，表示振动的强度；ω_n 为角频率，表示每秒振动的幅角增量；ψ 为初相位。振幅 A、频率 f (或角频率 ω_n)、初相位 ψ，称为简谐振动的三要素。

simplex method　单纯形法　是求解线性规划问题的一种通用方法。具体步骤是，从线性方程组找出一个个的单纯形，每一个单纯形可以求得一组解，然后再判断该解使目标函数值是增大还是变小了，决定下一步选择的单纯形。通过优化迭代，直到目标函数实现最大值或最小值。

simplex transmission　单工传输　通信双方中，一方固定为发送端，一方则固定为接收端。单工传输指信息只能沿一个方向传输，使用一根传输线的信息传输方式。

simulated annealing (SA)　模拟退火算法　是一种通用概率演算法，用来在固定时间内寻求在一个大的搜寻空间内找到的最优解。模拟退火来自冶金学的专有名词退火。退火是将材料加热后再经特定速率冷却，目的是增大晶粒的体积，并且减少晶格中的缺陷。模拟退火的原理也和金属退火的原理近似：将热力学的理论套用到统计学上，将搜寻空间内每一点想象成空气内的分子；分子的能量，就是它本身的动能；而搜寻空间内的每一点，也像空气分子一样带有“能量”，以表示该点的适应度。算法先以搜寻空间内一个任意点作起始：

每一步先选择一个“邻居”，然后再计算从现有位置到达“邻居”的概率。可以证明，模拟退火算法所得解依概率收敛到全局最优解。

simulated environment　仿真环境　指为了预测实际系统的行为和特点，建立系统环境的理论或实体模型，应用系统分析原理，可以在人为控制条件下通过改变特定的参数来观察模型的响应。

simulated program　仿真程序　指仿真过程中根据实际问题和所用算法编写的计算机程序，用来模拟实际和计算分析，编写仿真程序是仿真中很重要的步骤。

simulation　仿真　是模拟现实世界或系统随着时间的推移而运作的过程。仿真首先需要一个被仿真对象的模型，这个模型包含了被仿真对象的关键特征、行为或功能，包括物理仿真、抽象系统仿真或过程仿真。仿真可以是在计算机系统中由软件完成(例如利用物理引擎仿真机器人的动力学特性)，也可以通过一套实际的装置仿真另一个环境(例如宇航员在水下仿真太空中的操作)。在控制理论研究中，仿真通常用于验证控制率的性能。在机器人的研究中，可以通过仿真模拟机器人本体及其运行的环境，用于快速、安全、可重复的验证算法的性能。

simulation-based control　基于仿真的控制　指对所研究的系统或对象进行建模，在该模型的基础设计控制律，然后用仿真的方法验证控制方法的有效性。

simulation-based optimization (SBO)　基于仿真的优化　是仿真方法和优化方法的结合，借助仿真手段实现系统优化的一种优化方法。随着优化问题越来越复杂，对优化对象的评价只能通过仿真获得的统计指标来实现，因此基于仿真的优化是解决复杂优化问题的有效手段。

simulation test　仿真试验　指在计算机上用仿真软件模拟或通过其他形式的仿真设备所进行的实验。

simulation theory　仿真理论　仿真是构造反映实际系统运行行为特性的数学模型和物理模型，在仿真载体(可以是计算机或其他形式的仿真设备上)复现真实系统运行的复杂活动。这样可将仿真活动归结为三个组成部分：实际系统、模型、仿真载体，和三个关系：建模、仿真、评估。建模主要处理的是实际系统与模型之间的关系；仿真主要考虑计算机和模型之间的关系；评估主要是对仿真结果进行可信性验证；因此可以将系统仿真理论总结为：仿真的模型论、仿真算法、可信度评估理论。

simulation to reality transfer problem　仿真到现实转移问题　因为仿真所建立的模型不可能完全模拟实际情形，因此利用仿真的方法分析现实问题时，得到的相关结论或使用的方法在转移到实际中时需要考虑其他的问题。

simulator　仿真器　指以某一系统复现另一系统的功能。与计算机模拟系统的区别在于，仿真器致力于模仿系统的外在表现、行为，而不是模拟系统的抽象模型，主要分为软件仿真器和硬件仿真器两类。

simultaneous localization and mapping (SLAM) 同时定位与建图，即时定位与地图构建，同步定位与地图构建 是移动机器人自主定位与导航领域中的一个关键技术。要解决的问题可以表述为：移动机器人在未知环境中，通过自身搭载有测量噪声的传感器，进行环境感知，进而实现自主定位，并且建立一个周围环境地图的过程，并以此定位结果和地图数据可以用来执行导航任务。解决该问题目前主要有多个不同的经典范式：扩展卡尔曼滤波（EKF extended Kalman filters），多状态约束的卡尔曼滤波，粒子滤波，图优化技术等。SLAM 系统是一个完整的系统，由许多个分支模块组成，主要为三个核心部分：定位（localization）、地图构建（mapping）和回环检测（loop closure detection）。目前 SLAM 领域中常用的传感器主要是激光雷达（包括二维激光雷达和三维激光雷达），相机（包括单目、双目、结构光、ToF 等）以及相关的辅助设备（包括惯性传感器单元、里程计、高度计、气压计等）。其中 SLAM 的经典框架为传感器数据获取，前端里程计，后端优化，回环检测以及地图构建。根据 SLAM 系统的工作时间又可分为长期 SLAM 和短期 SLAM。

simultaneous motion 联动，同时运动 （1）指若干个相关联的事物，一个运动或变化时，其他的也跟着运动或变化。（2）数控机床术语，指数控系统中能够联动的两个或两个以上的轴，在一个轴运动（进给）时，另外的轴做匀速或周期运动（进给）。（3）计算机术语，主要指应用程序用户界面上的控件之间发生互相关联的变化，这些控件包括下拉框、文本框、标签、菜单等。（4）在单个控制站的控制下，两台或多台机器人同时运动。它们可以用共有的数学关系实现协调或同步。

single-degree-of-freedom system 单自由度系统 指在任意时刻只要一个广义坐标即可完全确定其位置的系统。

single-input single-output (SISO) system 单输入单输出系统 也称为单变量系统，系统的输入量与输出量各为一个，可以使用传递函数来描述系统的特性，是经典控制理论主要研究的一类系统。

single-leg robot 单腿机器人 指机器人只有一条腿来保持平衡，依靠跳跃前进。能够在比较复杂的地形环境中运动，跨越较大的障碍物。它是腿式机器人的基本结构单元，是研究腿式机器人的基础。按照驱动方式可以分为电机驱动、液压驱动和气动驱动三类，其共同特点在于跳跃运动呈现鲜明的仿生特征。

single-master multiple-slave (SMMS) 单主机多从机，单主多从 指系统中具有单个主机和多个从机，主机对从机具有绝对的控制权，向从机发送指令，从机接收主机指令并根据指令执行相应的动作。

single-purpose robot 专用机器人 指具有专门用途，不能完成通用任务的机器人。

single-query planner 单询规划器 指机器人规划问题中运用的一类方法，能为特定环境构建可用于单个查询的规划器。在预处理阶段中，单询规划器会尝试将连接属性映射到路线图上，这个路线图由包含属性的节点与包含路径的边组成。比较 multi-query planner(多询规划器)。

single-robot SLAM 单机器人同时定位与建图，单机器人 SLAM 是机器人同步定位与地图构建中研究的一类问题、方法和技术。与之相对的还有多机器人同步定位和建图，其中，单机器人不需要考虑多机器人的协作、干涉问题，但存在效率低、鲁棒性较差等问题。比较 multi-robot SLAM(多机器人同时定位与建图，多机器人 SLAM)，参见 SLAM(同时定位与建图，即时定位与地图构建，同步定位与地图构建)。

single-robot task 单机器人任务 指仅由单个机器人完成，不需要多机器人协作的工程任务。

single-task robot 单任务机器人 指仅能完成单个操作任务，实现单一功能的机器人。

singular configuration 奇异构型 是机械臂的一个重要的运动学特性，指机械臂处于某一姿态时，其雅克比矩阵不满秩的情况。当机械臂处于奇异构型时，其运动能力将受到限制(例如其末端不能向任意方向运动)，逆运动学方程可能有无穷组解，在奇异构型附近，操作空间中的微小速度可能会引起关节空间中巨大的运动。

singular dot 奇异点 (1) 数学上指函数不连续或导数不存在的点。(2) 物理上指没有大小却拥有无限质量的点。(3) 广义上把一切不符合常理或一般情况，处于异常的点统称为奇异点。(4) 机器人领域，特指机械臂自由度减少，从而无法完成某些运动，某些关节角速度趋向于无穷大，导致失控，无法求逆运算的点。参见 singularity(奇异，奇异性)。

singular perturbation approach 奇异摄动法 又名小参数法，是求含有小参数微分方程在整个区域上一致有效渐近解的近似方法。它是 1892 年由 H.庞加莱提出。奇异摄动法是从事控制理论研究的重要数学工具之一，对于弱非线性问题的分析甚为有效。该法在基础和应用研究中已被广泛应用于微分方程、轨道力学、非线性振动、固体力学、流体力学、大气动力学、动力海洋学、声学、光学、等离子体物理学、量子力学等领域。

singular perturbation control 奇异摄动控制 指以奇异摄动法为手段进行控制。主要研究理论有：线性奇异摄动系统的稳定性分析与镇定、奇异摄动系统的最优控制、非线性奇异振动系统、奇异摄动控制系统的能控能观性、鲁棒稳定性、采样系统、变结构控制、双线性系统的最优控制等。

singular perturbation model 奇异摄动模型 指奇异摄动法中使用的数学模型。

singular value decomposition (SVD) 奇异值分解 是线性代数中一种重要

S

的矩阵分解，是特征分解在任意矩阵上的推广，是矩阵分析中正规矩阵酉对角化的推广，在信号处理、统计学等领域有重要应用。它可以用来计算矩阵的伪逆，求解线性最小平方、最小二乘法问题。在统计中的主要应用为主成分分析，用来找出大量数据中所隐含的模式，在模式识别、数据压缩等方面有重要应用。

singularity　奇异，奇异性　(1) 在数学中，指函数不连续或导数不存在的性质。(2) 在物理学中，指宇宙大爆炸之前宇宙存在的一种形式，具有一系列奇异的性质，如无限大的物质密度、无限弯曲的时空和无限趋近于0的熵值等。(3) 在机器人领域中，特指机械臂自由度减少，从而无法完成某些运动，某些关节角速度趋向于无穷大，导致失控，无法求逆运算的特性。参见 singular dot(奇异点)。

singularity analysis　奇异分析　指运用一定的方法对机械臂奇异性进行分析，通常需要求解雅克比矩阵，进行奇异值分解。参见 singularity(奇异性)，singular value decomposition(奇异值分解)。

singularity avoidance　奇异规避　指在机械臂的轨迹、运动规划过程中回避奇异构型，避免机械臂操作异常发生故障。

sinusoidal locomotion　正弦移动　是一种服从正弦规律变化的移动形式，自然界中常见于蛇、鱼、线虫，鸟类和昆虫的翅膀，是目前蛇形机器人、机器鱼等技术研究的一个内容。

SISO　单输入单输出　single-input single-output 的缩写。

situated learning　情景学习　又称情境学习，指在学习过程中，为了达到一定的教学和实用目标，根据学生身心发展的特点，教师所创建的具有学习背景、景象和学习活动条件的学习环境，是师生主动积极建构性的学习，是作用于学生并能引起学生学习积极性的过程。情景学习是一种关于个人如何获得专业技能的理论，以学习与社会情境的关系为中心。在机器人领域，用来形容机器人对环境的感知、交互。

situatedness　情景性　用于描述机器人与环境的紧密耦合和动态交互的关系，分为物理层面和心理层面。

situated robotics　情境机器人学[技术]　是针对处于动态，复杂，无规则环境下机器人(主体)的控制问题的研究。常见的情境机器人包括在街道中行驶的无人驾驶汽车、机器人足球队以及在人群中穿行的移动机器人。而非情境机器人则包括在高度规则可预测环境中工作的流水线机器人等。在这样环境中，机器人的控制复杂度通常取决于外部未知环境的变化程度、对机器人快速响应的要求以及任务的复杂程度。基于情境的机器人设计主要包括反应式控制系统和基于行为的控制系统两大类。反应式系统类似于生物体的刺激-反应模型，它将传感器输入和执行机构输出紧密结合来实现合理且快速的反应，不需要采用抽象的符号系统和复杂的推理过程。基于行为的系统进一步扩展了反应式系统。它采用一种自下而上的设计,其中的每一个部分都被封装成一种“行为”,每一个行为并行存在,均可以访问传感器和执行机构。一系列的行为按照一定的行为选择策略被激活,从而实现了基于行为的控制系统。目前,作为认知学中情境认知理论与人工智能交叉所产生的研究方向,基于情境的机器人研究已经在当今的机器人研究中占重要地位,并广泛应用于无人驾驶、辅助机器人、协作机器人等多个领域。

size tolerance　尺寸公差　指允许的最大极限尺寸与最小极限尺寸之差的绝对值的大小。在基本尺寸相同的情况下,尺寸公差愈小,则尺寸精度愈高。

skating robot　滑冰机器人　指专门为在冰面上行进、工作而设计的机器人。这类机器人常采用仿生结构,且装备有冰刀。研究的重点在于机器人行进过程中计算腿部如何移动才能保持平衡并且控制方向,未来可能被应用于搜救等领域。

skeleton computation　骨架计算　指针对骨架模型进行分析计算,得到零件机构的结构参数信息。

skeleton model　骨架模型　(1) 将动物或人骨架中关节点的位置重新定义而形成的简化的立体模型,用于动作识别。(2) 是用于捕捉并定义设计意图和产品结构的一类模型,允许使用者在加入零件前,先设计好每个零件在空间中的静止位置,或者运动时的相对位置的结构图,骨架可以使必要的设计信息从一个子系统或组件传递到另外一个。骨架模型一般由基准点、基准轴、基准面、基准坐标系、基准曲线以及曲面组成,包含产品结构、元件界面的位置、3D 声明及连接与结构等信息,分为标准骨架模型和运动骨架模型两类。

skiing robot　滑雪机器人　指专门为在雪地里行进、工作而设计的机器人,属于专用机器人。雪地环境恶劣,对机器人的性能、控制、环境感知都是一大挑战。滑雪机器人是一个多关节、多自由度、非线性、强耦合的复杂系统,要实现滑雪过程中的各种复杂动作,必须设计一个结构紧凑、配置合理的机器人结构。机器人结构的合理性决定了其操作性能,能够提高其运动过程的协调性、稳定性,同时有利于完善机器人的各项功能。滑雪机器人结构设计的难点主要是选择合适的驱动器(包括电机、减速器等)、传感器(包括姿态传感器、关节传感器、六维力/力矩传感器等)、传动装置、精密的机械加工和装配等等。滑雪机器人的研究涉及运动生物力学、仿人机器人和自动控制理论等诸多领域,对于滑雪机器人的研究,不但能促进机器人等相关理论、技术的发展,而且也能推动滑雪这项运动的蓬勃发展。未来,滑雪机器人有希望应用于搜救、科学考察、军事等领域。

skill acquisition　技能获取　指获取有效地运用显式知识的技能,也称“技能精炼”。在机器人领域中,指通过一定的学习或练习,使机器人能够使用一定的技能。

skill learning　技能学习　指通过学习或练习，建立合乎法则的活动方式的过程，有心智技能学习与操作技能学习两种。技能的学习比知识的学习更复杂，不仅包括对活动的认识问题，还包括活动或动作的实际执行问题。技能学习最终要解决的是会不会做的问题。技能是通过练习形成的、控制动作执行的合乎法则要求的行动方式。技能与能力不同，技能的掌握并不意味着能力的高低。

skill modelling　技能建模　指用户（或机器人）通过模仿另一个人（或机器人）来学习新技能，后者执行要获得的行为，常见于机器人示教过程中。

skill primitive　技能基元　指机器人参数化的基本运动。

SLAM　同时定位与建图，即时定位与地图构建，同步定位与地图构建　simultaneous localization and mapping 的缩写。

slave side　从动端　（1）在通信中，指相对于主机端的从设备概念，能够接收主设备的命令并执行相应的动作。（2）在主从式遥操作机器人中，是一种由从设备操作人员操控的操作装置。比较 master side（主端，主机端）。

slider-crank mechanism　曲柄滑块机构　指用曲柄和滑块来实现转动和移动相互转换的平面连杆机构。曲柄滑块机构中与机架构成移动副的构件为滑块，通过转动副联接曲柄和滑块的构件为连杆。曲柄滑块机构广泛应用于往复活塞式发动机、压缩机、冲床等的主机构中，把往复移动转换为不整周或整周的回转运动；压缩机、冲床以曲柄为主动件，把整周转动转换为往复移动。偏置曲柄滑块机构的滑块具有急回特性，锯床就是利用这一特性来达到锯条的慢进和空程急回的目的。

sliding constraint　滑动约束　指物体在做滑动运动时受到的外界约束。

sliding joint　滑动关节　同 prismatic joint（平移关节，移动副，棱柱关节）。

SLIP　弹簧倒立摆模型　spring-loaded inverted pendulum 的缩写。

slither　滑行　（1）是物体在平面上的滑动，也指飞机起飞前和降落后的滑动过程。（2）在机器人领域中，指蛇形机器人的一类运动，服从正弦规律。

SMA　形状记忆合金　shape-memory alloy 的缩写。

small gain theorem　小增益定理　是用来给出系统的有界输入产生有界输出的充分条件的定理。它是输入输出法的理论基础，在 1966 年由 George Zames 证明，可以看作奈奎斯特准则对非线性时变 MIMO 系统（具有多输入和多输出的系统）的推广。

smart home　智能家居　是以住宅为平台，利用综合布线技术、网络通信技术、安全防范技术、自动控制技术、音视频技术将家居生活有关的设施集成，构建高效的住宅设施与家庭日程事务的管理系统，提升家居安全性、便利性、舒适性、艺术性，并实现环保节能的居住环境。

smart prosthesis　智能假肢，智能义肢

又叫神经义肢，是一种生物电子装置，指利用现代生物电子学技术，为患者把人体神经系统与相机、话筒、马达之类的装置连接起来，以嵌入和听从大脑指令的方式，替代患者部分缺失或损毁的躯体的人工装置。智能假肢通过更换或增强受损的感官，旨在提高残疾人的生活质量。它具有如下特性：能自动调节，使得假肢与原来的肢体功能更接近；具备较好的仿真造型，美观耐用。研究难点有：如何准确地构建替换组织的非线性输入/输出的数学模型，来模拟正常生物突触信号；降低功耗，延长电池使用寿命，减少更换电池所需的手术次数；材料须对人体友好，生物相容性好；数据传输的方法必须安全可靠。

smart suitcase　智能行李箱　指能够自动跟随目标行进的行李箱，是一种利用移动机器人技术制造的行李箱，利用了机器人中的目标检测、目标跟随、避障等技术。

smart wheelchair　智能轮椅　是一种具有视觉、口令、超声波、激光等导航功能并能与人进行语音交互的机器人轮椅，主要有口令识别与语音合成、机器人自定位、动态随机避障、多传感器信息融合、实时自适应导航控制等功能。智能轮椅是一种机械控制装置，设计用于在用户指令的帮助下实现自我移动。智能轮椅减少了使用者驱动轮椅的人力需求，为视觉或身体受损的人提供了获得独立活动性的机会。轮椅上还设有障碍物检测系统，减少了在行进过程中发生碰撞的可能性。智能轮椅在最近的几年里得到了广泛的关注，这些机器可用于老年人活动困难的养老院，可以提高那些失去行动能力的人的生活质量。新一代智能轮椅使用人工智能，最大程度上帮助使用者进行独立活动，并进一步减少使用者的操作负担。

SMDP　半马尔可夫决策过程　semi-Markov decision process 的缩写。

SMMS　单主机多从机，单主多从　single-master multiple-slave 的缩写。

smoothed image　平滑图像　指经过平滑处理的图像，图像平滑是通过建立近似函数尝试抓住数据中的主要模式，去除噪声、结构细节或瞬时现象，来平滑一个数据集的操作。图像平滑实际上是低通滤波，用于突出图像的宽大区域、低频成分、主干部分或抑制图像噪声和干扰高频成分，目的是使图像亮度平缓渐变，减小突变梯度，改善图像质量，但平滑过程会导致图像边缘模糊化。

snake-arm robot　蛇臂机器人　是一种细长的超冗余机械臂。大量的自由度允许机械臂沿着路径或围绕障碍物蛇行，因此称为蛇臂。

snake-like robot　类蛇机器人　同 snake robot（蛇形机器人）。

snake robot (snakebot)　蛇形机器人　是一种能够模仿蛇运动的仿生机器人。蛇形机器人有多种形状和大小，虽然尺寸和设计差别很大，但所有蛇形机器人都有两种特质。首先，它们的小横截面与长度比允许它们移动到并通过狭窄的空间。其次，它们改变身体形状的能力使它们能够执行各种各样的行为，例如爬楼梯或树干。此外，许多蛇形机器人通过将许多独立部件链接在一起而构建，这种冗余使它们能够抵抗故障，因为即使它们的身体部分被破坏，它们仍可以继续运行。蛇形机器人具有很多优点，能够应用到很多复杂和危险的环境中，具有广泛的应用前景，如科学探险、防恐防爆、灾难救援、军事、医疗、航空航天等。

Sobel edge　索贝尔边缘　指利用索贝尔算子进行边缘检测。索贝尔边缘适用于对检测效率要求较高，对细纹理要求不太高的场合。参见 Sobel operator(索贝尔算子)。

Sobel operator　索贝尔算子　是图像处理中的算子之一，主要用作边缘检测。在技术上，它是离散的一阶差分算子，用来计算图像亮度函数的梯度的近似值。在图像的任何一点使用此算子，将会产生对应的梯度矢量或是其法矢量。

soccer robot　足球机器人　指专门为机器人足球比赛设计开发的自主移动机器人，运用了定位导航、环境感知、轨迹规划、运动控制等多种机器人技术。作为智能移动机器人的一种，足球机器人具有稳定的行走机构、精确的定位能力、灵活的执行机构、丰富的环境感知能力、通畅准确的信息传输能力，以及稳定可靠、开放可扩展的控制系统。足球机器人控制系统是以计算机技术和底层运动控制技术为核心的实时控制系统，涉及策略和组织模块、运动控制模块、驱动模块、传感器模块、执行模块、通讯模块，以及一些外围电路扩展模块等。对于足球机器人的研究，能够促进机器人学、人工智能等领域的发展。目前足球机器人比赛主要有两个系列，RoboCup 和 FIRA。其中，RoboCup 主要分为小型组、中型组、类人组、标准平台组和仿真组这五类比赛项目。

sociable robot　(可)社交机器人　指能够进行社会交互，实现社会认知的机器人，参见 social robot(社会机器人)。

social acceptability　社会接受度　指理论、产品等被社会接受的程度，通常要经历两个过程，一个是被所在领域的专业人士认可，另一个是被普通社会大众认可。

social cognition　社会认知　主要指对他人表情、他人性格、人与人关系、人的行为原因的认知。社会认知是个人对他人的心理状态、行为动机、意向等作出推测与判断的过程。社会认知的过程既是根据认知者的过去经验及对有关线索的分析而进行的，又必须通过认知者的思维活动(包括某种程度上的信息加工、推理、分类和归纳)来进行。社会认知是个体行为的基础，个体的社会行为是社会认知过程中作出各种裁决的结果。

social-emotional intelligence　社会-情感智能　指个体识别自己和他人的情绪，使用情绪信息来指导思考和行为，管理或调整情绪以适应环境，与他人相处和实现个人目标的能力。

social interaction　社会交互　是对周

围人的行为和反应的过程，包括人们对彼此的行为和他们给予的回应。由社会学家 Erving Goffman 提出。在社会学中，交互通常分为五类：交流、竞争、合作、冲突和胁迫。

socially assistive robot　社会辅助机器人　特指通过社交而非物理交互来帮助用户的机器人。社会辅助机器人试图提供适当的情感、认知和社交暗示，以促进个人的发展，学习或治疗。

socially assistive robotics（SAR）　社会辅助机器人学[技术]　是由对社会辅助机器人的研究而衍生的一门学科或技术，旨在通过机器人的适当社交干预来帮助用户学习或治疗疾病。

social robot　社会机器人　是一种自主机器人，能够遵循符合自己身份的社交行为和规范，与人类或其他自主的实体进行互动与沟通。社会机器人的功能要求多样，从相对简单的支持性任务（如将工具传递给工人）到复杂的表达性沟通和协作（如辅助医疗保健）不等。其中，社会机器人如何与人类以社交、情感的方式进行交互，是目前的一个研究重点。未来，社会机器人有望应用于教育、娱乐、医疗保健等诸多领域。社会机器人的最终要求是通过机器人的图灵测试，以及机器人三大定律，也有学者认为社会机器人应具备一定的社会价值观、规范和标准。

social robotics　社会机器人学[技术]　是由对社会机器人的研究而衍生的一门学科或技术，主要研究社会机器人与环境、人类的社会交互、社会认知等。参见 social robot（社会机器人）。

soft actuator　软执行器，软驱动器　指使用软体材料制作而成的执行器或驱动器，具有柔性、轻质、无噪声的特点。目前常见的软驱动器采用的方法有：气动和智能材料（形变记忆合金、形变记忆高聚物、电活性聚合物等）。

soft computing　软计算　是人工智能领域中的一种计算方式，通过对不确定、不精确及不完全真值的容错以取得低代价的解决方案和鲁棒性。它模拟自然界中智能系统的生化过程（人的感知、脑结构、进化和免疫等）来有效处理日常工作。主要技术有模糊逻辑、神经网络、概论推理，以及遗传算法、学习理论、混沌理论等。

soft exoskeleton　软体外骨骼　指使用软体材料制作而成的外骨骼，用于辅助人体活动或强化人体的运动机能。目前常用于医疗康复机器人。

soft finger contact　软指接触　指机器人在与物体接触点上除了能传递法向与切向力外，还能产生绕接触点法线的力矩。

soft gripper　软夹持器　指使用软体材料制作而成的夹持器，应用于一些特殊任务场合。一般情况下该类型夹持器常采用硅胶、电活性高聚物等低模量材料制成，对被抓取物体有较好的形状适应能力。

soft material robotics　软材料机器人学[技术]　指由对软材料机器人的研究而衍生的一门学科或技术，参见 soft robotics（软体机器人学[技术]）。

S

soft robot **软体机器人** 是一种利用柔性材料制作而成的机器人，一般认为是杨氏模量低于人类肌肉的材料，能够适应各种非结构化环境，与人类的交互也更安全。区别于传统机器人电机驱动，软体机器人的驱动方式主要取决于所使用的智能材料，一般有介电弹性体（DE）、离子聚合物金属复合材料（IPMC）、形状记忆合金（SMA）、形状记忆聚合物（SMP）等等。大多数软体机器人的设计是模仿自然界各种生物，如蚯蚓、章鱼、水母等。软体机器人在很大程度上吸取了活生物体移动和适应周围环境的方式。与由刚性材料制成的机器人相比，软体机器人在完成任务时具有更大的灵活性和适应性，在与人一起工作时也具有更高的安全性，这些特点使其在医学和制造领域具有很好的应用前景。

soft robotic fish **软体机器鱼** 是由软体材料制作而成的仿生水下机器人，借鉴了鱼的生物结构，常用于水下环境探测、水中污染物监测等作业，具有推进效率高、机动性能好、噪声低和隐蔽性好等特点。

soft robotics **软体机器人学［技术］** 是由对软体机器人的研究而衍生的一门学科或技术，是处理用高度柔性材料构建机器人的一个研究领域。参见 soft robot（软体机器人）。

soft sensor **软传感器，虚拟传感器** 指将多种测量综合处理的软件系统，它利用来自其他传感器和来源的数据，重建可代替真实传感器的数据，常用于数据融合和状态量估计中，常见的算法有卡尔曼滤波、神经网络等。

solenoid valve **电磁阀** 指利用线圈通电激磁产生的电磁力来驱动阀芯开关的机构，是用来控制流体的自动化基础元件，属于执行器，用在工业控制系统中调整介质的方向、流量、速度和其他的参数。从原理上可分为三大类：直动式电磁阀、分步直动式电磁阀和先导式电磁阀。

solid mechanics **固体力学** 是研究可变形固体在外界因素作用下所产生的位移、运动、应力、应变和破坏等的力学分支。它是力学中研究固体机械性质的学科，连续介质力学组成部分之一。

solid-state laser **固体激光器** 指用固体激光材料作为工作物质的激光器。工作介质是在作为基质材料的晶体或玻璃中均匀掺入少量激活离子。固体激光器一般由激光工作物质、激励源、聚光腔、谐振腔反射镜和电源等部分构成。固体激光器具有体积小、使用方便、输出功率大的特点。固体激光器一般连续功率在 100 瓦以上，脉冲峰值功率可高达 1 000 兆瓦。但由于工作介质的制备较复杂，所以价格较贵。

sonar **声呐** 是英文 sound navigation and ranging 的缩写，其中文全称为声音导航与测距。它是利用声波对目标进行探测、定位和通信的电子设备，是声学中应用最广泛、最重要的一种装置，广泛用于鱼雷制导、水雷引信，以及鱼群探测、海洋石油勘探、船舶导航、水下作业、水文测量和海

S

底地质地貌的勘测等。机器人领域中,常用于环境感知与定位导航。

sonar scanning 声呐扫描 指利用声呐进行区域扫描,对目标进行探测、定位和通信,参见 sonar(声呐)。

SPA 传感-规划-执行 sense-plan-act 的缩写。

spacecraft 飞行器,航天器,宇宙飞船 是由人类制造、能飞离地面、在空间飞行并由人来控制的在大气层内或大气层外空间(太空)飞行的器械飞行物。在大气层内飞行的称为航空器,在太空飞行的称为航天器。飞行器分为5类:航空器、航天器、火箭、导弹和制导武器。

space complexity 空间复杂度 是对一个算法在运行过程中临时占用存储空间大小的量度,比较 time complexity(时间复杂度)。

space environment 空间环境 指地表以上几十公里直至太阳表面之间的环境。通常所说的空间环境指日地空间环境。空间环境成分主要包括高能带电粒子、等离子体、中高层大气、电磁辐射、引力场、磁场、电场、流星体和碎片等。

space exploration 空间探索 指到高空或者宇宙空间去进行科学的观察和测量。

space robot 空间机器人 是用于代替人类在太空中进行科学试验、出舱操作、空间探测等活动的特种机器人,由于太空环境恶劣,所以空间机器人对于制作材料、定位导航、运动控制、续航能力、抗电磁干扰、冗余设计等方面都比普通机器人有更高的要求。空间机器人可分为遥操作机器人和自主机器人两种。空间机器人是由精密工作机械臂、自动捕捉机构和固定机械臂组成的多方协调工作系统,在空间站、自由飞行器等各种空间设施上代替人在飞行器外从事检查、修理、补给等比较简单的作业,可以单独在数公里范围内进行空间漫游,实现低冲击捕捉目标,能够在构筑物的大型支架上移动。空间机器人一般要求体积比较小,重量比较轻,抗干扰能力比较强,智能程度比较高,功能比较全。空间机器人消耗的能量要尽可能小,工作寿命要尽可能长,而且由于是工作在太空这一特殊的环境之下,对它的可靠性要求也比较高。

space robotics 空间机器人学[技术] 是由对空间机器人的研究而衍生的一门学科或技术,主要研究空间机器人的新型材料、定位导航、运动控制、冗余设计等内容。参见 space robot(空间机器人)。

space station remote manipulator system 空间站遥控机械臂系统 是空间站使用的一类智能机器人系统,具备精确操作能力和视觉识别能力,可由航天员进行遥控,是集机械、视觉、动力学、电子和控制等学科为一体的高端航天装备,是航天飞机开创的一个空间机构发展新方向,在空间站的建设、维护、补给和使用的过程中发挥了不可缺少的作用,参见 space free-flight unit manipulator(空间自由飞行器机械臂)。

spanning tree 生成树 由图遍历的过

程中经过的边加上图的所有顶点所构成的子图，是一个网络拓扑的无环路子集。

spanning tree algorithm　生成树算法　指生成树协议使用的算法，用来建立一棵生成树(一个网络拓扑的无环路子集)，常见的生成树算法有 DFS 生成树、BFS 生成树等算法。

sparse extended information filter (SEIF)　稀疏扩展信息滤波　是信息滤波的一种改进形式，通过稀疏化信息矩阵，使数据复杂度得到有效降低。在机器人运动控制领域，通常忽略机器人运动与环境特征间的弱关联，从而得到稀疏化信息矩阵。

spatial clustering　空间聚类　指将多维空间中具有相近的数字特征的样本，分类、集合于一定的空间范围内而形成点群，并反映这些点群内在相似性的一类方法或技术。这种用数字处理方法把大量数据按空间分布划分为若干点群，使每一点群与某一类相当的图像分类方法叫作空间聚类。参见 clustering(聚类；集群)。

spatial cognition　空间认知　指人们对物理空间或心理空间三维物体的大小、形状、方位和距离的信息加工过程。研究认知的基本特征和生理机制，并将研究成果应用到工业设计中去。

spatial constraint　空间约束　指对空间中目标对象位置、方向、分布的约束。

spatial coordinate system　空间坐标系　用于构建和描述空间位置信息的坐标系。对于最常用的空间直角坐标系来说，过空间定点 O 作三条互相垂直的数轴，它们都以 O 为原点，具有相同的单位长度。这三条数轴分别称为 x 轴(横轴)、y 轴(纵轴)、z 轴(竖轴)，统称为坐标轴，它们符合右手定则。取定坐标系后，就建立了空间的点与一个有序数组之间的一一对应关系。参见 coordinate system(坐标系)。

spatial domain　空间域　指由空间坐标系描述的数域。在数字图像处理中，又称图像空间，指由图像像素组成的空间。在图像空间中以长度(距离)为自变量直接对像素值进行处理称为空间域处理。

spatial filtering image enhancing　空间滤波图像增强　是一种采用滤波处理的图像增强方法，其理论基础与空间卷积和空间相关。目的是改善图像质量，包括去除高频噪声与干扰，图像边缘增强、线性增强以及去模糊等。分为低通滤波(平滑化)、高通滤波(锐化)和带通滤波。处理方法有计算机处理(数字滤波)和光学信息处理两种。

spatial pyramid matching (SPM)　空间金字塔匹配　是一种利用空间金字塔进行图像匹配、识别、分类的算法。SPM 是 BOF(bag of features)的改进，因为 BOF 是在整张图像中计算特征点的分布特征，进而生成全局直方图，所以会丢失图像的局部细节信息，无法对图像进行精确的识别。为了克服 BOF 的固有缺点，SPM 算法考虑空间信息，将图像分成若干子块，分别在不同分辨率上统计子块的局部信息进而得到整体图像的特征分布，在这过程中，多尺度的分块方法使得其呈现一种层次金字塔的结构。

spatial resolution 空间分辨率 是图像中可辨认的空间最小单元的尺寸或大小，是用来表征影像分辨空间细节能力的技术指标。通常用像素大小、像解率或视场角来表示，是评价传感器性能和遥感信息的重要指标之一。

spatial semantic hierarchy 空间语义层次结构 是一个由多种相互作用表达组成的大规模知识模型空间，包括定性和定量层面。它是受人类认知过程的特点的启发，目的是作为人类认知过程的一个模型，用于机器人的学习和认知，也是机器人探索和地图构建的一种方法。它的多个级别表示不同知识模块的状态，并因此使得人或机器人在学习和解决问题期间能够鲁棒地处理不确定性。

spatial warping 空间扭曲 是一种用来处理图像失真的方法。当获取的图像有一定扭曲时，需要通过空间扭曲处理后进行后续分析。

S

speaker identification and verification (SIV) 说话人身份识别和验证 指对说话人的声音特质进行识别从而判断说话人的身份并进行对比验证。说话人识别确定了谁是从一组已知的声音发出的人，进行一对多比较；说话人验证确定用户是谁或他（她）声称是谁，从而做出是或否的决定。

speaker recognition 说话人识别 又称声纹识别，是生物识别技术的一种，是利用包含在语音信号中的说话者的声音特征，来进行个人身份的鉴定和识别，涉及特征提取和模式识别。识别前，先输入某人的语音，系统对他（她）的语音进行分析，抽取特征，存储备用，以后即可根据语言特征来辨认说话人。

specialized robot 专用机器人；特种机器人 （1）指具有特殊用途并面向该用途专门设计的机器人。（2）由经过专门培训的人员操作或使用的，辅助或替代人执行任务的服务机器人，也称专业服务机器人。是除工业机器人和个人服务机器人以外的机器人。按应用行业划分，可分为农业机器人、电力机器人、建筑机器人、物流机器人、医用机器人、安防机器人、军用机器人、空间机器人、核工业机器人、矿业机器人、石油化工机器人、市政工程用机器人和其他机器人。按使用空间划分，可分为地面机器人、地下机器人、飞行机器人、空间机器人、水上机器人、水下机器人和其他机器人。按机器人的运动方式划分，可分为轮式、履带式、足腿式、蠕动式、飞行式、潜游式、固定式、复合式和其他机器人。狭义的特种机器人特指代替人类从事高危环境和特殊工况的机器人，主要包括军事应用机器人、极限作业机器人和应急救援机器人。

speech processing 语音处理 指用以研究语音发声过程、语音信号的统计特性、语音的自动识别、机器合成以及语音感知等各种处理技术的总称。由于现代的语音处理技术都以数字计算为基础,并借助微处理器、信号处理器或通用计算机加以实现,因此也称数字语音信号处理。

speech recognition 语音识别 指通过功能单元对人的语音所表示信息的感知与分析,让机器通过识别和理解过程把语音信号转变为相应的文本或命令的科学技术。语音识别技术主要包括特征提取技术、模式匹配准则及模型训练技术三个方面,涉及的领域包括信号处理、模式识别、概率论和信息论、发声机理和听觉机理、人工智能等等。语音识别的方法主要是模式匹配法:在训练阶段,用户将词汇表中的每一个词依次说一遍,并且将其特征矢量作为模板存入模板库;在识别阶段,将输入语音的特征矢量依次与模板库中的每个模板进行相似度比较,将相似度最高者作为识别结果输出。语音识别的性能准则是误差率、说话人的独立性、词汇量及识别有关语言的能力。

speech verification system 语音验证系统 指自动识别语言(语音)的系统,将人类的语音中的词汇内容或发音转换为计算机可读的输入。

speed 速度 表示物体运动的快慢,定义为位移随着时间的变化率,是表征动点在某瞬时运动快慢和运动方向的矢量。速度在数值上等于单位时间内通过的路程。

speed changer 变速器 同 speed variator(变速器)。

speed controller 速度控制器 在机器人领域,指根据运动目标计算机器人关节或末端速度的控制器,其输出为关节或末端速度。

speed factor 速度系数 (1) 在飞行器中,是无量纲速度,可指速度与临界音速之比,此时与马赫数相同。(2) 在传播领域中,速度系数指波在媒介中的传播速度与光在真空中的传播速度之比。

speed of response 响应速度 指系统对某些信号作出反应所需的时间,例如,由于电动势的突然变化,光子检测器对辐射脉冲的延迟时间或电路中的电流或电压达到其终值所需的时间。

speed of rotation 转速 指做圆周运动的物体单位时间内沿圆周绕圆心转过的圈数(与频率不同)。常见的转速有额定转速和最大转速等,在机械设备中,转速是重要的技术参数。常用单位有 r/s, r/min。

speed range 速度范围 指速度上限与下限间的区间范围。

speed sensor 速度传感器 指用于测量速度的传感器,包括线速度传感器和角速度传感器。在机器人领域中,旋转运动速度测量较多,而且直线运动速度也经常通过旋转速度间接测量。旋转式速度传感器按安装形式分为接触式和非接触式两类。

speed variator 变速器 是用来改变来自发动机的转速和转矩的机构,它能固定或分档改变输出轴和输入轴传动比,可分为有级式变速器、无级式变速器和综合式变速器。

spherical coordinate frame 球面坐标系 是三维坐标系的一种,用以确定三维空间中点、线、面以及体的位置,它以坐标原点为参考点，由方位角、仰角和距离构成。球坐标系 (r,θ,φ) 与直角坐标系 (x,y,z) 的转换关系：$x = r \cdot \sin\theta\cos\varphi, y = r \cdot \sin\theta\sin\varphi, z = r \cdot \cos\theta$。

spherical joint　球关节，球副　是关节的一种，用其连接的连杆可以实现任意空间角度的相对运动，同时防止在任何方向上的平移。

spherical robot　球坐标机器人　指执行器由两个转动关节和一个平动关节构成，按球坐标配置的机器人。同 polar robot(极坐标机器人)。

spherical wheel　球形轮　指外形为球状的万向轮，被广泛运用在工厂机械和家具上。

spherical wrist　球腕关节　是机器人常用的一种机械结构，指机械臂腕关节为球关节。

spiking neural network　脉动神经网络　是神经网络模型为增加神经元对现实的仿真水平而衍生出的第三代网络。除了效仿神经元和突触的状态，脉动神经网络引入了时间的概念。主要思想是，只有当膜电位(与神经元膜电荷相关的一个物理量)达到某个特定值时，神经元才会被激活，而不是在每个传播周期激活。当一个神经元被激活时，产生一个信号并传播到其他神经元，同时根据这一信号改变它们的膜电位。

spine robot　脊柱式机器人　指利用、模仿人体脊柱结构设计的一类仿生机器人，脊柱有支持、保护、减震、运动等功能。

spline　样条　(1) 指通过一组给定点集来生成平滑曲线的柔性带。此概念源于生产实践，样条是绘制曲线的一种绘图工具，是富有弹性的细长条。绘图时用压铁使样条通过指定的形值点(样点)，并调整样条使它具有满意的形状，然后沿样条画出曲线。(2) 在计算机图形中，指由一个数学函数计算所得到的曲线，它把各个独立的点连接起来，具有很高的平滑度。

spline interpolation　样条插补　指在已知的样条数据中，按照某种算法计算已知点之间的中间点的方法，是一种数据点的密化，用于曲线轨迹的平滑和拟合。

SPM　空间金字塔匹配　spatial pyramid matching 的缩写。

sports robotics　体育运动机器人学[技术]　指由对专为参加体育运动设计机器人的研究而衍生的一门学科或技术，体育运动机器人既可以作为辅助装置支持人类进行体育锻炼，又可以作为对手与人类进行体育竞技，还可以进行机器人间的体育竞技。常见的研究对象有各种球类的发球机器人、足球机器人等。

spot welding robot　点焊机器人　是用于点焊自动作业的工业机器人。点焊机器人由机器人本体、计算机控制系统、示教盒和点焊焊接系统几部分组成，由于为了适应灵活动作的工作要求，通常点焊机器人选用关节式工业机器人的基本设计，一般具有六个自由度。其驱动方式有液压驱动和电气驱动两种。其中电气驱动具有保养维修简便、能耗低、速度高、精度高、安全性好等优点，因此应用较为广泛。点焊机器人按照示教程序规定的动作、顺序和参数进行点焊作业，其过程是完全自动化的，并且具有与外部设备通信的接口，可以通过这一接口接受上一级主控与管理计算机的控制命令进行工作。

spray painting robot　喷涂机器人　同 painting robot(喷涂机器人)。

spring-loaded inverted pendulum (SLIP)　弹簧倒立摆模型　是用作分析、研究动物或机器人在行走、奔跑、弹跳过程中的动力学的公认的模型，被广泛用于足式机器人的运动控制研究。它描述了一个质点反弹弹簧腿步态，即把身体减小到一个质点，质点在无质量弹簧腿上反弹，并在行进中沿弹道运动。该模型结合了数学的简洁性和捕捉包括人类在内的奔跑动物的平移动力学的能力。因此，该模型已发展成为研究生物控制策略和建立柔性腿运动数学理论的标准工具。

spring-mass model　弹簧质点模型　指将对象看作成一张由质点构成的网，质点的位置代表对象上某一点的空间位置。质点没有大小，但有一定的质量，且质量均匀分布。在这个模型中，弹簧是虚拟的，每一根弹簧连接两个质点，而每个质点可能连接任意根弹簧。质点的受力包括内部弹簧的弹性力(包括结构力、剪切力、弯曲力)和物体外部受力(如重力)，弹簧的形变与弹力的关系遵循胡克定律，系统的动力学方程满足牛顿力学定理。该模型可用于虚拟手术仿真、布料仿真等。

SPS　标准定位系统　standard position system 的缩写。

SRMS　航天飞机遥控机械臂系统　shuttle remote manipulator system 的缩写。

stability　稳定性　(1) 保持信号稳定不漂移、不振荡、不变化的能力。(2) 系统在干扰或其他破坏性事件影响下仍能保持原来状态或性能的能力。

stability analysis　稳定性分析　泛指对系统稳定性的规律、现象、机理、模型内容的研究。稳定性是控制系统的首要问题，系统稳定性分析的常见方法有劳斯判据、根轨迹法、李雅普诺夫稳定性理论等，其中李雅普诺夫稳定性理论是稳定性判定的通用方法，适用于各种系统。

stability augmentation system　增稳系统　是由阻尼器和加速度(或迎角、侧滑角)反馈构成的用以提高航空器静稳定性的自动控制系统。

stability criterion　稳定性判据　指用于判别系统稳定性的依据，常见的有劳斯判据、奈奎斯特稳定判据、李雅普诺夫稳定性理论等。

stability margin　稳定裕度　是用于衡量闭环系统的相对稳定程度的指标，经常作为控制系统的频率域性能指标。采用 GH 平面上 $(-1, j0)$ 到 $G(j\omega)H(j\omega)$ 曲线的距离来判断闭环的相对稳定性。对于频率特性曲线可以用到虚轴的截距 d 以及旋转的角度 γ 来度量系统相对稳定性。当频率曲线越靠近 $(-1, j0)$ 点时，d 值越接近 1，γ 角也趋近于零，系统相对稳定性就越低。稳定裕度分为两种，幅值稳定裕度和相角稳定裕度。相角裕度 γ 是在增益保持不变的情况下，开环相频特性离开闭环临界点 $(-1, j0)$ 尚有 γ 角度的相角余量。幅值裕度是开环增益若再增大 h 倍，才导致闭环处于临界稳定。

stability measure　稳定性度量　指借助一些量化的指标，使用科学的方法去分析和评价一个系统的稳定性。

stability problem　稳定性问题　是所有自动控制系统的一个基本问题。要使系统正常工作，要求它必须是稳定的。对稳定性的研究是自动控制理论中的一个基本问题。稳定性是一切自动控制系统必须满足的一个性能指标，它是系统在受到扰动作用后的运动可返回到原平衡状态的一种性能。

stability theory　稳定性理论　是研究动态系统稳定性的判别和分析的方法。稳定性是系统在初始状态变化后的运动能保持在有限边界区域内或回复到原平衡状态的一种性能。稳定是一切自动控制系统必须满足的一个性能指标。稳定性问题是自动控制理论研究的基本问题之一。关于运动稳定性理论的奠基性工作，是 1892 年俄国数学家和力学家李雅普诺夫在论文《运动稳定性的一般问题》中完成的。在经典控制理论中，主要限于研究线性定常系统的稳定性问题。判断系统稳定性的主要方法有奈奎斯特稳定判据和根轨迹法。在现代控制理论中，主要研究各种复杂非线性系统的稳定性问题，主要方法为李雅普诺夫稳定性理论。

stabilization system　镇定系统　指使系统输出变量稳定地保持为某个常值的一类反馈控制系统。

stable system　稳定系统　指受到扰动作用偏离平衡状态之后，能够在一定时间之内恢复到原平衡状态系统。对线性时不变系统，当且仅当系统的单位脉冲响应绝对可和(或称绝对可加)时，系统稳定。表现为当一个实际的系统处于一个平衡的状态时(就相当于小球放置在木块上不动)，如果受到外来作用的影响时(相当于对小球施加力)，系统经过一个过渡过程仍然能够回到原来的平衡状态(小球回到原来的位置)。一个控制系统要想能够实现所要求的控制功能就必须是稳定系统。系统稳定性判定的方法主要有劳斯判据、奈奎斯特稳定判据、根轨迹法、李雅普诺夫稳定性理论等。

stable-state probability　稳态概率　指保持相对稳定状态发展的可能性。

stalling speed　失速速度　指飞机刚进入失速的速度，失速的产生取决于飞机的迎角是否超过临界迎角，而在飞行状态及载荷因数一定时，速度与迎角有一定的关系：当飞机的速度接近失速速度时，飞机的迎角接近临界迎角；飞机的速度为失速速度时，飞机的迎角为临界迎角。因此，可以根据飞机的迎角大小来判断飞机是否接近失速或已经失速。

stance phase　支撑相　指足式机器人下肢接触地面并承受重力的时间。步行与跑步的关键差别在于步行有双足支撑的时间，称为双支撑相，相当于支撑足首次触地及承受反应期和对侧足的减重反应和足离地时期。双支撑相的时间与步行速度成反比。步行障碍时往往首先表现为双支撑相时间延长，以增加步行的稳定性。支撑相分为 5 个时期：首次触地期、承重反应期、支撑相中期、支撑相末期和摆动前期。仿生机器人如多足机器人一个步行周期中会有摆动相与支撑相的交替过程。比较 swing phase（摆动相）。

standard deviation　标准差　同 squared error（均方差）。

standard position system (SPS)　标准定位系统　指用于一般民用的 GPS 系统，信号精度比军用的 GPS 系统要低。SPS 的精确度水平约为 10 米，垂直约为 20 米，时间约为 40 纳秒，适合提供现在的一般性商业应用，如汽车导航系统等。

state estimation　状态估计　指对随机系统根据可获取的测量数据估算系统状态的方法。随机系统是在装置和观测通道中作用有随机噪声的一类动态系统，需要应用统计方法处理。最常用的是最小方差估计，其他如贝叶斯估计、极大似然估计、随机逼近等也多有应用。状态估计可区分为平滑、滤波和预报三种情形。为估计 t 时刻的状态，如果所依据信息包括 t 以后的观测数据则称为平滑，如果包括 t 时刻及以前的观测数据则称为滤波，如果用 t 以前的观测数据来估计 t 时刻及以后的状态则称为预报。

state feedback　状态反馈　指状态变量通过一个环节回馈到系统输入端的控制，是现代控制理论中最基本的一种控制模式。状态变量是能完全表征系统运动的一组变量，状态反馈比传统的输出反馈更能有效地改善系统性能或实现最优。但是状态变量往往不能直接测量，需要引入状态观测器利用可测量的输入输出得到状态变量的重构量，并以这个重构状态代替真实状态构成状态反馈。

state machine　状态机　指由一组节点和相应的转移函数组成的有向图。状态机通过响应一系列事件而运行，每个事件都在属于当前节点的转移函数的控制范围内，其中函数的范围是节点的一个子集，函数返回下一个（也许是同一个）节点。这些节点中至少有一个必须是终态，当到达终态，状态机停止。状态机是包含一组状态集、一个起始状态、一组输入符号集、一个映射输入符号和当前状态到下一状态的转换函数的计算模型。当输入符号串，模型随即进入起始状态。它要改变到新的状态，依赖于转换函数。状态机可归纳为 4 个要素，即现态、条件、动作、次态。在机器人领域中，状态机可用于机器人的规划与决策。

state observer　状态观测器　指利用系统的输入和输出的测量值得出状态变量的估计值的一类观测器，又被称为状态重构器。20 世纪 60 年代初，D.G.龙伯格等人对线性定常系统提出状态重构的概念，并建立了状态观测器的综合方法，它的出现为状态反馈的技术实现提供了可能性。观测器的维数与被观测系统相同时，称为全维观测器，否则称为降维观测器。

state space　状态空间　指该系统的全部可能状态的集合，是现代控制理论中所用到的系统描述方法。如在机械臂控制中，状态空间包含各个关节的状态(如平动关节的位移和转动关节的角度)。

state space equation　状态空间方程　指在状态空间中对控制系统作完整表述的公式，由状态方程和输出方程构成。状态方程是由控制系统的状态变量和控制变量构成的一阶微分方程组。输出方程是该系统输出变量与状态变量和控制变量的函数关系式。它们一般表示为：状态方程 $\dot{x}=f(x, u, t)$，输出方程 $y=g(x, u, t)$。式中 f，g 为向量函数，x 为 n 维状态向量，u 为 p 维控制向量，t 为时间变量，$\dot{x}$ 为状态变量 x 关于 t 的一阶微分向量，y 为 q 维输出向量。如果所描述的控制系统是线性的，则状态空间表达式为：$\dot{x}=A(t)x+B(t)u$，$y=C(t)x+D(t)u$。

state transition function　状态转移函数　是用来描述系统输入与输出之间关系的数学表达，与描述系统规律的微分方程对应，并可由其导出。它是系统本身的一种属性，与输入量的大小和性质无关。在现代控制理论中，常用于分析系统的动态特性、稳定性分析，设计控制系统等。

state variable　状态变量　是完全描述动态系统时域行为的所含变量个数最少的一组变量，它应能确定系统未来的演化行为。例如，理想气体的状态变量为温度、压力和体积，一维质点运动的状态变量为它的位置和速度。对应于系统是连续或跳跃式的演化，其状态变量亦可以是连续的或者是离散的。所谓完全描述系统的时域行为指的是，如果给定初始时刻 $t_0 \in I$ 的状态 $x(t_0)$ 和 $[t_0, t]$ 包含于 I 上的输入函数 $u(t)$，则系统在 $[t_0, t)$ 上任何瞬时的行为都唯一地被确定。

state vector　状态向量　指状态变量在某一时刻的值，是系统在某一时刻的状态。状态变量在 $t=0$ 时刻的值称为系统的初始状态或起始状态，也称为初始状态向量或起始状态向量。

static analysis　静力学分析　(1) 用来分析结构在给定静力载荷作用下的响应。一般情况下，比较关注的往往是结构的位移、约束反力、应力以及应变等参数。(2) 是确定机器人处于平衡位形时，作用于关节上的力和力矩之间与机器人与外界接触时产生的力和力矩的关系。

static compliance　静态柔顺性　作用于机械接口的每单位负载下机械接口的最大位移量。

static equilibrium　静力平衡　若一物体同时处于平移平衡及转动平衡时，则称该物体处于静力平衡，此时物体所受的合力为零，且以任何参考点来看，该物体所受的合力矩亦为零。

static feedback linearization　静态反馈线性化　通过坐标的改变(状态变量的变换)和系统状态向量的反馈来线

S

性化系统动力学的过程。它区别于动态反馈线性化,在动态反馈线性化中,状态向量通过将控制输入及其导数作为附加元素进行扩展。

static force experiment 静力实验 是结构实验的内容之一,借以观察和研究结构或构件在静载荷作用下的强度、刚度以及应力、变形分布情况,是验证结构强度和静力分析正确性的重要手段。

static friction coefficient 静摩擦系数 是最大静摩擦力与接触面正压力的比值。

static gait 静步态 是步行机器人步态的一种。机器人处于静步态时单腿支撑相所用时间与步态周期时间的比值大于0.5。静步态具有良好的稳定性和通过性,尤其在复杂崎岖路面上表现良好。比较 dynamic gait(动步态)。

static sensor network 静态传感器网络 指的是具有传感器节点在布置到指定位置后不可移动这一性质的传感器网络。

static stability 静态稳定性 指系统受到微小扰动时,运行状态将发生变化,当扰动消失后,能自动恢复到初始运行状态的能力。

statics 静力学 是力学的一个分支,它主要研究物体在力的作用下处于平衡的规律,以及如何建立各种力系的平衡条件。静力学还研究力系的简化和物体受力分析的基本方法。按照研究方法,静力学分为分析静力学和几何静力学。分析静力学研究任意质点系的平衡问题,给出质点系平衡的充分必要条件。几何静力学主要研究刚体的平衡规律,得出刚体平衡的充分必要条件,又称刚体静力学。静力学是材料力学和其他各种工程力学的基础,在土建工程和机械设计中有广泛的应用。

statistical inference 统计推理,统计推断 是根据带随机性的观测数据(样本)以及问题的条件和假定(模型),而对未知事物作出的,以概率形式表述的推断。它是数理统计学的主要任务,其理论和方法构成数理统计学的主要内容。

statistical learning 统计学习 关于计算机基于数据构建概率统计模型并运用模型对数据进行预测预分析的一门学科。统计学习以计算机及网络为平台,是建立在计算机及网络之上的;统计学习以数据位研究对象,是数据驱动的学科;统计学习的目的是对数据进行预测与分析。

statistical pattern recognition 统计模式识别 对模式的统计分类方法,把模式类看成用某个随机向量实现的集合,也称"决策理论识别方法"。统计模式识别方法就是用给定的有限数量样本集,在已知研究对象统计模型或已知判别函数类条件下根据一定的准则通过学习算法把多维特征空间划分为多个区域,每一区域与每一类别相对应。

steady-state 稳态 指一个系统或一个处理过程在它经过过渡阶段后的稳定的状态。

steady-state error 稳态误差 指当系统从一个稳态过渡到新的稳态,或系

S

统受扰动作用又重新平衡后，系统可能会出现偏差，是自动控制系统在稳态下控制精度的度量，也是衡量控制系统性能好坏的一项指标。控制系统设计的课题之一，就是要在兼顾其他性能指标的情况下，使稳态误差尽可能小或者小于某个容许的限制值。稳态误差按照产生的原因分为原理性误差和实际性误差两类。

steady-state optimization 稳态优化 指通过各种优化方法来改善系统的稳定性能指标的过程。

steady-state vibration 稳态振动 是振动系统在外力作用下作振动时，振动的位移、速度或加速度是周期量的状态。开始时振动状态较复杂，有些振动成分随时间而衰减，最终消失。有一种成分的振幅恒定，仅由外力、振动频率和系统的力阻抗决定，这就是稳态振动。振幅恒定是稳态振动的一个特点。

step motor 步进电机 是将电脉冲信号转变为角位移或线位移的开环控制电机，是现代数字程序控制系统中的主要执行元件，应用极为广泛。在非超载的情况下，电机的转速、停止的位置只取决于脉冲信号的频率和脉冲数，而不受负载变化的影响，当步进驱动器接收到一个脉冲信号，它就驱动步进电机按设定的方向转动一个固定的角度，称为“步距角”，它的旋转是以固定的角度一步一步运行的。可以通过控制脉冲个数来控制角位移量，从而达到准确定位的目的；同时可以通过控制脉冲频率来控制电机转动的速度和加速度，从而达到调速的目的。

stereo-correspondence 立体(视觉)匹配 指从不同视点图像中找到基元之间匹配的对应点。立体视觉匹配问题的输入为若干不同视角的相机采集的图像，输出是这些图像上的点的对应关系。在标准配置下的双目相机系统中，可利用立体视觉的外极线特点(空间中的点在两相机上成的像具有相同的竖直坐标)找到图像中对应的点。立体匹配是计算机视觉中的一个重要而又非常困难的问题，主要应用于如下一些领域：三维环境感知与建模、机器人导航、物体跟踪与检测以及图像分割等。

stereo-photometry 立体光度测量，立体测光法 是一种通过在不同光照条件下观测物体来估计物体表面法线的计算机视觉技术。

stereoplotter 立体测(绘)图仪 是航测全能法测图仪器的通称。种类很多，有的仪器还有专用名称，如多倍投影测图仪、精密立体测图仪等。仪器的重要部分有投影系统、观测系统和测图系统。投影系统一般有两个投影仪，各构成一个投影射线束，经定向后由射线相交构成几何立体模型。其投影方式可分为光学投影、光学机械投影和机械投影。还有利用电子计算装置进行解析投影的，称为“解析立体测图仪”。立体测图仪除用于测图外，有些还能用于空中三角测量或处理地面摄影资料。

stereopsis 立体影像 由双目视觉产生的一种对深度的感觉。图像可以分离成一对有立体效应的照片，当用两只眼睛同时分别看这一对照片时，产生三维物体的效果。

stereoscope 立体视镜 是一种证实双眼视差和产生立体知觉的仪器。常用的立体镜有：三棱镜式立体镜、反射式立体镜和栅栏式立体镜。

stereoscopic photography 立体摄影 指表现景物三维空间的一种摄影方法。通过摄制两幅不同视点的影像，各由相应眼睛观看，以模拟三维效果。拍摄工具有标准型立体照相机，也有在单镜头相机上装配立体附加镜；普通照相机运用左右移动的方法也能拍摄。

stereoscopic view 立体视角 是在三维空间中从不同视点方向上观察到的三维模型的投影，可以通过不同指定视点得到立体视图。

stereo-triangulation 立体三角测量 是通过一个点在两张或多张图像中的投影来确定其三维位置的一种方法。

stereovision 立体视觉 是一种计算机视觉技术，目的是重构场景的三维几何信息。立体视觉的研究有如下方法：直接利用测距器（如激光测距仪）获得程距信息，建立三维描述的方法；仅利用一幅图像所提供的信息推断三维形状的方法；利用不同视点上的，也许是不同时间拍摄的，两幅或更多幅图像提供的信息重构三维结构的方法。

stereovision system 立体视觉系统 指利用立体视觉原理进行三维信息重构的系统。

Stewart mechanism 斯图尔特机构 是由动平台、静平台和六个空间支腿构成的平台机构。每个支腿和动平台用球铰相连，和静平台用胡克铰相连。在支腿的中间，可以是由液压缸组成的移动副或由滚珠丝杠组成的螺旋副，是每个支腿的原动件。应用于加工零件的无导轨机床、飞行模拟器、工业机器人、医用机器人、光学调整仪、飞船对接器、六维测力仪等。

stiffness 刚度 是机器人机身或臂部在外力作用下抵抗变形的能力。它用外力和在外力作用方向上的变形量之比来度量。

stiffness matrix 刚度矩阵 与弹性系数有关的矩阵。

stigmergy 媒介质，间接通信，共识主动性 （1）是社会网络中生物个体自治的信息协调机制。在没有中枢控制和接触交流的条件下，群体通过同频共振，达到信息对称，个体独立行动，互相修正，自我更新，逐步完善群体的生态环境。（2）是智能体或行为之间的间接协调机制。共识主动性不需要任何控制或者智能体间的直接通信，就能产生复杂流程。它的原理是通过动作留在环境中的轨迹刺激下一个动作的执行，随后其他个体的行动连贯而有序，前后协调共同完成复杂的工作。

stochastic control 随机控制 使随机系统实现期望性能的一类控制。把随机过程理论与最优控制理论结合起来研究随机系统的理论称为随机控制理论。随机控制通过控制器的最优设计来预测被控系统的随机偏差量值的大小和极限，并使这种随机偏差的量值达到最小。随机系统是不确定性系统的一种，其不确定性由随机性引起。对随机系统，按确定性理论设计的控制系统的行为会偏离预定的设计要求，产生随机偏差量。飞机或导弹在飞行中遇到的阵风，在空间环境中卫星姿态和轨道测量系统中的测量噪声，各种电子装置中的噪声，生产过程中的种种随机波动等，都是随机干扰和随机变量的典型例子。随机控制系统的应用涉及航天、航空、航海、军事上的火力控制系统，工业过程控制，经济模型的控制乃至生物医学等。随机控制理论的研究需要使用随机过程的基本概念和概率统计方法。

stochastic dominance　随机占优　是随机变量之间的偏序。它是随机排序的一种形式，基于对可能结果集及其相关概率的共同偏好。

stochastic estimation　随机估计　是对给定事件的某个量的条件平均值进行估计的一种技术。

stochastic gradient descent (SGD)　随机梯度下降　是一种优化可微目标函数的迭代方法，是梯度下降优化的随机逼近。解决了梯度下降法收敛速度慢的问题，根据某个单独样例的误差增量计算权值更新，得到近似的梯度下降搜索，可以看作为每个单独的训练样例定义不同的误差函数，在迭代所有训练样例时，这些权值更新的序列给出了对于原来误差函数的梯度下降的一个合理近似，通过使下降速率的值足够小，可以使随机梯度下降以任意程度接近于真实梯度下降。

stop-point　停止点　一个示教或编程的指令位姿。机器人各轴到达该位姿时速度指令为零且定位无偏差。

STR　自校正调节器　self tuning regulator 的缩写。

strain gage　应变计　是电阻随作用力变化的传感器。

stripe projection　条纹投影　一种结构光，可以用来测量物体表面轮廓、形变和振动振幅。

strong artificial intelligence (AI)　强人工智能　是具备与人类同等智慧、或超越人类的人工智能，能表现正常人类所具有的所有智能行为。同 artificial general intelligence(通用人工智能)，比较 weak artificial intelligence(弱人工智能)。

structural resonance　结构共振　指一物理系统在特定频率下，比其他频率以更大的振幅做振动的情形，这些特定频率称之为共振频率。

structured environment　结构化环境　表面(地面、墙面、障碍物表面)、材质性能(表面材料、粗糙度、刚度、强度、颜色、反光、温度等)均一，结构及尺寸变化规律且稳定，环境信息(障碍物、采光、声音、气体、辐射、风力、干扰等)固定、可知、可描述的环境。比较 unstructured environment(非结构化环境)。

structured light　结构光　在计算机视觉技术中，用特定的点、条纹或网格光束投射到景物上，从照射的几何信息提取景物信息以进行物体的检测和识别的方法。

structured light vision measurement　结构光视觉测量　是一种获取图像深

S

度信息的测量方法,测量系统主要由结构光投射器、相机、图像处理系统等组成。其基本思想是利用结构光投影的几何信息来求得物体的三维信息,通过向物体投射各种结构光(如点、线、空间符号结构光等),在不同于投影光轴的方向观察,利用投影点、观察点及物体的三角关系获取物体的三维信息。

structure from motion (SfM)　运动中恢复结构　是一种通过分析图像序列得到相机参数并进行三维重建的技术,是一种自校准的技术能够自动地完成相机追踪与运动匹配。它需要解决立体图像恢复结构类似的问题即找到三维物体图像的对应点,为了找到对应点,需要在图像间跟踪一些类似角点的特征,特征沿着时间的轨迹将被用来重建三维结构与相机运动。

subsumption architecture　包容结构　是一种多层控制结构。它将系统的控制设计分布在一系列异步或并行处理的行为层中,每一个行为层只关注问题的一个方面。包容结构的所有信息流都是单向地从传感器到执行机构,层次数代表了这层行为的控制优先级,层次间存在密切联系,通过"硬"控制的方法,上层行为可以包含下层行为,对下层行为的输出产生抑制作用。

supervised learning　监督学习　是从标记的训练数据来推断一个功能的机器学习任务的算法。训练数据包括一套训练示例。在监督学习中,每个实例都是由一个输入对象和一个期望的输出值组成。监督学习算法是分析该训练数据,并产生一个推断的功能,其可以用于映射出新的实例。一个最佳的方案将允许该算法来正确地决定那些看不见的实例的类标签。这就要求学习算法是在一种合理的方式从一种从训练数据到看不见的情况下形成。比较 unsupervised learning(无监督学习)。

supervisory control　监督控制　指对独立运行的控制回路施加间断校正作用的控制。

supervisory control system　监督控制系统　计算机对测量数据进行分析计算求得合适或最优的设定值,再由计算机直接修改各控制回路设定值的控制系统。监督控制较操作指导控制有更高的自动化程度。

support vector machine (SVM)　支持向量机　一种监督式的机器学习算法。通过核映射将低维空间的非线性分类问题转化为高维空间的线性分类问题,基本思路是最大化不同类之间的间隔来获得较高的学习性能。

surface fitting　表面拟合　对给定型值点数据,按照一定的目标和设定的曲面类型,求得最佳拟合结果的技术。

surface modeling　表面造型　是计算机辅助设计中显示实体物体的一种数学方法。表面造型使得用户可以从特定角度观察实体表面的特定物体,是建筑设计和效果图的一种常用技术。表面造型具有广泛的应用,如在消费品、船舶、汽车的车身面板和飞机结构。

surface property　表面性质　是物体表面的各种物理化学特性,包括形貌、结构、粗糙度、粘附性等。

surface stress 表面应力 拉伸或者弯曲会引起材料表面面积的变化，同时也消耗能量，材料产生此种单位面积变化所消耗的能量称为表面应力。

surgical assistance system 手术辅助系统 将机器人技术用于手术操作和成像技术等向外科医生提供手术辅助和展示的系统。

surgical navigation 手术导航 是将病人术前或术中影像数据和手术床上病人解剖结构准确对应，手术中跟踪手术器械并将手术器械的位置在病人影像上以虚拟探针的形式实时更新显示，使医生对手术器械相对病人解剖结构的位置一目了然，使外科手术更快速、更精确、更安全。

surgical robot 手术机器人 在医疗领域，用于进行外科手术的机器人。如达芬奇外科手术机器人。手术机器人是一组器械的组合装置。它通常由一个内窥镜(探头)、刀剪等手术器械、微型摄像头和操纵杆等器件组装而成。

surveillance and security robot 监控与安保机器人 是半自主、自主或者在人类完全控制下协助人类完成安全防护工作的机器人。它作为机器人行业的一个细分领域，立足于实际生产生活需要，用来解决安全隐患、巡逻监控及灾情预警等。从而减少安全事故的发生，减少生命财产损失。

suspension mechanism 悬挂机构 指车架与车桥或车轮之间的一切传力连接装置的总称，其功能是传递作用在车轮和车架之间的力和力矩，并且缓冲由不平路面传给车架或车身的冲击力，并衰减由此引起的振动，以保证平顺行驶。

suspension system 悬挂系统 按某一平衡位置支承运动部件和试件并参与振动的系统。

SVD 奇异值分解 singular value decomposition 的缩写。

SVM 支持向量机 support vector machine 的缩写。

swarming behavior 群集行为 是个体特别是大小相似的动物表现出来的一种集体行为。从更抽象的角度来看，群体行为是大量自主运动实体的集体运动。从数学建模的角度来看，是个体遵循简单规则而产生的一种突现行为，不涉及任何中心协调。

swarm intelligence 群体智能 是分散的、自组织的、自然的或人工的系统的集体行为。群体智能源于对以蚂蚁、蜜蜂等为代表的社会性昆虫的群体行为的研究。最早被用在细胞机器人系统的描述中。它的控制是分布式的，不存在中心控制，因而它更能够适应当前网络环境下的工作状态，并且具有较强的鲁棒性，即不会由于某一个或几个个体出现故障而影响群体对整个问题的求解。由于群体智能可以通过非直接通信的方式进行信息的传输与合作，因而随着个体数目的增加，通信开销的增幅较小，因此，它具有较好的可扩展性。比较 collective intelligence (集体智能)。

swarm robot system 群机器人系统 指由多个机器人组成的群体系统，它们通过协调、协作来完成单机器人无

S

法或难以完成的工作。群机器人系统是动态自组织的，具有良好的容错性，不预先分配机器人的任务，单个无效机器人不会影响系统的运行。同时，由于采用分布式控制，整个系统不会因控制中心的故障而崩溃。

swarm robotics　群机器人学[技术] 是研究将多个机器人作为一个系统进行协调的机器人学研究子领域。群机器人学研究的系统有别于“多机器人系统”“分布式机器人系统”等，它有以下基本特征：① 系统中包含大量个体，但个体种类较少，而每个种类中的个体数量较多；② 个体机器人的行为比较简单、能力有限，需要大量机器人的合作才能完成任务；③ 个体机器人只有个局部感知能力，它们通过局部交互来通信；④ 可以很容易地添加或减少机器人，鲁棒性强。由于系统中的所有机器人是分布式交互与协作，大量同类型的机器人结构与控制机制都相同，在执行任务的过程中可以相互替换或弥补对方的空缺，因此系统性能不会因为每个或几个机器人的故障而受到影响；⑤ 系统规模易扩充，控制系统不受机器人数量的限制。比较 collective robotics(集体机器人学[技术])。

Swedish wheel　瑞典轮 也称为麦克纳姆轮，它的结构允许水平 360 度旋转。这种全方位移动方式是基于一个有许多位于机轮周边的轮轴的中心轮的原理上，这些成角度的周边轮轴把一部分的机轮转向力转化到一个机轮法向力上面。依靠各自机轮的方向和速度，这些力的最终合成在任何要求的方向上产生一个合力矢量从而保证了这个平台在最终的合力矢量的方向上能自由地移动，而不改变机轮自身的方向。

swing phase　摆动相 指足式机器人一侧下肢的足尖离地向前迈步到同侧足跟着地之间的时间。主要分为三个时期：摆动相早期、摆动相中期和摆动相末期。摆动相是在步行中始终与地无接触的阶段，此阶段的动作要点是：足上提，膝关节最大屈曲，髋关节最大屈曲到足跟着地。比较 stance phase(支撑相)。

switching system　切换系统 指在不同时间区间内能按所选择动态模型运行的一类系统。切换系统的要素包括子系统组合和切换规则。子系统组代表切换中可供选择的动态模型集合，不同子系统由不同微分方程或差分方程唯一描述。切换规则规定各子系统被切换的顺序，且一个时间区间内仅有一个子系统处于激活状态，切换时刻系统状态通常满足连续性要求。切换系统分为线性和非线性两类，前者定义所有子系统均为线性系统，后者则在子系统组中包含非线性系统。对切换系统的研究包括分析和综合。分析着重于研究系统基于切换序列的能控性和稳定性，综合则为设计使系统稳定和实现期望性能的切换系列。一般可把切换系统归属于混合动态系统范畴，时间区间内系统状态的演变由连续时间动态系统所决定，切换过程则为离散事件动态过程。

symbol grounding problem 符号接地问题 指符号如何获得意义以及意义的本质是什么的问题，是人工智能领域的重要问题。

symbolic reasoning 符号推理 利用各种符号信息和知识进行逻辑思考、类比演绎推理的能力，以及在脑海中操纵抽象符号、并做出合理判断和决策的能力。

synchro-drive 同步驱动 指两个电机、三或四个轮子的移动机器人驱动配置方法，其中一个电机驱动所有的轮子产生运动，另外一个电机控制所有轮子的转向。

synchronization 同步 (1) 一种状态，在这种状态下，可通过公共计时执行两种或两种以上互相保持时间关系的操作。(2) 为使事件按时发生，由其他系统或功能部件建立信息帧来校准某一系统或功能部件的事件同步时间的过程。(3) 一个线程在执行中暂停以等待另一个线程完成某一操作。

synchronization control 同步控制 是按照一定比率来协调主机和从机之间的位置、转速、扭矩等量的一种工控技术。同步控制器一般有两类，一类是和张力系统连同一起来使用的，像张力控制器是一种同步控制器件，这种类型的同步是以转速和扭矩等量的同步来实现的；另一类是空间定位控制器，就是位置同步，一般应用于机器人、数控机床、飞剪等系统的轴间联动使用，是一种轴间的位置跟踪定位。目前同步控制器有嵌入式设定参数的，也有直接可编程类的，随着技术的发展，可编程类的应用慢慢超过了前者，代表着同步技术的发展方向，它可以通过现场总线等通信技术和其他设备进行连接和操作。

synergy 协同，协同学 是研究各种由大量子系统组成的系统在一定条件下，通过子系统间的协同作用，在宏观上呈有序状态，形成具有一定功能的自组织结构机理的学科。

synthetic aperture radar (SAR) 合成孔径雷达 指利用雷达与目标的相对运动把尺寸较小的真实天线孔径用数据处理的方法合成一较大的等效天线孔径的雷达。

system architecture design 系统架构设计 指对系统的结构、行为和概念模型的设计。

systematic error 系统性误差 在重复测量中保持不变或按可预见方式变化的测量误差的分量。

systematic fault 系统性故障 系统性失效后的故障。

system complexity 系统复杂性，系统复杂度 是系统的局部与整体之间的非线性形式，由于局部与整体之间的非线性关系，使得不能通过局部来认识整体。复杂性是环境条件改变时，不同行为模式之间的转换能力较弱的动态表现。比如机器人系统就是非线性的复杂系统。

system diagram 系统框图 是用符号或带注释的框，概略表示系统或分系统的基本组成、相互关系及其主要特征的一种简图。

system dynamics 系统动力学 一种以反馈控制理论为基础，以计算机仿真技术为手段,依据对系统的实际观测信息,并通过计算机实验来获得对系统动态行为描述的学科。具体而言,系统动力学包括如下几点:以控制论为理论基础,将生命系统和非生命系统都作为信息反馈系统来研究,并且认为,在每个系统之中都存在着信息反馈机制;按系统论观点,把研究对象划分为若干子系统,并且建立起各个子系统之间的因果关系网络,立足于整体以及整体之间的关系研究,以整体观替代传统的元素观;其研究方法是建立计算机仿真模型,实行计算机仿真实验,验证模型的有效性,为战略与决策的制定提供依据。

system function　系统函数;系统功能　(1)在控制理论中,又称传递函数,描述系统的输入输出关系,参见 system transfer function(系统传递函数)。(2)是系统与环境在相互作用中所表现出的能力,即系统对外部表现出的作用、效用、效能或目的。它体现了一个系统与外部环境进行物质、能量、信息交换的关系,即从环境接受物质、能量、信息,经过系统转换,向环境输出新的物质、能量、信息的能力。

system identification　系统辨识　是现代控制理论中的一个分支,利用系统的输入输出数据来确定描述系统行为的数学模型。系统分析是根据输入函数和系统特性来确定输出信号的特征;系统控制是根据系统的特性设计控制输入,使输出满足某种预先规定的要求。而系统辨识是从系统的输入输出来确定系统的动态特性,因此它是上述两个问题的反问题。系统辨识包括结构辨识、参数辨识(又称参数估计)、集元辨识、辨识算法及其收敛性、辨识误差估计、未建模动态估计、输入信号和采样间隔设计以及模型证实等。

system integration　系统集成　(1)将一个个单独的模块或部件合在一起,以实现程序主要功能的过程。(2)在系统研制中,该术语指逐步把系统各部分联调为一个完整系统的过程。(3)对计算机系统的设计按规格进行改制,使其适合于某一用户的特殊应用和操作环境的过程。

system modeling　系统建模　指用模型描述系统的因果关系或相互关系。根据系统对象的不同,系统建模的方法可分为推理法、实验法、统计分析法、混合法和类似法。

system optimization　系统优化　为了达到系统功能的最恰当的发挥,在给定的有限条件下,根据需要和实际条件,采用最优化技术对系统进行开发、设计和实施的过程。

system stability　系统稳定性　指控制系统在使它偏离平衡状态的扰动作用消失后,返回原来平衡状态的能力。

system transfer function　系统传递函数　指在零初始条件下线性系统响应(即输出)量的拉普拉斯变换(或 Z 变换)与激励(即输入)量的拉普拉斯变换之比。传递函数是描述线性系统动态特性的基本数学工具之一,经典控制理论的主要研究方法中的频率响应法和根轨迹法都是建立在传递函数的基础之上。传递函数是研究经典控制理论的主要工具之一。

T

TA　任务分配　task allocation 的缩写。

tactile　触觉的　皮肤触觉感受器接触机械刺激产生的感觉。皮肤表面散布着触点,触点的大小不尽相同,分布不规则,一般情况下指腹最多,其次是头部,背部和小腿最少,所以指腹的触觉最灵敏,而小腿和背部的触觉则比较迟钝。若用纤细的毛轻触皮肤表面时,只有当某些特殊的点被触及时,才能引起触觉。

tactile array　触觉阵列　由触觉传感器组成的阵列。

tactile feedback　触觉反馈　通过作用力、振动等一系列动作为使用者或机器人再现或实现触感。这一力学刺激可被应用于计算机模拟中的虚拟场景或者虚拟对象的辅助创建和控制,以及加强对于机械和设备的远程操控。

tactile information processing　触觉信息处理　皮肤数据(传感器对接触的响应)与动觉数据的组合(传感器的位置和运动)。

tactile interaction　触觉交互　人机交互的一种形式,依托于触觉来实现机器与人之间的互动。

tactile localization　触觉定位　个体准确识别触觉刺激部位(触觉、压力或疼痛)的能力。触觉定位常用于神经系统疾病或创伤后的感觉评估。

tactile perception　触觉感知　指人通过触碰获得环境信息的方式。它涉及皮肤感应器和肌肉等其他身体部位的受体,能识别压力等感觉。这些人体组织一起合作,将信号传送到大脑加以解释,形成能让人理解的环境表示。

tactile sensing　触觉感知　同 tactile perception(触觉感知)。

tactile sensor　触觉传感器　是一种测量与环境物理接触信息的设备。触觉传感器是受到皮肤可以通过接触感知外界刺激的生物机理启发,通常被应用于机器人、计算机硬件和安全系统。按功能可分为接触觉传感器、力-力矩觉传感器、压觉传感器和滑觉传感器等。

tangent force　切向力　指物体作曲线运动时,在其轨道切线方向上所受到的力。

tangent plane　切面　指和球面只有一个交点的平面。

tangent space　切空间　指在某一点所有的切向量组成的线性空间,是微分流形在一点处所联系的向量空间,欧氏空间中光滑曲线的切线、光滑曲面的切平面的推广。

tangential distortion　切向畸变　指由

于透镜本身与相机传感器平面(成像平面)或图像平面不平行而产生的图像点在切向上发生偏移的现象。比较 radial distortion(径向畸变)。

tangential force 切向力 指物体作曲线运动时,在其轨道切线方向上所受到的力。

tangential velocity 切向速度 指质点做曲线运动时,沿着质点运动曲线的切线方向的速度,会随着时间改变,其改变的量值由向心加速度决定。

target acquisition 目标捕获,目标搜寻 指从目标的初始定位到跟踪设备最后瞄准目标的过程。

target identification 目标辨识 指一个特殊目标(或一种类型的目标)从其他目标(或其他类型的目标)中被区分出来的过程。它既包括两个非常相似目标的识别,也包括一种类型的目标同其他类型目标的识别。

target seeking 目标搜索 指在一系列物体中,寻找满足给定条件目标的过程,常和目标识别相结合。

target tracking 目标跟踪 指对特定的目标进行实时检测以及跟随。

task allocation (TA) 任务分配 指机器人之间的合作机制、任务的选择策略、任务的权限和委派。属于多机器人系统高层合作级的控制,是多机器人系统的决策规划部分,为多机器人的合作控制提供策略。给定一组任务 T、一组机器人 R 和每个机器人执行任务的代价函数 c,找到一个任务分配方案使全局代价函数值最小或全局目标效用最优。可以基于以下 3 方面来描述任务分配问题:① 单任务机器人(ST)与多任务机器人(MT):ST 指每个机器人最多只能执行一个任务,而 MT 是一些机器人可同时执行多个任务。② 单机器人任务(SR)与多机器人任务(MR):SR 指每个任务只需要一个机器人完成,MR 指一些任务需要多个机器人完成。③ 即时分配(IA)与时域扩展分配(TE):IA 是根据机器人、任务和环境可用的信息即时将任务分配给机器人,不带有对将来分配的规划;而 TE 是有更多可用的信息,如要分配的所有任务的集合或如何获得任务的模型等。基于以上 3 点将 MRTA 问题分为 8 类:ST - SR - IA,ST - SR - TE,ST - MR - IA,ST -MR - TE,MT - SR - IA,MT - SR - TE,MT - MR - IA,MT - MR - TE。其中 ST - SR - IA 是最简单的一种情况,可看作是最优分配问题的实例;其余组合都是 NP 难的问题。

task consistency 任务一致性 指机器人执行的任务与系统最新的任务保持一致。

task-level programming language 任务级编程语言 指不需要用机器人的动作来描述作业任务,也不需要描述机器人对象物的中间状态过程,只需要按照某种规则描述机器人对象物的初始状态和最终目标状态,机器人语言系统即可利用已有的环境信息和知识库、数据库自动进行推理、计算,从而自动生成机器人详细的动作、顺序和数据的一种编程语言。

task-oriented grasping 面向任务的抓取 指根据任务约束,综合考虑任务要求的抓取方式。

task planning　任务规划　指机器人规划如何完成任务的过程，包括选取完成任务的方法、决定子任务执行顺序等等。

task space　任务空间　指用于描述机器人所执行任务的空间，一般与机器人工作空间同属于三维物理空间或是其子空间。

task-space regulation　任务空间调节　指在任务空间内生成从起始状态到目标状态的移动步骤的过程。

task wrench space (TWS)　任务力旋量空间　指在任务执行过程中所有可能期望施加于物体上的由力和力矩组成的空间。

taught point　示教点　指在示教过程中记录机器人位姿以及动作指令的一系列点。

TCP　工具中心点　tool center point 的缩写。

teach　示教　指用机器人代替人进行作业时，预先对机器人发出指示，规定机器人进行应该完成的动作和作业的具体内容的过程。

teach and playback manipulator　示教再现机械臂　指一种可重复再现通过示教编程存储起来的作业程序的机械臂。

teach by showing method　示教方法　指一种通过示教编程存储起来的作业程序再现动作的方法。

teacher　示教员　指为机器人编制完成任务所需的特定指令集的人员。

teach pendant　示教盒，示教器　指一个用来存储机械运动或处理记忆的设备。机器人的动作通过按动按钮、摆动摇杆或其他三维控制设备来写入内存中。机器人的行走路线、速度变量、旋转度数和抓举动作都是可编程的。当内存被读取时，机器人就会以特定顺序、特定程度和速度完成动作。

teach programming　示教编程　指由操作人员通过示教盒控制机械臂工具末端到达指定的姿态和位置，记录机器人位姿数据并编写机器人运动指令，完成机器人在正常加工中的轨迹规划、位姿等关节数据信息的采集、记录。

team leader　团队领航者　多机器人领域的概念，同 leader(领航者)。

telecare　远程监护　指通过通信网络将远端的生理信息和医学信号传送到监护中心进行分析并给出诊断意见的一种技术手段。

telecommand equipment　遥控设备　指利用无线电信号对远方的各种机构进行远程控制的设备。这些信号被远方的接收设备接收后，可以指令或驱动其他各种相应的机械或者电子设备，去完成各种操作，如闭合电路、移动手柄、开动电机，之后再由这些机械进行需要的操作。

telemanipulation　遥操作　指在人的操作下能在人难以接近或对人有害的环境中完成的比较复杂的操作。

telemeter　遥测计　指具备检测、数据采集和无线传输功能的远程监测仪器。

telemetering　遥测　指将对象参量的近距离测量值传输至远距离的测量站

来实现远距离测量的技术。

telemetry 遥测技术 指一种集成性能好的,具有良好的跟踪性能、遥控性能的一种新型的技术,其应用很广泛。是利用传感技术、通信技术和数据处理技术,将对象参量的近距离测量值传输至远距离的测量站来实现远距离测量的一门综合性技术。

telemetry and remote control system 遥测遥控系统 指利用遥测技术实现远距离测量、控制和监视的系统。在遥测遥控系统中,测量装置和执行机构设置在受控对象附近,受控对象参量的测量值通过遥测信道发向远距离的测控站,而测控站的控制指令也是通过遥测信道发向执行机构的。

telemetry simulator 遥测模拟器 指为遥测前端模块提供自动仿真数据,以便遥测系统进行自动检测的信号发生器。

teleoperated robotics 遥操作机器人技术 是将遥操作技术与机器人技术相结合的领域,该技术将操作者的经验智慧与机器人的执行能力充分结合起来,让机器人辅助或代替操作者在危险、极端或未知环境等情况下完成复杂操作和作业,从而扩展操作者的感知能力和行为能力,提高操作者的安全性和工作能力,更加节约成本和有效利用资源。遥操作机器人技术融合了多种学科和技术,广泛应用于航天和空间探索、核工业、医疗手术、安防排爆以及海洋探测等多个领域。

teleoperated system 遥操作系统 指操作者操纵主机器人进行相应的动作,该动作指令通过通信通道传输到从机器人,从而指挥机器人在人们难以接近或危险的环境中完成比较复杂操作任务的一种作业系统。

telephoto lens 远摄镜头 指比标准镜头的焦距长的摄影镜头。分为普通远摄镜头和超远摄镜头两类,普通远摄镜头的焦距长度接近标准镜头,而超远摄镜头的焦距远远大于标准镜头。

telephoto ratio 远摄比 指镜头的光学长度与焦距之比。

telepresence 遥在 指一种虚拟现实技术,能够使人实时地以远程的方式于某处出场,即虚拟出场。此时,出场相当于在场,即你能够在现场之外实时地感知现场,并有效地进行某种操作。它能提供面对面的视频体验,使得与会者感觉犹如身处同一物理空间,而不是传统视频交流的设备感。它提供的图像拼接虚拟融合,能达到虚拟会议室的效果。它的声位同向则保证了真实的声场体验。高清的辅视频和实物投影使得与会者可以发送电脑屏幕上的内容或者现场实物与其他与会者进行共享。另外,简单易用,强大的会议控制功能,支持多方会议,良好兼容与互通能力等都是它的特性。

telepresence system 遥在系统 指由计算机以及软件系统、显示系统、音响系统、力产生系统和目标定位系统等部分组成的能够使移动环境随着观察者的动作而发生变化的系统。

tele-rehabilitation service 远程康复服务 指在综合运用通信、远程感知、远程控制、计算机、信息处理技术的基础上，实现的远程康复，包括远程康复评估、康复训练指导、远程康复咨询与教育等。

telerobot 远程机器人 同 teleoperated robot(遥操作机器人)。

telescopic manipulator 伸缩式机械臂 指一种通过回转机构、履带等机械结构拥有伸缩运动能力的机械臂。

telestereoscope 立体望远镜 指用于产生远距离物体立体图像的双目望远镜。

telesurgery 远程手术 指通过多媒体集成技术，将视频通信技术与手术室内其他医疗硬件设备、软件系统集成融合，并通过专业的术野相机、高清视频会议终端和音频效果得以呈现的一种手术。它是以创造手术室的高效率、高安全性，以及提升手术室对外交流平台为目的的多个系统(如医学、工控、通信、数码等)的综合运用。通过手术示教中音视频的远程传递，专家医师可以用实际操作，展现手术中的难点如何解决、有哪些细节需要关注，让参加培训的医师可以身临其境般现场观摩手术实施的全过程、操作的每一个细节；同时，专家医师也可以反向加入手术实操的指导中，在远程会诊中心远端指导现场医师，对关键手术的操作步骤实时给予指导。

temperature control 温度控制 指以温度作为被控变量的开环或闭环控制系统。其控制方法诸如温度闭环控制，具有流量前馈的温度闭环控制，温度为主参数、流量为副参数的串级控制等。

temperature controller 温度控制器 指根据工作环境的温度变化，在开关内部发生物理形变，从而产生某些特殊效应，产生导通或者断开动作的一系列自动控制元件，或者电子元件在不同温度下，工作状态的不同原理来给电路提供温度数据，以供电路采集温度数据的元件。

temperature sensitivity 温度灵敏性 指利用特殊材料的温度敏感性为原理进行信号感应与传递的方式。

temperature sensor 温度传感器 指能感受温度并转换成可用输出信号的传感器。是温度测量仪表的核心部分，品种繁多。按测量方式可分为接触式和非接触式两大类，按照传感器材料及电子元件特性分为热电阻和热电偶两类。

temperature tolerance 温度耐受性 指物质在受热的条件下仍能保持其优良的物理机械性能的性质。

template matching 模板匹配 是计算机视觉中图像匹配的子类之一。在许多涉及视觉领域的实际应用中，通常需要利用多个视觉传感器采集同一物体不同角度或者不同背景下的图像信息，来确定同一物体在不同图像内位置关系。模板匹配应用在很多计算机视觉领域，比如目标识别、跟踪、图像拼接、三维重建等。模板匹配的核心是在目标图像内确定模板中的感兴趣物体的位置。传统的模板匹配算法通过计算模板和滑动窗口之间的相似性这一方式来确定匹配结果。其他很多匹配算法在模板图像和目标图像间建立一个具体的带有许多参数的形变转换模型。

temporal analysis　时序分析　指以分析时间序列的发展过程、方向和趋势,预测将来时域可能达到的目标的方法。

temporal difference learning　时间差分学习　指一种无模型的强化学习算法。继承了动态规划和蒙特卡罗方法的优点,对状态值和策略进行预测。类似蒙特卡洛方法,它能够直接从经验中学习而不需要对于环境的完整知识。类似动态规划方法,它能够在现有的估计结果上进行提升而不需要等待整个事件结束。

tendon-driven　肌腱驱动　指模仿生物肌肉运动原理进行驱动的形式。

tendon tension sensor　肌腱张力传感器　指以腱绳作为力敏器件的拉力传感器。

tensile force　张力　指物体受到拉力作用时,存在于其内部而垂直于两邻部分接触面上的相互牵引力。

tension sensor　拉力传感器　指一种将物理信号转变为可测量的电信号输出的装置,使用两个拉力传递部分传力,在其结构中含有力敏器件和两个拉力传递部分,在力敏器件中含有压电片、压电片垫片,后者含有基板部分和边缘传力部分。

tensor　张量　指一个定义在一些向量空间和一些对偶空间的笛卡尔积上的多重线性映射,其坐标是 n 维空间内,有 n 个分量的一种量,其中每个分量都是坐标的函数,而在坐标变换时,这些分量也依照某些规则作线性变换。张量概念包括标量、向量和线性算子,张量的抽象理论是多重线性代数,为线性代数分支。张量在物理和工程学中很重要,张量理论发展成为力学和物理学的一个有力的数学工具。

tensoresistance　张致电阻效应　指金属导体的电阻在导体受力产生变形(伸长或缩短)时发生变化的物理现象。当金属电阻丝受到轴向拉力时,其长度增加而横截面变小,引起电阻增加。反之,当它受到轴向压力时则导致电阻减小。

terminal　终端　也称终端设备,指计算机网络中处于网络最外围的设备,主要用于用户信息的输入以及处理结果的输出等。

terrain aided navigation　地形辅助导航　指凭借地形地物进行导航定位的方法。

terrain mapping　地形建图　指机器人通过携带的传感器采集周围地形(如室内环境、室外、越野地形以及行星地形等)信息,并通过地形信息分析形成地形图。

terramechanics　地面力学　指研究越野行驶中机器与地面相互作用的一门力学学科,包括对机器通过性的预测和评价、行走机构的优化设计以及对地面可行驶性的预测判断等几个方面。

terrestrial radio navigation system　地面无线电导航系统　指利用无线电技术对飞机、船舶或其他运动载体进行导航和定位的系统。基本要素是测角和测距,因此可以组成测角-测角、测距-测距、测角-测距、测距差(双曲线)等多种形式的系统。

test data　测试数据,试验数据　指为了测试计算机或机器人系统是否正常运行的一组特殊数据。这些数据可以是以前运行中积累的数据,也可以是从计算机仿真系统的运行中得到的专用于检查的数据。

test model　测试模型,试验模型　指测试专家通过实践总结出了很多很好的测试模型。这些模型将测试活动进行了抽象,明确了测试与开发之间的关系,是测试管理的重要参考依据。

test platform　测试平台,试验平台　指用于实验的,对某种性能参数进行验证的系统。

tetrahedron　四面体　指三棱锥,是一种几何体,锥体的一种,由四个三角形组成。三棱锥有六条棱长、四个顶点、四个面。

texture　纹理　(1) 物体表面的质感,使物体表面具有某一种材料的特征,包括颜色纹理和几何纹理。(2) 在计算机图形学中,物体表面的细节就称为纹理或质地。它主要有两个成分:一是图案或花纹,它能表现该表面的构造;二是粗糙程度,以表现该表面的质地。

texture mapping　纹理映射　又称纹理贴图,指将纹理空间中的纹理像素映射到屏幕空间中的像素的过程。简单来说,就是把一幅图像贴到三维物体的表面上来增强真实感,可以和光照计算、图像混合等技术结合起来形成许多非常漂亮的视觉效果。

themosistor　调温器　又称节温器,指控制冷却液流动路径的阀门。作为一种自动调温装置,通常含有感温组件,借着膨胀或冷缩来开启、关掉空气、气体或液体的流动。其作用是根据发动机冷却水温度的高低自动调节进入散热器的水量,改变水的循环范围,以调节冷却系的散热能力,保证发动机在合适的温度范围内工作。

themoswitch　热敏开关　指利用双金属片各组元层的热膨胀系数不同,当温度变化时,主动层的形变要大于被动层的形变,从而双金属片的整体就会向被动层一侧弯曲,则这种复合材料的曲率发生变化从而产生形变的这个特性来实现电流通断的装备。

theory of large-scale system　大系统理论　指一种研究规模庞大、结构复杂、目标多样、功能综合、因素众多的工程与非工程大系统的自动化和有效控制的理论。大系统指在结构上和维数上都具有某种复杂性的系统。具有多目标、多属性、多层次、多变量等特点。如经济计划管理系统、信息分级处理系统、交通运输管理和控制系统、生态环境保护系统以及水源的分配管理系统等。大系统理论是 20 世纪 70 年代以来,在生产规模日益扩大、系统日益复杂的情况下发展起来的一个新领域。它的主要研究课题有大系统结构方案,稳定性、最优化以及模型简化等。大系统理论是以控制论、信息论、微电子学、社会经济学、生物生态学、运筹学和系统工程等学科为理论基础,以控制技术、信息与通信技术、电子计算机技术为基本条件而发展起来的。大系统的自动化和有效控制,常用多级递阶系统和分散控制系统两种形式。主要分为大系统的分析理论与综合理论。

theory of probability **概率论** 指研究随机现象数量规律的数学分支。概率与统计的一些概念和简单的方法,早期主要用于赌博和人口统计模型。随着人类的社会实践,人们需要了解各种不确定现象中隐含的必然规律性,并用数学方法研究各种结果出现的可能性大小,从而产生了概率论,并使之逐步发展成一门严谨的学科。概率与统计的方法日益渗透到各个领域,并广泛应用于自然科学、经济学、医学、金融保险甚至人文科学中。

therapy robot **治疗机器人** 指用于医院、诊所的医疗或辅助医疗的机器人。是一种智能型服务机器人。

thermal actuator **热执行器,热驱动器** 指一种能将能量转换成运动的装置。热执行器是一种非电动马达,其包含诸如活塞和热敏材料的部件,其能够响应于温度变化产生线性运动。热执行器可用于许多应用。航空航天、汽车、农业工业都广泛采用热执行器装置。

thermal conductivity **热传导性,导热系数,热传导系数** 指一种材料传导热量的能力。它定义为单位时间内当厚度为 1 m 的材料两侧表面的温度差为 1℃ 时,从它传过的热量。

thermal error **热误差** 指由于设备或机器因热变形而产生的与预期效果之间的差异,通常是所导致的加工误差或运动误差。

thermal noise **热噪声** 指通信设备中无源器件如电阻、馈线由于电子布朗运动而引起的噪声。又称电阻噪声。

thermal sensor **热敏传感器** 指将温度转换成电信号的转换器件,可分为有源和无源两大类。前者的工作原理是热释电效应、热电效应、半导体结效应。后者的工作原理是电阻的热敏特性。

thermo-couple **热电偶** 指温度测量仪表中常用的测温元件,直接测量温度,并把温度信号转换成热电动势信号,通过电气仪表(二次仪表)转换成被测介质的温度。

thermoregulator **温度调节器** 指采用微分先行的控制算法,带有外给定和阀位控制功能,可与各类传感器、变送器配合使用,实现对温度物理量的调节、测量和显示,并配合各种执行器对电加热设备和电磁、电动阀进行 PID 调节和控制、报警控制、数据采集等功能的设备。

thermoresisitance **热变电阻** 指基于金属导体的电阻值随温度的增加而增加这一特性来进行温度测量的一种温度检测器。

thermosensor **热敏元件** 同 thermal sensor(热敏传感器)。

three laws of robotics **机器人三定律** 指 1940 年由科幻作家阿西莫夫所提出的为保护人类的对机器人做出的规定。第一条:机器人不得伤害人类,或看到人类受到伤害而袖手旁观,第二条:机器人必须服从人类的命令,除非这条命令与第一条相矛盾,第三条:机器人必须保护自己,除非这种保护与以上两条规定相矛盾。

three-axial accelerometer 三轴向加速度计 指具有三个独立输出，可同时测量三个相互垂直方向振动加速度的加速度计。

three-axis control 三轴控制 指对横轴、纵轴、立轴的坐标进行控制。

three-axis rate gyroscope 三轴速度陀螺仪 指一种可以在同一时间内测量六个不同方向的加速、移动轨迹以及位置的测量装置。

three-axis vibrational control 三轴振动控制 指在三个轴上使用振动控制。

three-dimensional curve 三维曲线 指三维空间中一个自由度的质点运动的轨迹。

three-dimensional elasticity theory 三维弹性理论 指分析弹性物体在三维空间内受不超过一定限度的力的作用下发生弹性形变过程的理论。

three-dimensional Euclidean space 三维欧几里得空间 日常生活与机器人学中，常常简称为三维空间，指由长、宽、高三个维度所构成的平直空间，点的位置由三个坐标决定。

three-dimensional map 三维地图 以三维电子地图数据库为基础，按照一定比例对现实世界或其中一部分的一个或多个方面的三维、抽象的描述。

three-dimensional reconstruction 三维重建 指对三维物体建立适合计算机表示和处理的数学模型，是在计算机环境下对其进行处理、操作和分析其性质的基础，也是在计算机中建立表达客观世界的虚拟现实的关键技术。包括数据获取、预处理、点云拼接和特征分析等步骤。

three-dimensional scanner 三维扫描仪 指一种科学仪器，用来侦测并分析现实世界中物体或环境的形状（几何构造）与外观数据（如颜色、表面反照率等性质）。搜集到的数据常被用来进行三维重建计算，在虚拟世界中创建实际物体的数字模型。

three-dimensional space 三维空间 指点的位置由三个参数决定的空间。

three-dimensional stress 三向应力 指物体受到三个相互垂直方向的应力，会导致受力物体在三个方向上产生应变。

three-phase alternating current (AC) motor 三相交流电机 指用三相交流电驱动的交流电动机。当电机的三相定子绕组（各相差 120 度电角度），通入三相交流电后，将产生一个旋转磁场，该旋转磁场切割转子绕组来发电。它包括三相同步电动机与三相异步电动机。

three-phase asynchronous motor 三相异步电机 指靠同时接入 380V 三相交流电流（相位差 120°）供电的一类电动机，是感应电动机的一种。由于三相异步电机的转子与定子旋转磁场以相同的方向、不同的转速成旋转，存在转差率，所以叫三相异步电机。三相异步电机转子的转速低于旋转磁场的转速，转子绕组因与磁场间存在着相对运动而产生电动势和电流，并与磁场相互作用产生电磁转矩,实现能量变换。

threshold 阈值 又叫临界值,指一个效应能够产生的最低值或最高值。

threshold operator 阈值算子 指代表判读一个数是否超过预设阈值的一种操作。

threshold signal 阈信号 指接收机一端接收到的功率刚好高于噪声电平的无线电信号或雷达回波。

thruster 推进器,推力器 指将任何形式的能量转化为机械能的装置,可以用来驱动交通工具前进,或是作为其他装置如发电机的动力来源。

tiered architecture 分层结构 是一种系统架构,在应用了分层结构的系统中,各个子系统按照层次的形式组织起来,上层使用下层的各种服务,而下层对上层一无所知。每一层都对自己的上层隐藏其下层的细节。

tightly coupled task 紧耦合任务 指任务之间联系很紧密,具有相互作用。比较 loosely coupled task。(松耦合任务)。

time complexity 时间复杂度 度量算法执行的时间长短。时间复杂度关注的是数据量的增长导致时间增长的情况。比较 space complexity(空间复杂度)。

time constant 时间常数 指过渡反应的时间过程的常数。指该物理量从最大值衰减到最大值的 $1/e$ 所需要的时间。

time constraint 时间约束 指系统与时间有关的变量在时间维度上受到的约束。

time-critical 时间关键的 指实时性要求很高,对延迟很敏感。

time-delay 时延 (1) 电磁波在介质中传播由于路径弯曲和速度变慢而引起的传播时间的延长。(2) 信号在给定媒体中行进所需的时间。(3) 指一个报文或分组从一个网络的一端传送到另一个端所需要的时间。它包括了发送时延、传播时延、处理时延、排队时延。

time-dependent system 时变系统 指系统中一或一个以上的参数值随时间而变化,从而整个特性也随时间而变化的系统。

time-division telemetry system 时分制遥测系统 指按时间划分原理实现多路传输的遥测系统。在时分制遥测系统的发送端,时分开关按照定时电路给出的顺序完成信道间的转换,而采样电路按定时电路产生的定时脉冲对所有要传输的信号采样。时分开关的转换与采样脉冲同步。因此采样电路的输出是要传输的各个信号的采样值交织而成的一个信号。接收端的定时电路必须与发送端同步,并由定时电路控制时分开关接入不同的信道,这样就可把各路信号分离,然后把各路信号的采样值分别通过低通滤波器恢复成原信号。

time interval 时间间隔 指两个时间点之间的部分,通常指时间的长短。

time-invariant system 时不变系统,定常系统 系统数学模型中的微分方程或差分方程的系数为常数的系统。严格地说,没有一个物理系统是定常的,如系统的特性或参数会由于元件老化或其他原因而随时间变化,引起模型中方程系数发生变化。然而，如果在所考察的时间间隔内，其参数的变化相对于系统运动变化要缓慢得多，则这个物理系统就可以看作是时不变的。时不变系统分为非线性时不变系统和线性时不变系统。

time-of-flight (TOF)　飞行时间　指传感器发出经调制的近红外光，遇物体后反射，传感器通过计算光线发射和反射时间差或相位差，来换算被拍摄景物的距离，以产生深度信息的技术。TOF 再结合传统的相机拍摄，就能将物体的三维轮廓以不同颜色代表不同距离的地形图方式呈现出来。

time-optimal　时间最优　指在最优控制理论中，使得被控量达到期望值的时间最短的控制律。

time response　时间响应　指一个输入量的变化引起输出量随时间而变化。

time scale　时间尺度　表示一个过程或一组事件发生或完成所需的时间同求解时间（如控制或分析该过程所需的时间）之间的对应关系的量。在计算中，若机器求解时间大于过程的实际时间，则认为时间尺度大于 1，而把计算说成是在扩展的时间尺度或慢时间尺度。在相反的情况下，时间尺度小于 1 称为快时间尺度。若计算是在与实际过程中同样的时间里进行的，则时间尺度等于 1，称为实时。

time scale integration　时间尺度集成（原理）　指利用时间尺度的固有特征对系统进行分离，设计一个集成算法，该算法使每个时间尺度与其自己的特征时间步长相适应。

time sequence　时间序列，时序　指将同一统计指标的数值按其发生的时间先后顺序排列而成的数列。

time series analysis　时间序列分析　对沿一个方向演化形成的数据序列特征的统计分析。时间序列分析是一种动态数据处理的统计方法。该方法基于随机过程理论和数理统计学方法，研究随机数据序列所遵从的统计规律，以用于解决实际问题。时间序列是按时间顺序的一组数字序列。时间序列分析就是利用这组数列，应用数理统计方法加以处理，以预测未来事物的发展。时间序列分析是定量预测方法之一，它的基本原理：一是承认事物发展的延续性，应用过去数据，就能推测事物的发展趋势。二是考虑到事物发展的随机性。任何事物发展都可能受偶然因素影响，为此要利用统计分析中加权平均法对历史数据进行处理。时间序列分析一般反映三种实际变化规律：趋势变化、周期性变化、随机性变化。

time-varying parameter　时变参数　指随时间变化的参数。

time-varying system　时变系统　其中一个或一个以上的参数值随时间而变化，从而整个特性也随时间而变化的系统。

time window　时间窗　（1）指某一事件只在特定的时间段内发生，这个时间段就称为时间窗。（2）指在路径规划问题中，车辆需要满足的到达时间点的限制。根据时间约束的严格与否，带时间窗的路径规划问题可分为两类：软时间窗和硬时间窗。软时间窗要求尽可能在时间窗内到达访问，否则将给予一定的惩罚，即车辆在要求的最早到达时间之前到达时，必须在任务点处等待时损失的成本或是车辆在要求的最迟到达时间之后到达时被处以的罚值；硬时间窗则要求必须在时间窗内到达访问，否则服务被拒绝。

timing sequence　时标序列　指一系列按照时间顺序有序排列的数据点。

TMM　传递矩阵法　transfer matrix method 的缩写。

TOF　飞行时间　time-of-flight 的缩写。

tolerance clearance　间隙公差　指允许间隙的变动量，制定的目的在于确定产品的几何参数，使其变动量在一定的范围之内，以便达到互换或配合的要求。

tolerance deviation　容许(允许)偏差　指绝对误差的最大值，仪表量程的最小分度应不小于最大允许误差。

tone matching　声调匹配　指以声调作为寻找基准的一种匹配方法，多用在语言学研究中。

tool center point (TCP)　工具中心点　指机器人工具坐标系的原点。可分为移动式工具中心点和静态工具中心点。

tool coordinate system　工具坐标系　指以安装在机械接口上的末端执行器或工具为参照的坐标系。

tool frame　工具坐标系　同 tool coordinate system(工具坐标系)。

top-down development　自顶向下开发　一种利用自顶向下设计、自顶向下程序设计和自顶向下测试技术的系统开发方法。其主要特点是：首先研究整个系统的结构以及各子系统之间的关系，编写及调试总控制程序，然后再分析各子系统内部的功能，编写及调试各功能模块。在研究整个系统时，暂不考虑子系统内部的细节。在分析系统时，有利于抓住全局，避免过早地陷入细节。在设计系统时，有利于在全局的总目标之下，权衡得失，平衡各子系统之间有时是互相矛盾的要求，以保证全局的最优。在实现系统时，有利于保持系统的完整性，避免在各个子系统的接口处发生问题，以保证逐步的按时地完成整个系统的实现任务。

topological configuration　拓扑构型　(1) 指在计算机网络中引用拓扑学中研究与大小、形状无关的点、线关系的方法，把网络中的计算机和通信设备抽象为一个点，把传输介质抽象为一条线，由点和线组成几何图形。反映出网中各实体的结构关系，是建设计算机网络的第一步，是实现各种网络协议的基础，它对网络的性能，系统的可靠性与通信费用都有重大影响。主要的拓扑结构有总线型拓扑、星型拓扑、环型拓扑、树形拓扑(由总线型演变而来)以及它们的混合型。(2) 在机器人机构学中，指机器人的关节和连杆所组成的构型。可以分为机构的拓扑构型分析与综合。

topological map　拓扑地图　指地图学中一种地图，一种保持点与线相对位置关系正确而不一定保持图形形状与面积、距离、方向正确的抽象地图。也是机器人学中地图的四种表示方法之一，拓扑地图把室内环境表示为带结点和相关连接线的拓扑结构图，其中结点表示环境中的重要位置点（拐角、门、电梯、楼梯等），边表示结点间的连接关系。

topology 拓扑 学，拓扑 (1) 是一门研究拓扑空间的学科，主要研究空间内，在连续变化（如拉伸或弯曲，但不包括撕开或黏合）下维持不变的性质。在拓扑学里，重要的拓扑性质包括连通性与紧致性。拓扑学可定义为对特定对象（称为拓扑空间）在特定变换（称为连续映射）下不变之性质的研究，尤其是那些在特定可逆变换（称为同胚）下不变之性质。拓扑被用来指附加于一集合 X 上的结构，该结构基本上会将集合 X 描绘成一拓扑空间，使之能处理在变换下的收敛性、连通性与连续性等性质。拓扑空间几乎会自然地出现在数学的每个分支里。这使得拓扑学成为数学中的重要统合概念之一。拓扑学有许多子领域：一般拓扑学建立拓扑的基础，并研究拓扑空间的性质，以及与拓扑空间相关的概念。一般拓扑学亦被称为点集拓扑学，被用于其他数学领域（如紧致性与连通性等主题）之中。代数拓扑学运用同调群与同伦群等代数结构量测连通性的程度。微分拓扑学研究在微分流形上的可微函数，与微分几何密切相关，并一起组成微分流形的几何理论。几何拓扑学主要研究流形与其对其他流形的嵌入。几何拓扑学中一个特别活跃的领域为低维拓扑学，研究四维以下的流形。几何拓扑学亦包括纽结理论，研究数学上的纽结。(2) 在机器人学中，机器人的各种可能位姿可通过被称为位形空间的流形来描述。在运动规划里，会找出在位形空间内两个点间的路径。这些路径表示机器人关节等部分移至所需位置与姿态的运动。(3) 在机器人机构学中，也指机器人构型的拓扑结构。

topology control 拓扑控制 指对各被控对象之间的拓扑关系进行控制，常用于多机器人网络控制，如对机器人之间的通信连接进行联机切换控制。

torque 转矩，力矩 指转动关节的力矩，是使物体发生转动的一种特殊力矩。外部的扭矩叫转矩或者外力偶矩，内部的叫扭矩或者内力偶矩。

torque amplifier 转矩放大器 又称转矩倍增器，指一种可以为操作者提高转矩的装置。由于输出端功率并不会超过输入端功率，所以输出回转数低于输入端回转数。

torque balance 转矩平衡 指一个物体所受到的转矩的代数和是 0。

torque converter 转矩转换器 指能够把原动机传来的转矩加以改变，再输出给后面的工作机，以满足工作机对转矩的需求，是一种非刚性连接的变矩装置，起着传递转矩、变矩、变速及离合的作用。

torque moment 转矩 指各种工作机械传动轴的基本载荷形式，与动力机械的工作能力、能源消耗、效率、运转寿命及安全性能等因素紧密联系，转矩的测量对传动轴载荷的确定与控制、传动系统工作零件的强度设计以及原动机容量的选择等都具有重要的意义。

torque motor **力矩电机，转矩电机** 指一种具有高转子电阻、软机械特性和宽调速范围的特种电机，最大转矩产生在堵转附近，以恒力矩输出动力，具有低转速、大扭矩、过载能力强、响应快、特性线性度好、扭矩波动小等特点。

torque ripple **转矩波动** 指电机由于机械结构和本身转子惯量输出一定转矩的上下波动。主要受齿槽力矩、电磁波动力矩、电枢反应和机械工艺等因素影响。

torque sensor **转矩传感器** 指一种对各种旋转或非旋转机械部件上的扭转力矩进行检测的传感器。扭矩传感器将扭力的物理变化转换成精确的电信号。利用扭轴把转矩转换成扭应力或扭转角，再转换成与转矩成一定关系的电信号的传感器。扭轴的形式有实心轴、空心轴、矩形轴等。按照作用原理不同，扭应力式转矩传感器可分为电阻应变式和压磁式两种；扭转角式转矩传感器可分为振弦式、光电式和相位差式三种。

torquemeter **转矩(测量)仪** 指一种测量仪表，可用于转矩传感器的校准，以及动力系统的传动转矩、螺栓等紧固件的拧紧转矩的测试。

torsion **扭转；扭力** 指扭转物体使物体产生形变的力。

torsional moment **扭矩** 同 torque moment（转矩）。

torsional stiffness **扭转刚度** 指物体抵抗扭转形变的能力，扭转刚度越大表示材料越硬，越不容易发生扭转形变。

torsional vibration **扭转振动** 指主机通过轴系传递功率至螺旋桨，造成各轴段间的扭转角度不相等，轴段来回摆动产生的现象。

tracking rate **跟踪率** （1）在运动学中，指物体在追随某种路径的情况下运动的速度。（2）在数据存储和索取中，指追随磁盘或者磁带上的记录通道，并从中读取数据的速度。（3）在计算机图形中，指屏幕上的显示符号反应鼠标等指点设备移动过程的反应速度。

tracking system **跟踪系统** 指连续跟踪并测量运动目标轨迹参数的系统，可提供运动目标的空间定位、姿态、结构行为和性能，是运动目标的多功能和高精度跟踪和测量手段。

training example **训练样例** 在进行某种统计推断时，为估计推断方法中遇到的未知参数，在实施推断之前进行抽样所得的样本，也称为学习样本。

trajectory **轨迹** （1）符合一定条件的动点所形成的图形，或者说，符合一定条件的点的全体所组成的集合，叫做满足该条件的点的轨迹，具有纯粹性和完备性两个特性。（2）机器人学中轨迹指包含运动时间信息（速度、加速度等）的一系列路径点，分为关节空间的轨迹和操作空间的轨迹。

trajectory planning **轨迹规划** 指给出生成运动控制系统的参考输入，以保证机器人完成规划的轨迹。典型地来说,用户会指定一系列参数,以描绘期望的轨迹。对于轨迹规划问题,可以分别考虑在关节空间、操作空间中进行。

transducer　传感器,转换器,换能器　同 sensor(传感器)。

transfer function　传递函数　描述线性定常系统的输入输出关系的复数域表达式。对于单变量系统,传递函数是以复数变量 s 为自变量的一个标量函数;对于多变量系统,输入输出关系的复数域表达式具有矩阵的形式,称为传递函数矩阵,它的每一个元对应的是相应输入和输出间的传递函数。传递函数是线性控制理论中最基本的概念之一,比其他形式的系统描述更便于分析和综合线性控制系统。传递函数主要应用在三个方面:① 确定系统的输出响应。② 分析系统参数变化对输出响应的影响。③ 用于控制系统的设计。

transfer matrix method (TMM)　传递矩阵法　是一种用矩阵来描述多输入多输出线性系统的输出与输入之间关系的手段和方法。

T

transformation　变换　非空集合到自身的映射,或一个非空集合中的每个元素都有另一个非空集合中唯一确定的元素对应的映射。

transient analysis　瞬态分析　指对一个系统、进程或设备达到稳定状态前的性能所作的研究分析。

transient behavior　瞬态行为　指在瞬态过程分析时,采用简单的时间函数作为典型输入信号时,对系统瞬态响应性能进行评价的指标。

transient state　瞬态　在输入的作用下,系统输出变量由初始状态到最终稳态的中间变化过程。瞬态过程又称暂态、过渡状态或过渡过程。瞬态过程结束后的输出响应称为稳态。瞬态过程的现象广泛存在于各类系统中,瞬态过程的形态对自动控制系统性能的好坏有直接的影响,如果一个控制系统在受到外部扰动作用后,瞬态过程呈现为持续的振荡,这个系统就不能正常工作。对瞬态过程的研究是线性控制理论的基本内容之一。分析瞬态过程的目的,是为了了解它的规律,避免有害的瞬态过程,设计和构造出具有满意性能的自动控制系统。在分析瞬态过程时,往往采用一些简单的时间函数作为典型的输入信号,以便在同一基准下比较各个系统的性能。只要系统在典型输入作用下的瞬态过程具有满意的性能,则系统对实际输入信号的瞬态过程响应通常也能满足要求。

transition matrix　转移矩阵,过渡矩阵　(1) 用来描述一个马尔可夫链的转变矩阵。它的每一项都是一个表示概率的非负实数,适用于概率论、统计学和线性代数,也在计算机科学和群体遗传学中使用。(2) 指线性空间一个基到另一个基的转换矩阵,可逆。

transitivity　传递性　关系的一种属性。如果关系 R 有传递性,若元素 a 和 b 之间有关系 R,元素 b 和 c 之间有关系 R,则推断出元素 a 和 c 之间有关系 R。在关系图中,若有从 a 到 b 的弧，从 b 到 c 的弧，则有从 a 到 c 的弧。

translation group **平移群** （1）指一个集合内部的各个元素之间保持一定的相对距离进行一定移动，在移动过程中其相对距离不变。（2）在代数中，平移群是仿射李代数的外尔群的子群。（3）在物理学中，在任何晶体结构中，都有一个潜在的空间点阵。空间点阵中每一个格矢都对应于该晶体结构中一个平移对称操作。所有平移对称操作的集合所构成的群，就称为此种晶体结构的平移群。

translational frame **平移坐标系** 指坐标系中坐标轴的方向和单位长度都不改变，只改变坐标系原点的位置。

translational mapping **平移映射** 指对集合中的元素进行平移的变换。

translational operator **平移算子** 指对集合中的元素进行平移变换的算子。

transmission **传输；传动，传送** （1）用导线、无线电、电报、电话、传真或其他方法发送信号、信息或其他形式消息的过程。传输含意仅是发送数据，并不管它是否被接收。（2）把动力装置的动力传递给工作机构等的中间设备。

transmission delay **传输延迟** 指在信息传输过程中，由于传输经过的距离远，或者发生一些故障，或者网络繁忙，导致传输并没有准时达到目的的情况，时延长度为发送接收处理时间、电信号响应时间、介质中传输时间三个时间的总和。

transmission diagram **传动图** 是表示一个传动系统各部分和各环节之间关系的图示，它的作用在于能够清晰地表达比较复杂的传动系统各部分之间的关系。

transmission rate **传送率，传输比** （1）指单位时间内信道上所能传输的数据量，用比特率来表示，分为脉冲传输率和持续传输率。（2）在数据传输系统中，有用的或可接收的输出数据与输入总数据的传输比。

transmission ratio **传动比** 是机构中两转动构件角速度的比值，也称速比。

transmission shaft **传动轴** 是由轴管、伸缩套和万向节组成的高转速、少支撑的旋转体，一般用于汽车传动系统中传递动力，作用是与变速箱、驱动桥一起将发动机的动力传递给车轮，使汽车产生驱动力。

transmitter **发射器，传送器** 是将感受的物理量、化学量等信息按一定规律转换成便于测量和传输的标准化信号的装置，是单元组合仪表的组成部分。变送器也可以说是一种输出为标准化信号的传感器。这个术语有时与传感器通用。

transmitting element **传送部件** 改变动力机输出的转矩或把动力机输出的运动形式转变为工作机所需的运动形式的部件。机器传动按工作原理分为机械传动、流体传动、电力传动和磁力传动四大类。

transparency feedback **透明性反馈** 指遥操作中从端的运动符合主端命令程度的反馈，越符合则透明性越好。

transversal magnification　横向放大率　是像与物沿垂轴方向的长度之比，又称垂轴放大率。它表示物经光学系统所成的像在垂轴方向上的放大程度及取向，常用β表示。$|\beta|>1$时为放大像，$|\beta|<1$时为缩小像；$\beta>0$时像与物站立方向相同，$\beta<0$时像与物站立方向相反。

trapezoidal trajectory　梯形轨迹　是机器人轨迹规划方法的一种，用梯形拟合速度变化过程。

traversability cost　可通行性代价　指机器人通过环境中某一点所需要的代价。

treble gear ratio　三联齿轮速比　由三个齿轮固定连接，不可拆分的齿轮组构成的机构中，齿轮间的角速度的比值。

triangle generator　三角波发生器，三角形脉冲发生器　能产生三角波周期性时间函数波形的信号发生器，频率范围可从几个微赫到几十兆赫，除供通信、仪表和自动控制系统测试用外，还广泛用于其他非电测量领域。

triangulation　三角定位，三角测量；三角剖分　(1) 指通过测量物体在平面中与三个已知位置的连线与水平轴的夹角来计算物体位置的方法，常用于已知路标下的机器人定位。(2) 将平面或空间中的区域分割为三角形或四面体的和。利用三角剖分作未知函数的分段插入是有限元方法的重要步骤。

trifocal tensor　三焦(点)张量　在计算机视觉中进行三点对应三线性关系计算时引入的张量参数。通过选取第一个相机矩阵的三行和另两个相机矩阵的两行而得到，也可通过选取其他相机矩阵的三行和另两个相机矩阵的两行类似地建立三幅图像间的三线性关系和相应的三焦张量。

true random　真随机　指统计意义上的随机，也就是具备不确定性真正的随机。真正的随机数是使用物理现象产生的：比如掷钱币、骰子、转轮、使用电子元件的噪声、核裂变等等。这样的随机数发生器叫做物理性随机数发生器，它们的缺点是技术要求比较高。在实际应用中往往使用伪随机数就足够了，伪随机实际上它们是通过一个固定的、可以重复的计算方法产生的。在真正关键性的应用中，比如在密码学中，人们一般使用真正的随机数。

truncation error　截断误差　由截断操作而产生的误差。在数值计算和数据处理等应用中均有可能发生。如果舍入误差为零，则误差仅与每一步数字积分算法的结果有关。换句话说，有限的数字精度是造成每一步积分算法误差的原因，即截断误差。

Turing machine　图灵机　又称图灵计算、图灵计算机，是由数学家艾伦·麦席森·图灵(1912—1954)提出的一种抽象计算模型，即将人们使用纸笔进行数学运算的过程进行抽象，由一个虚拟的机器替代人们进行数学运算。所谓的图灵机就指一个抽象的机器，它有一条无限长的纸带，纸带分成了一个个的小方格，每个方格有不同的颜色。有一个机器头在纸带上移动。机器头有一组内部状态，

T

还有一些固定的程序。在每个时刻，机器头都要从当前纸带上读入一个方格信息，然后结合自己的内部状态查找程序表，根据程序输出信息到纸带方格上，并转换自己的内部状态，然后进行移动。

Turing testing　图灵测试　1950 年英国数学家图灵，针对如何理解智能的问题进行的一次试验。参加者有被测试者、计算机和主持人，由主持人提出各种问题，计算机和被测试者分别独立地作出回答，被测试者尽量表现出他是一个人，计算机尽量模拟人的思维。如果主持人分辨不出回答者是人还是计算机，那么便认为计算机具有智能。通过一系列这样的测试，从电脑被误判断为人的概率就可以测出电脑智能的成功程度。

twist　运动旋量　任何物体从一个位姿到另一个位姿的运动都可以用绕某直线的转动和沿该直线的移动经过复合实现，通常称这种复合运动为螺旋运动，而螺旋运动的无穷小量即为运动旋量。

twist space　运动旋量空间　运动旋量所在空间则为运动旋量空间。

two-step controller　两位控制器　具有两位作用的控制器。依据偏差值的极性（正、负），控制器的输出取高值或低值。当这两个值使执行器分别达到开和关的位置时，亦称通断（或开关）控制器。两位控制器通常结构简单，价值低廉，但会使被控变量产生持续不衰减的振荡。

TWS　任务力旋量空间　task wrench space 的缩写。

U

UAV 无人空中飞行器，无人机 unmanned aerial vehicle 的缩写。

ubiquitous computing 普适计算，泛在计算 又称普存计算、普及计算、遍布式计算、泛在计算，是一个强调和环境融为一体的计算概念，而计算机本身则从人们的视线里消失。在普适计算的模式下，人们能够在任何时间、任何地点、以任何方式进行信息的获取与处理。普适计算的核心思想是小型、便宜、网络化的处理设备广泛分布在日常生活的各个场所，计算设备将不只依赖命令行、图形界面进行人机交互，而更依赖自然的交互方式，计算设备的尺寸将缩小到毫米甚至纳米级。

UGV 无人地面车辆 unmanned ground vehicle 的缩写。

UKF 无迹卡尔曼滤波 unscented Kalman filter 的缩写。

ULE 上肢外骨骼 upper limb exoskeleton 的缩写。

ultimate strength 极限强度 物体在外力作用下发生破坏时出现的最大应力，也称为破坏强度或破坏应力。根据应力种类的不同，可分为极限拉伸强度、极限压缩强度、极限剪切强度等。

ultrahigh dynamic strain indicator 超高动态应变仪 用于测量高频应变、瞬态压力的一种设备，一般由电桥盒、放大器、滤波器、电源组成，广泛应用于高速坠撞、爆破冲击等实验。

ultrasonic beacon 超声波信标 指的是通过发出超声波来指引其他接受设备的信标。

ultrasonic flaw detector 超声探伤仪 是一种便携式的、利用超声波进行检测的工业无损探伤仪器，能够快速、便捷、无损伤、精确地进行工件内部多种缺陷的检测、定位、评估和诊断。广泛应用在工业、科研、测控领域。

ultrasound 超声(波) 超声波因其频率下限大于人的听觉上限而得名，是一种振动频率高于声波的机械波，它的方向性好，穿透能力强，易于获得较集中的声能，在水中传播距离远，可用于测距、测速、清洗、焊接、碎石、杀菌消毒等。在医学、军事、工业、农业上有很多的应用。

ultraviolet laser 紫外(线)激光器 是利用受激辐射原理使紫外光在某些受激发的物质中放大或振荡发射的器件。分为固体紫外激光器、气体紫外激光器和半导体激光二极管。主要应用于先进研究、开发和工业制造装备，同时广泛用于生物技术和医疗设备、需要紫外光线辐射的消毒设备。

ultraviolet radiation 紫外辐射 是一种非照明用的辐射源。紫外辐射的波长范围为 10～400 nm，由于只有波长大于 100 nm 的紫外辐射才能在空气中传播，所以人们通常讨论的紫外辐射效应及其应用，只涉及100 nm 至 400 nm 范围内的紫外辐射。为研究和应用之便，科学家们把紫外辐射划分为 A 波段(400～315 nm)、B 波段(315～280 nm)和 C 波段(280～100 nm)，并分别称之为 UVA、UVB 和 UVC。

ultrawide-angle lens 超广角镜头 指能摄取比广角镜更广阔的镜头，但不是鱼眼镜头，一般焦距为 12 ～ 24 毫米，其视角非常广阔，景深较长。

ultrawide band (UWB) 超宽带 是一种新型的无线通信技术。它通过对具有很陡上升和下降时间的冲击脉冲进行直接调制，使信号具有 GHz 量级的带宽。超宽带技术解决了困扰传统无线技术多年的有关传播方面的重大难题，它具有对信道衰落不敏感、发射信号功率谱密度低、低截获能力、系统复杂度低、能提供数厘米的定位精度等优点。超宽带在早期被应用在近距离高速数据传输，近年来国外开始利用其亚纳秒级超窄脉冲来做近距离精确室内定位。

unbalanced moment 不平衡力矩 指在结构力学中，当某节点被固定时，附加在刚臂上的反力矩等于汇交于该点的各杆端的固端弯矩的代数和，即固端弯矩所不能平衡的差值，可以分为：① 力对轴的矩，即力对物体产生绕某一轴转动作用的物理量，其大小等于力在垂直于该轴的平面上的分量和此分力作用线到该轴垂直距离的乘积。② 力对点的矩，即力对物体产生绕某一点转动作用的物理量，等于力作用点位置矢和力矢的矢量积。

uncertain decision 不确定性决策 比较 certain decision(确定性决策)。

uncertain system 不确定性系统 系统的诸因素中含有不能用确定的量进行描述的系统或呈现有不确定性信息的系统称为不确定性系统。系统中存在着客观的或人为的不确定性，如随机性、模糊性、粗糙性以及多重不确定性。不确定系统研究的对象主要是不确定性的数学理论、不确定性系统的控制、不确定规划、算法及应用。不确定性的数学理论包括模糊集、粗糙集、随机集、可信性理论、信赖性理论等。不确定规划包括随机规划、模糊规划、粗糙规划、随机模糊规划等。

uncertainty 不确定性 是一个出现在多个学科中的概念。在信息论中，不确定性是表征某随机变量的发生有多么可靠的物理量。一般用熵来计算这个物理量，记作 $H(X)$，X 是随机变量。当 $H(X)=0$ 的时候，X 是十分确定的，也即 X 这时就是一个确定的数值。当 $H(X)=1$ 时，X 非常不确定，即 X 的取值非常不确定是哪一个数值。

uncertainty of measurement 测量不确定性 传感器在测量的过程中，由于误差的存在，测量值必定无法与真实

U

值严格一致，而是按照误差的模型以一定的概率分布在真实值附近，这种概率的分布称为测量不确定性。

undamped oscillation　无阻尼振荡　也称等幅振荡，指电磁振荡、机械振动等过程中，如果没有能量损失，振荡永远持续下去，振荡振幅保持不变，是一种理想过程。

underactuated mechanism　欠驱动机构　是指驱动数少于机构自由度的一类机构。参见 underactuated system（欠驱动系统）。

underactuated system　欠驱动系统　指系统的独立控制变量个数小于系统自由度个数的非线性系统，在节约能量、降低造价、减轻重量、增强系统灵活度等方面都较完全驱动系统优越，桥式吊车、倒立摆系统是典型的欠驱动系统。比较 overactuated system（过驱动系统）。

undersampling　欠采样　指一种使用低于两倍截止频率进行信号采样，同时保证可以重构该信号的信号处理方法。

underwater robot　水下机器人　是一种工作于水下的作业机器人，通常被用来进行水下探测与作业。水下环境恶劣危险，人的潜水深度有限，所以水下机器人已成为开发海洋的重要工具。

uniformly asymptotically stable　一致渐近稳定　在一致稳定的基础上，系统状态在时间轴上小于一个常数，同时系统状态在时间轴上趋于零可以称作一致渐近稳定。

uniformly distribution　均匀分布　在概率论和统计学中，均匀分布也叫矩形分布，它是对称概率分布，在相同长度间隔的分布概率是等可能的。均匀分布由两个参数 a 和 b 定义，它们是数轴上的最小值和最大值，通常缩写为 $U(a, b)$。

uniformly exponentially stable　一致指数稳定　在一致稳定的基础上，其状态的收敛时间小于一个常数，即其收敛速率大于一个常数。

uniformly stable　一致稳定　常微分方程和控制理论的稳定性理论的重要概念之一，系统的稳定状态与其初始时间无关，系统中每个变量的极限都小于一个常数。

uninterruptible power system (UPS)　不间断电源系统　对交流供电电源中断以及电源频率和电压波动提供保护的系统。不间断电源主要由换能、储能和传输等部分构成。最常用的系统包括一组蓄电池、电池充电器、固态变换器和固态开关电路。该系统能在供电电源和负载间在线使用，以提供稳定电压并抑制瞬态过程。它也可脱线使用，仅在供电电源出现故障时才进行转换。

universal serial bus (USB)　通用串行总线　是在 1994 年底由英特尔、康柏、IBM、微软等多家公司联合提出的一个外部总线标准，用于规范电脑与外部设备的连接和通讯。自推出以来，已成功替代串口和并口，成为 21 世纪大量计算机和智能设备的标准扩展接口和必备接口之一。USB 具有传输速度快、使用方便、支持热插拔、连接灵活、独立供电等优点，可以连接键盘、鼠标、大容量存储设备等多种外设，该接口被广泛用于计算机系统中。

unmanned aerial vehicle (UAV) 无人空中飞行器，无人机 简称无人机，是利用无线电遥控设备和自备的程序控制装置操纵的不载人飞机，广义上为不需要驾驶员登机驾驶的各式遥控或自主飞行器。无人机按应用领域，可分为军用与民用。目前广泛应用在侦察、航拍、农业、植保、微型自拍、快递运输、灾难救援、观察野生动物、监控传染病、测绘、新闻报道、电力巡检、救灾、影视拍摄等领域。

unmanned ground vehicle (UGV) 无人地面车辆 是一种可自主行驶或遥控操作、可一次或多次使用、并能携带一定数量载荷的地面机动平台。作为一种遥控操作、自主行驶、多次应用、机动行动、有效荷载的特殊地面车辆，高度集成了车载控制系统和智能技术，在特殊地域、特殊环境、特殊行动中应用广泛。无人地面车辆将进一步克服自主行驶与操控、感知（高速环境）、特殊路面通过、信息化、网络化、人机真实环境交互、复制、人员控制培训等方面的技术瓶颈。不论是民用领域还是军事领域，地面机器人的应用都越来越广泛。在民用方面主要应用于水下探测、考古挖掘、工业生产、地形探测、家居智能生活等方面。在军事领域的应用包括扫雷、秘密侦查、炸弹排除、人员救援、物资运送、武装攻击等方面。

unmanned underwater vehicle (UUV) 无人水下航行器，无人水下载具，无人潜航器 是无人驾驶、靠遥控或自动控制在水下航行的器具，主要代替潜水员或载人小型潜艇进行深海探测、救生、排除水雷等高危险性水下作业的智能化系统。因此，无人潜航器也被称为“潜水机器人”或“水下机器人”。无人潜航器一般都由骨架及浮体、推进系统、航行控制系统以及探测系统等部分组成，一些无人潜航器上还配有机械手等机构。无人潜航器按应用领域，可分为民用与军用。在民用领域，UUV 可以代替潜水员进行沉船打捞、深水勘探以及水下电缆铺设等作业和施工。军用方面，可用于搜救、情报、监视和侦察任务。

unmanned vehicle 无人机，无人载具，无人车辆 是通过车载传感系统感知道路环境，自动规划行驶路线并控制车辆（载具、飞行器等）到达预定目标的智能车辆（载具、飞行器等）。它利用车载传感器来感知车辆周围环境，并根据感知所获得的道路（空中、水中）车辆位置和障碍物信息，控制转向和速度，从而使其能够安全、可靠地在道路（空中、水中）上行驶。它集自动控制、体系结构、人工智能、计算机视觉等众多技术于一体，是计算机科学、模式识别和智能控制技术高度发展的产物，也是衡量一个国家科研实力和工业水平的一个重要标志，在国防和国民经济领域具有广阔的应用前景。根据应用场景分类，可以包含 UAV、UGV、UUV 等。

unscented Kalman filtering (UKF) 无迹卡尔曼滤波 是无损变换和标准

卡尔曼滤波体系的结合,通过无损变换使非线性系统方程适用于线性假设下的标准卡尔曼滤波体系。UKF被广泛应用于导航、目标跟踪、信号处理和神经网络学习等多个领域。

unstructured environment 非结构化环境 表面(地面、墙面、障碍物表面)、材质性能(表面材料、粗糙度、刚度、强度、颜色、反光、温度等)均一,结构及尺寸变化无规律,环境信息(障碍物、采光、声音、气体、辐射、风力、干扰等)不固定、未知、不可描述的环境。比较 structured environment(结构化环境)。

unsupervised learning 无监督学习 是一种机器学习方法,没有给定事先标定过的训练示例,自动对输入的数据进行分类或聚类。主要应用包括:聚类、关系规则、维度缩减。常用的无监督学习算法主要有主成分分析方法、等距映射方法、局部线性嵌入方法、拉普拉斯特征映射方法、黑塞局部线性嵌入方法和局部切空间排列方法等。基于无监督学习的深度学习系统主要包括栈式自编码神经网络和深度信念网络,其基本单元分别是自编码器和受限玻尔兹曼机,采用栈式结构搭建深层神经网络。比较 supervised learning(监督学习)。

upper limb exoskeleton (ULE) 上肢外骨骼 是一种与人体上肢骨骼结构相同,激励机构安装在人体上肢表面肌肉的可穿戴设备。上肢外骨骼有着运动灵活、功能丰富等优点,综合了传感技术、控制技术、信息融合技术等,在医疗、军事、工业等方面有很好的发展前景。

upper limb training robot 上肢训练机器人 是一种穿戴在人体上肢,并为患者提供康复训练的机器人。这种机器人具有可穿戴性、灵活性、安全性和柔顺性的特点,被广泛运用于医疗康复之中,通过对患者全方位的训练,帮助其恢复手臂和手部的正常的运动特性,提高了康复效率,大大减轻了医生负担。

UPS 不间断电源 uninterruptible power system 的缩写。

USB 通用串行总线 universal serial bus 的缩写。

UTC 协调世界时,世界标准时间 coordinated universal time 的缩写。

UWB 超宽带 ultra-wide band 的缩写。

V

vacuometer 真空计 是一种利用不同气压下气体的某种物理效应的变化进行测量真空度或气压的仪器。在科研和工业生产中广泛使用。

vacuum cup 真空吸盘 是一种带密封唇边的，在与被吸物体接触后形成一个临时性的密封空间，通过抽走或者稀释密封空间里面的空气，产生内外压力差而进行工作的气动元件。

value function 值函数，评价函数 (1) 在机器学习中指等待优化的目标，可用一些算法对价值函数求出权重，然后测试验证。选择一个合适的评价函数是提高测试正确率的重要因素。(2) 在机器人规划优化中，是需要进行优化的目标。

value iteration 值迭代 是一种对一组指令(或一定步骤)进行重复执行，在每次执行这组指令(或这些步骤)时，都会从变量的原数值推出它的一个新数值的计算方法。值迭代算法已经运用到控制系统仿真、机械系统设计、材料分析和增强学习等诸多方面。比较 policy iteration(策略迭代)。

VANET 车辆自组织网络 vehicular ad hoc network 的缩写。

vanishing gradient problem 梯度消失问题 在神经网络中，指前面的隐藏层的学习速度要低于后面的隐藏层的问题。

variable stiffness 可变刚度 指材料在受力时抵抗弹性变形的能力会发生改变的一种属性。

variable stiffness actuator (VSA) 可变刚度驱动器 是一种包含动力输入机构、刚度调节机构和动力输出机构的驱动器。这种驱动器具有一定柔顺性，受力时抵抗弹性变形的能力会改变，在能源效率、峰值力、峰值速度、稳定时间上比传统的不可变刚度驱动器有更多优势，被广泛运用于航天、医疗、工业、服务等领域。

variable structure control (VSC) 变结构控制 是一种当系统状态穿越不同区域时，反馈控制的结构按照一定的规律发生变化，使得控制系统对被控对象的内在参数变化和外部环境扰动等因素具有一定的适应能力，保证系统性能达到期望的性能指标要求的控制算法。可分为两大类：一类是不具有滑动模态的变结构控制，如 Bang-Bang 控制、输出反馈变结构控制、多输入继电控制等。另一类是具有滑动模态(简称为滑模或滑模面)的变结构控制。这一类控制可称为滑模变结构控制或滑模控制，它的控制分为两个步骤：首先是系统从初始状态趋近于并到达滑模面，接着系统在滑模面上滑动并到达平衡位置。

variational approximation 变分逼近 指不通过解欧拉方程而直接近似地求解变分问题的方法，较为常用的方法有立兹法和伽辽金法。

variation calculus 变分法 指使得泛函取得极大或极小值的方法。变分法的关键定理是欧拉-拉格朗日方程，是求解泛函极值的重要方法。在寻找函数的极大和极小值时，在一个解附近的微小变化的分析给出一阶的一个近似。变分法在拉格朗日力学和量子力学等理论物理的应用中非常重要，提供了有限元方法的数学基础，是求解边界值问题的强力工具。最优控制的理论是变分法的一个推广。

vascular intervention assisted robot 血管介入辅助机器人 是一种操作血管介入手术器械进入人体血管内部，辅助医生实现血管造影的三维重建图像准确定位的机器人。血管介入辅助机器人能够有效减少医生的放射损伤，使医生在远离辐射的环境里安全的操作，并且可以提高手术质量。

vascular interventional robot 血管介入式机器人 参见 vascular intervention assisted robot(血管介入辅助机器人)。

vector field histogram (VFH) 向量场直方图 一种常用的机器人避障算法。它将机器人的工作环境分解为一系列具有二值信息的栅格单元，每个矩形栅格中有一个积累值，表示在此处存在障碍物的可信度，高的累计值表示存在障碍物的可信度高。这是因为传感器不断快速地环境采样，存在障碍物的栅格不断被检测的结果。栅格大小的选择直接影响着控制算法的性能。栅格选得小，环境分辨率就高，但是抗干扰性就比较弱，环境信息存储量大，使得决策速度慢；栅格选的大，抗干扰性就比较强，但环境分辨率下降，在密集障碍物环境中发现路径的能力减弱。另外，栅格大小的选取也与传感器的性能有关，若传感器的精度高而且反应速度快，栅格可以选的小些。由 VFH 控制的移动机器人表现出了良好的性能。

vehicle detection 车辆检测 指利用一些传感器(雷达、声呐、相机)去检测行驶中的汽车状态信息(速度、加速度、偏航角)的过程。车辆检测在智能交通、无人驾驶等方面具有广泛应用。在智能交通中，安装在道路旁的相机通过视觉信息对车辆进行流量的检测，进而帮助人们建设便捷的交通网；在无人驾驶中，激光传感器和视觉传感器通过检测车辆周围的信息，测算出障碍物到车辆的距离，从而完成车辆的定位和避障。

vehicle formation control 车辆编队控制 指用一些方法将车辆以期望的速度和距离并保持和进入到指定的几何形状编队，然后合作去完成任务。车辆编队控制在机器人野外未知地形探索、无人驾驶的车辆协同控制、矿物采集和军事侦察打击等方面具有广泛应用。参见 formation control(编队控制)。

vehicle-manipulator system 车载机械臂系统 是一种由传感器、主控计算机、机械臂系统、移动车辆组成的机器人系统。其中机械臂系统包含机械臂和末端执行器。车载机械臂系统包含定位导航、机械臂抓取操作，移动车辆控制等多方面的任务，已经在货物仓储、物流、运输等方面取得了广泛应用。

vehicle routing problem (VRP) 车辆路由问题 最早是由 Dantzig 和 Ramser 于 1959 年首次提出，它指一定数量的客户，各自有不同数量的货物需求，配送中心向客户提供货物，由一个车队负责分送货物，组织适当的行车路线，目标是使得客户的需求得到满足，并能在一定的约束下，达到诸如路程最短、成本最小、耗费时间最少等目的。车辆路线问题自提出以来，一直是网络优化问题中最基本的问题之一，由于其应用的广泛性和经济上的重大价值，一直受到国内外学者的广泛关注。1995 年，Fisher 曾将求解车辆路线问题的算法分成三个阶段。第一阶段是从 1960 年到 1970 年，属于简单启发式方式，包括有各种局部改善启发式算法和贪婪法等；第二阶段是从 1970 年到 1980 年，属于一种以数学规划为主的启发式解法，包括指派法、集合分割法和集合涵盖法；第三阶段是从 1990 年开始至今，属于较新的方法，包括利用严谨启发式方法、人工智能方法等。

vehicle routing problem with time windows (VRPTW) 带时间窗的车辆路由问题 指在物流和运输中，在考虑顾客有服务时间的最后期限和最早开始服务时间的限制下，如何分配车辆来服务不同的客户，以何种顺序运送，使得车辆按照客户的要求，按时为客户完成任务，并使得所用的车辆或者行驶距离最少的问题。参见 vehicle routing problem(车辆路由问题)。

vehicle stability 车辆稳定性，载具稳定性 指汽车在行驶中受到外部干扰后，能尽快自行恢复原行驶状态和方向，不致发生失控、侧滑(甩动)和倾翻等现象的能力。汽车稳定性主要取于道路条件、汽车技术状况、装载情况和驾驶操作等因素，稳定性的要求是汽车在受到外部干扰后，车辆的质心要保证在支撑面上，车辆的支撑面是车轮与地面接触点所围成的图形在水平方向上的投影。

vehicular ad hoc network (VANET) 车辆自组织网络 指道路上车辆之间、车辆与固定点之间互通组成的开放移动网络。它在道路上可以构建一个自组织的、部署方便的车辆间通信网络。车辆自组织网络可以实现事故警告、辅助驾驶、道路交通、信息查询和乘客间通信等方面的应用。

velocity control 速度控制 指以速度(或转速)作为被控制量的控制算法。

velocity curve 速度曲线 指描述物体在一定时间内速度变化的曲线。

velocity feedback 速度反馈 是一种以速度作为系统的反馈量的反馈方式。

velocity manipulability ellipsoid 速度可操作性椭球 指的是机械臂在运动时，其末端速度矢量位于一个三维椭球面上。它定义了机构的速度方向可操作度。

vertical take-off and landing (VTOL) 垂直起飞与着陆，垂直起降 指不需要依靠飞机跑道，直接在某一固定点进行飞机起飞与降落的过程。垂直起降飞行器按照动力方式大致可分为旋翼类飞行器、喷气发动机推力转向飞机、倾转旋翼飞机、尾座式螺旋桨动力飞行器、涵道风扇动力飞行器，此外还有涵道风扇与矢量喷管联合应用的飞机，以及其他特殊概念飞行器，如扑翼动力。

VFH 向量场直方图 vector field histogram 的缩写。

via point （路径）通过点 移动机器人的路径规划中，（路径）通过点指的是机器人所经过的空间位置。

vibration 振动 指一个物体相对于静止参照物或处于平衡状态的物体的往复运动。一般来说振动的基础是一个系统在两个能量形式间的能量转换，振动可以是周期性的（如单摆）或随机性的（如轮胎在碎石路上的运动）。在工程技术领域中，振动现象比比皆是。例如，桥梁和建筑物在阵风或地震激励下的振动，飞机和船舶在航行中的振动，机床和刀具在加工时的振动，各种动力机械的振动，控制系统中的自激振动等。振动学借助于数学、物理、实验和计算技术，探讨各种振动现象的机理，阐明振动的基本规律，以便克服振动的消极因素，利用其积极因素，为合理解决实践中遇到的各种振动问题提供理论依据。

vibration simulator 振动模拟器 是一种在航空航天封闭环境中能为人类提供振动效果和感觉的模拟器。振动模拟器一般可以分为颤动模拟器和颤动模拟平台，涉及机械、计算机、电气等技术。振动模拟器能提前让人类感受到航天器在航行时的感觉。

vibration suppression control 振动抑制控制，防振控制 指用一定的手段和方法使受控对象的振动水平满足人们预定要求的过程。例如采用隔振技术来降低振动的传递率，用振动阻尼减弱物体振动强度并减低向空间的声辐射，用动态吸振器将机械的振动能量转移并消耗在附加的振动系统上等都称为振动抑制控制。

vibratory type gyroscope 振动式陀螺仪 是一种测量物体转动角度及转动加速度的装置。

vibrotactile 振动触觉 指一种人体内能感受到外界振动刺激的触觉。

vibrotactile actuator 振动触觉驱动器 是一种能够产生触觉信号，让人们感受到真实振动效果的仪器。

video retrieval 视频检索 指从视频中搜索有用或者需要的资料，是一门交叉学科，以图像处理、模式识别、计算机视觉、图像理解等领域的知识为基础，从认知科学、人工智能、数据库管理系统及人机交互、信息检索等领域，引入媒体数据表示和数据模型，从而设计出可靠的、有效的检索算法。根据提交内容的不同,视频检索分为镜头检索和片段检索。

video tracking　视频跟踪　指对从图像传感器摄取到的图像序列进行处理和分析,对目标进行稳定跟踪的过程。一旦目标被确定,就可以确定目标的位置、速度、加速度等参数。

VIO　视觉惯性里程计　visual-inertial odometry 的缩写。

virtual assembly　虚拟装配　指在交互式虚拟环境中,用户使用各类交互设备(数据手套、位置跟踪器、鼠标、键盘、力反馈操作设备等)像在真实环境中一样对产品的零部件进行各类装配操作的过程。在操作过程中系统提供实时的碰撞检测、装配约束处理、装配路径与序列处理等功能,从而使得用户能够对产品的可装配性进行分析,对产品零部件装配序列进行验证和规划,对装配操作人员进行培训等。在装配(或拆卸)结束以后,系统能够记录装配过程的所有信息,并生成评审报告、视频录像等供随后的分析使用。

virtual constraint　虚约束　指在机械机构中,有些运动副带入的约束对机构的运动只起重复约束作用,特把这类约束称为虚约束。一般只是起到增加强度或稳定性等作用,去掉它对结构的运动原理不构成影响。

virtual displacement　虚位移　指物体运动中保持时间不变的无穷小位移。虚位移在确定系统的平衡条件、解决简单机械的平衡问题、求解结构的约束力等方面有广泛应用。

virtual fixture　虚拟固定,虚拟夹具　指通过软件指导和限制遥操作机器人运动的模型。根据引导机器人运动作用的不同,虚拟夹具分为两类,一是刚性虚拟夹具,二是柔性虚拟夹具。刚性虚拟夹具严格限制机器人末端执行器的运动轨迹,柔性虚拟夹具主要对遥操作主端控制的主动式引导和被动式力觉反馈。

virtual human　虚拟人　指的是通过数字技术模拟真实的人体器官而合成的三维模型。这种模型不仅具有人体外形以及肝脏、心脏、肾脏等各个器官的外貌,而且具备各器官的新陈代谢机能,能较为真实地显示出人体的正常生理状态和出现的各种变化,在医学上已经有了广泛的应用。

virtual joint　虚拟关节　指在医学上使用三维重建技术,针对人体真实的骨关节结构而构建的三维模拟骨关节结构。

virtual reality (VR)　虚拟现实　是利用电脑软件建立虚拟的三维世界。虚拟现实可以提供使用者关于视觉、听觉、触觉等感官的模拟,让使用者如同身历其境一般,观察三维空间内的事物。例如使用者进行位置移动时,电脑可以立即进行复杂的运算,将精确的 3D 世界影像传回产生临场感。虚拟现实中,看到的场景和人物都不是存在的,是把人的意识代入一个虚拟的世界。虚拟现实在医学、娱乐、军事和航空航天等方面具有巨大的应用价值和经济效益。

virtual reality modeling language (VRML)　虚拟现实建模语言　是一种用来描述虚拟现实中的个体并体现虚拟现

实交互性的计算机语言。这种语言包含节点和路由。节点构成虚拟世界的基本要素,路由是节点间传送信息的途径。虚拟现实建模语言不仅可以创建虚拟的三维建筑物、山川、飞行物体等,还可以在虚拟世界中添加声音、动画与交互性,使之更加生动真实,更接近于现实世界。

virtual sensor 虚拟传感器 是一个在实际工作环境中针对难以测量或者直接测量成本高的被测量物而建立的数学模型。这个数学模型根据原始数据,通过对信号的处理,间接获取被测量的信息。

virtual visual servoing 虚拟视觉伺服 指在初始位置,真实相机和虚拟相机完全配准,经过一段时间,真实相机运动到新的位置,获取真实场景的图像,利用图形图像处理技术检测特征,通过计算前后两幅图中特征的变化率和当前图像的雅克比,最终获得真实相机的位姿变化率的过程。

virtual work 虚功 某一系统发生与其约束相适应的任意假想位移时,力对这一系统所作的功在一个物理系统里,力作用于物体,导致虚位移,所作的功称为虚功。

viscoelastic contact 黏弹性接触 指具有黏弹性的物体间的接触。黏弹性指材料在比较小的应力作用下,同时表现出的弹性和黏性。

viscosity 黏度 是一种施加于流体的应力和由此产生的变形速率以一定的关系联系起来的流体的宏观属性,这种属性表现为流体的内摩擦。

visibility graph 可视图 指的是将所有实际的障碍物等效成投影在平面内的多边形集合,并将起始点和目标点在空间中对应的点扩充到多边形集合中,然后将所有障碍物的顶点、起始点和目标点用直线组合相连,同时要求三者之间的连线不能穿越障碍物,即组成可视图。

vision 视觉 指的是生物眼睛受光线刺激后,产生的神经冲动传入生物大脑皮层视觉中枢而获得的主观感觉。视觉主要包含感知光的强弱,辨别物体或符号的轮廓、形状、大小、空间位置及色彩等方面。在机器人学或计算机科学中应用广泛。参见 machine vision(机器视觉),computer vision(计算机视觉)。

vision-force control 视觉-力控制 指机器人应用领域中,利用力传感器作为反馈装置,将力反馈信号与视觉控制输入信号相结合,实现的力与视觉混合控制技术。

vision guidance 视觉引导 指的是利用物体的视觉信息对其进行引导定位的过程。例如移动机器人,它利用单目相机系统或者多相机系统采集的图像信息对其进行全局定位导航。

vision guided robotic system 视觉引导的机器人系统 是一种采用相机拍照方式获取目标的空间三维位姿,通过对孔或角点等特征的识别、提取和匹配,结合特征之间的相对位置信息,实现目标在传感器坐标系下的 3D 定位,进而引导机器人向目标点移动的系统。视觉引导的机器人系统在工业、生活、航空航天等方具有广泛作用。例如在工件抓取中,视觉引导系统中的视觉传感器安装在抓手或机器人末端法兰等部位，实现机器人器具上的工件抓取。与传统的人工操作相比，节省了人力成本，提高了自动化水平；与超高精度机械定位方式相比，大大降低了对机械定位精度的要求，节省了对机械定位装置的维护成本。

vision measurement **视觉测量** 是把图像作为检测和传递信息的手段或载体加以利用，从图像中提取有用的信号，通过处理被测图像而获得所需的各种参数的过程。它综合了光学、机械、电子、计算机软硬件等方面的技术，涉及计算机、图像处理、模式识别、人工智能、信号处理、光机电一体化等多个领域。

vision sensor **视觉传感器** 是利用图像提取环境特征的仪器设备。视觉传感器包含光学、机械、电子、敏感器等方面的元器件。图像传感器包括激光扫描器、线阵和面阵 CCD 相机等设备。

visual aberration **视觉畸变** 指的是在使用相机时，场景中实际水平或竖直的物体，在实际拍摄的图像上发生了形变的现象。镜头由若干组凸和凹透镜构成、由于镜头焦平面上不同区域对影像的放大率不同，因而形成的画面会存在扭曲变形现象，这种变形的程度从画面中心至画面边缘依次递增，主要在画面边缘反映得较明显，可以说所有镜头都存在或多或少畸变的问题，畸变属于成像的几何失真，常见有枕型畸变和桶型畸变。

visual-based control **基于视觉的控制** 指机器人通过视觉系统接收和处理图像，通过图像反馈的信息，并结合相应的控制算法对机器做出控制的过程。例如机械臂视觉伺服控制，机械臂系统把对相机接收的图像信息作为反馈量，结合一些运动控制算法，控制机械臂向期望的位置运动。

visual-based navigation **基于视觉的导航** 指移动车辆或者飞行器利用视觉传感器拍摄的图像，通过一些计算机视觉算法进行位置导航的过程。

visual navigation **视觉导航** 是利用视觉的数据进行处理和分析，然后通过图像处理理论，统计概率理论等手段进行数学优化，把误差降到最低，得到最优的定位和精确的建图的过程。视觉导航按照载具类型分为地面视觉导航、无人机视觉导航和水下导航。地面视觉导航主要用于无人车辆的自动驾驶之中，无人机视觉导航主要用于监测、巡逻、搜索等任务，水下导航主要用于水下设施建设、海洋生物监测、地形重构等。

visual odometry（VO） **视觉里程计，视觉测程法** 指通过分析处理相关图像序列来确定机器人的位置和姿态的过程。它的成本较低，能够在水下和空中等 GPS 失效的环境中工作，其局部漂移率小于轮速传感器和低精度的 IMU，它所获得的数据能够很方便地与其他基于视觉的算法融合，省去了传感器之间的标定。按照相机的类型 VO 可以分为单目、立体和 RGB－D 三类；按照利用的图像信息 VO 可以分为特征法和直接法；按照减少漂移的方法 VO 可以分为采用滤波器和非线性优化法。

visual perception 视觉感知 指的是通过人的眼睛接收及分析视像的不同能力，从而组成知觉，以辨认物象的外貌和所处的空间(距离)，及该物在外形和空间上的改变，脑部将眼睛接收到的物像信息，分析出物像的空间、色彩、形状及动态的过程。参见 machine vision(机器视觉)，computer vision(计算机视觉)。

visual servoing 视觉伺服 指通过光学的装置或者非接触的传感器自动地接收和处理一个真实物体的图像，通过图像反馈的信息，来让机器人系统对驱动机构做进一步控制或相应的自适应调整的行为的过程。视觉伺服需要对相机的参数进行标定，包括相机的内参和相机的外参，主要分为基于位置的视觉伺服(PBVS)和基于图像特征的视觉伺服(IBVS)两种方法。基于位置的视觉伺服中，控制目标在机器人的工作空间中；基于视觉的视觉伺服中，控制目标直接在图像特征参数空间表示。

visual SLAM 视觉同时定位与建图，视觉 SLAM 指在没有任何先验知识的情况下，根据视觉传感器采集的数据进行实时定位，并且构建周围环境地图的过程。经典的视觉 SLAM 包含视觉里程计、后端优化、闭环检测和建图四个部分。其中，视觉里程计部分通过视觉传感器的图像输入，进行多视图几何的解算，进行姿态估计；后端优化在接收到不同时刻的视觉里程计测量的相机位姿，以及闭环检测的信息，对它们进行优化，得到全局一致的轨迹和地图；闭环检测在构图中，通过视觉信息检测与位姿校验，确定是否发生了轨迹闭环，并结算闭环帧之间的相对位姿；地图构建是根据估计的位姿信息，建立与任务要求对应的地图。参见 SLAM(同时定位与建图，即时定位与地图构建，同步定位与地图构建)。

visual tracking 视觉跟踪 指对图像序列中的运动目标进行检测、提取、识别和跟踪，获得运动目标的运动参数，如位置、速度、加速度和运动轨迹等，从而进行下一步的处理与分析，实现对运动目标的行为理解，以完成更高一级的检测任务的过程。视觉跟踪在很多领域都有非常重要的作用，最常见的是对于民宅、停车场、银行等公共场合的监控。运动目标视觉跟踪技术在行人跟踪、车辆跟踪、智能交通和安全监控等方面具有广泛应用。

VO 视觉里程计 visual odometry 的缩写。

voiceprint recognition 声纹识别 生物识别技术的一种，也称为说话人识别，有两类，即说话人辨认和说话人确认。不同的任务和应用会使用不同的声纹识别技术，如缩小刑侦范围时可能需要辨认技术，而银行交易时则需要确认技术。声纹识别就是把声信号转换成电信号，再用计算机进行识别。

voice recognition 语音识别 指电脑自动地将人类的语音内容转换为相应的文字的过程。语音识别分为训练和解码两部分，训练部分通过大量标注的语音数据训练声学模型，解码部分通过声学模型和语言模型将训练集外的语音数据识别成文字。

volumetric map　立体地图　是以三维立体形式去直接或间接表示立体形态及各种地理现象的地图。

Voronoi diagram　沃罗诺伊图　又叫狄利克雷镶嵌或者泰森多边形。沃罗诺伊图解决的问题是基于一组特定点将平面分割成不同区域，而每一区域又仅包含唯一的特定点，并且该区域内任意位置到该特定点的距离比到其他的特定点都要更近。

Voronoi partition　沃罗诺伊划分　是由一组由连接两邻点直线的垂直平分线组成的连续多边形组成。N 个在平面上有区别的点，按照最邻近原则划分平面；每个点与它的最近邻区域相关联。参见 Voronoi diagram(沃罗诺伊图)。

VR　虚拟现实　virtual reality 的缩写。

VRP　车辆路由问题　vehicle routing problem 的缩写。

VRPTW　带时间窗的车辆路由问题　vehicle routing problem with time windows 的缩写。

VSA　可变刚度驱动器　variable stiffness actuator 的缩写。

VSC　变结构控制　variable structurecontrol 的缩写。

VTOL　垂直起飞与着陆　vertical take-off and landing 的缩写。

W

wall-climbing robot　爬壁机器人　是一类依据壁虎攀爬墙壁的原理设计，并能够在垂直陡壁上进行作业的机器人。爬壁机器人具有两个基本功能，一是壁面上的吸附功能，二是墙壁上的移动功能。吸附功能主要有真空吸附和磁吸附两种形式组成，移动功能主要是由吸盘式、车轮式和履带式三种形式组成。目前，爬壁机器人主要应用在核工业、建筑行业、造船业等方向，例如进行核废液储罐视觉检查、喷涂巨型墙面、喷涂船体的内外壁等任务。

warehouse robot　仓储机器人　是一种主要用于在仓库中搬运或操作货物的机器人。仓储机器人涉及定位导航、运动规划、路径规划、任务分配、故障诊断等技术，具有运动灵活的特点，帮助人们在仓库中运输搬运货物，大大减少了劳动力，提高了工作效率。

weak AI　弱人工智能　指的是一类无法以自主思考和推理去解决问题的机器设备。比较 strong AI(强人工智能)。

weak perspective　弱透视　当景物深度与它们到相机的平均距离相比较小时，这个放大率可以看作是一个常数，这种投影模型称为弱透视。

wearable assistive device　可穿戴辅助设备　一种可以直接穿戴在身上，利用自带传感器和硬件机构去帮助人完成特定任务的一种设备。例如可穿戴医疗辅助设备，它可以帮助患者进行四肢的康复训练。参见 wearable device(可穿戴设备)。

wearable device　可穿戴设备　是一种可以直接穿戴在用户身上或是整合到用户的衣服或配件的便携式设备。可穿戴设备不仅仅是一种硬件设备，更是通过软件支持以及数据交互、云端交互来实现强大的功能，将会对我们的生活、感知带来很大的转变。

wearable exoskeleton　可穿戴外骨骼　是一种由模仿人体外骨骼模样的框架组成并且协助人体完成动作的装置，它涉及生物运动学、机器人学、信息科学、人工智能等跨科学知识，可以提供额外能量来供四肢运动，协助人体完成靠自身力量无法完成的动作。

wearable monitoring device　可穿戴式监测设备　是一种可以直接穿戴在人体并且可以对人进行疾病监测、情绪监测、康复训练监测或者运动训练监测的设备。

wearable robot　可穿戴机器人　是一类通过精密机械装置协助人体完成

动作的装置，它结合了外骨骼仿生技术和信息控制技术，涉及生物运动学、机器人学、信息科学、人工智能等跨学科知识。

wearable robotics 可穿戴机器人学[技术] 是一门新兴的机器人学科，研究的主要对象是可穿戴机器人。这门学科涉及了机械设计制造、信号处理、控制、人工智能等跨学科知识。参见 wearable robot（可穿戴机器人）和 wearable therapy robot（可穿戴治疗机器人）。

wearable therapy robot 可穿戴治疗机器人 是一种可以穿戴在人体上并可以对患者进行预防性健康管理和治疗的机器人。这种机器人具有柔顺性、安全性、良好的人机交互等特点。它可以采集患者的海量健康数据，及时反馈给医生，可以对患者提供生活便利服务，还能增强康复对象的运动和负载能力。

weather-proof 抗风化的，耐风雨的 指物体一种能抵抗干湿变化、冻融变化等气候作用的能力。

weedy robot 锄草机器人 是一种能帮助人们清除杂草的农业机器人。除草机器人由软件和硬件两部分组成，软件部分由林间杂草的视觉检测算法、除草机器人的定位导航算法及运动控制算法组成，硬件部分由机器人主体、多自由度机械臂、末端执行器及相机组成。

welding manipulator 焊接机械臂 是一种用于自动焊接作业的工业机械臂。焊接机械臂包含基座、机械臂大臂、机械臂小臂等部件，具有多自由度的特点。焊接机械臂可以在恶劣的工作环境中提供稳定的焊接作业、提高工作效率、降低作业风险、提供高质量的焊接质量、降低生产成本。焊接机械臂可以通过编程或者示教的方式，对不同的工件进行焊接操作。

welding robot 焊接机器人 是一种工业中进行焊接自动操作的机器人。焊接机器人主要由机器人和焊接设备两部分组成。机器人由机器人本体和控制柜组成，焊接装备是由焊接电源、送丝机、焊枪等部分组成。焊接机器人可以对平面焊缝和立体焊缝都实现高品质的焊接，通过对焊接机器人编制不同的焊接程序，可以迅速对不同的工件或者不同的任务进行焊接操作。焊接机器人广泛用于汽车、仪表、电器等工业生产部门。参见 welding manipulator（焊接机械臂）。

WGS 世界测地系统；世界大地坐标系统，地心坐标系 world geodetic system 的缩写。

wheel 轮子 是一种用不同材料制成的圆形滚动物体。轮子包括外圈、与外圈相连接的辐条和中心轴，透过滚动的运动方式，可以大大的减少与接触面的摩擦系数。

wheelchair 轮椅 是一种由轮椅架、车轮、刹车装置及座靠四部分组成的康复工具。

wheeled robot 轮式机器人 是一种以轮子滚动为运动方式的机器人。轮式机器人涉及机器人机构、导航和定位、控制技术、路径规划、传感器等技术。轮式机器人具有自重轻、承载大、机构简单、驱动和控制相对方便、行走速度快、工作效率高等特点，在工业、农业、反恐、防爆、空间探测器等领域，轮式机器人都可以代替人类去完成一些复杂、困难的任务。

wheel-ground contact　轮地接触　指的是移动机器人或者飞行器的轮子与地面接触的现象。

white balance　白平衡　白平衡是描述显示器中红、绿、蓝三基色混合生成后白色精确度的一项指标。它可以解决色彩还原和色调处理的一系列问题。

wide-angle distortion　广角畸变(失真)　广角畸变指用广角镜头拍摄物体时图像发生失真的现象。原因是为了使图像充满画面，对于广角镜头来说必须接近被摄对象，当非常接近被摄体到一定程度时，就会产生失真，越接近被摄体，失真越严重。

Wiener filter　维纳滤波器　是由数学家维纳提出的一种以最小平方为最优准则的线性滤波器。维纳滤波器在一定的约束条件下，其输出与一给定函数(通常称为期望输出)的差的平方达到最小，通过数学运算最终可变为一个托布利兹方程的求解问题。参见 Wiener filtering(维纳滤波)。

Wiener filtering　维纳滤波　是一种以均方误差最小为准则，根据全部过去观测值和当前观测值来估计信号的当前值，可以得到系统的传递函数或单位脉冲响应的滤波。

wire guidance　有线制导　是一种需要运用传输导线对目标传输控制信息的遥操作制导方式。有线制导的优点是设备简单、精度高、抗干扰能力强，缺点是操作难度大，作用距离近。

wired network　有线网络　是一种采用同轴电缆、双绞线和光纤等来连接的计算机网络。

wire-driven parallel robot　线驱动并联机器人　是一种用绳索直接驱动末端执行器的并联机器人。线驱动并联机器人具有运动速度高、动态响应快、定位准确性好和无累积误差等特点，适合于在高速生产、包装线和组装车间使用，广泛应用于食品、药品、化妆品、装配和电焊等领域。

wireless communication　无线通信　是一种不需要电缆连接，而是利用电磁波信号在空间中信息交换的通信方式。无线通信主要包括微波通信、卫星通信或移动通信等。早期的无线通信频率较低，波段主要限于长波和短波，频率范围较窄，目前无线通信使用的频率从超长短波到亚毫米波段。无线通信具有方便快捷，传输距离远的特点，在军事、医疗、生活中具有广泛的应用。

wireless network　无线网络　是采用无线通信技术而不需要网线连接的计算机网络。无线网络既包括允许用户建立远距离无线连接的全球语音和数据网络，也包括为近距离无线连接进行优化的红外线技术及射频技术，与有线网络的用途十分类似，最大的不同在于传输媒介的不同，利用无线电技术取代网线，可以和有线网络互为备份。

wireless sensor network (WSN)　无线传

感器网络 是一种由大量传感器节点通过无线通信方式形成的多跳自组织网络系统。无线传感器网络由传感器,感知对象和观察者这三部分组成。无线传感器网络综合了微电子技术、嵌入式技术、现代网络和无线通信技术、分布式信息处理技术等先进技术。它能够协同地实时监测,感知和采集网络覆盖区域中各种环境或监测对象的信息并对其进行处理,处理后的信息通过无线方式发送,并以多跳的网络方式传送给观察者。

workspace (机器人)工作空间 指机器人末端执行器运动描述参考点所能达到的空间点的集合,一般用水平面和垂直面的投影表示。机器人工作空间的形状和大小是十分重要的,机器人在执行某作业时可能会因为存在末端不能到达的作业死区而不能完成任务。工作空间的形状因机器人的运动坐标形式不同而异。直角坐标式机械臂的工作空间是一个矩形六面体。圆柱坐标式机械臂的工作空间是一个开口空心圆柱体。极坐标式机械臂的工作空间是一个空心球面体。关节式机械臂的工作空间是一个球。因为机械臂的转动副受结构限制,一般不能整圈转动,故后两种工作空间实际上均不能获得整个球体,其中极坐标式机械臂仅能得到由一个扇形截面旋转而成的空心开口截锥体,关节式机械臂则得到由几个相关的球体围成的空间。

world coordinate system 世界坐标系,绝对坐标系 是一个在环境中用于描述任意物体位置的基准坐标系。

world geodetic system (WGS) 世界测地系统;世界大地坐标系统,地心坐标系 是一种规定了大地测量的起算基准和尺度标准及实现方式的系统。大地测量系统包括:坐标系统、高程系统、深度基准和重力参考系统。

worm-like robot 类蠕虫机器人 是一种模仿蠕动机制而设计的机器人。类蠕虫机器人可以通过部分机械机构的伸缩性进入到崎岖地形或钻进稠密空间等特殊地形中,目前主要用于管道检测、施工现场、洞穴勘探、地质考察等方面。

wrench 力旋量 是由作用在刚体上沿某直线的集中力和绕该直线的力矩所组成的向量。

wrist 手腕 (1) 是人体连接手掌和前手臂的部位,也称腕部。(2) 在机器人学中,指腕关节。

WSN 无线传感器网络 wireless sensor network 的缩写。

Y

yaw angle　偏航角　是车辆、飞行器或者船舶等物体纵轴在水平面上投影与地面坐标系 X 轴(在水平面上,指向目标为正)之间的夹角,由 X 轴逆时针转至车辆或者飞行器纵轴的投影线时,偏航角为正,反之为负。

yawhead　偏航传感器　即转向角度传感器,它监测转向盘旋转的角度,帮助确定汽车行驶方向是否正确。从而传递给制动控制单元,如 ESP、VDC 等,ESP 的作用是随时监控汽车的行驶状态,当汽车在紧急闪避障碍物,或在过弯出现转向不足、转向过度时,它都能帮助车辆克服偏离理想轨迹的倾向。

Young's modulus　杨氏模量　指材料在弹性变形阶段,其应力和应变成正比例关系(即符合胡克定律),其比例系数称为杨氏模量。杨氏模量为衡量材料产生弹性变形难易程度的指标,其值越大,使材料发生一定弹性变形的应力也越大。测量杨氏模量的方法一般有拉伸法、梁弯曲法、振动法和内耗法。

Z

zero-drift error　零点漂移误差　指在电路中，当放大电路输入信号为零时，由于受温度变化，电源电压不稳等因素的影响，使静态工作点发生变化，并被逐级放大和传输，导致电路输出端电压偏离原固定值而上下漂动，从而使测控元件等的输出与真实值产生偏离和误差。

zero-moment point (ZMP)　零力矩点　是受力系统所受力矩之和在水平面达到平衡的点。整个系统对于这个点的前向、侧向的倾覆力矩为零。零力矩点是判定双足机器人或者四足机器人动态稳定运动的重要指标，可以通过机器人脚掌的压力传感器检测出来，当检测到零力矩点在脚掌的支撑多边形里面时，则双足机器人或四足机器人可以稳定地行走。ZMP 由南斯拉夫学者 Vukobratovic 提出，他研究了 ZMP 与双足动态系统之间的关系，提出 ZMP 是判断动态平衡的一个重要判据。ZMP 作为机器人稳定行走的一个充分条件，使用范围有一定的限制：当足底打滑、地面不平，或者机器人上身与外界环境接触时，ZMP 就不能应用。

zero-order hold　零阶保持　是一种数学模型，此模型会在各取样区间之间，让信号维持之前的值，并将离散信号转换为连续信号，在通信设备和电路设计上有许多应用。

zero pole　零极点　(1) 在控制系统中，指判断系统稳定的物理量，当系统的极点在复平面的左半平面时，系统稳定，反之不稳定。(2) 在电路系统中，是分析电路频率特性的物理量，例如包含电容或者电感的电路，零极点用于分析电路频率特性。

zero static response　零状态响应　指不考虑原始时刻系统储能的作用(起始状态为零)，只由系统的外加激励响应所产生响应。

ZMP　零力矩点　zero-moment point 的缩写。

zoom camera　变焦距相机　是一种可连续变换焦距的相机，变焦距镜头的焦距一般在 28—200 毫米之间。依靠镜头里的一组或几组镜片在像平面面积不变的情况下通过连续改变镜头焦距的长短，形成不同视场角的相机。

zoom lens　变焦镜头　是在一定范围内可以变换焦距，从而得到不同宽窄的视场角、不同大小的影像和不同景物范围的照相机镜头。

zoom ratio　变焦比　指的是变焦镜头中的最短焦点和最长焦点之比。

Z-transform Z 变换 是一种可将时域信号(离散时间序列)变换为在复频域表达式的数学变换。Z 变换有线性、序列移位、时域卷积、频移、频域微分等性质。它是分析线性时不变离散时间系统问题的重要工具,在数字信号处理、计算机控制系统等领域有着广泛的应用。

以数字开头的词条

2.5 - D visual servoing　2.5 维视觉伺服　是结合三维位置和二维图像的混合视觉伺服，将图像信号与根据图像所提取的位姿信号进行有机结合，并利用它们产生一种综合的误差信号进行反馈。2.5 维视觉伺服可以在一定程度上解决鲁棒性、奇异性、局部极小等问题。但是这种方法仍然无法确保在伺服过程中参考物体始终位于相机的视野之内，另外在分解单应矩阵时，有时存在解不唯一的问题。

2 - D system　二维系统　指含有两个独立变量的一组微分或差分方程描述的动态系统。

3 - D feature extraction　三维特征提取　指提取三维模型中特征性信息的过程，是计算机图形学和模式识别领域的重要问题。刚性三维特征可粗略分为基于统计分析的特征、基于视图的特征、基于 CAD 模型的特征和基于骨架拓扑的特征。非刚性三维特征可粗略分为几何特征、局部特征、三维形状标准形、拓扑结构等。三维特征提取主要应用于三维模型匹配和三维物体检索。

3 - D grid　三维栅格　指的是在三维空间中建立的栅格地图，具体是将环境离散化为众多微小区域，用每个区域的状态表示有没有障碍物。

3 - D model representation　三维模型表示　指三维模型在计算机内的编码方式，主要分为表面模型和实体模型。表面模型用顶点、边和面来描述模型，主要应用在视觉模型中，如游戏和电影。表面模型的不足就是它只能表示物体的表面边界，而不能表达出真实实体的属性，很难确认一个表面模型表示的三维图形是一个实体还是一个空壳。实体模型可以无歧义地确定一个点是在物体外部还是内部或表面上，大多由体素构造表示建模，主要应用在工程和医学仿真中。参见 constructive solid geometry（体素构造表示）。

3 - D point cloud data　三维点云数据　是由三维空间中的点的集合组成的数据，通常由 3D 扫描仪测量物体外表面大量的点获得。如果每个点不仅包含位置信息，还包含颜色信息，则称为三维彩色点云数据。三维点云可以应用在 3D 建模、质量检验，以及大量的可视化、动画、渲染中。

3 - D printing　三维打印，3D 打印　是在计算机控制下一层一层叠加原材料从而制造三维物体的过程。早期 3D 打印一般用来快速生产零件原型或加工艺术品，现在 3D 打印技术的可重复性与材料范围已经能满足工业生产的技术要求。3D 打印的内容主要来源于计算机三维模型文件，打印机通过读取文件中的横截面信息，用材料将这些截面逐层地打印出来，再将各层截面以某种方式粘合起来从而制造出一个实体，这种技术的特点在于其几乎可以制造出任何形状的物品。目前 3D 打印已经广泛应用于航天、医疗、房屋建筑、汽车制造、电子工业等领域。

3 - D reconstruction　三维重构，三维重建　在计算机视觉和计算机图形学中，三维重建是捕捉真实物体的形状和外观的过程。这个过程可以通过主动或被动的方法来完成。如果允许物体模型随着时间改变形状，则称为非刚性或时空重建。三维重建可以应用在计算机辅助设计、计算机动画、医学影像、虚拟现实、数字媒体等领域。

3 - D registration　三维配准，三维拼接　指对三维图像的配准过程。参见 image registration（图像配准）、iterative closest point（迭代最近点）。